"十三五"国家重点出版物出版规划项目
可靠性新技术丛书

可靠性工程中的大数据分析

Big Data Analysis in Reliability Engineering

常文兵　周晟瀚　肖依永　编著

国防工业出版社
·北京·

图书在版编目(CIP)数据

可靠性工程中的大数据分析 / 常文兵,周晟瀚,肖依永编著. —北京:国防工业出版社,2019.9(2022.9重印)
（可靠性新技术丛书）
ISBN 978-7-118-11864-3

Ⅰ.①可… Ⅱ.①常… ②周… ③肖… Ⅲ.①数据处理-应用-可靠性工程-研究 Ⅳ.①TB114.3-39

中国版本图书馆 CIP 数据核字(2019)第 148821 号

※

国防工业出版社出版发行
（北京市海淀区紫竹院南路23号 邮政编码100048）
北京虎彩文化传播有限公司印刷
新华书店经销

*

开本 710×1000 1/16 印张 25½ 字数 451 千字
2022 年 9 月第 1 版第 3 次印刷 印数 2501—3000 册 定价 128.00 元

（本书如有印装错误,我社负责调换）

国防书店:(010)88540777　　书店传真:(010)88540776
发行业务:(010)88540717　　发行传真:(010)88540762

可靠性新技术丛书 编审委员会

主 任 委 员: 康　锐

副主任委员: 周东华　左明健　王少萍　林　京

委　　　员(按姓氏笔画排序):

　　　　　　朱晓燕　任占勇　任立明　李　想

　　　　　　李大庆　李建军　李彦夫　杨立兴

　　　　　　宋笔锋　苗　强　胡昌华　姜　潮

　　　　　　陶春虎　姬广振　翟国富　魏发远

丛书序

可靠性理论与技术发源于20世纪50年代,在西方工业化先进国家得到了学术界、工业界广泛持续的关注,在理论、技术和实践上均取得了显著的成就。20世纪60年代,我国开始在学术界和电子、航天等工业领域关注可靠性理论研究和技术应用,但是由于众所周知的原因,这一时期进展并不顺利。直到20世纪80年代,国内才开始系统化地研究和应用可靠性理论与技术,但在发展初期,主要以引进吸收国外的成熟理论与技术进行转化应用为主,原创性的研究成果不多,这一局面直到20世纪90年代才开始逐渐转变。1995年以来,在航空航天及国防工业领域开始设立可靠性技术的国家级专项研究计划,标志着国内可靠性理论与技术研究的起步;2005年,以国家863计划为代表,开始在非军工领域设立可靠性技术专项研究计划;2010年以来,在国家自然科学基金的资助项目中,各领域的可靠性基础研究项目数量也大幅增加。同时,进入21世纪以来,在国内若干单位先后建立了国家级、省部级的可靠性技术重点实验室。上述工作全方位地推动了国内可靠性理论与技术研究工作。当然,随着中国制造业的快速发展,特别是《中国制造2025》的颁布,中国正从制造大国向制造强国的目标迈进,在这一进程中,中国工业界对可靠性理论与技术的迫切需求也越来越强烈。工业界的需求与学术界的研究相互促进,使得国内可靠性理论与技术自主成果层出不穷,极大地丰富和充实了已有的可靠性理论与技术体系。

在上述背景下,我们组织撰写了这套可靠性新技术丛书,以集中展示近5年国内可靠性技术领域最新的原创性研究和应用成果。在组织撰写丛书过程中,坚持了以下几个原则:

一是**坚持原创**。丛书选题的征集,要求每一本图书反映的成果都要依托国家级科研项目或重大工程实践,确保图书内容反映理论、技术和应用创新成果,力求做到每一本图书达到专著或编著水平。

二是**体系科学**。丛书框架的设计,按照可靠性系统工程管理、可靠性设计与试验、故障诊断预测与维修决策、可靠性物理与失效分析4个板块组织丛书的选题,基本上反映了可靠性技术作为一门新兴交叉学科的主要内容,也能在一定时期内保证本套丛书的开放性。

三是保证权威。丛书作者的遴选,汇聚了一支由国内可靠性技术领域长江学者特聘教授、千人计划专家、国家杰出青年基金获得者、973项目首席科学家、国家级奖获得者、大型企业质量总师、首席可靠性专家等领衔的高水平作者队伍,这些高层次专家的加盟奠定了丛书的权威性地位。

四是覆盖全面。丛书选题内容不仅覆盖了航空航天、国防军工行业,还涉及了轨道交通、装备制造、通信网络等非军工行业。

本套丛书成功入选"十三五"国家重点出版物出版规划项目,主要著作同时获得国家科学技术学术著作出版基金、国防科技图书出版基金以及其他专项基金等的资助。为了保证本套丛书的出版质量,国防工业出版社专门成立了由总编辑挂帅的丛书出版工作领导小组和由可靠性领域权威专家组成的丛书编审委员会,从选题征集、大纲审定、初稿协调、终稿审查等若干环节设置评审点,依托领域专家逐一对入选丛书的创新性、实用性、协调性进行审查把关。

我们相信,本套丛书的出版将推动我国可靠性理论与技术的学术研究跃上一个新台阶,引领我国工业界可靠性技术应用的新方向,并最终为"中国制造2025"目标的实现做出积极的贡献。

康锐

2018年5月20日

前言

人类文明的发展是从认识现实世界到创造信息世界的过程,是对世界认知的一个过程,历经初步认识世界,以信息辅助记忆,以信息记录和传承,以信息交流与传播,以信息再次认识世界的历史阶段。数据是人们通过信息世界认识现实世界的基础和智慧源泉,数据中包括了全部事实、经验、信息。

可靠性系统工程是研究产品全寿命过程中与故障做斗争的工程技术,它运用系统科学与系统工程的理论和方法,从系统的整体性及其同外界环境的辩证关系出发,认知产品发生故障的机理与规律,研究产品故障预防、预测、诊断与修复的理论与方法。本书就是讲述如何利用大数据分析手段揭示产品的故障规律,如何利用大数据手段开展故障的预防与预测。

全书共分11章。第1章大数据概述,对大数据的特征、发展历程,与可靠性工程中对数据分析的需求进行了描述;第2章大数据与数据挖掘,介绍了数据挖掘技术,及大数据条件下数据挖掘技术的最新前沿研究;第3章大数据在可靠性工程中的应用,介绍了传统数据分析方法在可靠性工程中的运用,与大数据分析方法在可靠性工程中的应用前景;第4章故障的关联规则分析方法,介绍如何利用关联规则挖掘故障与故障、故障与故障征兆之间的关联关系;第5章故障/健康监控的时间序列模式分析方法,利用时序特性分析方法,揭示产品故障的时间序列特性;第6章基于故障多状态集的序列模式挖掘,针对故障多态的特性,提出多状态集序列模式挖掘方法;第7章故障信息聚类分析,利用聚类分析的基本思想,开展故障分类研究;第8章基于粗糙集理论的故障因素分析方法,介绍了利用粗糙集模型对数据集中的缺失数据、噪声数据和错误数据的处理;第9章经典因子分析和回归分析方法,介绍了多元线性回归与非线性回归,及其在健康评估中的应用;第10章高维数据回归预测分析,介绍了高维数据环境条件下,预测模型的回归建模方法;第11章可靠性工程中的非参数统计,利用非参数统计方法实现对数据总体性质的统计估计或假设检验。

感谢国家自然科学基金项目(71971013、71871003、71501007、71332003)、中央高校基本科研业务费专项(YWF-19-BJ-J-330)、民用飞机专项(MJ-2017-J-92)、航空科学基金项目(2017ZG51081)、技术基础项目、北京航空航天大学研究生教育与发展研究专项基金等对本书出版的支持。

本书在编写过程中,作者得到了北京航空航天大学魏法杰教授、杨敏副教授等专家的指导和帮助;张佳宁、张洁、郭亚兵、鲁雪峰、高春雨、董健瑞、胡陈、乔小朵、谢悦、李磊、李小涵、钱思霖、雷景淞、朱川、左晓荣、周宇亮、徐振中、苑星龙、尤锰、刘英来、徐星星、张思悦、杨培等同学在本书部分章节的计算、修改和打印过程中做了很多工作,在此一并致谢!

  本书可作为工科硕士研究生数据分析类课程的基础教材,也可以作为对大数据分析问题感兴趣的各专业高年级学生的参考教材,还可以作为管理、经济、生物、工程、心理、医疗等科研人员的参考读物。

  运用大数据方法解决产品可靠性问题是可靠性工程中面临的新课题,有一些问题还需要深入研究和实践,加之作者知识和经验的局限性,书中的缺点在所难免,诚望读者提出宝贵意见和建议。

作者

2019 年 8 月

目录

第1章 大数据概述 1
1.1 什么是大数据 1
1.1.1 大数据的定义及特征 2
1.1.2 大数据结构类型 4
1.1.3 大数据实例 6
1.2 大数据发展历程 7
1.3 大数据分析 9
1.4 可靠性工程中的数据分析 12
1.5 相关技术及工具 15
1.5.1 Hadoop 介绍 15
1.5.2 R 软件介绍 18
1.5.3 AMPL/CPLEX 软件介绍 19
1.5.4 Clementine 介绍 21
1.5.5 其他大数据处理工具 23
第2章 大数据与数据挖掘 25
2.1 数据管理与数据仓库 25
2.1.1 数据、信息和知识 25
2.1.2 数据爆炸 27
2.1.3 数据仓库 28
2.1.4 云计算与云存储 34
2.2 数据挖掘概述 36
2.2.1 数据挖掘的历史、功能和目的 36
2.2.2 数据挖掘的内涵和基本特征 38
2.2.3 数据挖掘与统计学 41
2.2.4 数据挖掘的一般过程 43
2.3 基于数据挖掘的模式识别 44
2.3.1 探索性数据分析 44
2.3.2 数据挖掘与机器学习 46
2.3.3 数据挖掘与智能决策 48

IX

  2.3.4 数据挖掘与神经网络 ·· 50
 2.4 大数据条件下的数据挖掘技术的最新前沿研究 ······················ 52
  2.4.1 数据挖掘的可视化 ·· 52
  2.4.2 基于云技术的数据挖掘 ·· 53
  2.4.3 语音数据挖掘 ·· 55
  2.4.4 图像数据挖掘 ·· 58
  2.4.5 文本数据挖掘 ·· 60

第3章 大数据在可靠性工程中的应用 ·· 61
 3.1 传统数据分析方法 ··· 61
  3.1.1 基于概率统计的分析方法 ··· 61
  3.1.2 基于时间维度的分析方法 ··· 67
  3.1.3 基于失效物理的分析方法 ··· 75
  3.1.4 传统分析方法的优势与局限 ·· 77
 3.2 大数据分析的特点 ··· 77
  3.2.1 数据全体 VS 数据样本 ·· 77
  3.2.2 非结构化数据 VS 结构化数据 ······································ 78
  3.2.3 关联分析 VS 因果分析 ·· 78
 3.3 大数据分析揭示故障规律 ··· 79
  3.3.1 可靠性工程中的数据 ··· 79
  3.3.2 故障激发因素的复杂性 ·· 79
  3.3.3 可靠性工程大数据分析前景 ·· 80

第4章 故障的关联规则分析 ··· 82
 4.1 关联规则的基本知识 ··· 82
  4.1.1 关联规则的定义、相关概念与一般过程 ························· 82
  4.1.2 频繁模式发现 ·· 83
  4.1.3 Apriori 相关算法 ··· 84
  4.1.4 FP-growth 算法 ··· 86
  4.1.5 应用及案例 ··· 86
 4.2 动态关联规则挖掘 ··· 88
  4.2.1 问题描述及需求 ··· 88
  4.2.2 动态关联规则新定义 ··· 88
  4.2.3 动态关联规则挖掘算法 ·· 90
  4.2.4 动态决策规则 ·· 92
 4.3 基于相关兴趣度的关联规则挖掘 ··· 94

4.3.1　相关兴趣度的引入意义 ·· 94
　　4.3.2　几种典型兴趣度度量 ·· 95
　　4.3.3　强关联规则与挖掘算法 ·· 96
　　4.3.4　反向关联规则与挖掘算法 ·· 98
　　4.3.5　例外规则与挖掘算法 ··· 100
4.4　故障诊断与数据挖掘技术 ··· 101
　　4.4.1　设备故障诊断概述 ·· 101
　　4.4.2　数据挖掘在故障诊断中的应用 ······································ 102
　　4.4.3　数据挖掘在故障诊断中应用的发展趋势 ······························ 103
4.5　考虑时间窗口的关联规则挖掘 ··· 105
　　4.5.1　问题的提出及意义 ·· 105
　　4.5.2　时间窗口的表达与运算方法 ·· 105
　　4.5.3　基于时间窗口的频繁项挖掘算法 ···································· 110
　　4.5.4　带时间窗口的关联规则挖掘算法(股票) ······························ 114
4.6　周期性关联规则挖掘 ·· 116
　　4.6.1　问题的提出及意义 ·· 116
　　4.6.2　周期关联规则的分类 ·· 116
　　4.6.3　周期性关联规则的定义 ·· 116
　　4.6.4　发现周期性关联规则 ·· 117
4.7　基于约束的关联规则挖掘 ·· 119
　　4.7.1　施加约束的原因 ·· 119
　　4.7.2　约束的定义 ·· 120
　　4.7.3　约束的描述 ·· 120
　　4.7.4　约束的性质分类及其实现 ·· 121

第5章　故障/健康监控的时间序列模式分析 ·· 125
5.1　时序特性的分析方法 ·· 125
　　5.1.1　趋势分析法 ·· 125
　　5.1.2　统计分析法 ·· 126
　　5.1.3　特征分析法 ·· 127
　　5.1.4　周期性分析法 ·· 129
5.2　基本分析模型 ·· 129
　　5.2.1　趋势模型 ·· 129
　　5.2.2　季节模型 ·· 131
　　5.2.3　ARMA 模型 ··· 132

         5.2.4 ARCH 类模型 ·· 134
         5.2.5 协整和误差修正模型 ·· 137
    5.3 一元时间序列挖掘 ··· 140
         5.3.1 时间序列预处理 ·· 140
         5.3.2 时间序列压缩(时间序列离散化) ······························ 143
         5.3.3 时间序列相似性度量 ·· 151
         5.3.4 序列模式挖掘算法 ·· 153
    5.4 并行多序列时序模式挖掘 ··· 161
         5.4.1 问题的提出与意义 ·· 161
         5.4.2 并行序列模式挖掘 ·· 162
         5.4.3 并行序列模式改进算法 ······································ 166

第6章 基于故障多状态集的序列模式挖掘 ······································ 173
    6.1 问题的提出和意义 ··· 173
         6.1.1 故障与健康状态监控问题 ···································· 173
         6.1.2 从状态监控到状态预警 ······································ 174
    6.2 多状态集的数学定义 ··· 174
         6.2.1 状态相关定义 ·· 175
         6.2.2 状态转换图 ·· 175
    6.3 多状态集序列模式挖掘方法 ··· 175
         6.3.1 状态及多状态序列 ·· 175
         6.3.2 频繁多状态序列 ·· 176
         6.3.3 发现状态序列模式的一般步骤 ································ 176
         6.3.4 模式的支持度、置信度与覆盖度 ······························ 184
         6.3.5 强模式挖掘 ·· 185
         6.3.6 模式的因素集回溯分析 ······································ 186
    6.4 带时间窗口的状态集序列模式挖掘 ····································· 187
         6.4.1 带时间窗口的意义 ·· 187
         6.4.2 带时间窗口的状态集序列模式的定义 ·························· 187
         6.4.3 频繁模式的发现算法 ·· 195
         6.4.4 模式挖掘的一般过程 ·· 197
         6.4.5 强的带时间窗口的状态集序列模式的挖掘算法 ·················· 199
         6.4.6 因素集的 FSITW 的挖掘算法 ································· 200
         6.4.7 周期性状态集序列模式的挖掘算法 ···························· 201
    6.5 基于多状态集序列模式挖掘的设备健康检测与预警方法 ·········· 203

6.5.1 设备健康管理 ··· 203
6.5.2 设备健康监控理论与技术 ··· 205

第7章 故障信息聚类分析 ··· 207
7.1 聚类分析的基本思想 ·· 207
7.2 聚类统计量 ·· 211
7.2.1 Q 型聚类统计量——距离 ·· 211
7.2.2 R 型聚类统计量——相似系数 ··· 213
7.3 系统聚类法 ·· 213
7.4 基于划分方法的聚类 ·· 216
7.4.1 K-means(均值)算法 ·· 217
7.4.2 K-medoids(中心点)算法 ··· 220
7.5 其余各类方法 ··· 223
7.5.1 层次聚类方法 ·· 223
7.5.2 基于密度的方法 ··· 224
7.5.3 基于网格的方法 ··· 224
7.5.4 当前聚类研究方向 ··· 225
7.6 模糊聚类分析 ··· 227
7.6.1 模糊距离关系 ·· 227
7.6.2 模糊相似关系 ·· 231
7.6.3 模糊 K-均值聚类 ·· 232
7.7 混合属性对象的聚类分析 ·· 233
7.7.1 聚类对象的属性类型 ··· 233
7.7.2 分类型属性的相似定义 ·· 235
7.7.3 混合属性的对象聚算法 ·· 237
7.8 故障信息聚类分析案例 ·· 239
7.8.1 数据准备 ·· 239
7.8.2 故障对象的聚类分析 ··· 240
7.8.3 基于故障描述信息的文本聚类分析 ······································· 241

第8章 基于粗糙集理论的故障因素分析 ·· 243
8.1 经典粗糙集理论 ·· 243
8.1.1 决策系统 ·· 244
8.1.2 不可分辨关系 ·· 245
8.1.3 上近似与下近似 ··· 246
8.1.4 粗糙集的精确度与隶属度 ··· 247

  8.1.5 决策算法 ·· 247
 8.2 可变精度的粗糙集理论 ··· 248
  8.2.1 数据噪声、缺失与错误 ·· 249
  8.2.2 可变精度的定义 ·· 249
  8.2.3 可变精度的上近似和下近似 ·· 250
  8.2.4 粗糙集的品质评价 ·· 250
 8.3 基于近似不可分辨关系的粗糙集理论 ······························ 251
  8.3.1 相似度定义及基于相似关系的数据模型 ···················· 252
  8.3.2 完全依赖与近似依赖 ·· 252
  8.3.3 模糊粗糙集理论 ·· 254
  8.3.4 基于Φ-近似等价关系的粗糙集理论 ······················· 257
 8.4 基于线性规划的粗糙集优化模型 ·· 261
  8.4.1 线性规划理论 ·· 261
  8.4.2 基于混合整数线性规划的粗糙集优化模型 ················ 262
 8.5 基于粗糙集的柴油机故障诊断应用案例 ························· 264
  8.5.1 故障原因的偶然性、综合性和隐蔽性及传统故障机理
      分析的不足 ·· 264
  8.5.2 基于粗糙集的柴油机故障诊断模型 ···························· 267
  8.5.3 基于混合整数线性规划的决策系统优化建模 ············ 272

第9章 因子分析及回归分析 ·· 278
 9.1 样本因子分析及参数估计 ·· 278
  9.1.1 样本数据因子分析 ·· 278
  9.1.2 参数的统计意义 ·· 279
  9.1.3 因子载荷矩阵的估计 ·· 280
  9.1.4 因子旋转和因子得分 ·· 284
 9.2 多元线性回归分析 ·· 289
  9.2.1 多元线性回归模型 ·· 289
  9.2.2 参数估计 ·· 290
  9.2.3 回归模型的检验 ·· 291
  9.2.4 回归诊断 ·· 296
 9.3 自变量的选择与逐步回归 ·· 297
  9.3.1 穷举法 ·· 297
  9.3.2 逐步回归法 ·· 298
 9.4 非线性回归模型 ·· 300

- 9.4.1 内在线性回归模型 ·············· 301
- 9.4.2 内在非线性回归模型 ············ 301
- 9.5 Logistic 回归模型 ·················· 302
  - 9.5.1 线性 Logistic 回归模型 ············ 302
  - 9.5.2 参数的最大似然估计 ············ 303
- 9.6 基于 Logistic 回归的机械健康状态评估 ·············· 304
  - 9.6.1 设备状态健康评估 Logistic 回归模型的建立 ············ 305
  - 9.6.2 Logistic 回归模型参数的选择 ············ 305

第10章 高维数据回归预测分析 ·············· 307

- 10.1 模型选择 ·················· 307
  - 10.1.1 偏差—方差分解 ·············· 307
  - 10.1.2 模型选择准则 ·············· 308
  - 10.1.3 回归变量选择 ·············· 309
- 10.2 广义线性模型 ·············· 311
  - 10.2.1 二点分布回归 ·············· 312
  - 10.2.2 指数族概率分布 ·············· 312
  - 10.2.3 广义线性回归 ·············· 314
  - 10.2.4 参数估计 ·············· 317
  - 10.2.5 模型的假设检验 ·············· 318
- 10.3 高维回归系数压缩 ·············· 319
  - 10.3.1 岭回归 ·············· 320
  - 10.3.2 Lasso 回归 ·············· 321
  - 10.3.3 Shooting 算法 ·············· 322
  - 10.3.4 路径算法 ·············· 322
  - 10.3.5 算法的 R 语言实现 ·············· 324
- 10.4 面板数据回归模型 ·············· 324
  - 10.4.1 面板数据 ·············· 325
  - 10.4.2 面板回归模型 ·············· 325
- 10.5 基于支持向量机的预测模型 ·············· 331
  - 10.5.1 支持向量机分类 ·············· 331
  - 10.5.2 支持向量机回归 ·············· 333
  - 10.5.3 支持向量机模型优化 ·············· 334
- 10.6 无人机重着陆预测案例 ·············· 337
  - 10.6.1 面板数据预测模型 ·············· 338

10.6.2　支持向量机预测模型 …… 343
  10.6.3　模型评价 …… 345

第11章　可靠性工程中的非参数统计 …… 346

11.1　单样本问题 …… 347
  11.1.1　符号检验 …… 347
  11.1.2　趋势检验 …… 349
  11.1.3　游程检验 …… 350
  11.1.4　对称中心的检验 …… 352

11.2　两样本问题 …… 355
  11.2.1　独立样本位置参数的检验 …… 355
  11.2.2　独立样本刻度参数的检验 …… 358
  11.2.3　配对样本参数的检验 …… 360

11.3　多样本问题 …… 360
  11.3.1　多个独立样本的检验 …… 360
  11.3.2　多个相关样本的检验 …… 361

11.4　秩相关分析 …… 363
  11.4.1　Spearman 秩相关系数 …… 363
  11.4.2　Kendall τ 秩相关系数 …… 365

11.5　二维列联表 …… 367
  11.5.1　Pearson χ^2 独立性检验 …… 368
  11.5.2　Fisher 精确检验 …… 369

11.6　案例分析 …… 371
  11.6.1　柴油机厂质量可靠性问题调研 …… 372
  11.6.2　产品改进措施分析 …… 375

参考文献 …… 381

第1章

大数据概述

可靠性数据分析是贯穿产品研制、生产、使用和维修全过程的一项基础性工作,在可靠性工程中始终发挥着重要作用。随着信息技术的发展,大数据时代的到来,可靠性数据分析所面对的数据已不是传统意义上的数据,而是海量数据。大数据是一种规模大到在获取、存储、管理、分析方面大大超出了传统数据库软件工具能力范围的数据集合,具有海量的数据规模、快速的数据流转、多样的数据类型和价值密度低四大特征。因此,需要研究大数据条件下的可靠性数据分析方法。

1.1 什么是大数据

人类文明是从认识现实世界到创造信息世界的过程,历经初步认识世界,以信息辅助记忆,以信息记录和传承,以信息交流与传播,以信息再次认识世界的历史阶段[1]。

人类发展的过程就是对世界认知的一个过程。数据是人们通过信息世界认识现实世界的基础和智慧源泉。大数据中包括了全部事实、经验、信息。

"大数据"(Big Data),一个看似通俗直白、简单朴实的名词,却无疑成为了时下IT界最炙手可热的名词,在全球引领了新一轮数据技术革命的浪潮。通过2012年的蓄势待发,2013年被称为世界大数据元年,标志着世界正式步入了大数据时代。

现在来看看我们如何被数据包围着。在现实的生活中,一分钟或许微不足道,但是数据的产生却是一刻也不停歇的。来看看一分钟到底会有多少数据产生:YouTube用户上传48小时的新视频,电子邮件用户发送204,166,677条信息,Google收到超过2,000,000个搜索查询,Facebook用户分享684,478条内容,消费者在网购上花费272,070美元,Twitter用户发送超过100,000条微博,苹果公司收到大约47,000个应用下载请求,Facebook上的品牌和企业收到

34,722个"赞",Tumblr 博客用户发布 27,778 个新帖子,Instagram 用户分享 36,000 张新照片,Flicker 用户添加 3,125 张新照片,Foursquare 用户执行 2,083 次签到,571 个新网站诞生,WordPress 用户发布 347 篇新博文,移动互联网获得 217 个新用户[2]。数据还在增长着,没有慢下来的迹象,并且随着移动智能设备的普及,一些新兴的与位置有关的大数据也越来越呈迸发的趋势。最近谷歌旗下 DeepMind 公司开发的一款围棋人工智能程序 Alpha Go 和围棋九段李世石的比赛在科技圈和围棋界炒得沸沸扬扬,Alpha Go 的胜利是大数据加上深度学习的胜利,通过基于大数据的深度学习来减少搜索量,在有限的搜索时间和空间内找到取胜概率最大的下法。

1.1.1 大数据的定义及特征

20 世纪 90 年代后期,以信息技术、计算机和网络技术等高新技术发展为标志,人类社会迅速迈进一个崭新的数字时代。现代信息技术铺设了一条广阔的数据传输道路,将人类的感官延伸到广袤的世界中。政府和企业通过大力发展信息平台和网络建设,改善了对信息的交互、存储和管理的效率,从而提升了信息服务的水平;生物科学领域通过对分子基因数据的解读重新诠释了生物体中细胞、组织、器官的生理、病理、药理的变化过程,从而突破了人类在许多疑难杂症上的传统认识;市场研究人员通过谷歌住房搜索量的变化对住房市场趋势进行预测,已明显比不动产经济学家的预测更为准确也更有效率;手机、互联网、物联网,这些先进的信息传输平台,在生成—传播着大量数据的同时,也越来越多地改善了人们的生活[3]。总之,社会各个领域的每个细胞,都被快速发展的信息技术激活,畅游于信息海洋并获得认知效率的飞跃,沉浸于价值被认可的幸福与满足中。

精彩纷呈的数据也带来了利用数据的烦恼。日新月异的应用背后是数据量爆炸式增长带来的大数据分析的挑战,2012 年 3 月 30 日美国国家卫生研究院宣布世界最大的遗传变异研究数据集——国际千人基因组项目,数据量正在由 TB($=10^{12}$B)向 PB($=10^{15}$B)、EB($=10^{18}$B)、ZB($=10^{21}$B)甚至 YB($=10^{24}$B)升级,估计每两年就会增长 3 倍。大数据为全球视野下构建和评价策略新秩序的形成提供了基础。

Google 的首席经济学家 Hal Varian 说:数据是广泛可用的,所缺乏的是从中提取知识的能力。数据收集的根本目的是根据需求从数据中提取有用的知识,并将其应用到具体的领域之中。麦肯锡给出的定义是:所涉及的数据集规模已超过了传统数据库软件获取、存储、处理和分析的能力。维基百科给出的定义是:利用常用软件工具捕获、管理和处理数据所耗时间超过可容忍时间的数据集。严格来说,"大数据"更像是一种策略而非技术,其核心理念就是以一种比以往有效得多的方式来管理海量数据并从中提取价值。

大数据是一个新概念,英文中至少有 3 种名称:大数据(Big Data),大尺度数据(Big Scale Data)和大规模数据(Massive Data)[3],尚未形成统一定义,维基百科、数据科学家、研究机构和 IT 业界都曾经使用过大数据的概念,一致认为大数据具有 4 个基本特征:数据体量巨大;价值密度低;来源广泛,特征多样;增涨速度快。这 4 个特征在业界被称为 4V 特征,取自 volume、value、variety 和 velocity 4 个英文单词的首字母。所需收集、存储、分发的数据规模远超传统管理技术的管理能力;大数据中的价值密度很低,因此也增加了价值挖掘的难度;所处理的对象既包括结构化数据,也包括半结构化数据和非结构化数据;各类数据流、信息流以高速产生、传输、处理。由此可见,大数据的核心问题是如何在种类繁多、数量庞大的数据中快速获取有价值的信息。一方面,这种信息获取能力离不开优化的复杂大规模数据处理技术。另一方面是模式提取的程序、标准和规范。比如随着社交网络、语义 Web、云计算、生物信息网络、物联网等新兴应用的快速增长,在经济学、生物学和商务等众多领域中出现了成组数据、面板数据、空间数据、高维数据、多响应变量数据以及网络层次数据等结构复杂的数据形态,迫切需要强大的数据处理能力以实现批量信息的生产。而这种能力的一个关键问题是:对亿万个顶点级别的大规模数据进行高效处理的模型是什么?大数据不仅数据类型复杂,更重要的是数据中模式结构复杂,信噪比极低。优质数据与劣质信息的鉴别、操作便捷与垃圾信息有效过滤的平衡设计,信用危机的识别要素、稀有信息的发现、精准需求定位等问题更加突出。在数据泛滥的情况下,有价值的信息被淹没在巨大的数据海洋之中,有价值的见解和知识很难发现。而数据分析逻辑和规范的缺失必然导致垃圾信息和乱象丛生的信息环境。大数据认知在社会分析、科学发现和商业决策中的作用越来越重要。揭示数据背后的客观规律,识别信息的价值,评估信息之间的影响是合理开发数据资源和改善人类活动的重要组成部分。大数据技术已经成为科技大国的重要发展战略。数据与能源、货币一样,已成为一个国家的公共资源,金融市场上有"劣币驱逐良币",能源开发中"并非缺乏能源,而是缺乏清洁能源",数据的管理和再利用技术不能取代科学,在数据的结构与功能越来越复杂的客观现实面前,需要更多角度的模式探测和更可靠的模型构建,无论是运用模型生成规则还是运用结果都需要更规范的设计与分析。

系统分析方法是传统数据建模方法,在大数据分析建模设计中大有作为,然而大数据建模更为复杂,有两个鲜明的特色,首先模型不是主观设定的或普适性的,而是具体的,从数据的内部逻辑和外部关联中根据问题的需要梳理出来的[3]。在这个过程中,基于无形数据的有形模式的探索、比较、估计、识别、确认、解释不可或缺。这在高性能计算领域的算法研究和开发中尤其迫切。在这些研究中,模型常常并非现成的,数据与模型的简单组合拼装并不总是能够切中要害。复杂问题的数据获取,大规模数据的组织、处理,模型与算法、理性决策、数据的展现方式等,都会影响到最终输出模式和结果的可用性。第二,强调建模过程中模式的变化和复杂的关系,因为数据的脉络和联系正是通过建模过程的模式发展而——剖析出来的。数据的分布、数据的特征、数据的结构、数据的功能、数据的运动、数据在时空中的变化轨迹、数据的影响层次、不同数据变化层次之间的关系是统计科学的核心内容。总之,数据建模既不是统计理论的简单照搬,也不等同于数据的自动加工,建模的意义是更好地理解数据,增加洞见。于是,数据建模与算法技术联合,成为大数据深度认知的关键。

大数据为我们带来分析信息的3个转变,这些转变将改变我们理解和组建社会的方法。第一个转变就是,在大数据时代,我们可以分析更多的数据,有时候甚至可以处理和某个特别现象相关的所有数据,而不再依赖于随机采样[4]。第二个转变就是,研究数据如此之多,以至于我们不再热衷于追求精度。第三个转变就是,因前两个转变促成了我们不再热衷于寻找因果关系。

1.1.2 大数据结构类型

传统数据是完全结构化的,这意味着传统数据源会以明确的、预先规范好所有细节的格式呈现。每时每刻所产生的新数据,都不会违背这些预先定义好的格式。

大数据可具有多种形式,从高度结构化的财务数据,到文本文件、多媒体文件和基因定位图的任何数据,它包括了结构化、半结构化、准结构化、非结构化的各种数据,不同结构类型的关系如图1-1所示。

图1-1 不同结构类型的关系

(1) 结构化:包括预定义的数据类型、格式和结构数据。例如:事务性数据和联机分析处理,见表1-1。

表 1-1 结构化数据示例

姓　　名	身 份 证 号	性　　别	职　　业

（2）半结构化：具有可识别的模式并可以解析的文本数据文件。例如：自描述和具有定义模式的 XML 数据文件。

（3）准结构化：具有不规则数据格式的文本数据，通过使用工具可以使之格式化。例如：网站地址字符串。

（4）非结构化：没有固定结构的数据，通常保存为不同类型的文件。例如：文本文档、PDF 文档、图像和视频。

上述几种不同结构类型数据的增长趋势如图 1-2 所示。

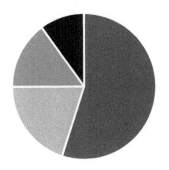

■非结构化的数据　■准结构化的数据　■半结构化的数据　■结构化的数据

图 1-2 不同结构类型数据的增长趋势

虽然上面显示了 4 种不同的、互相分离的数据类型，但实际上，有时这些数据类型是可以被混合在一起的。例如，一个传统的关系型数据库管理系统保存着一个软件支持呼叫中心的通话日志。这里有典型的结构化数据，比如日期/时间戳、机器类型、问题类型、操作系统，这些都是在线支持人员通过图形用户界面上的下拉式菜单输入的。另外，还有非结构化数据或半结构化数据，比如自由形式的通话日志信息，这些可能来自包含问题的电子邮件，或者技术问题和解决方案的实际通话描述，最重要的信息通常是藏在这里。另外一种可能是与结构化数据有关的实际通话的语音日志或者音频文字实录。即使是现在，大多数分析人员还无法分析这种通话日志历史数据库中的最普通和高度结构化的数据。因为挖掘文本信息是一项工作强度很大的工作，并且无法实现简单的自动化。人们通常最熟悉结构化数据的分析，然而，半结构化数据（XML）、准结构化数据（网站地址字符串）和非结构化数据带来了不同的挑战，需要使用不同的技术来分析[2]。

1.1.3 大数据实例

1. 企业内部大数据应用

通过大数据的应用,可以在多个方面提升企业的生产效率和竞争力。市场方面,利用大数据关联分析,更准确地了解消费者的使用行为,挖掘新的商业模式;销售规划方面,通过大量数据的比较,优化商品价格;运营方面,提高运营效率和运营满意度,优化劳动力投入,准确预测人员配置要求,避免产能过剩,降低人员成本;供应链方面,利用大数据进行库存优化、物流优化、供应商协同等工作,可以缓和供需之间的矛盾、控制预算开支,提升服务[5]。

2. 物联网大数据应用

物联网不仅是大数据的重要来源,还是大数据应用的主要市场。UPS 快递为了使总部能在车辆出现晚点的时候跟踪到车辆的位置和预防引擎故障,它的货车上装有传感器、无线适配器和 GPS。同时,这些设备也方便了公司监督管理员工并优化行车线路。UPS 为货车定制的最佳行车路径是根据过去的行车经验总结而来的。2011 年,UPS 的驾驶员少跑了近 4,828 万千米的路程[5]。

智慧城市,是一个基于物联网大数据应用的热点研究项目。利用大数据实现水资源治理、减少交通拥堵和提升公共安全。

3. 社交网络大数据应用

在线社交网络,是一种在信息网络上由社会个体集合及个体之间的连接关系构成的社会性结构。在线社交网络大数据主要来自即时消息、在线社交、微博和共享空间 4 类应用。由于在线社交网络大数据代表了人的各类活动,因此对于此类数据的分析得到了更多关注。在线社交网络大数据分析是从网络结构、群体互动和信息传播 3 个维度,通过基于数学、信息学、社会学、管理学等多个学科的融合理论和方法,为理解人类社会中存在的各种关系提供的一种可计算的分析方法。目前,在线社交网络大数据的应用包括网络舆情分析、网络情报搜集与分析、社会化营销、政府决策支持、在线教育等[5]。

4. 医疗健康大数据应用

医疗健康数据是持续、高增长的复杂数据,蕴涵的信息价值也是丰富多样。对其进行有效的存储、处理、查询和分析,可以开发出其潜在价值。对于医疗大数据的应用,将会深远地影响人类的健康。

5. 群智感知

随着技术的发展,智能手机和平板电脑等移动设备集成了越来越多的传感器,计算和感知能力也愈发强大。在移动设备被广泛使用的背景下,群智感知开始成为移动计算领域的应用热点。大量用户使用移动智能设备作为基本节点,通过蓝牙、无线网络和移动互联网等方式进行协作,分发感知任务,收集、利用感知数据,最终完成大规模的、复杂的社会感知任务。群智感知对参与者的要求很低,用户并不需要相关的专业知识或技能,只需拥有一台移动智能设备。在大数据时代,空间众包服务(Spatial Crowdsourcing)成为了大家关注的热点[5]。

6. 智能电网

智能电网,是指将现代信息技术融入传统能源网络构成新的电网,通过用户的用电习惯等信息,优化电能的生产、供给和消耗,是大数据在电力系统上的应用。例如,通过对智能电网中的数据进行分析,可以知道哪些地区的用电负荷和停电频率过高,甚至可以预测哪些线路可能出现故障;利用大数据分析用电高峰和低谷时段,制定不同的电价平抑用电高峰和低谷的波动幅度;等等。

1.2 大数据发展历程

人类历史上从未有哪个时代和今天一样产生如此海量的数据。数据的产生已经完全不受时间、地点的限制。从开始采用数据库作为数据管理的主要方式开始,人类社会的数据产生方式大致经历了3个阶段,而正是数据产生方式的巨大变化才最终导致大数据的产生。数据的产生经历了被动、主动和自动3个阶段,这些被动、主动和自动的数据共同构成了大数据的数据来源。

大数据技术是新一代的信息技术,它成本较低,以快速的采集、处理和分析技术,从各种超大规模的数据中提取价值。大数据技术不断涌现和发展,让我们处理海量数据更加容易、便宜和迅速,成为利用数据的好助手,甚至可以改变许多行业的商业模式。大数据技术的发展可以分为六大方向:

(1) 大数据采集与预处理方向。这个方向最常见的问题是数据的多源和多样性,导致数据的质量存在差异,严重影响数据的可用性。针对这些问题,目前很多公司已经推出了多种数据清洗和质量控制工具(如 IBM 的 Data Stage)[6]。

(2) 大数据存储与管理方向。这个方向最常见的挑战是存储规模大,存储管理复杂,需要兼顾结构化、非结构化和半结构化的数据。分布式文件系统和分布式数据库相关技术的发展正在有效地解决这些方面的问题。在大数据存储和管理方向,尤其值得我们关注的是大数据索引和查询技术、实时及流式大数据存储与处理的发展[8]。

(3) 大数据计算模式方向。由于大数据处理多样性的需求,目前出现了多种典型的计算模式,包括大数据查询分析计算(如 Hive)、批处理计算(如

Hadoop MapReduce)、流式计算(如 Storm)、迭代计算(如 HaLoop)、图计算(如 Pregel)和内存计算(如 Hana),而这些计算模式的混合计算模式将成为满足多样性大数据处理和应用需求的有效手段[8]。

(4)大数据分析与挖掘方向。在数据量迅速膨胀的同时,还要对数据进行深度分析和挖掘,并且对自动化分析要求越来越高,越来越多的大数据分析工具和产品应运而生,如用于大数据挖掘的 R Hadoop 版、基于 MapReduce 开发的数据挖掘算法等[8]。

(5)大数据可视化分析方向。通过可视化方式来帮助人们探索和解释复杂的数据,有利于决策者挖掘数据的商业价值,进而有助于大数据的发展。很多公司也在开展相应的研究,试图把可视化引入其不同的数据分析和展示的产品中,各种可能相关的商品也将会不断出现。可视化工具 Tabealu 的成功上市反映了大数据可视化的需求[8]。

(6)大数据安全方向。当我们通过对大数据进行分析和数据挖掘来获取商业价值的时候,黑客很可能在向我们攻击,收集有用的信息。因此,大数据的安全一直是企业和学术界非常关注的研究方向。通过文件访问控制来限制呈现对数据的操作、基础设备加密、匿名化保护技术和加密保护等技术正在最大程度地保护数据安全[8]。

大数据的时代已经到来,但是大数据的研究还处在初始阶段,既面临着快速发展的机遇,也存在诸多困难与挑战。随着研究的不断深入,大数据所面临的问题也越来越多,如何让大数据朝着有利于全社会的方向发展就需要全面地研究大数据,以下是几种可能的大数据未来的研究与发展方向。

1. 关系数据库和非关系数据库的融合

关系数据库系统在数据分析中占据着主要地位,但是随着后来半结构化和非结构化数据的大量涌现,关系数据库系统就无所适从了。关系数据库和非关系数据库各有所长,如果在以后的大数据的研究处理过程中,能将关系数据库系统和分布式并行处理系统进行有效的结合,而不是将二者明显地区分开来,那么大数据的分析效率将在很大程度上得到提高。

2. 数据的不确定性与数据质量

如何从这些庞大的数据量中提取到尽可能多的有用信息就涉及数据质量的问题。在网络环境下,不确定性的数据广泛存在,并且表现形式多样,这样大数据在演化的过程中也伴随着不确定性。大数据的不确定性要求人们在处理数据时也要应对这种不确定性,包括数据的收集、存储、建模、分析都需要新的方法来应对。同时,面对不断快速产生的数据,在数据分析的过程中很难保证有效的数据不丢失,而这种有效的数据才是大数据的价值所在,也是数据质量的体现。所以需要研究出一种新的计算模式,一种高效的计算模型和方法,这样数据的质量和数据的时效性才能有所保证。

3. 跨领域的数据处理方法的可移植性

大数据自身的特点决定了大数据处理方法的多样性、灵活性和广泛性。而今几乎每个领域都涉及大数据,在分析处理大数据的建模过程中除了要考虑大数据的特点外还可以结合其他领域的一些原理模型,广泛吸纳其他研究领域的原理模型,然后进行有效的结合,从而提高大数据处理的效率,这可能会成为以后大数据分析处理的重要方法。

4. 大数据的预测性作用

大数据有变革价值的力量,有变革经济的潜力,有变革组织的潜能。但是从很多大数据的应用案例分析中不难发现,无论是大数据的研究者还是普通人,大数据给人们带来的最直接的利益就是对未来的预见。气象部门可以根据气象数据预测未来的天气变化;经销商可根据商品的销量分析客户的喜好从而制定未来的采购计划,及时调整经营模式,增加利润;通信部门通过对大数据的分析实时了解市场行情,从而作出合理决策;可靠性研究人员可以根据历史信息预测故障。由已知推测未知,通过大数据可以提高对未知预测的可信性,这对整个人类来说都是一种进步[9]。

1.3 大数据分析

大数据分析包括5个基本方面:

(1) 预测性分析能力(Predictive Analytic Capabilities)。数据挖掘可以让分析员更好地理解数据,而预测性分析可以让分析员根据可视化分析和数据挖掘的结果做出一些预测性的判断。

(2) 数据质量和数据管理(Data Quality and Master Data Management)。数据质量和数据管理是一些管理方面的最佳实践。通过标准化的流程和工具对数据进行处理可以保证一个预先定义好的高质量的分析结果。

(3) 可视化分析(Analytic Visualizations)。不管是对数据分析专家还是普通用户,数据可视化是数据分析工具最基本的要求。可视化可以直观地展示数据,让数据自己说话,让观众听到结果。

(4) 语义引擎(Semantic Engines)。我们知道由于非结构化数据的多样性给数据分析带来了新的挑战,我们需要一系列的工具去解析、提取、分析数据。语义引擎需要被设计成能够从"文档"中智能提取信息。

(5) 数据挖掘算法(Data Mining Algorithms)。可视化是给人看的,数据挖掘就是给机器看的。集群、分割、孤立点分析以及其他的算法让我们深入数据内部,挖掘价值。这些算法不仅要提高处理大数据的量,也要提高处理大数据的速度。

假如大数据真的是下一个重要的技术革新,我们最好把精力关注在大数据能给我们带来的好处,而不仅仅是挑战。

大数据处理数据时代理念的三大转变:要全体不要抽样,要效率不要绝对精确,要相关不要因果。具体的大数据处理方法其实有很多,但是根据长时间的实践,总结了一个基本的大数据处理流程,整个处理流程可以概括为四步,分别是采集、导入和预处理、统计和分析,以及挖掘。

1. 采集

大数据的采集是指利用多个数据库来接收发自客户端的数据,并且用户可以通过这些数据库来进行简单的查询和处理工作。比如,电商会使用传统的关系型数据库 MySQL 和 Oracle 等来存储每一笔事务数据,除此之外,Redis 和 MongoDB 这样的 NoSQL 数据库也常用于数据的采集。

在大数据的采集过程中,其主要特点和挑战是并发数高,因为同时有可能会有成千上万的用户来进行访问和操作,比如火车票售票网站和淘宝,它们并发的访问量在峰值时达到上百万,所以需要在采集端部署大量数据库才能支撑。并且如何在这些数据库之间进行负载均衡和分片的确需要深入的思考和设计[7]。

2. 导入/预处理

虽然采集端本身会有很多数据库,但是如果要对这些海量数据进行有效的分析,还是应该将这些来自前端的数据导入到一个集中的大型分布式数据库,或者分布式存储集群,并且可以在导入基础上做一些简单的清洗和预处理工作。也有一些用户会在导入时使用来自 Twitter 的 Storm 对数据进行流式计算,来满足部分业务的实时计算需求。导入与预处理过程的特点和挑战主要是导入的数据量大,每秒钟的导入量经常会达到百兆,甚至千兆级别。

3. 统计/分析

统计与分析主要利用分布式数据库,或者分布式计算集群来对存储于其内的海量数据进行普通的分析和分类汇总等,以满足大多数常见的分析需求。在这方面,一些实时性需求会用到 EMC 的 GreenPlum、Oracle 的 Exadata,以及基于 MySQL 的列式存储 Infobright 等,而一些批处理,或者基于半结构化数据的需求可以使用 Hadoop。统计与分析这部分的主要特点和挑战是分析涉及的数据量大,其对系统资源,特别是 I/O 会有极大的占用[8]。

4. 挖掘

与前面统计和分析过程不同的是,数据挖掘一般没有什么预先设定好的主题,主要是在现有数据上面进行基于各种算法的计算,从而起到预测的效果,以及实现一些高级别数据分析的需求。比较典型的算法有用于聚类的 K-Means、用于统计学习的 SVM 和用于分类的 Naive Bayes,主要使用的工具有 Hadoop 的 Mahout 等。该过程的特点和挑战主要是用于挖掘的算法很复杂,并且计算涉及的数据量和计算量都很大,还有,常用的数据挖掘算法都以单线程为主。

数据挖掘的作用表现在对各种主观臆断的质疑。数字信息往往从各种各样的感应器、工具和模拟实验中源源不断地涌来,令数据组织能力、分析能力和储存信息的能力捉襟见肘。图灵奖得主、已故科学家吉姆·格雷(Jim Gray)认为,要解决我们面临的某些最棘手的全球性挑战,人类需要用强大的新工具去分析、呈现、挖掘和处理科学数据[9]。2007 年,吉姆在 NRC-CSTB 演讲报告中提出了科学发现的"第四范式"——数据挖掘,也有文献称为数据密集型科学研究范式。科学研究的前两个范式是实验和理论。实验法可以追溯到古希腊和古中国。那时,人们尝试通过自然法则来解释观察到的现象。现代科学理论则起源于 17 世纪的艾萨克·牛顿。20 世纪下半叶高性能计算机问世之后,诺贝尔奖得主肯尼思·威尔逊(Kenneth Wilson)又把计算和模拟确立为科学研究的第三范式[10]。科学研究在经历了实验科学、理论科学、计算科学阶段,悄然迎来了第四范式——数据密集型研究范式,该范式同样要用到性能强大的计算机,差别在于科学家们不是根据已知的规则编制程序,而是从数据入手。对复杂问题的理论追求不是确立一个正确的理论,而是渴望用理论去更好地理解和认识问题,而这样的理论必然以丰富的信息为基础,经受来自合理数据的检验。按照第四范式开展的科学研究,如果要更快取得突破,一个基本的方法就是允许普通民众参与数据库并贡献他们的知识。例如,西雅图交通项目当中就有志愿者参与其中,他们的车上装有 GPS 设备,只要开车经过当地的交通道路,就可以采集到项目所需的关于这些路线的关键信息。这些方法后来推广到一些面积更大的都市地区,用于预测所有街道的车流量。运用第四范式,过不了多久,各个领域都会有形形色色的科学爱好者使用像手机或笔记本电脑那样简单的工具,对信息进行收集和分析,进而开展科学研究,这也会成为通过物联网采集数据的基本应用。

再例如,某研究团队在印度有一个项目,它能够借助手机对偏远地区的普通人进行某些疾病的诊断。普通民众通过手机拨号接入一个庞大的医疗信息数据库,针对一套问题填好答案之后,就可以在现场接收诊断结果。大量的普通人通过这个系统获得快速诊断,并且这些诊断结果很快被输入一个数据库。有了这样的数据库,公共卫生官员和医疗工作者就可以发现疾病正在哪些地方爆发,传播速度有多快以及表现出来哪些症状等。机器学习也可以实时加入到其中形成互动环,将每一个疑似病例与传染病的爆发模式进行特征对比,及时控制传染病的蔓延。

科研成果的发布也会发生根本性的变化。今天,发布科研成果的最终产品,是一些关于某个实验的讨论及其发现,且只列出数据集的论文。未来,发布科研成果的最终产品会演变成对数据本身的介绍说明,其中也包括参考引文和相关文献的结构化信息,其他研究者可以在互联网上直接获取这些数据,选择全部或部分用于回答自己的问题,或者用创造性的方式纳入自己的研究想法,得出首位研究者可能从来没有想到的见地。至于远景目标,用格雷的话说,那就是"所有科学文献都上网,所有科学数据都上网,而且它们之间具备互操作性。这样一个世界要成为现实,需要许多新工具"。

这个目标的实现将为社会和地球带来积极的变化,数据挖掘也必然创造巨大的商业机会。例如,戴维·赫克曼的 HIV 病毒基因组分析,就只是个性化药品这个宏大议题的一个小碎片。制药行业正把赌注押在这样一种设想上面:面向不同类型的基因图设计药品及个性化诊疗方案,这将为药品设计和营销开启一个全新的方向。微软的健康解决方案组正在把医疗记录和影像结合起来作为一套智能工具,帮助制药行业实现这一远景的第一小步。

若想充分发挥第四范式的威力来解决人类面临的重大问题,包括计算机在内的所有科学学科都必须彼此协作。问题的答案就潜藏在浩如烟海的数字当中,大数据的本质是提供一种基于客观数据本身发现问题线索的能力。

1.4　可靠性工程中的数据分析

大数据时代已经以"迅雷不及掩耳之势"来袭,从互联网、电商等新兴行业到银行、保险、医疗等传统行业均宣称进入大数据应用时代。工业领域也相继推出了"工业4.0""互联网+"等概念,希望实现大数据环境与工业技术的完美结合。作为传统工业技术发展支柱的可靠性工程在大数据环境中也不可避免地迎来了机遇和挑战。

可靠性数据分析是通过收集系统或单元产品在研制、试验、生产和维修中所产生的可靠性数据,并依据系统的功能或可靠性结构,利用概率统计方法,给出系统的各种可靠性数量指标的定量估计。在工程研制阶段需要收集和分析同类产品的可靠性数据,以便对新产品的设计进行可靠性预测,这种预测有利于进行方案的对比和选择。由于生产阶段产品数量和试验数量大大增加,此时所进行的可靠性数据的分析和评估,反映了产品的设计和制造水平。使用阶段收集和分析的可靠性数据,对产品的设计和制造的评价最权威,因为它反映的使用及环境条件最真实,参与评估的产品数量较多,其评估结果反映了产品趋向成熟期或到达成熟期时的可靠性水平,是该产品可靠性工作的最终检验[11],也是今后开展新产品的可靠性设计和改进原产品设计的最有价值的参考。

进行可靠性数据分析的基本流程包含8个部分[12],如图1-3所示:

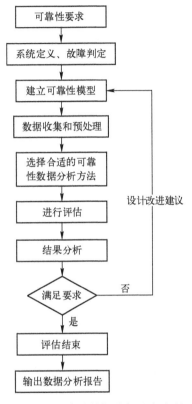

图1-3 可靠性数据分析基本流程

(1)明确产品可靠性要求,包括可靠性参数和指标;
(2)明确产品的定义、组成、功能、任务剖面;
(3)建立产品各种任务剖面下的可靠性框图和模型;
(4)明确产品的故障判据和故障统计原则;
(5)按大纲要求和故障判据、故障统计原则进行试验数据的收集与整理;
(6)根据数据情况选取适合的可靠性数据分析方法,对产品或系统的可靠性进行评估;
(7)对评估结果进行分析,并得出相应的结论和建议;
(8)完成可靠性数据分析报告。

收集可靠性数据的目的:

（1）根据可靠性数据提供的信息，改进产品的设计、制造工艺，提高产品的固有可靠度，并为新技术的研究、新产品的研制提供信息。

（2）根据现场使用提供的数据，改进产品的维修性，使产品结构合理，维修方便，提高产品的可用度。

（3）根据可靠性数据预测系统的可靠性与维修性，开展系统的可靠性设计和维修性设计。

（4）根据可靠性数据进行产品的可靠性分析及可靠性参数评估。

（5）装备或产品的可靠性验证。

某导弹研制阶段可靠性数据收集内容包括：

(1) 产品的技术状态与生产质量状态；

(2) 产品所处的研制(或使用)阶段；

(3) 试验(或使用)条件；

(4) 结构强度试验结果；

(5) 性能参数测试结果；

(6) 研制试验信息，包括产品名称型号、试验名称、试验总时间、故障次数、每次故障的累积试验时间(即产品自开始试验或自上次故障的累积工作时间)、试验次数、成功次数、故障情况、纠正措施，试验的日历时间；

(7) 试验环境信息；

(8) 产品技术状态变动信息。

数据收集范围包括研制阶段所有试验数据、现场信息，根据需要还需收集相似产品的相关信息。

实验室的可靠性试验产生的数据一直是支撑产品设计、改良的重要依据，但是真正的可靠性数据其实应该来源于使用现场，即维修数据，或者说现场失效数据。虽然绝大部分的公司都建立了售后维修数据的收集系统，不过大多数仅作为财务目的或者业绩考核的数据来源，如统计保修成本、维修成本、大概的失效数等。

现场失效数据蕴含着丰富的可靠性工程需要的信息，如失效模式、失效影响、使用的环境条件等。但受限于维修数据库本身的设计、现场记录、维修人员的认识水平和知识范围的限制，现有维修数据能够提供的信息是有限的，大多数仅包含了失效时间、部件名称和简单的失效描述。对此，我们能做的可靠性数据分析工作也是很有限的。

传感器技术的发展使得产品在现场使用过程中的参数变化、使用环境条件变化、设备健康度的状况等信息收集得以实现。诚然，该技术发展了很多年，应用已经很成熟。真正的技术瓶颈是数据收集传输的速度、数据的存储介质以及数据分析处理的速度。但是在目前的信息技术面前,这些问题都能够迎刃而解了。高速的网络数据传输速度、GB、TB 级别的存储器、分布式计算、网格计算以及云计算带来的计算速度和方法的巨变已经构成了大数据应用的基础架构。

可以预见的是,未来在设备的关键部件和系统上将会安装传感器收集相应的参数信息,如温度、震动、电流、电压等数据,该数据将被实时或者定期传回公司的中央数据库。在公司内部的基于大数据的智能分析系统中,已经建有成熟的分析和预测模型,如分类决策树模型、回归预测模型等,根据传回的数据,系统将判别设备的健康状况;根据参数变量间潜在的关联关系、因果关系等预测设备在短期内的失效概率;决定是否需要在现有状况下进行设备维护、消耗品更换;现有系统以及各个分系统的长期寿命预计情况。另外,用户的使用习惯、设备的使用环境等因素都将关联到数据库中,对设备的失效分析提供支持。当设备出现失效的时候,其对应的所有数据信息都会被抽取进行分析,包括设计数据、FMEA 数据、材料供应商数据、生产数据、客户数据、历史的运行数据等,综合以上信息,系统将会很快判断出该失效的真正原因,并给出对应的解决措施和成本统计。

最近,NASA 全面更新了 Open NASA 这个网站,增加了许多新功能,让开发者可以获得很多非常有价值的数据和接口,并将数据库进行了分类,让从事不同工作的人都能更方便地找到他们所需要的东西。现在这个网站里收集了31,382 个数据集、194 个代码库以及 36 个 API 接口,同时 NASA 也会不断地更新这些内容,NASA 将这些资源整理为 4 个类别:航天(Aerospace)、应用科学(Applied Sciences)、管理及运营(Management/Operations)、空间科学(Space Science)[13]。在可靠性领域已经有学者通过对这些数据的分析进行故障预测的工作。

可以看到,大数据环境下的可靠性工程应用是一个集 IT 信息技术、大数据建模分析技术、专业的可靠性知识和技术相结合的复杂系统工程,需要各方面的专业人才共同努力才能够实现。

1.5 相关技术及工具

1.5.1 Hadoop 介绍

Hadoop 是 Apache 软件基金会旗下的一个开源分布式计算平台。以 Hadoop 分布式文件系统(Hadoop Distributed Filesystem,HDFS)和 MapReduce(Google MapReduce 的开源实现)为核心的 Hadoop 为用户提供了系统底层细节透明的分布式基础架构。HDFS 的高容错性、高伸缩性等优点允许用户将 Hadoop 部署在低廉的硬件上，形成分布式系统；MapReduce 分布式编程模型允许用户在不了解分布式系统底层细节的情况下开发并行应用程序[14]。所以用户可以利用 Hadoop 轻松地组织计算机资源，从而搭建自己的分布式计算平台，并且可以充分利用集群的计算和存储能力，完成海量数据的处理。Hadoop 系统采用了分布式存储方式，提高了读写速度，并扩大了储存容量，采用 MapReduce 来整合分布式文件系统上的数据，可保证分析和处理数据的高效。与此同时，Hadoop 还采用存储冗余数据的方式保证了数据的安全性。

Hadoop 是一个能够让用户轻松架构和使用的分布式计算平台。用户可以轻松地在 Hadoop 上开发和运行处理海量数据的应用程序。它主要有以下几个优点：

（1）高可靠性。Hadoop 按位存储和处理数据的能力值得人们信赖。

（2）高扩展性。Hadoop 是在可用的计算机集簇间分配数据并完成计算任务的，这些集簇可以方便地扩展到数以千计的节点中。

（3）高效性。Hadoop 能够在节点之间动态地移动数据，并保证各个节点的动态平衡，因此其处理速度非常快。

（4）高容错性。Hadoop 能够自动保存数据的多个副本，并且能够自动将失败的任务重新分配。

HDFS 采用了主从（Master/Slave）结构模型，一个 HDFS 集群是由一个 NameNode 和若干个 DataNode 组成的[15]。其中 NameNode 作为主服务器，管理文件系统的命名空间和客户端对文件的访问操作；集群中的 DataNode 管理存储的数据。HDFS 允许用户以文件的形式存储数据。从内部来看，文件被分成若干个数据块，而且这若干个数据块存放在一组 DataNode 上。NameNode 执行文件系统的命名空间操作，比如打开、关闭、重命名文件或目录等，它也负责数据块到具体 DataNode 的映射。DataNode 负责处理文件系统客户端的文件读写请求，并在 NameNode 的统一调度下进行数据块的创建、删除和复制工作。图 1-4 给出了 HDFS 的体系结构。

NameNode 和 DataNode 都被设计成可以在普通商用计算机上运行。这些计算机通常运行的是 GNU/Linux 操作系统。HDFS 采用 Java 语言开发，因此任何支持 Java 的机器都可以部署 NameNode 和 DataNode。一个典型的部署场景是集群中的一台机器运行一个 NameNode 实例，其他机器分别运行一个 DataNode 实例。当然，并不排除一台机器运行多个 DataNode 实例的情况。集群中单一的 NameNode 的设计则大大简化了系统的架构。NameNode 是所有 HDFS 元数据的管理者，用户数据永远不会经过 NameNode[16]。

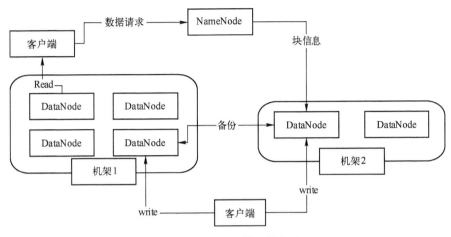

图 1-4 HDFS 的体系结构图

MapReduce 是 Google 公司的核心计算模型,它将运行于大规模集群上的复杂的并行计算过程高度地抽象为了两个函数:map 和 reduce。Hadoop 是 Doug Cutting 受到 Google 发表的关于 MapReduce 的论文的启发而开发出来的。Hadoop 中的 MapReduce 是一个使用简易的软件框架,基于它写出来的应用程序能够运行在由上千台商用机器组成的大型集群上,并以一种可靠容错的方式并行处理 T 级别的数据集,实现了 Hadoop 在集群上的数据和任务的并行计算与处理[17]。

一个 MapReduce 作业(job)通常会把输入的数据集切分为若干个独立的数据块,由 map 任务(task)以完全并行的方式处理它们,框架会先对 map 的输出进行排序,然后把结果输入给 reduce 任务。通常作业的输入和输出都会被存储在文件系统中。整个框架负责任务的调度和监控,以及重新执行已经失败的任务。

通常,MapReduce 框架和分布式文件系统是运行在一组相同的节点上的,也就是说,计算节点和存储节点在一起。这种配置允许框架在那些已经存好数据的节点上高效地调度任务,这可以使整个集群的网络带宽被非常高效地利用。

MapReduce 框架由一个单独的 master JobTracker 和集群节点上的 slave TaskTracker 共同组成。master 负责调度构成一个作业的所有任务,这些任务分布在不同的 slave 上。master 监控它们的执行情况,并重新执行已经失败的任务,而 slave 仅负责执行由 master 指派的任务。

在 Hadoop 上运行的作业需要指明程序的输入/输出位置(路径),并通过实现合适的接口或抽象类来提供 map 和 reduce 函数。同时还需要指定作业的其他参数,构成作业配置(Job Configuration)。在 Hadoop 的 jobclient 提交作业(jar 包/可执行程序等)和配置信息给 JobTracker 之后,JobTracker 会负责分发这些软件和配置信息给 slave 及调度任务,并监控它们的执行,同时提供状态和诊断信息给 jobclient[20]。

美国陆军研究人员重点关注陆军分布式通用地面系统(DCGS-A)以及该项目的云计算和数据存储需求。DGCS 为军方提供一个框架以开发通用互操作系统,处理并交流情报监视侦察(ISR)传感器数据。DCGS-A 支持目标定位、传感器管理和信息使用。该系统提供传感器信息融合,使情报分析员搜集信息并生成情报图像。陆军研究人员说,DCGS-A 必须利用云技术组建核心、区域和边缘节点,以支持陆军情报数据收集和分析。云技术可以提供数据一次采集能力,数据移动量很少,而且数据重用性高。目前 TCIL 的工作包括视频处理、预测分析、语义处理、地理信息、收集管理、云计算性能和边缘节点的开发。TCIL 在一个传统机架配置的行业标准硬件上使用几项开源云计算技术。该机架可以安装在一个安全运输容器内,部署到世界各地。TCIL 系统包括一个 Hadoop 分布式文件系统(HDFS),这是谷歌文件系统的开放源码版本,可扩展到 EB 级字节水平;一个 Hadoop 核心并行基础设施,这是一个使用并行计算的编程模型绘制和压缩的开放源码版本;一个类似于谷歌 BigTable 的云基系统,存储结构化数据达到 PB 级字节水平;Condor 云计算管理基础设施;Puppet 系统,可自动化软件配置、部署、升级、库存跟踪和系统管理[18]。

1.5.2　R 软件介绍

R 是一种解释型语言,而不是编译语言,也就意味着输入的命令能够直接被执行,而不需要像一些语言要首先构成一个完整的程序形式(如 C,Fortan,Pascal,…)。R 的语法非常简单和直观。例如,线性回归的命令 lm($y \sim x$) 表示"以 x 为自变量,y 为反应量来拟合一个线性模型"。

当 R 运行时,所有变量、数据、函数及结果都以对象(Objects)的形式存在计算机的活动内存中,并冠有相应的名字代号。我们可以通过使用一些运算符(如算术、逻辑、比较等)和一些函数(其本身也是对象)来对这些对象进行操作,运算操作非常简单。关于 R 中的函数可用图 1-5 来形象地描述。

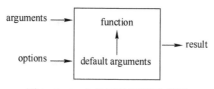

图 1-5　R 中的函数可用示意图

上图中的参量(Arguments)可能是一些对象(如数据、方程、算式……)。在 R 中进行的所有操作都是针对存储在活动内存中的对象的,因此就不涉及任何临时文件夹的使用。对数据、结果或图表的输入与输出都是通过在对计算机硬盘中的文件读写而实现的。用户通过输入一些命令调用函数,分析得出的结果可以被直接显示在屏幕上,也可以被存入某个对象或被写入硬盘(如图片对象)。因为产生的结果本身就是一种对象,所以它们也能被视为数据,并能像一般数据那样被处理分析[19]。数据文件既可从本地磁盘读取,也可通过网络传输从远程服务器端获得。R 工作原理如图 1-6 所示。

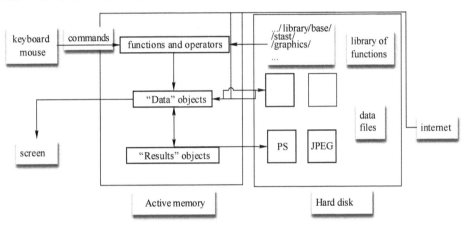

图 1-6　R 工作原理示意图

所有能使用的 R 函数都被包含在一个库(Library)中,该库存放在磁盘的 R HOME/library 目录下。这个目录下包含具有各种功能的包(Packages),各个包也是按照目录的方式组织起来的。其中名为 base 的包可以算是 R 的核心,因为它内嵌了 R 语言中所有像数据读写与操作这些最基本的函数。在上述目录中的每个包内,都有一个子目录 R,这个目录里又都含有一个与此包同名的文件(例如在包 base 中,有这样一个文件 R HOME/library/base/R/base)[19],该文件正是存放所有函数的地方。

1.5.3　AMPL/CPLEX 软件介绍

AMPL(A Mathematical Programming Language)是一种功能强大的综合性代数语言,可以便捷地求解优化过程中经常遇到的线性规划、非线性和整数规划等问题。AMPL 软件是由朗讯公司(Lucent Technologies)的研发部门——贝尔实验室(Bell Laboratories)开发。AMPL 本身并不是一个求解程序,其作用只是类似编译器,在读入符合 AMPL 语法的模型文件(.mod)和数据文件(.dat)后,调用其他能够求解各种数学规划问题的求解器(Solver)。目前,AMPL 支持世界上大多数流行的求解器,如 MINOS、Gurobi、Kestrel 和 CPLEX 等。AMPL 提供直观简明的代数符号可以描述复杂的数学模型,强大的建模语言和高效的表达方式让其成为运筹学建模软件的经典,对于求解大数据问题具有较强的优势。AMPL 解决数学规划问题的框架如图 1-7 所示。

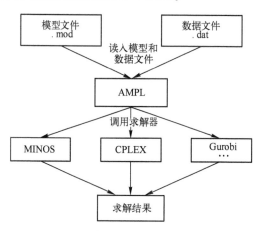

图 1-7　AMPL 求解数学规划问题的基本框架

　　AMPL 本身设计了一套完善的编程语法,在 AMPL 编程过程中要求分别将模型文件和数据文件按照 AMPL 语法存储到 .mod 文件和 .dat 文件中,在模型文件中一般包括集合、参数、变量、目标函数和约束条件等内容,数据文件可以为多个,这样在调用求解时同一个模型可以适用不同的数据,方便多次求解、反复验证。AMPL 软件的配置和执行策略可以编写在一个批处理文件中。AMPL 软件成功读入模型和数据文件后,按照执行策略,调用相关的求解器进行求解。目前 AMPL 支持多种求解器进行优化求解,在这里我们选取常用的 CPLEX 求解器进行进一步介绍。

　　IBM ILOG CPLEX 是一款高性能的数学编程引擎,在 AMPL 软件中作为求解器进行调用。CPLEX 求解器提供灵活的高性能优化求解程序,可以解决线性规划(Linear Programming)、二次方程规划(Quadratic Programming)、二次方程约束规划(Quadratic Constrained Programming)和混合整数规划(Mixed Integer Programming)问题。CPLEX 内置高效的求解算法,一般而言,线性规划求解算法是单纯型法和内点法,二次规划是序列二次规划和内点法,整数规划是分支定界和割平面法等,另外还有启发式方法等。在 AMPL 调用 CPLEX 求解器求解时,它会根据约束条件的形式识别出模型属于哪种形式,并自动选择相应的优化算法(optimizer)去求解问题,其中求解线性规划问题能够在极短时间内找到最优解,混合整数规划问题可以转化为线性规划问题,因此也可以找到最优解;而二次规划等非线性规划问题,CPLEX 求解的结果只是可行解,不能保证是最优解,且随着问题规模增大求解效率将降低。因此我们在用 AMPL 软件求解大数据相关问题时,尽量建立线性规划模型,这样才能保证当数据量和变量规模较大时,AMPL 仍然能有效求解。

某矿业公司使用 AMPL 来分析新地区地下铂矿和钯矿开发和生产情况。该公司开发了一个大的整数规划模型,输入矿产的布局、矿石的质量以及基本采矿活动的设计成本,输出一个在规划周期内收益最大的近似最佳的进度安排表,使用该模型来评估各种规划方案,并对新区域的开发和生产提出指导。

1.5.4 Clementine 介绍

数据挖掘(Data Mining)是从大量的、不完全的、有噪声的、模糊的、随机的实际应用数据中,提取隐含在其中的、人们事先不知道的但又是潜在有用的信息和知识的过程,它是一种深层次的数据分析方法。随着科技的发展,数据挖掘不再只依赖在线分析等传统的分析方法。它结合了人工智能(AI)和统计分析的长处,利用人工智能技术和统计的应用程序,并把这些高深复杂的技术封装起来,使人们不用自己掌握这些技术也能完成同样的功能,并且更专注于自己所要解决的问题。

Clementine 为我们提供了大量的人工智能、统计分析的模型(神经网络、关联分析、聚类分析、因子分析等),并用基于图形化的界面为我们认识、了解、熟悉这个软件提供了方便[20]。除了这些,Clementine 还拥有优良的数据挖掘设计思想,正是因为有了这个工作思想,我们每一步的工作也变得很清晰。

CRISP-DM Model(Cross Industry Standard Process for Data Mining)(数据挖掘跨行业标准流程)包含了 6 个步骤,如图 1-8 所示,步骤间的执行顺序并不严格,用户可以根据实际的需要反向执行某个步骤,也可以跳过某些步骤不予执行。通过对这些步骤的执行,涵盖了数据挖掘的关键部分。

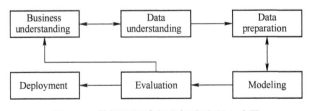

图 1-8 数据挖掘跨行业标准流程六步骤

商业理解(Business understanding):商业理解阶段应算是数据挖掘中最重要的一个部分,在这个阶段里我们需要明确商业目标、评估商业环境、确定挖掘目标以及产生一个项目计划。

数据理解(Data understanding):数据是我们挖掘过程的"原材料",在数据理解过程中我们要知道都有些什么数据,这些数据的特征是什么,可以通过对数据的描述性分析得到数据的特点。

数据准备(Data preparation):在数据准备阶段我们需要对数据作出选择、清洗、重建、合并等工作。选出要进行分析的数据,并对不符合模型输入要求的数据进行规范化操作。

建模(Modeling):建模过程也是数据挖掘中一个比较重要的过程。我们需要根据分析目的选出适合的模型工具,通过样本建立模型并对模型进行评估。

评估(Evaluation):并不是每一次建模都能与我们的目的吻合,评价阶段旨在对建模结果进行评估,对效果较差的结果我们需要分析原因,有时还需要返回前面的步骤对挖掘过程重新定义。

处理(Deployment):这个阶段是用建立的模型去解决实际中遇到的问题,它还包括了监督、维持、产生最终报表、重新评估模型等过程[21]。

Clementine 中的 Data Mining 方法包含分类(Classification)、聚类(Clustering)、估计(Estimation)、预测(Prediction)、购物篮分析(Market Basket Analysis)、描述(Description)。其中,分类即目标变量(因变量、反应变量数)为类别的状况,如信用卡公司将既有资料分为"伪卡""非伪卡",找出伪卡的模式。其中相关技术包括神经网络、决策树(C5.0 C&RT)、Logistic 回归等。聚类是非监督式,未知有几类,如将性质类似的资料加以区分,把顾客资料分群,对不同群体采用不同推销手法,其中相关技术有 K-Means 两步骤, Kohonen 等。估计和分类的不同在于目标变量为连续值,常和分类配合,如用分类判断为会贷款客户后再推估会贷款的金额[22]。预测和分类推估类似,不同在于是预测未来,将新资料带入既有资料建立的模型预见结果,如新申请信用卡的客户要给多少额度,其中相关技术包含分类与估计的所有方法。购物篮分析即找出哪些事件会一起发生,如超级市场发现男士会一起购买啤酒跟尿布,相关技术包括 Apriori, GRI 等。描述即增进对于资料的认识,图形的视觉化呈现或建立规则、决策树等,相关技术包括决策树规则、各类图表等[25]。

Clementine 能够支持图形化界面、菜单驱动、拖拉式的操作;提供丰富的数据挖掘模型和灵活算法;具有多模型的整合能力,使得生成的模型稳定和高效;数据挖掘流程易于管理、可再利用、可充分共享;提供模型评估方法;数据挖掘的结果可以集成于其他的应用中;满足大数据量的处理要求;能够对挖掘的过程进行监控,及时处理异常情况;具有并行处理能力;支持访问异构数据库;提供丰富的接口函数,便于二次开发;挖掘结果能够转化为主流格式的适当图形。

1.5.5 其他大数据处理工具

1. Storm

Hadoop 主要擅长进行批处理,而现实生活中有很多数据是属于流式数据,即计算的输入并不是一个文件,而是源源不断的数据流,如网上实时交易所产生的数据。流式数据有以下特点。

(1) 数据实时到达,需要实时处理。

(2) 数据是流式源源不断的,大小可能无穷无尽。

(3) 系统无法控制将要处理的新到达数据元素的顺序,无论这些数据元素是在同一个数据流中还是跨多个数据流。

(4) 一旦数据流中的某个数据经过处理,要么被丢弃要么无状态。

Storm 也是一个比较成熟的分布式的流计算平台,擅长做流处理(Stream Processing)或者复杂事件处理(Complex Event Processing)。Storm 有以下几个关键特性[27]:

(1) 适用场景广泛。

(2) 良好的伸缩性。

(3) 保证数据无丢失。

(4) 异常健壮。

(5) 良好的容错性。

(6) 支持多语言编程。

值得一提的是,Storm 采用的计算模型并不是 MapReduce,并且 MapReduce 也已经被证明不适合做流处理。

2. Apache Spark

Apache Spark 是一种与 Hadoop 相似的开源集群计算环境,在性能和迭代计算上很有优势,现在是 Apache 孵化的顶级项目。Spark 由加州大学伯克利分校 AMP(Algorithms,Machines and People Lab)实验室开发,可用来构建大型的、低延迟的数据分析应用程序。Spark 启用了内存分布式数据集,除了能够提供交互式查询外,它还可以优化迭代工作负载。Spark 是由 Scala 语言实现的,它将 Scala 作为其应用程序框架,而 Scala 的语言特点也铸就了大部分 Spark 的成功[27]。与 Hadoop 不同,Spark 和 Scala 能够紧密集成,其中的 Scala 可以像操作本地集合对象一样轻松地操作分布式数据集。

Spark 最大的优点在于对于一定数据量的查询可以达到毫秒级,在某些迭代计算的场景(如机器学习算法)中可以领先 Hadoop 数十倍到一百倍,并且它支持有向无环图(DAG)计算[27]。

3. Hadoop 2.0

Hadoop 2.0 从架构上来说与 Hadoop 完全不同,结构更加合理,并解决了第一代 Hadoop 中主节点(Master Node)的单点性能故障和性能瓶颈的问题。但与第一代 Hadoop 最大的不同在于,它引入了一个资源管理平台的组件——YARN(见图1-9),通过这个组件,我们可以共用底层存储(HDFS),计算框架采取可插拔式的配置,支持 Storm、Spark 等其他开源计算框架,也就是说,同样的集群既可以做批处理也可以做流处理甚至是大规模并行计算(MPI)[27]。

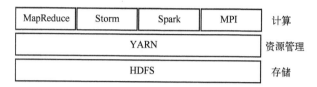

图1-9 YARN

第 2 章

大数据与数据挖掘

数据是广泛可用的,所缺乏的是从中提取与挖掘知识的能力。数据收集的根本目的是根据需求从数据中提取有用的知识,并将其应用到具体的领域之中。大数据中蕴藏着大量的知识,利用数据挖掘手段发掘数据背后的价值。本章主要介绍面向大数据的数据挖掘的理论方法与前沿研究,深入浅出地剖析从大数据中掏金的秘诀。

2.1 数据管理与数据仓库

2.1.1 数据、信息和知识

1. 数据

我们经常说"今天气温是 10℃,苹果的重量是 300g,绳子的长度是 2m,教学楼的高度为 26 层"。通过气温、10℃、苹果、重量、300g、绳子、长度、2m、教学楼、高度、26 层这些关键词,我们的大脑里就形成了对客观世界的印象。

这些约定俗成的字符或关键词就构成了我们探讨的数据基础,我们提到关键词必须是人们约定俗成的。这就表示不同阶级、不同宗教、不同国家的人对于关键词的约定必然会有差异。由此我们可以推导出数据其实也具有一个使用范围。不同领域的人在描述同一事物时会出现不同的数据。例如,中国人会称每个星期的最后一天为"星期天",美国人会把这一天叫作"Sunday",基督教徒会称这一天为"礼拜天"。数据的有范围性导致由此建立的信息世界、知识世界在不同的国家、不同的宗教、不同的阶级中会产生差异。

认识到数据的有范围性可以帮助我们在一个领域进行知识管理时,首先要统一关键词或数据的约定。因此,我们可以对数据进行这样的定义:数据是使用约定俗成的关键词,对客观事物的数量、属性、位置及其相互关系进行抽象表示,以适合在这个领域中用人工或自然的方式进行保存、传递和处理[23]。

从表象来看,数据可以理解为人类对所感兴趣的对象特性的记录,数据是用于描述事实的,它具有时间和空间属性。数据的一项重要的功能是对所立目标形成深刻理解,提供未成形概念存在的依据。其中这个未知的概念既存在于数据之中,又与数据本身有所区别,这就是新的知识。数据与其语义共同构成了具有时效性的、有特定含义的、有逻辑的数据,这就是信息。如果说数据是客观事物的一种符号,那么信息则可以认为是以有意义的形式加以排列和处理的数据。

我们身处信息时代,无论在数量还是复杂性上,数据都呈现爆炸式增长。"数据在,找不到"的问题日益严重。为了解决由于数据爆炸带来的无法对数据进行有效处理得到有效信息的问题,数据挖掘技术开始得到推广。

数据挖掘是指从数据库的大量数据中揭示出隐含的、先前未知的并有潜在价值的信息的非平凡过程。数据挖掘是一种决策支持过程,它主要基于人工智能、机器学习、模式识别、统计学、数据库、可视化技术等,高度自动化地分析企业的数据,做出归纳性的推理,从中挖掘出潜在的模式,帮助决策者调整市场策略,减少风险,做出正确的决策。未来,数据挖掘将朝着语音、文本、图像与云技术的结合的方向发展。

2. 信息

作为知识层次中的中间层,有一点可以确认,那就是信息必然来源于数据并高于数据。我们知道像 10℃、300 克、2 米、26 层以及气温、苹果、绳子、教学楼等这些数据是没有联系的,它们之间是孤立的。只有当这些数据用来描述一个客观事物和客观事物的关系,形成有逻辑的数据流,它们才能被称为信息。

一般而言,信息是结构化的数据,数据则不必是结构化的,非结构化或半结构化的数据可以通过结构化程序变得易于处理和分析。数据和信息既有联系又有区别。数据是信息的素材,又反过来表达了信息,信息为数据形成知识提供架构,数据是信息的内容。信息则只有通过数据的形式表示出来才能被人们用于比较、理解和接受。尽管数据和信息在概念上有所不同,从数据和信息的分析和利用来看,二者并不具有严格的区分,在不影响理解的情况下,数据分析和信息分析很多情况下都被认为是一个概念,其共同的功能是形成有效的知识。

除此之外,信息事实上还有一个非常重要的特性——时效性。例如新闻说北京气温 10℃,这个信息对我们是无意义的,它必须加上今天或明天北京气温

10℃。再例如通告说,在三楼会议室开会,这个信息也是无意义的,它必须告诉我们是哪天的几点钟在三楼会议室开会。

注意信息的时效性对于我们使用和传递信息有重要的意义。它提醒我们失去信息的时效性,信息就不是完整的信息,甚至会变成毫无意义的数据流。所以我们认为:信息是具有时效性的有一定含义的,有逻辑的、经过加工处理的、对决策有价值的数据流[24]。

3. 知识

信息虽给出了数据中一些有一定意义的东西,但它的价值往往会在时间效用失效后开始衰减,只有通过人们的参与,对信息进行归纳、演绎、比较等手段进行挖掘,使其有价值的部分沉淀下来,并与已存在的人类知识体系相结合,这部分有价值的信息才转变成知识。

知识是概念的诠释和表达,数据是揭示知识存在的模式与关系的重要素材。单一的数据记录一般并不独立形成概念,为了产生有价值的、可靠的新认知,需要将不同记录的数据进行有效的关联和组织,通过数据分析,把握体现数据共性和差异的关键线索,从而对数据中的信息进行有序解读,实现对隐藏于数据中的知识的线索和联系的归纳与推理。没有数据则无法形成可靠的认识。

例如北京7月1日气温为30℃,在12月1日气温为3℃。这些信息一般会在时效性消失后,变得没有价值,但当人们对这些信息进行归纳和对比就会发现北京每年的7月气温会比较高,12月气温比较低,于是总结出一年有春夏秋冬4个季节,因此我们认为:知识就是沉淀并与已有人类知识库进行结构化的有价值信息[25]。

2.1.2 数据爆炸

我们现在已经生活在一个网络化的时代,通信、计算机和网络技术正改变着整个人类和社会[26]。如果用芯片集成度来衡量微电子技术,用CPU处理速度来衡量计算机技术,用信道传输速率来衡量通信技术,那么摩尔定律告诉我们,它们都是以每18个月翻一番的速度在增长,这一势头已经维持了十多年。在美国,广播达到5,000万户用了38年;电视用了13年;Internet拨号上网达到5,000万户仅用了4年。全球IP网发展速度达到每6个月翻一番,国内情况亦然。网络的发展导致经济全球化,在1998年全球产值排序前100名中,跨国企业占了51个,国家只占49个。有人提出,对待一个跨国企业也许比对待一个国家还要重要。在新世纪钟声刚刚敲响的时候,回顾往昔,人们不仅要问:就推动人类社会进步而言,历史上能与网络技术相比拟的是什么技术呢?有人甚至提出要把网络技术与火的发明相比拟。火的发明区别了动物和人,种种科学技术的重大发现扩展了自然人的体能、技能和智能,而网络技术则大大提高了人的生存质量和人的素质,使人成为社会人、全球人。[27]

1998年图灵奖获得者吉姆·格雷(Jim Gray)曾经断言,现在每18个月新增的数据量等于有史以来数据量之和[28]。工业界每年产生的数据已达到PB(拍字节,10^{15}B)数量级;科学研究领域也面临相同的难题,例如欧洲核子研究中心每年产生的数据就达15PB。人们在信息活动中不断产生的数字化信息,如手机通信数据、出租车GPS数据、视频监控数据等,其总量不仅成几何级数增长,其结构也呈现连续的高维时空特性,较传统的二维关系表和<key, value>结构的万维网(Web)数据更复杂多变。

无论在数量还是复杂性上,数据都呈现爆炸式增长。"数据在,找不到"的问题日益严重。海量时空数据具备采集多源性、数据结构多样性、数据关联多维性等特性。传统的数据存储管理模式,以二维静态数据表为基础,使得大量关联数据在语义上被隔离,导致查询效率低、系统不稳定等。目前,无论在工业界还是科学研究领域,都面临对PB级以上数据的存储和管理的挑战。如何有效地存储和管理海量时空数据,成为这个时代的难题。[29]

2.1.3 数据仓库

数据仓库,英文名称为Data Warehouse,可简写为DW或DWH。数据仓库,是为企业所有级别的决策制定过程,提供所有类型数据支持的战略集合。它是单个数据存储,出于分析性报告和决策支持目的而创建的,为需要业务智能的企业,提供业务流程改进、监视时间、成本、质量以及控制指导。

1. 发展历程

数据仓库是决策支持系统(DSS)和联机分析应用数据源的结构化数据环境。数据仓库研究和解决从数据库中获取信息的问题。数据仓库的特征在于面向主题、集成性、稳定性和时变性。

数据仓库[30],由数据仓库之父比尔·恩门(Bill Inmon)于1990年提出,主要功能仍是将组织透过资讯系统之联机事务处理(OLTP)经年累月所累积的大量资料,透过数据仓库理论所特有的资料储存架构,做一有系统的分析整理,以利于各种分析方法如联机分析处理(OLAP)、数据挖掘(Data Mining)的进行,进而支持如决策支持系统(DSS)、主管资讯系统(EIS)的创建,帮助决策者能快速有效地自大量资料中,分析出有价值的资讯,以利于决策拟定及快速回应外在环境变动,帮助建构商业智能(BI)。

比尔·恩门(Bill Inmon)在1991年出版的 *Building the Data Warehouse*(《建立数据仓库》)一书中所提出的定义被广泛接受——数据仓库(Data Warehouse)是一个面向主题的(Subject-oriented)、集成的(Integrated)、相对稳定的(Non-Volatile)、反映历史变化(Time Variant)的数据集合,用于支持管理决策(Decision Making Support)。

2. 特点

(1) 数据仓库是面向主题的。操作型数据库的数据组织面向事务处理任务,而数据仓库中的数据是按照一定的主题域进行组织。主题是指用户使用数据仓库进行决策时所关心的重点方面,一个主题通常与多个操作型信息系统相关。

(2) 数据仓库是集成的。数据仓库的数据有来自于分散的操作型数据,将所需数据从原来的数据中抽取出来,进行加工与集成,统一与综合之后才能进入数据仓库;数据仓库中的数据是在对原有分散的数据库数据进行抽取、清理的基础上经过系统加工、汇总和整理得到的,必须消除源数据中的不一致性,以保证数据仓库内的信息是关于整个企业的一致的全局信息。

数据仓库的数据主要供企业决策分析之用,所涉及的数据操作主要是数据查询,一旦某个数据进入数据仓库以后,一般情况下将被长期保留,也就是数据仓库中一般有大量的查询操作,但修改和删除操作很少,通常只需要定期的加载、刷新[31]。

数据仓库中的数据通常包含历史信息,系统记录了企业从过去某一时点(如开始应用数据仓库的时点)到当前的各个阶段的信息,通过这些信息,可以对企业的发展历程和未来趋势做出定量分析和预测。

(3) 数据仓库是不可更新的。数据仓库主要是为决策分析提供数据,所涉及的操作主要是数据的查询。

(4) 数据仓库是随时间而变化的。传统的关系数据库系统比较适合处理格式化的数据,能够较好地满足商业商务处理的需求。稳定的数据以只读格式保存,且不随时间改变。

(5) 数据仓库是汇总的。操作性数据映射成决策可用的格式。

(6) 数据仓库是大容量的。时间序列数据集合通常都非常大。

(7) 数据仓库是非规范化的。DW数据可以是而且经常是冗余的。

(8) 数据仓库是元数据。将描述数据的数据保存起来。

(9) 数据仓库是数据源。数据来自内部的和外部的非集成操作系统。

数据仓库,是在数据库已经大量存在的情况下,为了进一步挖掘数据资源、决策需要而产生的,它并不是所谓的"大型数据库"。数据仓库的方案建设的目的,是以前端查询和分析作为基础,由于有较大的冗余,所以需要的存储也较大。

为了更好地为前端应用服务,数据仓库往往有如下几点特点[32]:

(1) 效率足够高。数据仓库的分析数据一般分为日、周、月、季、年等,可以看出,日为周期的数据要求的效率最高,要求 24 小时甚至 12 小时内,客户能看到昨天的数据分析。由于有的企业每日的数据量很大,设计不好的数据仓库经常会出问题,延迟 1~3 日才能给出数据,显然是不行的。

(2) 数据质量。数据仓库所提供的各种信息,肯定要准确的数据,但由于数据仓库流程通常分为多个步骤,包括数据清洗、装载、查询、展现等,复杂的架构会有更多层次,那么由于数据源有脏数据或者代码不严谨,都可以导致数据失真,客户看到错误的信息就可能导致分析出错误的决策,造成损失,而不是效益。

(3) 扩展性。之所以有的大型数据仓库系统架构设计复杂,是因为考虑到了未来 3~5 年的扩展性,这样的话,未来不用太快花钱去重建数据仓库系统,就能很稳定的运行。主要体现在数据建模的合理性,数据仓库方案中多出一些中间层,使海量数据流有足够的缓冲,不至于数据量大很多,就运行不起来了。

从上面的介绍中可以看出,数据仓库技术可以将企业多年积累的数据唤醒,不仅可以为企业管理好这些海量数据,而且能够从中挖掘数据潜在的价值,从而成为通信企业运营维护系统的亮点之一。正因为如此,广义地说,基于数据仓库的决策支持系统由 3 个部件组成:数据仓库技术、联机分析处理技术和数据挖掘技术。其中数据仓库技术是系统的核心,在后面的内容里,将围绕数据仓库技术,介绍现代数据仓库的主要技术和数据处理的主要步骤,讨论在通信运营维护系统中如何使用这些技术为运营维护带来帮助。

(4) 面向主题。操作型数据库的数据组织面向事务处理任务,各个业务系统之间各自分离,而数据仓库中的数据是按照一定的主题域进行组织的。主题是与传统数据库的面向应用相对应的,是一个抽象概念,是在较高层次上将企业信息系统中的数据综合、归类并进行分析利用的抽象。每一个主题对应一个宏观的分析领域。数据仓库排除对于决策无用的数据,提供特定主题的简明视图[31]。

3. 用途

信息技术与数据智能大环境下,数据仓库在软硬件领域、Internet 和企业内部网解决方案以及数据库方面提供了许多经济高效的计算资源,可以保存极大量的数据供分析使用,且允许使用多种数据访问技术。

开放系统技术使得分析大量数据的成本趋于合理,并且硬件解决方案也更为成熟。在数据仓库应用中主要使用的技术如下:

并行。计算的硬件环境、操作系统环境、数据库管理系统和所有相关的数据库操作、查询工具和技术、应用程序等各个领域都可以从并行的最新成就中获益。

分区。分区功能使得支持大型表和索引更容易,同时也提高了数据管理和查询性能。

数据压缩。数据压缩功能降低了数据仓库环境中通常需要的用于存储大量数据的磁盘系统的成本,新的数据压缩技术也已经消除了压缩数据对查询性能造成的负面影响。

4. 实现方式

数据仓库是一个过程而不是一个项目。

数据仓库系统是一个信息提供平台,它从业务处理系统获得数据,主要以星型模型和雪花模型进行数据组织,并为用户提供各种手段从数据中获取信息和知识。

从功能结构划分,数据仓库系统至少应该包含数据获取(Data Acquisition)、数据存储(Data Storage)、数据访问(Data Access)3个关键部分。

企业数据仓库的建设,是以现有企业业务系统和大量业务数据的积累为基础。数据仓库不是静态的概念,只有把信息及时交给需要这些信息的使用者,供他们做出改善其业务经营的决策,信息才能发挥作用,信息才有意义。而把信息加以整理归纳和重组,并及时提供给相应的管理决策人员,是数据仓库的根本任务。因此,从产业界的角度看,数据仓库建设是一个工程,是一个过程。

5. 体系结构

数据源是数据仓库系统的基础,是整个系统的数据源泉[33]。通常包括企业内部信息和外部信息。内部信息包括存放于关系数据库管理系统(RDBMS)中的各种业务处理数据和各类文档数据。外部信息包括各类法律法规、市场信息和竞争对手的信息等。

数据的存储与管理是整个数据仓库系统的核心[33]。数据仓库的真正关键是数据的存储和管理。数据仓库的组织管理方式决定了它有别于传统数据库,同时也决定了其对外部数据的表现形式。要决定采用什么产品和技术来建立数据仓库的核心,则需要从数据仓库的技术特点着手分析。针对现有各业务系统的数据,进行抽取、清理,并有效集成,按照主题进行组织。数据仓库按照数据的覆盖范围可以分为企业级数据仓库和部门级数据仓库(通常称为数据集市)。

OLAP 服务器对分析需要的数据进行有效集成,按多维模型予以组织,以便进行多角度、多层次的分析,并发现趋势。其具体实现可以分为:ROLAP(关系型在线分析处理)、MOLAP(多维在线分析处理)和 HOLAP(混合型线上分析处理)。ROLAP 基本数据和聚合数据均存放在 RDBMS 之中;MOLAP 基本数据和聚合数据均存放于多维数据库中;HOLAP 基本数据存放于 RDBMS 之中,聚合数据存放于多维数据库中。

前端工具[34]主要包括各种报表工具、查询工具、数据分析工具、数据挖掘工具以及各种基于数据仓库或数据集市的应用开发工具。其中数据分析工具主要针对 OLAP 服务器,报表工具、数据挖掘工具主要针对数据仓库。

6. 组成

数据抽取工具[35]。把数据从各种各样的存储方式中拿出来,进行必要的转化、整理,再存放到数据仓库内。对各种不同数据存储方式的访问能力是数据抽取工具的关键,应能生成 COBOL 程序、MVS 作业控制语言(JCL)、UNIX 脚本和 SQL 语句等,以访问不同的数据。数据转换包括:删除对决策应用没有意义的数据段,转换到统一的数据名称和定义,计算统计和衍生数据,给缺值数据赋予缺省值,把不同的数据定义方式统一。

数据库[46]。数据库是整个数据仓库环境的核心,是数据存放的地方和提供对数据检索的支持。相对于操纵型数据库来说其突出的特点是对海量数据的支持和快速的检索技术。

元数据[46]。元数据是描述数据仓库内数据的结构和建立方法的数据。可将其按用途的不同分为两类:技术元数据和商业元数据。

技术元数据是数据仓库的设计和管理人员用于开发和日常管理数据仓库使用的数据。包括:数据源信息;数据转换的描述;数据仓库内对象和数据结构的定义;数据清理和数据更新时用的规则;源数据到目的数据的映射;用户访问权限,数据备份历史记录,数据导入历史记录,信息发布历史记录等。

商业元数据从商业业务的角度描述了数据仓库中的数据。包括:业务主题的描述,包含的数据、查询、报表。

元数据为访问数据仓库提供了一个信息目录(Information Directory),这个目录全面描述了数据仓库中都有什么数据、这些数据怎么得到的和怎么访问这些数据,是数据仓库运行和维护的中心。数据仓库服务器利用它来存贮和更新数据,用户通过它来了解和访问数据。

数据集市。数据集市是为了特定的应用目的或应用范围,而从数据仓库中独立出来的一部分数据,也可称为部门数据或主题数据(Subject Area)。在数据仓库的实施过程中往往可以从一个部门的数据集市着手,以后再用几个数据集市组成一个完整的数据仓库。需要注意的就是在实施不同的数据集市时,同一含义的字段定义一定要相容,这样在以后实施数据仓库时才不会造成大麻烦。

数据仓库管理。数据仓库管理包括:安全和特权管理,跟踪数据的更新,数据质量检查,管理和更新元数据,审计和报告数据仓库的使用和状态,删除数据,复制、分割和分发数据,备份和恢复,存储管理。

信息发布系统。信息发布系统把数据仓库中的数据或其他相关的数据发送给不同的地点或用户。基于 Web 的信息发布系统是处理多用户访问的最有效方法。

访问工具。访问工具为用户访问数据仓库提供手段,包括:数据查询和报表工具,应用开发工具,管理信息系统(EIS)工具,在线分析(OLAP)工具,数据挖掘工具。

7. 数据仓库与数据库的关系

二者的联系:数据仓库的出现,并不是要取代数据库[36]。大部分数据仓库还是用关系数据库管理系统来管理的。可以说,数据库、数据仓库相辅相成、各有千秋。

二者的区别:

(1) 出发点不同。数据库是面向事务的设计;数据仓库是面向主题设计的。

(2) 存储的数据不同。数据库一般存储在线交易数据;数据仓库存储的一般是历史数据。

(3) 设计规则不同。数据库设计是尽量避免冗余,一般采用符合范式的规则来设计;数据仓库在设计时有意引入冗余,采用反范式的方式来设计。

(4) 提供的功能不同。数据库是为捕获数据而设计的;数据仓库是为分析数据而设计的。

(5) 基本元素不同。数据库的基本元素是事实表;数据仓库的基本元素是维度表。

(6) 容量不同。数据库在基本容量上要比数据仓库小得多。

(7) 服务对象不同。数据库是为了高效的事务处理而设计的,服务对象为企业业务处理方面的工作人员;数据仓库是为了分析数据进行决策而设计的,服务对象为企业高层决策人员。

2.1.4 云计算与云存储

云计算(Cloud Computing)[37]是基于互联网的相关服务的增加、使用和交付模式,通常涉及通过互联网来提供动态易扩展且经常是虚拟化的资源。云是网络、互联网的一种比喻说法。过去在图中往往用云来表示电信网,后来也用来表示互联网和底层基础设施的抽象。因此,云计算甚至可以让你体验每秒10万亿次的运算能力,拥有这么强大的计算能力可以模拟核爆炸、预测气候变化和市场发展趋势。用户通过电脑、笔记本、手机等方式接入数据中心,按自己的需求进行运算。

对云计算的定义有多种说法。对于到底什么是云计算,至少可以找到100种解释[38]。现阶段广为接受的是美国国家标准与技术研究院(NIST)定义:云计算是一种按使用量付费的模式,这种模式提供可用的、便捷的、按需的网络访问,进入可配置的计算资源共享池(资源包括网络、服务器、存储、应用软件、服务),这些资源能够被快速提供,只需投入很少的管理工作,或与服务供应商进行很少的交互。

云存储是在云计算概念上延伸和发展出来的一个新的概念,是一种新兴的网络存储技术,是指通过集群应用、网络技术或分布式文件系统等功能,将网络中大量各种不同类型的存储设备通过应用软件集合起来协同工作,共同对外提供数据存储和业务访问功能的一个系统。当云计算系统运算和处理的核心是大量数据的存储和管理时,云计算系统中就需要配置大量的存储设备,那么云计算系统就转变成为一个云存储系统,所以云存储是一个以数据存储和管理为核心的云计算系统。简单来说,云存储就是将储存资源放到云上供人存取的一种新兴方案。使用者可以在任何时间、任何地方,通过任何可连网的装置连接到云上方便地存取数据。

与云计算系统相比,云存储可以认为是配置了大容量存储空间的一个云计算系统[39]。图2-1是云计算和云存储的架构模型对比。

从架构模型来看,云存储系统比云计算系统多了一个存储层,同时,在基础管理层也多了很多与数据管理和数据安全有关的功能,两者在访问层和应用接口层则是完全相同的。[40]

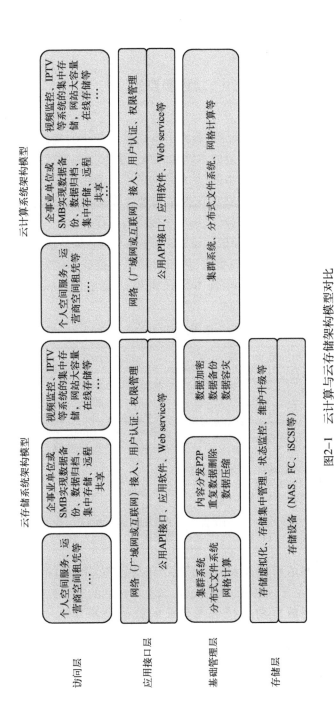

图2-1 云计算与云存储架构模型对比

2.2 数据挖掘概述

2.2.1 数据挖掘的历史、功能和目的

1. 数据挖掘的历史

通过一段时间对事物的观察,总结出事物发展变化的规律,生成行之有效的方法,这是我们人类适应社会的本能和智慧。数据挖掘则试图让数据处理器模仿人的观察、思考和判断的本能,从大量的数据中总结出规律,辅助对问题做出判断。从这种意义上来看,数据挖掘是通过计算机积累经验,一个数据挖掘的过程就是一个机器学习和判断决策水平提高的过程。

从商业数据到商业信息的进化过程中,每一步前进都是建立在上一步的基础上的。从表2-1中我们可以看到,第四阶段进化是革命性的,因为从用户的角度来看,这一阶段的数据库技术已经可以快速地回答商业上的很多问题了[41]。

表2-1 数据挖掘的进化历程

进化阶段	商业问题	支持技术	产品特点
数据搜集 (20世纪60年代)	"过去五年中我的总收入是多少?"	计算机、磁带和磁盘	提供历史性的、静态的数据信息
数据访问 (20世纪80年代)	"在新英格兰的分部去年三月的销售额是多少?"	关系数据库(RDBMS)、结构化查询语言(SQL)、ODBC、racle、Sybase、Informix、IBM、Microsoft	在记录级提供历史性的、动态数据信息
数据仓库 决策支持 (20世纪90年代)	"在新英格兰的分部去年三月的销售额是多少?波士顿此可得出什么结论?"	联机分析处理(OLAP)、多维数据库、数据仓库	在各种层次上提供回溯的、动态的数据信息
数据挖掘 (正在流行)	"下个月波士顿的销售会怎么样?为什么?"	高级算法、多处理器计算机、海量数据库	提供预测性的信息

数据挖掘的核心模块技术历经了数十年的发展,其中包括数理统计、人工智能、机器学习。今天,这些成熟的技术,加上高性能的关系数据库引擎以及广泛的数据集成,让数据挖掘技术在当前的数据仓库环境中进入了实用的阶段[52]。

数据挖掘其实是一个逐渐演变的过程,电子数据处理的初期,人们就试图通过某些方法来实现自动决策支持,当时机器学习成为人们关心的焦点。机器学习的过程就是将一些已知的并已被成功解决的问题作为范例输入计算机,机器通过学习这些范例总结并生成相应的规则,这些规则具有通用性,使用它们

可以解决某一类的问题。随后,随着神经网络技术的形成和发展,人们的注意力转向知识工程,知识工程不同于机器学习那样给计算机输入范例,让它生成出规则,而是直接给计算机输入已被代码化的规则,而计算机是通过使用这些规则来解决某些问题。专家系统就是运用这种方法所得到的成果,但它有投资大、效果不甚理想等不足。20世纪80年代人们又在新的神经网络理论的指导下,重新回到机器学习的方法上,并将其成果应用于处理大型商业数据库。在80年代末随着一个新的术语——数据库中的知识(Knowledge Discovery in Database,KDD)的发现,它泛指所有从源数据中发掘模式或联系的方法,人们接受了这个术语,并用KDD来描述整个数据发掘的过程,包括最开始的制定业务目标到最终的结果分析,而用数据挖掘(Data Mining)来描述使用挖掘算法进行数据挖掘的子过程。但最近人们却逐渐开始发现数据挖掘中有许多工作可以由统计方法来完成,并认为最好的策略是将统计方法与数据挖掘有机地结合起来[42]。

数据仓库技术的发展与数据挖掘有着密切的关系。数据仓库的发展是促进数据挖掘越来越热的原因之一。但是,数据仓库并不是数据挖掘的先决条件,因为有很多数据挖掘可直接从操作数据源中挖掘信息。

2. 数据挖掘的功能

数据挖掘通过预测未来趋势及行为,做出前摄的、基于知识的决策。数据挖掘的目标是从数据库中发现隐含的、有意义的知识,主要有以下5类功能。

1) 自动预测趋势和行为[43]

数据挖掘自动在大型数据库中寻找预测性信息,以往需要进行大量手工分析的问题如今可以迅速直接由数据本身得出结论。一个典型的例子是市场预测问题,数据挖掘使用过去有关促销的数据来寻找未来投资中回报最大的用户,其他可预测的问题包括预报破产以及认定对指定事件最可能做出反应的群体。

2) 关联分析[44]

数据关联是数据库中存在的一类重要的可被发现的知识。若两个或多个变量的取值之间存在某种规律性,就称为关联。关联可分为简单关联、时序关联、因果关联。关联分析的目的是找出数据库中隐藏的关联网。有时并不知道数据库中数据的关联函数,即使知道也是不确定的,因此关联分析生成的规则带有可信度。

3) 聚类

数据库中的记录可被划分为一系列有意义的子集,即聚类。聚类增强了人们对客观现实的认识,是概念描述和偏差分析的先决条件。聚类技术主要包括传统的模式识别方法和数学分类学。20世纪80年代初,Mchalski提出了概念聚类技术。其要点是,在划分对象时不仅考虑对象之间的距离,还要求划分出的类具有某种内涵描述,从而避免了传统技术的某些片面性。

4) 概念描述

概念描述就是对某类对象的内涵进行描述,并概括这类对象的有关特征。概念描述分为特征性描述和区别性描述,前者描述某类对象的共同特征,后者描述不同类对象之间的区别。生成一个类的特征性描述只涉及该类对象中所有对象的共性。生成区别性描述的方法很多,如决策树方法、遗传算法等。

5) 偏差检测

数据库中的数据常有一些异常记录,从数据库中检测这些偏差很有意义。偏差包括很多潜在的知识,如分类中的反常实例、不满足规则的特例、观测结果与模型预测值的偏差、量值随时间的变化等。偏差检测的基本方法是,寻找观测结果与参照值之间有意义的差别[45]。

3. 数据挖掘的目的

《纽约时报》由20世纪60年代的10~20版扩张至现在的100~200版,最高曾达1572版;《北京青年报》也已是16~40版;市场营销报已达100版。然而在现实社会中,人均日阅读时间通常为30~45分钟,只能浏览一份24版的报纸。大量信息在给人们带来方便的同时也带来了一大堆问题:第一是信息过量,难以消化;第二是信息真假难以辨识;第三是信息安全难以保证;第四是信息形式不一致,难以统一处理。人们开始提出一个新的口号:"要学会抛弃信息"。

另一方面,随着数据库技术的迅速发展以及数据库管理系统的广泛应用,人们积累的数据越来越多。激增的数据背后隐藏着许多重要的信息,人们希望能够对其进行更高层次的分析,以便更好地利用这些数据。目前的数据库系统可以高效地实现数据的录入、查询、统计等功能,但无法发现数据中存在的关系和规则,无法根据现有的数据预测未来的发展趋势。缺乏挖掘数据背后隐藏的知识的手段,导致了"数据爆炸但知识贫乏"的现象。

面对这一挑战,数据挖掘技术应运而生,并显示出强大的生命力。数据挖掘使人们在数据爆炸的时代不被信息淹没,而是从中及时发现有用的知识、提高信息利用率[46]。

2.2.2 数据挖掘的内涵和基本特征

数据挖掘[47]又称为数据库中的知识发现,是目前人工智能和数据库领域研究的热点问题,所谓数据挖掘是指从数据库的大量数据中揭示出隐含的、先前未知的并有潜在价值的信息的非平凡过程。数据挖掘是一种决策支持过程,它主要基于人工智能、机器学习、模式识别、统计学、数据库、可视化技术等,高度自动化地分析企业的数据,做出归纳性的推理,从中挖掘出潜在的模式,帮助决策者调整市场策略,减少风险,做出正确的决策。

1. 数据挖掘的定义

1) 技术上的定义及含义

数据挖掘(Data Mining)就是从大量的、不完全的、有噪声的、模糊的、随机的实际应用数据中,提取隐含在其中的、人们事先不知道的但又是潜在有用的信息和知识的过程。这个定义包括好几层含义:数据源必须是真实的、大量的、含噪声的;发现的是用户感兴趣的知识;发现的知识要可接受、可理解、可运用;并不要求发现放之四海皆准的知识,仅支持特定的发现问题。

与数据挖掘相近的同义词有数据融合、人工智能、商务智能、模式识别、机器学习、知识发现、数据分析和决策支持等。

从广义上理解,数据、信息也是知识的表现形式,但是人们更把概念、规则、模式、规律和约束等看作知识。人们把数据看作是形成知识的源泉,好像从矿石中采矿或淘金一样。原始数据可以是结构化的,如关系数据库中的数据;也可以是半结构化的,如文本、图形和图像数据;甚至是分布在网络上的异构型数据。发现知识的方法可以是数学的,也可以是非数学的;可以是演绎的,也可以是归纳的。发现的知识可以被用于信息管理、查询优化、决策支持和过程控制等,还可以用于数据自身的维护。因此,数据挖掘是一门交叉学科,它把人们对数据的应用从低层次的简单查询,提升到从数据中挖掘知识,提供决策支持。在这种需求牵引下,汇聚了不同领域的研究者,尤其是数据库技术、人工智能技术、数理统计、可视化技术、并行计算等方面的学者和工程技术人员,投身到数据挖掘这一新兴的研究领域,形成新的技术热点。

这里所说的知识发现,不是要求发现放之四海而皆准的真理,也不是要去发现崭新的自然科学定理和纯数学公式,更不是什么机器定理证明。实际上,所有发现的知识都是相对的,是有特定前提和约束条件,面向特定领域的,同时还要能够易于被用户理解。最好能用自然语言表达所发现的结果。

2) 商业角度的定义

数据挖掘是一种新的商业信息处理技术,其主要特点是对商业数据库中的大量业务数据进行抽取、转换、分析和其他模型化处理,从中提取辅助商业决策的关键性数据。

简而言之,数据挖掘其实是一类深层次的数据分析方法。数据分析本身已经有很多年的历史,只不过在过去数据收集和分析的目的是用于科学研究,另外,由于当时计算能力的限制,对大数据量进行分析的复杂数据分析方法受到很大限制。现在,由于各行业业务自动化的实现,商业领域产生了大量的业务数据,这些数据不再是为了分析的目的而收集的,而是由于纯机会的(Opportunistic)商业运作而产生。分析这些数据也不再是单纯为了研究的需要,更主要是为商业决策提供真正有价值的信息,进而获得利润。但所有企业面临的一个共同问题是:企业数据量非常大,而其中真正有价值的信息却很少,因此从大量的数据中经过深层分析,获得有利于商业运作、提高竞争力的信息,就像从矿石中淘金一样,数据挖掘也因此而得名。

因此,数据挖掘可以描述为:按企业既定业务目标,对大量的企业数据进行探索和分析,揭示隐藏的、未知的或验证已知的规律性,并进一步将其模型化的先进有效的方法[48]。

2. 数据挖掘的内涵和基本特征

一般认为,数据挖掘概念最早是 1995 年由 Fayyad 在知识发现会议上所提出来的,他认为数据挖掘是一个自动或半自动化地从大量数据中发现有效的、有意义的、潜在有用的、易于理解的数据模式的复杂过程。

该定义强调了数据挖掘的工程特征,明确了数据挖掘是一种用于发现数据中存在的有价值的知识模式的学习机制。关于模式和规律的认识存在两种观点,第一种观点认为模式和规律是数据特征的一种客观存在的基本形式,数据挖掘研究者的工作是试图在缺少模型的情况下,设计一个满足暂时需求目标的程序,比如社区群提取、关联分组等问题,数据挖掘提供的是一种提炼特征的工具。第二种认识是将模式作为一种非均衡系统导致的相对运动的结果,在这类问题中,建模将固有关系通过大量数据估计并提炼出来,数据挖掘工作者不仅要发现这种存在,而且要对模式的产生机制进行分析和解释,成为复杂决策中可被利用的有效证据。比如潜在高价值用户的预测问题。

从技术的角度来看,数据挖掘是后网络时代必然的技术热点。互联网商业行为是数据挖掘概念产生的重要推手。以电子商务网站为例,消费者需求分析成为一项重要的分析主题源于用户一个点击鼠标的细微动作就决定了这个潜在用户从一家供货商转到另一家供货商名下。为了较早地预警到忠诚度的转变,分析的线索自然可以从信息库中跟踪并记录下的订货信息开始,继而扩展到大量访问过不同商品的用户信息。于是,将数以百万计前台访问网络文件、电话记录、销售订单和与业务代表的访谈记录转化成可用于预测和识别其未来行为变化的客户管理信息,再利用其后台数据库强大的分析功能使这一隐藏在数据背后的概念得以明示,而实现这一过程的技术和方法成为电子商务的核心竞争力,这个技术就是数据挖掘。数据挖掘是要解决以问题为出发点的数据分析过程,包括目标和进程。有价值的模式和规律是由问题驱动的,由问题选择合适的数据和数据组织方式,由问题和数据决定选择怎样的模型集,由数据对结果的适用性来评判和筛选模型。事实上,一个完整的模式建立进程中,模式的探测与诠释、模式之间的关系和模式的影响都是模式发现中必不可少的重要分析环节。而其中数据的探索又是较为基础的,大部分的问题需要对数据按照问题解决的逻辑进行加工、整理和分析后提炼出数据中的基本概念和特点。这些概念和特点是帮助认识问题和形成判断的基本依据,是延伸思考和形成可靠决策的依据,另一部分数据则用于分析模式的构成与模式的影响[49]。

数据挖掘是不能完全依靠手动完成的,它是一个自动化或半自动化的非平凡的数据流程管理。过去,有人强调数据挖掘是一种自动化的工具。如果没有自动化的手段,就不可能挖掘和处理海量的数据;但是如果过于强调自动化的技术,也不一定就能够产生有价值的信息,因为从数据到结论的过程是一个非常复杂的人机互动比较和选择的过程,其复杂性取决于三个方面:一是对问题的开放性解决方案的选择;二是适用于具体数据的技术和方法的选择;三是对结果稳定性的检验。不能指望机器自动解决很多问题,机器能够辅助人们探索和分析数据中一些有启发性的结构,在很多情况下这些知识对思考和分析很有帮助,数据挖掘是一种工具,更是一项研究,需要练习和学习来积累经验。在通过大量数据解决实际问题的过程中,复杂问题的解决并不是一两个模型的简单套用就能够完成的,常常需要很多步骤综合构成一个系统性的解决方案,因此一个精度高且效率高的系统常常需要几个模型协作完成,特别是结构复杂的海量数据,选择模型常常比应用模型更需要首先得到关注,于是牺牲部分精度要求选择效率高的模型进行数据规律和模式探索,也是数据挖掘中比较重要的观点。数据挖掘不仅是对数据的概括和归纳,更是稳健关系的发现过程[60]。

综上所述,数据挖掘是一项以发现数据中有价值的模式和规律为基本目标的独立的数据组织和协作的建模历程。数据挖掘是商务智能和决策支持的核心部分。自动化或半自动化程序是构成数据挖掘的核心技术。数据挖掘是为发现大规模数据中所隐藏的有意义的模式和规律而进行的探索、实验和分析。数据挖掘是一门需要结合各行业领域知识的交叉学科[50]。

2.2.3 数据挖掘与统计学

数据挖掘利用了人工智能(AI)和统计分析的进步所带来的好处。这两门学科都致力于模式发现和预测。数据挖掘不是为了替代传统的统计分析技术。相反,它是统计分析方法学的延伸和扩展。

大多数的统计分析技术都基于完善的数学理论和高超的技巧,预测的准确度还是令人满意的,但对使用者的要求很高。而随着计算机计算能力的不断增强,我们有可能利用计算机强大的计算能力,只通过相对简单和固定的方法完成同样的功能。

一些新兴的技术同样在知识发现领域取得了很好的效果,如神经元网络和决策树,在足够多的数据和计算能力下,它们几乎不用人的关照自动就能完成许多有价值的功能[51]。数据挖掘就是利用了统计和人工智能技术的应用程序,它把这些高深复杂的技术封装起来,使人们不用自己掌握这些技术也能完成同样的功能,并且更专注于自己所要解决的问题。

在经济学及社会科学领域中,尤其是推断问题中,统计模型并不足以扮演主要角色,它常常以经验研究的检验者或理论演绎的配角的身份出现,于是统计模型常常处理的是实验数据或者为试验而设计的抽样观测数据。数据挖掘中的数据大多为非实验的观察数据,常称为训练数据或观测数据。

第一,这类数据不满足传统统计模型有关独立重复观测条件,甚至也不满足常见的模型假设,诸如数据的正态性假设、变量的独立性、同方差性等。

第二,原始数据质量不高,高质量的调查数据不易获取,轨迹跟踪数据又存在着高噪声现象,所以,直接应用统计模型很可能产生误导性的结论。

第三,统计显著性理论作为建模质量的评价理论不够完善。一般来说,经典统计模型的显著水平测量方法,是通过构建基于输出值的统计量,以统计量服从的分布或渐进分布为标尺,以统计量的数值折算成概率,从而以此评估统计模型成立的可能性大小。统计显著的模型很好地通过了以上检验标准,但是"统计显著"与真实意义上的"显著"存在差别,数据挖掘需要的是真实意义上的显著。需要结合实际情况判断"统计显著"的意义,不可草率地将统计模型的显著等同于模型成立。

第四,大多数传统的统计分析技术都基于完善的数学理论和高超的计算技巧,而且伴随着对数据分布的一些假设,虽然预测的准确度还是令人满意的,但对数据有一定要求,如没有注意到这些限制很容易产生错误的结果。而随着计算机计算能力的不断增强,人们有可能利用计算机强大的计算能力只通过相对简单和固定的方法完成同样的功能,一些新兴的技术同样在知识发现领域取得了很好的效果,比如支持向量机就是一种对数据分布不做过多要求的稳健分类办法,在足够多的数据和计算能力下,它们几乎不需人工干预就能自动完成许多有价值的任务。数据挖掘更偏爱于数据分布假设不强而结果解释性强的方法。

数据挖掘与统计分析一样都需要利用样本进行推断,在这一点上,二者都是基于数据做出推断的工具。但数据挖掘更强调面向任务的解决能力,举例来说,预测是比较典型的建模问题。在不背离数据所支持的分布条件下,用形式化的结构模型回答预测问题是传统的建模思路。然而当样本数量相对于样本变量数呈现出相对不足时,问题的不可知性更为突出,这是仅仅使用结构化模型将导致复杂却效果不好的模型,这时需要牺牲模型的数学形式,尝试以直接预测为目标的算法和建模框架来引导建模。

传统统计学与数据挖掘的主要差别如表 2-2 所列。

表 2-2 传统统计学与数据挖掘的基本区别

特　征	传统统计学	数据挖掘
问题的类型	结构化	非结构或半结构化
主要方法论	估计与假设检验	探索、推断与评价
分析的目标和收集数据	预先定义目标变量	探测目标与目标分析结合观测数据
数据来源	设计抽样方案收集数据	
数据	数据集较小,同质性,静态,主观性强	来源广泛,数据量大,异质性,动态
方法和机理	推演理论支持	经验归纳和系统分析结合
分析类型	确定	探索性分析
变量个数	很小	很大
信噪比	强	弱

现代统计学已将数据挖掘作为其中的核心内容,高维变量建模问题、多模式建模问题、复杂网络建模、非参数模型等技术发展很快,为数据挖掘源源不断输入新的血液。

2.2.4 数据挖掘的一般过程

从数据本身来考虑,数据挖掘通常需要有信息收集、数据集成、数据规约、数据清理、数据变换、数据挖掘过程、模式评估和知识表示 8 个步骤。

(1) 信息收集:根据确定的数据分析对象,抽象出在数据分析中所需要的特征信息,然后选择合适的信息收集方法,将收集到的信息存入数据库。对于海量数据,选择一个合适的数据存储和管理的数据仓库是至关重要的[52]。

(2) 数据集成:把不同来源、格式、特点性质的数据在逻辑上或物理上有机地集中,从而为企业提供全面的数据共享。

(3) 数据规约:如果执行多数的数据挖掘算法,即使是在少量数据上也需要很长的时间,而做商业运营数据挖掘时数据量往往非常大。数据规约技术可以用来得到数据集的规约表示,它小得多,但仍然接近于保持原数据的完整性,并且规约后执行数据挖掘结果与规约前执行结果相同或几乎相同。

(4) 数据清理:在数据库中的数据有一些是不完整的(有些感兴趣的属性缺少属性值)、含噪声的(包含错误的属性值),并且是不一致的(同样的信息不同的表示方式),因此需要进行数据清理,将完整、正确、一致的数据信息存入数据仓库中。不然,挖掘的结果会差强人意。

(5) 数据变换:通过平滑聚集、数据概化、规范化等方式将数据转换成适用于数据挖掘的形式。对于有些实数型数据,通过概念分层和数据的离散化来转换数据也是重要的一步。

(6) 数据挖掘过程:根据数据仓库中的数据信息,选择合适的分析工具,应用统计方法、事例推理、决策树、规则推理、模糊集,甚至神经网络、遗传算法的方法处理信息,得出有用的分析信息。

(7) 模式评估:从商业角度,由行业专家来验证数据挖掘结果的正确性。

(8) 知识表示:将数据挖掘所得到的分析信息以可视化的方式呈现给用户,或作为新的知识存放在知识库中,供其他应用程序使用。

数据挖掘过程是一个反复循环的过程,每一个步骤如果没有达到预期目标,都需要回到前面的步骤,重新调整并执行。不是每件数据挖掘的工作都需要这里列出的每一步,例如在某个工作中不存在多个数据源的时候,步骤(2)便可以省略。

步骤(3)数据规约、步骤(4)数据清理、步骤(5)数据变换又合称为数据预处理。在数据挖掘中,至少60%的费用可能要花在步骤(1)信息收集阶段,而其中至少60%以上的精力和时间花在了数据预处理过程中。

2.3 基于数据挖掘的模式识别

2.3.1 探索性数据分析

1977年美国的约翰·怀尔德杜克(John Wilder Tukey)在《探索性数据分析》(*Exploratory Data Analysis*)一书中第一次系统地论述了探索性数据分析[53]。他的主要观点[54]是:探索性数据分析(EDA)与验证性数据分析(Confirmatory Data Analysis)有所不同:前者注重于对数据进行概括性的描述,不受数据模型和科研假设的限制,而后者只注重对数据模型和研究假设的验证。他认为统计分析不应该只重视模型和假设的验证,而应该充分发挥探索性数据分析的长处,在描述中发现新的理论假设和数据模型。

探索性数据分析有别于初始性数据分析(Initial Data Analysis, IDA)。初始性数据分析的聚焦点是分析鉴别统计模型和科研假设测试所需的条件是否达到,以保证验证性分析的可靠性。在这个分析过程中对不符合条件的数据进行缺值填补、数据转换、异常值舍弃等处理以增强分析的准确性。探索性数据分析包含初始性数据分析,但它的出发点不仅是确定数据质量,而且更重视从数据中发现数据分布的模式(Patten)和提出新的假设。

在以抽样统计为主导的传统统计学中,探索性数据分析对验证性数据分析有着支持和辅助的作用。但由于抽样和问卷都是事先设计好的,对数据的探索性分析是有限的。到了大数据时代,海量的无结构、半结构数据从多种渠道源源不断地积累,不受分析模型和研究假设的限制,如何从中找出规律并产生分析模型和研究假设成为新挑战。探索性数据分析在对数据进行概括性描述,发现变量之间的相关性以及引导出新的假设方面均大显身手。从逻辑推理上讲,探索性数据分析属于归纳法(Induction),有别于从理论出发的演绎法(Deduction)。因此,探索性数据分析成为大数据分析中不可缺少的一步并且走向前台。高速处理海量数据的新技术加上数据可视化工具的日益成熟更推动了探索性数据分析的快速普及。

2015年出版的《数据科学实战》([美]Rachel Schutt 和 Cathy O'Neil 著,冯凌秉和王群锋译)一书中,探索性数据分析被列为数据科学工作流程中的一个能影响多个环节的关键步骤,数据科学的工作流程如图2-2所示。

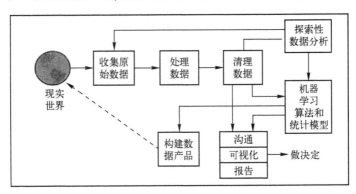

图 2-2　数据科学的工作流程

我们也可以通过建立垃圾电子邮件过滤器的过程考察一下探索性数据分析的作用。

由于电子邮件是自动积累的,各种商业广告常常充斥邮箱,每天都给用户带来很多不便。我们凭直觉和经验可以判断哪个是垃圾邮件,但人工清理这些垃圾很浪费时间。建立垃圾邮件过滤器的第一步是从大量邮件中随机抽样出100条(或更多),人工地将它们分成有用邮件和垃圾邮件。第二步是用探索性数据分析对筛选出的垃圾邮件进行分析,统计出哪类词汇出现的几率最高。比如各类促销和诱惑语言等,根据该类语言出现的频度,可选出最常出现的5~10个词。第三步,以选出的词为基础建立初始邮件过滤模型并开发邮件过滤软件程序,然后用它对一个大样本(1,000或更大)进行垃圾邮件的过滤试验。第四步,对过滤器筛选出的垃圾邮件进行人工验证,用探索性数据分析计算过滤的总成功率和每个词的出现率。第五步,用成功率和出现率的结果进一步改进过滤模型,并在邮件处理过程中增加过滤器,根据事先定好的临界点(Threshold),增加或减少过滤词汇的功能(机器学习)。这样,该垃圾邮件过滤器将不断地自我改进以提高过滤的成功率。最后,应用数据可视化技术,各个阶段的探索性数据分析结果都可以实时地用动态图表展示。

从这个过程中我们可以看到:

(1)探索性数据分析能帮助我们从看似混乱无章的原始数据中筛选出可用的数据;

(2)探索性数据分析在数据清理中发挥重要作用;

(3)探索性数据分析是建立算法和过滤模型的第一步;

(4)探索性数据分析能通过数据碰撞发现新假设,通过机器学习不断地改进和提高算法的精准度;

(5)探索性数据分析的结果,通过数据可视化展示,可以为邮件过滤器的开发随时提供指导和修正信息。

按照传统统计的"垃圾进,垃圾出"的金科玉律,混乱和不规则的数据是无用的垃圾。在抽样统计中,每一个样本数据都必须经过严格的检测确保其准确性和可靠性。在大数据时代,混乱的、无结构的、多媒体的海量数据通过各种渠道源源不断地积累和记载着人类活动的各种痕迹。探索性数据分析这个统计课程里一带而过的分析方法在处理大数据的过程中却成为了一个有效的工具。正如美国探索性数据分析创始人约翰·怀尔德杜克所说:"面对那些我们坚信存在或不存在的事物时,'探索性数据分析'代表了一种态度,一种方法手段的灵活性,更代表了人们寻求真相的强烈愿望。"

2.3.2 数据挖掘与机器学习

机器学习是近20多年兴起的一门多领域交叉学科,涉及概率论、统计学、逼近论、凸分析、计算复杂性理论等多门学科[55]。机器学习理论主要是设计和分析一些让计算机可以自动"学习"的算法。机器学习算法是一类从数据中自动分析获得规律,并利用规律对未知数据进行预测的算法。因为学习算法中涉及了大量的统计学理论,机器学习与推断统计学联系尤为密切,也被称为统计学习理论。算法设计方面,机器学习理论关注可以实现的、行之有效的学习算法。很多推论问题属于无程序可循难度,所以部分的机器学习研究是开发容易处理的近似算法。

机器学习有下面几种定义[56]:

(1) 机器学习是一门人工智能的科学,该领域的主要研究对象是人工智能,特别是如何在经验学习中改善具体算法的性能。

(2) 机器学习是对能通过经验自动改进的计算机算法的研究。

(3) 机器学习是用数据或以往的经验,以此优化计算机程序的性能标准。

随着计算机技术的飞速发展,人类收集数据、存储数据的能力得到了极大的提高,无论是科学研究还是社会生活的各个领域中都积累了大量的数据,对这些数据进行分析以发掘数据中蕴含的有用信息,成为几乎所有领域的共同需求。正是在这样的大趋势下,机器学习和数据挖掘技术的作用日渐重要,受到了广泛的关注。

例如,网络安全是计算机界的一个热门研究领域,特别是在入侵检测方面,不仅有很多理论成果,还出现了不少实用系统。那么,人们如何进行入侵检测呢?首先,人们可以通过检查服务器日志等手段来收集大量的网络访问数据,这些数据中不仅包含正常访问模式还包含入侵模式。然后,人们就可以利用这些数据建立一个可以很好地把正常访问模式和入侵模式分开的模型。这样,在今后接收到一个新的访问模式时,就可以利用这个模型来判断这个模式是正常模式还是入侵模式,甚至判断出具体是何种类型的入侵。显然,这里的关键问题是如何利用以往的网络访问数据来建立可以对今后的访问模式进行分类的模型,而这正是机器学习和数据挖掘技术的强项。

实际上,机器学习和数据挖掘技术已经开始在多媒体、计算机图形学、计算机网络乃至操作系统、软件工程等计算机科学的众多领域中发挥作用,特别是在计算机视觉和自然语言处理领域,机器学习和数据挖掘已经成为最流行、最热门的技术,以至于在这些领域的顶级会议上相当多的论文都与机器学习和数据挖掘技术有关。总的来看,引入机器学习和数据挖掘技术在计算机科学的众多分支领域中都是一个重要趋势。

机器学习和数据挖掘在过去10年经历了飞速发展,目前已经成为子领域众多、内涵非常丰富的学科领域[57]。"更多、更好地解决实际问题"成为机器学习和数据挖掘发展的驱动力。事实上,过去若干年中出现的很多新的研究方向,例如半监督学习、代价敏感学习、流数据挖掘、社会网络分析等,都起源于实际应用中抽象出来的问题,而机器学习和数据挖掘领域的研究进展,也很快就在众多应用领域中发挥作用。值得指出的是,在计算机科学的很多领域中,成功的标志往往是产生了某种看得见、摸得着的系统,而机器学习和数据挖掘则恰恰相反，它们正在逐渐成为基础性、透明化、无处不在的支持技术、服务技术，在它们真正成功的时候，可能人们已经感受不到它们的存在，人们感受到的只是更健壮的防火墙、更灵活的机器人、更安全的自动汽车、更好用的搜索引擎……

如果要列出目前计算机科学中最活跃的研究分支，那么机器学习和数据挖掘必然位列其中。随着机器学习和数据挖掘技术被应用到越来越多的领域，可以预见，机器学习和数据挖掘不仅将为研究者提供越来越大的研究空间，还将给应用者带来越来越多的回报。

2.3.3 数据挖掘与智能决策

智能决策支持系统是人工智能（Artificial Intelligence, AI）和决策支持系统（DSS）相结合，应用专家系统（Expert System, ES）技术，使 DSS 能够更充分地应用人类的知识，如关于决策问题的描述性知识，决策过程中的过程性知识，求解问题的推理性知识，通过逻辑推理来帮助解决复杂的决策问题的辅助决策系统如图 2-3 所示。

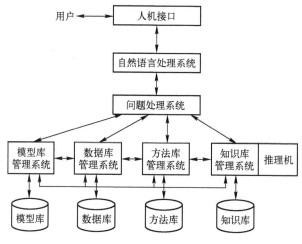

图 2-3 智能决策支持系统

较完整与典型的 DSS 结构是在传统三库 DSS 的基础上增设知识库与推理机，在人机对话子系统中加入自然语言处理系统（LS），在四库之间插入问题处理系统（PSS）而构成的四库系统结构。

1. 智能人机接口

四库系统的智能人机接口接受用自然语言或接近自然语言的方式表达的决策问题及决策目标，这较大程度地改变了人机界面的性能。

2. 问题处理系统

问题处理系统处于 DSS 的中心位置,是联系人与机器及所存储的求解资源的桥梁,主要由问题分析器与问题求解器两部分组成。

(1) **自然语言处理系统**:转换产生的问题描述由问题分析器判断问题的结构化程度,对结构化问题选择或构造模型,采用传统的模型计算求解;对半结构化或非结构化问题则由规则模型与推理机制来求解。

(2) **问题处理系统**:是 IDSS 中最活跃的部件,它既要识别与分析问题,设计求解方案,还要为问题求解调用四库中的数据、模型、方法及知识等资源,对半结构化或非结构化问题还要触发推理机做推理或新知识的推求。

3. 知识库子系统和推理机

知识库子系统的组成可分为三部分:知识库管理系统、知识库及推理机。

(1) **知识库管理系统**。功能主要有两个:一是回答对知识库知识增、删、改等知识维护的请求;二是回答决策过程中问题分析与判断所需知识的请求。

(2) **知识库**。知识库是知识库子系统的核心。知识库中存储的是那些既不能用数据表示,也不能用模型方法描述的专家知识和经验,也即是决策专家的决策知识和经验知识,同时也包括一些特定问题领域的专门知识。

知识库中的知识表示是为描述世界所做的一组约定,也是知识的符号化过程。对于同一知识,可有不同的知识表示形式,知识的表示形式直接影响推理方式,并在很大程度上决定着一个系统的能力和通用性,是知识库系统研究的一个重要课题。

知识库包含事实库和规则库两部分。例如:事实库中存放了"任务 A 是紧急订货""任务 B 是出口任务"那样的事实。规则库中存放着"IF 任务 i 是紧急订货,and 任务 i 是出口任务,THEN 任务 i 按最优先安排计划""IF 任务 i 是紧急订货,THEN 任务 i 按优先安排计划"那样的规则。

(3) **推理机**。

推理:是指从已知事实推出新事实(结论)的过程。

推理机:是一组程序,它针对用户问题去处理知识库(规则和事实)。

推理原理:若事实 M 为真,且有一规则"IF M THEN N"存在,则 N 为真。

因此,如果事实"任务 A 是紧急订货"为真,且有一规则"IF 任务 i 是紧急订货 THEN 任务 i 按优先安排计划"存在,则任务 A 就应优先安排计划。

由于在 IDSS 的运行过程中,各模块要反复调用上层的桥梁,比起直接采用低层调用的方式,运行效率要低。但是考虑到 IDSS 只是在高层管理者作重大决策时才运行,其运行频率与其他信息系统相比要低得多,况且每次运行的环境条件差异很大,所以牺牲部分的运行效率以换取系统维护的效率是完全值得的。[58]

2.3.4 数据挖掘与神经网络

人工神经网络(Artificial Neural Network,ANN)是20世纪80年代以来人工智能领域兴起的研究热点。它从信息处理角度对人脑神经元网络进行抽象,建立某种简单模型,按不同的连接方式组成不同的网络[59]。在工程与学术界也常直接简称为神经网络或类神经网络。神经网络是一种运算模型,由大量的节点(或称神经元)之间相互连接构成。每个节点代表一种特定的输出函数,称为激励函数(Activation Function)。每两个节点间的连接都代表一个对于通过该连接信号的加权值,称之为权重,这相当于人工神经网络的记忆。网络的输出则依网络的连接方式、权重值和激励函数的不同而不同。而网络自身通常都是对自然界某种算法或者函数的逼近,也可能是对一种逻辑策略的表达。最近十多年来,人工神经网络的研究工作不断深入,已经取得了很大的进展,其在模式识别、智能机器人、自动控制、预测估计、生物、医学、经济等领域已成功地解决了许多现代计算机难以解决的实际问题,表现出了良好的智能特性。

人工神经网络的构筑理念是受到生物(人或其他动物)神经网络功能的运作启发而产生的。人工神经网络通常是通过一个基于数学统计学类型的学习方法(Learning Method)得以优化,所以人工神经网络也是数学统计学方法的一种实际应用,通过统计学的标准数学方法我们能够得到大量的可以用函数来表达的局部结构空间,另一方面在人工智能学的人工感知领域,我们通过数学统计学的应用可以来做人工感知方面的决定问题(也就是说通过统计学的方法,人工神经网络能够类似人一样具有简单的决定能力和简单的判断能力),这种方法比起正式的逻辑学推理演算更具有优势。

人工神经网络是由大量处理单元互联组成的非线性、自适应信息处理系统[60]。它是在现代神经科学研究成果的基础上提出的,试图通过模拟大脑神经网络处理、记忆信息的方式进行信息处理。人工神经网络具有4个基本特征:[61]

(1) **非线性**。非线性关系是自然界的普遍特性。大脑的智慧就是一种非线性现象。人工神经元处于激活或抑制两种不同的状态,这种行为在数学上表现为一种非线性关系。具有阈值的神经元构成的网络具有更好的性能,可以提高容错性和存储容量。

(2) **非局限性**。一个神经网络通常由多个神经元广泛连接而成。一个系统的整体行为不仅取决于单个神经元的特征,而且可能主要由单元之间的相互作用、相互连接所决定。通过单元之间的大量连接模拟大脑的非局限性。联想记忆是非局限性的典型例子。

（3）**非常定性**。人工神经网络具有自适应、自组织、自学习能力。神经网络处理的信息不但可以有各种变化，而且在处理信息的同时，非线性动力系统本身也在不断变化。经常采用迭代过程描写动力系统的演化过程。

（4）**非凸性**。一个系统的演化方向，在一定条件下将取决于某个特定的状态函数。例如能量函数，它的极值相应于系统比较稳定的状态。非凸性是指这种函数有多个极值，故系统具有多个较稳定的平衡态，这将导致系统演化的多样性。

人工神经网络中，神经元处理单元可表示不同的对象，例如特征、字母、概念，或者一些有意义的抽象模式[62]。网络中处理单元的类型分为3类：输入单元、输出单元和隐单元。输入单元接受外部世界的信号与数据；输出单元实现系统处理结果的输出；隐单元是处在输入和输出单元之间，不能由系统外部观察的单元。神经元间的连接权值反映了单元间的连接强度，信息的表示和处理体现在网络处理单元的连接关系中。人工神经网络是一种非程序化、适应性、大脑风格的信息处理模型，其本质是通过网络的变换和动力学行为得到一种并行分布式的信息处理功能，并在不同程度和层次上模仿人脑神经系统的信息处理功能。它是涉及神经科学、思维科学、人工智能、计算机科学等多个领域的交叉学科。

人工神经网络是并行分布式系统，采用了与传统人工智能和信息处理技术完全不同的机理，克服了传统的基于逻辑符号的人工智能在处理直觉、非结构化信息方面的缺陷，具有自适应、自组织和实时学习的特点。

人工神经网络特有的非线性适应性信息处理能力，克服了传统人工智能方法对于直觉，如模式、语音识别、非结构化信息处理方面的缺陷，使之在神经专家系统、模式识别、智能控制、组合优化、预测等领域得到成功应用。人工神经网络与其他传统方法相结合，将推动人工智能和信息处理技术不断发展。近年来，人工神经网络正向模拟人类认知的道路上更加深入发展，与模糊系统、遗传算法、进化机制等结合，形成计算智能，成为人工智能的一个重要方向，将在实际应用中得到发展。将信息几何应用于人工神经网络的研究，为人工神经网络的理论研究开辟了新的途径。神经计算机的研究发展很快，已有产品进入市场。光电结合的神经计算机为人工神经网络的发展提供了良好条件。

神经网络在很多领域已得到了很好的应用，但其需要研究的方面还很多[63]。其中，具有分布存储、并行处理、自学习、自组织以及非线性映射等优点的神经网络与其他技术的结合以及由此而来的混合方法和混合系统，已经成为一大研究热点。由于其他方法也有它们各自的优点，所以将神经网络与其他方法相结合,取长补短,继而可以获得更好的应用效果。目前这方面工作有神经网络与模糊逻辑、专家系统、遗传算法、小波分析、混沌、粗集理论、分形理论、证据理论和灰色系统等的融合。

2.4 大数据条件下的数据挖掘技术的最新前沿研究

2.4.1 数据挖掘的可视化

数据挖掘是从大量的、不完全的、有噪声的、模糊的、随机的实际应用数据中,提取隐含在其中的、人们事先不知道的,但又是潜在的有用的信息和知识的过程。

数据挖掘方法与传统型数据分析方法的主要区别在于数据挖掘是在没有明确假设的前提下去挖掘信息和发现知识,而传统型数据分析方法一般都是先给定一个假设然后通过数据验证。总的来说,数据挖掘方法通过大量的搜索工作从数据中自动提取并生成某种模式,所获取的信息具有未知性、有效性和实用性这三个特点。

数据挖掘是指检查和分析数据以得到隐含在数据中的潜在有用信息的过程。也就是使用复杂的统计分析和模型技术来揭示隐藏在组织机构的数据集中的模式和关系。这些模式和关系用普通方法是难以发现的。

怎样来分析大量、复杂和多维的数据呢?答案是要提供像人眼一样的直觉的、交互的和反应灵敏的可视化环境。

可视化(Visualization)是利用计算机图形学和图像处理技术,将数据转换成图形或图像在屏幕上显示出来,并进行交互处理的理论、方法和技术。它涉及计算机图形学、图像处理、计算机视觉、计算机辅助设计等多个领域,成为研究数据表示、数据处理、决策分析等一系列问题的综合技术。

可视化方法和数据挖掘技术都是帮助人们理解信息和提高认知能力的方式。而两者的区别就在于,可视化方法使人们易于理解,而数据挖掘算法较为复杂,使得一般的用户难以理解数据挖掘的过程,但数据挖掘对于发现隐性知识则比可视化方法更有优势。

将可视化技术引入数据挖掘中,这两种方法的结合既弥补了数据挖掘算法复杂难懂的缺陷,又能帮助用户发现隐性知识,探索潜在的规律。

(1) 在数据预处理阶段,用可视化技术来显示有关数据,可对数据有一个初步的宏观的理解,为较好地选取数据和确定数据挖掘方向打下基础。就像在一个陌生的城市寻找一个地方,首先找一幅地图,整体浏览一下,辨清大致的方位,然后再根据所找地方的一些特征(如所在街道名、门牌号码等)寻找。

(2) 在数据挖掘阶段,选用适合领域问题的可视化技术形成数据图形,可帮助用户通过观察数据图形方便直观地发现有用模式,甚至是一些目前非可视化技术不能发现的有用模式。

(3) 在结果表示阶段,也可用可视化技术。俗话说:"一幅图能顶一千句话",把发现的模式进行可视化,会帮助用户理解,尤其是对非专业人士。如在数据挖掘中,典型的知识表示为"if…then…"规则,相同的知识能很方便地用图形表示出来。

(4) 用户通过可视化数据挖掘进行交互式数据挖掘,在及时反馈回的数据图形的引导下,快速从数据中发现知识。

2.4.2 基于云技术的数据挖掘

近年来,随着信息技术的高速发展,如今每 18 个月产生的数据量大约等于过去几千年产生的总和,并且有不断增加的趋势。如此多的数据无疑能为人们带来广阔的信息量,但需要从海量数据中发现对企业或个人有用知识的难度随之增加。而云计算平台能够进行动态资源调度和分配,具有高度虚拟化和高可用性等特点,正好能满足高效数据挖掘的需求。将云计算技术与现有的数据挖掘技术进行有效结合不失为一种可行的途径。

云计算是一种能够通过互联网为用户提供服务的计算模式,它提供的主要是能够进行动态伸缩的虚拟化了的资源,用户不需要了解如何管理那些支持云计算的基础设施。简单来说,云计算是一种新颖的商业模式,它使用大量廉价的、相互连接在互联网上的计算机进行任务的处理,为各种应用系统提供所需要的存储资源、计算资源和其他服务资源等。从技术层面来说,云计算技术早已存在,它是虚拟化技术的扩展、分布式计算技术的演进、SOA 架构的延伸、信息资源的集中管理和智能调配机制的体现。与传统 IT 技术有所区别的是,云计算带来了理念创新。从商业角度来看,云计算的核心理念是以服务的形式提供计算资源,用户在需要时进行使用和购买,可以更好地满足组织业务快速变更和创新升级的需求。云计算主要有三种主流的商业模式,分别是平台即服务(PaaS)、基础架构即服务(IaaS)和软件即服务(SaaS)[64]。

对于企业来说,数据挖掘的最终目的是从海量数据中提取出可理解的知识,并且希望数据规模越大越好,这样挖掘出的知识才更加准确。这么高要求的数据挖掘对开发环境和应用环境有比较高的要求。在这种情况下,基于云计算的方式是比较适用的。云计算平台中数据中心可以存储海量数据,并可以根据数据挖掘应用的需求对资源进行动态分配,保证数据挖掘算法的可扩展性,并采用容错机制来保证数据挖掘应用的可靠性。

基于云计算的海量数据挖掘服务的主要目标是利用云计算的并行处理和海量存储能力,解决数据挖掘面临的海量数据处理问题。图2-4给出的是基于云计算的海量数据挖掘模型的层次结构图。

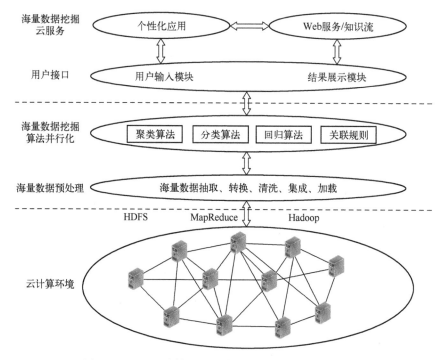

图2-4 基于云计算的海量数据挖掘模型的层次结构图

基于云计算的海量数据挖掘模型大体上可以分为三层。位于最底层的是云计算服务层,提供分布式并行数据处理及数据的海量存储。云计算环境中对海量数据的存储既要考虑数据的高可用性,又要保证其安全性。云计算采用分布式方式对数据进行存储,为数据保存多份副本的冗余存储方式保证了当数据发生灾难时不影响用户的正常使用。目前常见的云计算数据存储技术有非开源的GFS(Google File System)和开源的HDFS(Hadoop Distributed File System),其中GFS是由Google开发的,HDFS是由Hadoop团队开发的。此外,云计算使用并行工作模式,能够在大量用户同时提出请求时,迅速给予回应并提供服务。

位于云计算服务层之上的是数据挖掘处理层,这一层又包括海量数据预处理和海量数据挖掘算法并行化[64]。海量数据预处理主要是对海量不规则数据事先进行处理。没有好的数据就没有好的数据挖掘结果。由于云计算环境下的MapReduce计算模型适用于结构一致的海量数据,因此,面对形态各异的海量数据,首先就要对它们进行预处理。数据预处理方法包括数据抽取、数据转换、数据清洗和集成、数据规约、属性概念分层的自动生成等。经过预处理的数据能提高数据挖掘结果的质量,使挖掘过程更有效、更容易。海量数据挖掘的关键是数据挖掘算法的并行化。由于云计算采用的是 MapReduce 等新型计算模型,需要对现有的数据挖掘算法和并行化策略进行一定程度的改造,才有可能直接应用在云计算平台上进行海量数据挖掘任务。因此需要在数据挖掘算法的并行化策略上进行更为深入的研究,从而使云计算并行海量数据挖掘算法的高效性得以实现。并行海量数据挖掘算法包括并行关联规则算法、并行分类算法和并行聚类算法,用于分类或预测模型、数据总结、数据聚类、关联规则、序列模式、依赖关系或依赖模型、异常和趋势发现等。基于此,针对海量数据挖掘算法的固有的特点对已经存在的云计算模型进行优化升级以及适当扩充,使其对海量数据挖掘的适用性得到最大程度的提升。

最顶层是面向用户的用户层,该层主要接收用户的请求,并将其传递给下面两层,并将最终的数据挖掘结果展示给用户。用户通过友好的可视化界面管理和监视任务的执行,并且可以很方便地查看任务执行结果。

用户的数据挖掘请求通过用户输入模块传递到系统内部,系统根据用户提交的一些数据挖掘参数和基本数据,在算法库中选择合适的数据挖掘算法,然后调用经过预处理阶段的数据,分配到 MapReduce 平台上进行并行数据挖掘,挖掘出的结果通过结果展示模块传递给用户。海量数据的存储和并行化处理都依赖于云计算环境。

未来数据挖掘云服务将会有很好的势头,更多的专业人士会成为服务的供应商,公众和各种企业组织机构会从这项服务中受益良多,数据挖掘研究受计算环境的影响将降低,其应用范围也将大大拓宽。但是由于云计算的安全还没有得到完全的证实,所以接下来的工作在云计算安全方面应得到加强[65]。

2.4.3 语音数据挖掘

目前,数据挖掘研究主要集中在对新的算法及新的类型的研究上。由于对数据挖掘方法的研究不仅涉及数据挖掘的算法,同时对于需要处理的数据类型也有很高的要求。传统的数据挖掘的对象主要是超级市场中货篮型数据及经济型数据,几乎很少涉及语音数据的挖掘研究。这一方面是由于语音数据非常复杂,包含很多信息,如基频信息、时长信息、幅度信息、位置信息以及重音信息等,简单来说就是同一个音节在不同的语句中会表现出不同的信息特征,即不同的语境会使音节自身的属性值发生变化,且语音数据是一种时序数据,在一句话中音节的排列是有先后顺序的,同时语音音节之间也存在着很强的音联关系。所有这些信息特征对整个合成系统输出的可理解度以及自然度会产生很大影响。

另一方面,语音数据挖掘的研究需要研究者在语音合成工作积累的基础上才能有效地进行。由于数据挖掘技术对处理对象的要求很高,因此,直接录制音节的波形文件是无法处理的,必须经过严格的预处理过程,如对录音波形进行音节切分和音节标注,这需要大量的人力和物力资源。没有强大的语音处理能力的积累是不可能的[66]。清华大学语音处理实验室长期从事语音信号的研究,具有丰富的语音数据源,即我们通常所说的"熟语料",这使基于数据驱动的挖掘研究成为可能。将数据挖掘技术应用于语音信号处理可以解决部分现阶段较难解决的语音技术难题,同时尽可能减少人为经验因素对语音处理的影响,完成对语音处理从定性到定量的转变。因此,将数据挖掘方法应用于语音合成具有重要的意义和广阔的前景。

1. 关联规则模型获得汉语韵律参数之间的关联关系

语音合成经历了长期的研究发展过程,完成了从实验室向市场应用的过渡,但是,合成系统输出的语音机器味仍然比较浓,与人类自然流畅的发音相比还有较大的差距。这其中主要是受到系统中韵律模块研究的制约,由于韵律模块无法对复杂的韵律特征进行有效描述,因此,合成系统的输出就受到了很大的影响。

韵律特征主要是指音节的时长、基频的包络变化、能量的变化及适当的停顿等众多参数属性,在这些属性中,对合成系统的自然度影响最显著的是音节的基频变化和音长的变化。

目前,合成系统中的基频变化规律大多是根据语言学的研究得出的一些定性的描述,这些定性规则能够为合成过程提供一些参考,但是无法在合成过程中直接使用这些规则,而且这些规则也很难覆盖所有的基频变化现象,同时对这些规则的维护和完善也很困难,在具体应用中仍存在较大的不足。由于韵律规则在语音合成中发挥着重要作用,迫切需要采用新的处理方法加以解决[67]。

数据挖掘技术中关联规则模型可以很好地发现数据项之间存在的相互关系,同时有大量的挖掘算法可供选择,因此,基于关联规则的模型可以从大规模语音库中提取更为全面和准确的语音韵律相互关系。首先通过对"熟语料"库中基频数据和时长数据进行预处理,离散化成相应的属性值,获得前后音节的基频信息和时长信息之间的关联关系,从而加以指导合成系统的选音,满足在不同语境下音节参数变化的需求[68]。

2. 数据挖掘技术获得汉语韵律的变化规律

在传统的语音研究中,往往是用手工得到语音的基频,求出其调值,然后根据不同情况下调值的变化得到连续变调规律,再将其应用于语音合成系统中进行韵律控制。这是在定性基础上进行的研究,存在很多不足之处。一方面,由于语音数据的变化随机性很大,对少量的语音数据进行处理不能得到较为全面的变调规律,而大量语音数据如果完全用人工来处理,工作量会很大。另一方面,用人工进行语音数据处理,往往会由于一些先入为主的概念而很难得到较为完全的规律。

基于语音合成中的基音同步叠加技术,可利用数据挖掘技术进行韵律变化规律的学习,采用数据挖掘技术中的神经网络方法、数据项聚类以及粗糙集理论的有机结合进行综合评判。利用神经网络具有的自组织和自学习特性,将经过聚类处理的语音基频数据和时长数据分别转化成神经网络的输入和输出节点,经过网络学习来获得一些典型的基频曲线和时长映射关系。由于神经网络自身理论还存在不够完善的地方,因此,可以辅助以粗糙集理论进行适当的修正,以获得期望的模式。在这些映射的基础上,可通过简单的变换获得典型模式,利用这些典型模式,就可在定量的基础上,对基频的变化规律从较高层次进行韵律规则的研究。

3. 基于数据驱动方式的重音确定

在连续语流中,各音节的响亮程度并不完全相同,有的音节听起来比其他音节重,简单地说,这就是重音。以词为考查对象,音位学可划分为正常重音、对比重音和弱重音。人们在口语交流中,常把在表情传意方面较重要的词读得重些,把其余的词读得轻些。语句重音是指由于句子语法结构、逻辑语义或心理情感表达的需要而产生的句子中的重读音,它不同于词重音,因为词重音只出现在词结构中[69]。语句重音一般分为 3 种:语音重音、逻辑重音、心理重音。

通常研究者认为,重音[70]的声学征兆主要表现在时长、音高与音强 3 个方面,也往往是三者的结合。不同语言的重音特点不一样,对于汉语,老一辈语音学家赵元任先生认为,汉语重音首先是延长持续时间和扩大调域,其次才是增加强度。现代语音学家也认为,汉语重音主要表现在时长的增加(或者说是基音周期数的增加),其次是调域的扩大和音高的提升,调型完整地展开;与发音强度的关系并不是主要的。

以上都是定性的分析,从定性到定量的转换是采用基于数据驱动的方式进行,从大量语料数据本身的特点来分析重音,并且依据重音的特点辅助以韵律学规律,合成更自然的语音信号[71]。

数据挖掘是一种在大量数据库中发现隐藏新知识的计算技术方法。数据挖掘提取的是定性的模型,并且很容易被转化为逻辑规则或用可视化的形式表达。因此,将数据挖掘与人机交互接口紧密联系在一起将对计算机语音信号处理的研究工作产生巨大的推动力,为语音信号处理提供了一条崭新的研究途径。可以预见,采用数据挖掘方法可以较好地解决目前语音信号处理中部分难点问题,从而进一步提高语音合成和语音识别技术的实用化程度。

2.4.4 图像数据挖掘

近年来,随着图像获取和图像存储技术的迅速发展,使得我们能够较为方便地得到大量有用的图像数据(如遥感图像数据、医学图像数据等)[72]。但如何充分地利用这些图像数据进行分析并从中提取出有用的信息,成为我们面临的最大问题。图像数据挖掘作为数据挖掘中的一个新兴的领域应运而生。图像数据挖掘是用来挖掘大规模图像数据中隐含的知识、图像内或图像间的各种关系以及其他隐藏在图像数据中的各种模式的一种技术,目前仍处于试验研究阶段,是一个新兴的但极有发展潜力的研究领域。

将数据挖掘技术引入图像处理并非一蹴而就[72]。早期的图像数据挖掘仅仅是针对图像的某些预处理而言,例如基于数据挖掘的图像分割、基于数据挖掘的图像特征提取等。随着图像处理和数据挖掘技术的飞速发展,早期探索性地在图像处理过程中运用数据挖掘技术已不能满足实际应用的需求,因此提出了将两门学科进一步进行融合的想法。在这一阶段首先对图像进行预处理,力求使用统一的表示模型和表示方法来处理图像数据;然后才对处理后的图像数据进行数据挖掘,以更为有效地提取出相关有用数据。其中,后一阶段是目前图像数据挖掘技术研究和发展的重点。

图像数据挖掘[72]是指从大规模的图像集中提取或挖掘出有用的信息或知识。因此,我们可以把图像数据挖掘理解为数据挖掘在图像领域的一个应用。图像数据挖掘概念的两个根本点是"大规模图像集"和"提取挖掘出有用的信息和知识"。从"大规模图像集"的角度,涉及图像获取、图像存储、图像压缩、多媒体数据库等领域;从"挖掘出有用的信息和知识"角度,其又涉及图像处理和分析、模式识别、计算机视觉、图像检索、机器学习、人工智能、知识表现等领域。因此,图像数据挖掘是一个多学科交叉的新兴领域,其所涉及的其他领域大部分也都处于发展阶段,其自身也是处于试验阶段。

从概念上,我们可以把图像数据挖掘理解为数据挖掘在图像领域的一个应用,但实际情况远比这样的理解要复杂得多。从表面上看,图像数据挖掘和传统数据挖掘的区别仅仅在于其研究对象不同,传统的数据挖掘是由事务数据库引入,并较广泛地应用于关系数据库;图像数据挖掘的研究对象是大规模的图像集,其可以以文件或多媒体数据库的形式存储在本地存储设备或网络上。但图像集数据本身的特点赋予图像数据挖掘新的意义、新的理解和新的方法,使其在很多方面较之传统的数据挖掘有着较大的变化[72]。

1. 数据预处理方面的区别

传统的数据挖掘在数据预处理阶段面临着数据清理、数据融合等问题,但针对图像数据挖掘,除了面临同样的问题外,还要解决许多其他的问题。图像数据量较大,本身在存储方面亦处于发展阶段。因而,对于图像数据挖掘,在预处理阶段,还必须就图像存储、图像压缩、多媒体数据库等问题提出解决方案。除此之外,因为图像数据同传统关系数据库里的数据在语义方面有着较大的不同(如:关系数据库中,属性年龄的值为 38,其意义非常容易理解;但在图像数据中,若一个像素点的灰度值为 178,只能简单地表示该点的明暗程度,并不能直接表明什么实际意义),使得在对图像数据进行信息和知识提取之前,必须对这些在语义上不能直接理解的数据进行处理。一般情况下,会先运用图像处理的一些技术(如图像分割、目标识别、目标表达和描述等)对图像数据进行预处理,将其转换为在语义上能被理解的数据。

2. 信息和知识提取方面的区别

数据挖掘针对传统的数据库有着一些相对成熟的算法(如关联规则提取中的 Apriori、Fpgrowth、DHP 等),但因为图像数据的众多特点(如关联性、语义模糊性、空间性等),使得在进行图像数据挖掘时,为适应图像数据,必须要对原来的算法进行较大的修改,有时涉及图像数据文件或多媒体数据库存储效率的问题,还必须重新设计新的算法。

3. 知识表示方面的区别

传统的数据挖掘一般希望使用可视化等知识表示技术,向用户提供挖掘的知识[73]。但针对图像数据挖掘而言,数据(图像)本身已经具有了一定的可视性,除此之外,其还具有不同于常规数据的关联性和空间性,正是基于这样的特点,为了更简单明了地表示对这种数据进行挖掘后提取出来的信息和知识,除了使用常规的知识表示方法外,还需要运用一些图像处理和分析的技术,在原已具有可视化的数据上或在具有更丰富数据信息的数据环境中,将挖掘出的信息和知识表示出来,使得这些信息和知识表示得更直观、更清晰。

图像数据挖掘作为一个新兴的研究领域,其内涵要比数据挖掘原理在图像领域里的简单应用要复杂得多。无论从研究范围、使用技术,还是从应用领域,其都和许多相关的学科有着或多或少的交叉和联系。作为一门正处于发展早期的学科,图像数据挖掘在各方面的研究都还处于不成熟的阶段,不同的研究机构对其有着不同角度的认识和理解,相关的理论和技术研究也有待进一步地发展和完善。

可以肯定的是,随着图像数据挖掘相关技术的进一步发展,其必将会在更为广泛的领域产生更为深远的影响。

2.4.5 文本数据挖掘

文本数据挖掘(Text Data Mining,TDM)有时也被称为文字探勘、文本挖掘等,大致相当于文字分析,一般指文本处理过程中产生高质量的信息[74]。高质量的信息通常通过分类和预测来产生,如模式识别。文本数据挖掘通常涉及输入文本的处理过程(通常进行分析,同时加上一些衍生语言特征以及消除杂音,随后插入到数据库中),产生结构化数据,并最终评价和解释输出。"高品质"的文本数据挖掘通常是指某种组合的相关性、新颖性和趣味性。典型的文本挖掘方法包括文本分类、文本聚类、概念/实体挖掘、生产精确分类、观点分析、文档摘要和实体关系模型(即学习已命名实体之间的关系)。文本分析包括了信息检索、词典分析来研究词语的频数分布、模式识别、标签/注释、信息抽取,数据挖掘技术包括链接和关联分析、可视化和预测分析。本质上,首要的任务是,通过自然语言处理(NLP)和分析方法,将文本转化为数据进行分析。

按照挖掘对象的不同,可以将 TDM 分为基于单文档的数据挖掘和基于文档集的数据挖掘。基于单文档的数据挖掘对文档的分析不涉及其他文档,主要挖掘技术有文本摘要和信息提取;基于文档集的数据挖掘是对大规模的文档数据进行模式抽取,主要技术有文本分类、文本聚集、个性化文本过滤、因素分析等[75]。

TDM 可分为3层:底层是 TDM 基础领域层,包括机器学习、数理统计和自然语言处理;中间是 TDM 基础技术层,包括文本信息抽取、文本分类、文本聚集、文本数据压缩和文本数据处理,其中文本信息抽取和文本数据压缩是 TMD 独有的技术;最上层是应用领域层,包括信息访问和知识发现,信息访问包括信息检索、信息浏览、信息过滤和信息报告,知识发现包括数据分析和数据预测。

传统商业方面的文本挖掘应用主要有企业竞争情报、CRM、电子商务网站、搜索引擎,现在已扩展到医疗、保险和咨询行业。Web 文本数据挖掘是 Web 内容挖掘的最主要、最重要的部分,比数据挖掘具有更高的商业潜力。Web 文本数据挖掘是对 Web 上大量文档集合的内容进行总结、分类、聚集和关联分析,以及利用文档进行趋势预测等。

第3章

大数据在可靠性工程中的应用

可靠性工程是与产品故障作斗争的一门科学技术,其实质是研究产品全寿命周期中故障发生、发展规律和预防、控制方法,达到预防故障发生,消除故障后果,提高产品可靠性的目的。在当前大数据环境下,可利用大数据分析更好地揭示产品故障规律。

3.1 传统数据分析方法

3.1.1 基于概率统计的分析方法

在对随机现象的研究和各种决策中,常需用样本(数据)提供的信息去推断总体的数量规律性,即作出有关总体的某种结论。推断统计学是建立在概率与概率分布的理论基础上的统计方法。

1. 抽样与抽样估计

1) 抽样分布

每个随机变量都有其概率分布。样本指标即样本统计量是一种随机变量,它有若干可能取值(即可能样本指标数值),每个可能取值都有一定的可能性(即概率),从而形成它的概率分布,统计上称为抽样分布。简言之,抽样分布就是指样本统计量的概率分布。样本统计量是由 n 个随机变量构成的样本的函数,故抽样分布属于随机变量函数的分布。

例如,总体有 N 个单位,从中随机抽取 n 个单位进行调查,可抽取 N^n 个样本,从而可得到 N^n 个不尽相同的样本平均数。经整理,将样本平均数的全部可能取值及其出现的概率依序排列,就得到样本平均数的概率分布,即平均数的抽样分布。同理,可得样本比例的概率分布(即比例的抽样分布)和样本标准差的概率分布(标准差的抽样分布)。对于抽样分布,同样可计算其均值和方差(或标准差)等数字特征来反映该分布的中心和离散趋势。

由于样本是随机抽取的,事先并不能确定会出现哪个结果,因此,研究样本指标的全部可能取值及其出现的可能性大小是十分必要的。抽样分布反映样本指标的分布特征,是抽样推断的重要依据。根据抽样分布的规律,可揭示样本指标与总体指标之间的关系,估计抽样误差,并说明抽样推断的可靠度。

从总体中抽出全部可能样本来构造统计量的抽样分布,只是理论上说明问题的需要,实际上一般是不可能的。寻求抽样分布的方法主要有精确方法和大样本方法两种,从而抽样分布有两大类:精确分布和渐近分布。

当总体的分布类型已知时,如果对任一自然数 n 都能导出统计量 $\hat{\theta} = \hat{\theta}(x_1, x_2, \cdots, x_n)$ 的分布的明显表达式,这种方法称为精确方法,所得分布称为精确抽样分布。它对样本容量 n 较小的统计推断问题特别有用,故又称小样本方法。目前,精确抽样分布大多是在正态总体条件下得到的。

在大多数场合下,精确抽样分布不易求出或其表达式过于复杂而难于应用,这时,人们借助于极限定理,寻求在样本容量 n 无限增大时统计量的极限分布。假如此种分布能求得,那么当 n 较大时,可用此极限分布当作所求的抽样分布的一种近似,这种方法称为大样本方法,这种极限分布常常称为渐近分布。

在抽样推断中,许多场合下统计量服从正态分布或以正态分布为渐近分布,所以正态分布是最常用的。此外,χ^2 分布、t 分布、F 分布等精确抽样分布也起着重要作用。

2) 抽样方法

抽样方法可分为重复抽样和不重复抽样两种。

重复抽样,也叫回置抽样,是指从总体的 N 个单位中抽取一个容量为 n 的样本,每次抽出一个单位后,再将其放回总体中参加下一次抽取,这样连续抽 n 次即得到一个样本。采用重复抽样,同一总体单位有可能被重复抽中,而且每次都是从 N 个总体单位中抽取,每个总体单位在每次抽样中被抽中的概率都相同,n 次抽取就是 n 次相互独立的随机试验。

不重复抽样,也叫不回置抽样,是指抽中单位不再放回总体中,下一个样本单位只能从余下的总体单位中抽取。采用不重复抽样方法,同一总体单位不可能被重复抽中。由于每次抽取是在不同数目的总体单位中进行的,每个总体单位在各次抽样中被抽中的概率不相等,即 n 次抽取可看作是 n 次互不独立的随机试验。

抽样方法不同,样本代表性也有所不同,抽样误差也就不同。直观地讲,与重复抽样相比,不重复抽样由于样本单位不重复,样本单位很可能在总体中更均匀地分布,从而样本结构更能与总体结构近似。因此,不重复抽样所得样本对总体的代表性较大,抽样误差较小。一般没有必要把一个单位抽出来调查登记几次,所以实践中通常采用不重复抽样。

3) 抽样估计的基本方法

所谓抽样估计就是根据样本提供的信息对总体的某些特征进行估计或推断。用来估计总体特征的样本指标也叫估计量或统计量,待估计的总体指标也叫总体参数,所以对总体数字特征的抽样估计也叫参数估计。参数估计可分成点估计和区间估计两类。

(1) 点估计。

点估计,也叫定值估计,就是直接以一个样本估计量 $\hat{\theta}$ 来估计总体参数 θ。当已知一个样本的观察值时,便可得到总体参数的一个估计值。点估计常用的方法有两种:矩估计法和极大似然估计法。

① 矩估计法。

矩估计法是英国统计学家 K. Pearson 提出的。其基本思想是:由于样本来源于总体,样本矩在一定程度上反映了总体矩,而且由大数定律可知,样本矩依概率收敛于总体矩[76]。因此,只要总体 X 的 k 阶原点矩存在,就可以用样本矩作为相应总体矩的估计量,用样本矩的函数作为总体矩的函数的估计量。

矩估计法简单、直观,而且不必知道总体的分布类型,所以矩估计法得到了广泛应用。但矩估计法也有其局限性:它要求总体的 k 阶原点矩存在,否则无法估计;它不考虑总体分布类型,因此也就没有充分利用总体分布函数提供的信息[77]。

② 极大似然估计法。

极大似然估计法[78]是由 Fisher 提出的一种参数估计方法。其基本思想是:设总体分布的函数形式已知,但有未知参数 θ,θ 可以取很多值,在 θ 的一切可能取值中选一个使样本观察值出现的概率为最大的 θ 值作为 θ 的估计值,记作 $\hat{\theta}$,并称为 θ 的极大似然估计值。这种求估计量的方法称为极大似然估计法。

③ 估计量优劣的标准。

要估计总体某一指标,并非只能用一个样本指标,而可能有多个样本指标可供选择,即对于同一总体参数可能会有不同的估计量,究竟其中哪个估计量是总体参数的最优估计量呢?评价估计量的优劣常用下列 3 个标准。

a. 无偏性。

所谓无偏性是指样本估计量的均值应等于被估计总体参数的真值,即 $E(\hat{\theta}) = \theta$。

也就是说,对于不同的样本有不同的估计值,虽然从一个样本来看,估计值与总体真实值之间可能有误差,但从所有可能样本来看,估计值的均值等于总体参数的真实值,即平均说来,估计是无偏的。

b. 有效性。

所谓有效性是指作为优良的估计量,除了满足无偏性外,其方差应比较小。这样才能保证估计量的取值能集中在被估计的总体参数的附近,对总体参数的估计和推断更可靠。设 $\theta_1 \theta_2$ 都是参数 θ 的无偏估计量,若 $V(\theta_1) \leq V(\theta_2)$,则称 θ_1 是较 θ_2 有效的估计量。

c. 一致性。

一致性也称相合性,是指当 $n \to \infty$ 时,估计量依概率收敛于总体参数的真值,即随着样本容量 n 的增大,一个好的估计量将在概率意义下愈来愈接近于总体真实值。设 $\hat{\theta}$ 是参数 θ 的估计量,对于任意的 $\varepsilon > 0$,当 $n \to \infty$ 时有 $\lim P\{|\hat{\theta}-\theta|<\varepsilon\}=1$,则称 $\hat{\theta}$ 是 θ 的一致估计量。

(2) 区间估计。

区间估计就是根据样本估计量以一定的可靠程度推断总体参数所在的区间范围[79]。这种估计方法不仅以样本估计量为依据,而且考虑了估计量的分布,所以它能给出估计精度,也能说明估计结果的把握程度。

设总体参数为 θ,θ_L、θ_U 为由样本确定的两个统计量,对于给定的 $\alpha (0<\alpha<1)$,有

$$P(\theta_L \leq \theta \leq \theta_U) = 1-\alpha \tag{3-1}$$

则称 (θ_U, θ_L) 为参数 θ 的置信度为 $1-\alpha$ 的置信区间。该区间的两个端点 θ_U, θ_L 分别称为置信下限和置信上限,统称为置信线。α 为显著性水平,$1-\alpha$ 则称为置信度。

置信度 $1-\alpha$ 表示区间估计的可靠程度或把握程度,也即所估计的区间包含总体真值的可能性。置信度为 $1-\alpha$ 的置信区间也就表示以 $1-\alpha$ 的可能性(概率)包含了未知总体参数的区间。置信区间的直观意义为:若做多次同样的抽样,将得到多个置信区间,那么其中有的区间包含了总体参数的真值,有的区间却未包含总体参数的真值[80]。平均说来,包含总体参数真值的区间有 $100(1-\alpha)\%$,反之有 $100\alpha\%$ 的区间未包含总体参数真值。

2. 假设检验

假设检验是抽样推断的一个重要内容。所谓假设检验,就是事先对总体参数或总体分布形式作出一个假设,然后利用样本信息来判断原假设是否合理[81],即判断样本信息与原假设是否有显著差异,从而决定应接受或否定原假设。所以,假设检验也称为显著性检验。

假设检验可分为两类:一是参数假设检验,简称参数检验;二是非参数检验或自由分布检验,主要有总体分布形式的假设检验、随机变量独立性的假设检验等。

1) 假设检验的步骤

假设检验一般有以下几个步骤：

(1) 提出原假设和备择假设。

对每个假设检验问题，一般可同时提出两个相反的假设[82]：原假设又称零假设，是正待检验的假设，记为 H_0；备择假设是拒绝原假设后可供选择的假设，记为 H_1。原假设和备择假设是相互对立的，检验结果二者必取其一。接受 H_0 则必须拒绝 H_1；反之，拒绝 H_0 则必须接受 H_1。

原假设和备择假设不是随意提出的，应根据所检验问题的具体背景而定。常常是采取"不轻易拒绝原假设"的原则[83]，即把没有充分理由不能轻易否定的命题作为原假设，而相应地把没有足够把握就不能轻易肯定的命题作为备择假设。

(2) 选择适当的统计量，并确定其分布形式。

不同的假设检验问题需要选择不同的统计量作为检验统计量，比如总体均值、比例可选取正态分布的 Z 统计量等。

(3) 选择显著性水平 α，确定临界值。

显著性水平表示 H_0 为真时拒绝 H_0 的概率，即拒绝原假设所冒的风险，用 α 表示。假设检验应用小概率事件实际不发生的原理，这里的小概率就是指 α。但是要小到什么程度才算小概率，并没有统一的标准，通常取 $\alpha = 0.1$、0.05 或 0.01 等。给定了显著性水平 α，就可由有关的概率分布表查得临界值，从而确定 H_0 的接受区域和拒绝区域。临界值就是接受区域和拒绝区域的分界点。

(4) 作出结论。

根据样本资料计算出检验统计量的具体值，并用以与临界值比较，作出接受或拒绝原假设 H_0 的结论。如果检验统计量的值落在拒绝区域内，说明样本所描述的情况与原假设有显著性差异，应拒绝原假设[84]；反之，则接受原假设。

2) 假设检验中的两类错误

(1) 第一类错误。

当原假设 H_0 为真，但由于样本的随机性使样本统计量落入了拒绝区域，这时所作的判断是拒绝原假设。这类错误称为第一类错误，亦称拒真错误。

犯第一类错误的概率，亦称拒真概率，它实质上就是前面提到的显著性水平 α，即 $P\{拒绝 H_0 | H_0 为真\} = \alpha$。

(2) 第二类错误。

当原假设 H_0 为不真，但由于样本的随机性使样本统计量落入接受区域，这时的判断是接受原假设。这类错误称为第二类错误，亦称取伪错误。犯第二类错误的概率亦称为取伪概率，用 β 表示，即 $P\{接受 H_0 | H_0 不真\} = \beta$。

在检验中,对 α 和 β 的选择取决于犯两类错误所要付出的代价。若拒真所付的代价较大,则应取较小的 α 而容忍较大的 β;反之,若取伪所付的代价更大,则不得不取较大的 α 以求较小的 β。通常的做法是先确定 α,也即原假设为真时拒绝它的概率事先得到控制。由此再次可见,原假设是受到保护而不轻易否定的。

若要同时减少 α 和 β,或给定 α 而使 β 减少,就必须增大样本容量 n。因为增大 n,就能降低抽样平均误差,样本统计量的分布更集中,分布曲线更尖峭,从而可使分布曲线尾部的面积 α 和 β 都减少。

β 的大小不仅与临界值有关,而且还与原假设的参数值 μ_0 与总体参数的真实值 β 之间的差异大小有关。此差异越大,β 就越小。因为此差异越大,就越容易鉴别出样本来自哪一总体,取伪的可能性就会降低。

统计学中把 $(1-\beta)$ 称为检验功效,它表示当原假设不真实时拒绝它的概率,也即反映了肯定备择假设的能力大小。$(1-\beta)$ 较高,意味着检验做得较好。给定 α 的情况下,使 β 最小或 $(1-\beta)$ 最大的检验叫作最佳检验。

3. 区间估计与假设检验的关系

抽样估计和假设检验都是统计推断的重要内容[85]。如果总体分布形式已知,只是总体参数未知,则统计推断问题就归结为推断总体参数的问题。抽样估计或称参数估计是根据样本资料估计总体参数的真值,而假设检验是根据样本资料来检验对总体参数的先验假设是否成立。例如,通过随机抽取的样本对某地区居民的平均收入进行推断,如果要求以一定的概率估计总体平均收入,这就是一个参数的估计问题,更准确地说,这是一个区间估计问题;如果要求以一定的概率判断总体平均收入是否达到了某一水平或是否有显著提高,这就是一个假设检验问题。

区间估计通常求得的是以样本估计值为中心的双侧置信区间,而假设检验不仅有双侧检验,也常常采用单侧检验,视检验的具体问题而定。

区间估计立足于大概率,通常以较大的把握程度(可信度)$1-\alpha$ 去估计总体参数的置信区间。而假设检验立足于小概率,通常是给定很小的显著性水平 α 去检验对总体参数的先验假设是否成立。在假设检验中,人们更重视拒绝区域。这是因为我们只依据一个样本来进行推断。用一个实例去证明某个命题是正确的,这在逻辑上是不充分的,但用一个反例去推翻一个命题,理由是充足的,因为一个命题成立时不允许有反例存在。所以,假设检验运用的是概率意义上的反证法,在建立假设时本着"不轻易拒绝原假设"的原则[86]。一旦检验结论为拒绝原假设,就会有较大的把握程度(即错误判断的可能性很小);而当不能否定原假设时,只能将它作为真的保留下来,但事实上它有可能不真,所以,接受它有可能是个错误。

区间估计和假设检验虽各有其特点,但也有着紧密的联系。两者都是根据样本信息对总体参数进行推断,都是以抽样分布为理论依据,都是建立在概率基础上的推断,推断结果都有一定的可信程度或风险[87]。对同一实际问题的参数进行推断,使用同一样本、同一统计量、同一分布,因而二者可以相互转换。即区间估计问题可以转换成假设检验问题,假设检验问题也可以转换成区间估计问题。这种相互转换形成了区间估计与假设检验的对偶性。

3.1.2 基于时间维度的分析方法

客观事物都是不断地在发展变化之中,对事物发展变化的规律,不仅要从内部结构、相互关联中去认识,而且应从随时间演变的过程中去研究。这就需要运用统计学中的时间序列分析方法。本章只介绍常规的时间序列分析方法。

1. 时间序列的对比分析

1) 时间序列及其分类

关于社会经济现象的统计数据,大多数是在不同时间观测记录的。为了研究某种事物在不同时间的发展状况,分析其随时间推移的发展趋势,揭示其演变规律,进而预测事物在未来时间的数量,我们通常把反映某种事物在时间上变化的统计数据按照时间顺序排列起来,例如把中国从1978年至1998年的钢产量按年度顺序排列起来,又如中国1990年至1996年国内生产总值、人口、消费等数据,像这样形成的数据序列称为时间序列,有时也称为动态数列。任何一个时间序列都具有两个基本要素:一是所属的时间,二是在不同时间上的统计数据。

对时间序列进行分析的目的,一是为了描述事物在过去时间的状态,二是为了分析事物发展变化的规律性,三是为了根据事物的过去行为预测它们的将来行为。

时间序列按照数列中排列指标的性质,可分为绝对数时间序列、相对数时间序列和平均数时间序列。

把一系列同类的总量指标按时间先后顺序排列而形成的数列,称为绝对数时间序列,反映现象在各期达到的绝对水平。例如国内生产总值和年末总人口形成的数列就都是绝对数时间序列。绝对数时间序列是计算相对数时间序列和平均数时间序列的基础。按数列所反映时间状态的不同,绝对数时间序列又分为时期数列和时点数列。当数列中排列的指标为时期指标,反映现象在各段时期内发展过程的总量时,即为时期数列,例如国内生产总值和最终消费形成的数列。时期数列的特点是数列中指标具有可加性,其数值大小与所属时期长短有直接关系。

当数列中排列的指标为时点指标,反映现象在某一时点上所处的状态时即为时点数列,例如年末人口形成的数列。时点数列的特点是数列中指标数值不能相加,各时点指标数值大小与时点间隔长短没有直接联系。

把一系列同类的相对指标按时间顺序排列而成的数列,称为相对数时间序列,反映现象相互关系的发展变化过程,例如最终消费率形成的数列。把一系列同类平均数按时间顺序排列而成的数列,称为平均数时间序列,反映现象一般水平的发展变化,例如人均消费形成的数列。相对数时间序列和平均数时间序列的共同特点,是它们都可由绝对数时间序列派生而得;它们在各时间上的指标数值相加没有意义。

编制时间序列的目的,是为了通过各时间上指标数值的对比,研究现象发展变化的过程和规律[88]。因此保证数列中各项指标具有充分的可比性,是编制时间序列的基本原则。具体来说应注意以下几点:

(1) 各指标数值所属时间可比。时期数列中由于指标数值大小与时期长短直接相关,一般说来各指标数值所属时间长短应当一致[89]。时点数列中指标数值虽与时点间隔无直接关系,但为了更好地反映发展变化过程,一般来说也应尽可能使时点间隔相等。

(2) 各指标数值总体范围可比,即在数列中各时间上现象所属空间范围必须一致,否则指标数值不能直接对比。

(3) 各指标数值的经济内容、计算口径、计算方法可比。同一名称的统计指标在不同时间的经济内容、计算口径、计算方法可能不相同,例如中国的工业总产值指标,有的年份包括了乡村企业的工业产值,有的年份则不包括。又如由于行政区划变动会影响历史统计数据的可比性,研究四川省的历史统计数据时,因为重庆市的行政区划口径变动,对四川省历史数据必须按同一口径调整后,才能形成可比的时间序列。

2) 时间序列的水平分析

为了研究现象时间上的发展水平和速度,分析其发展的规律,需要在时间序列基础上确定一系列时间序列的分析指标。这些分析指标主要有:发展水平、平均发展水平、增减量、平均增减量。

(1) 发展水平。

时间序列中每一项指标的数值反映了现象在各个时间上达到的规模或水平,时间序列中每一项指标数值也称为相应时间上的发展水平。发展水平可以是绝对数,也可以是相对数或平均数,分别反映现象在该时间上实际达到的总量水平、相对水平或平均水平。

(2) 平均发展水平。

在对时间序列进行分析时,为了综合说明现象在一段时期的一般水平,常需要将这段时期各个时间上的指标数值加以平均,这种不同时间上的指标数值的平均数称为序时平均数,也称为在这段时期的平均发展水平[90]。序时平均数所平均的是现象在不同时间上的数量差异,说明现象在某一段时间内发展的一般水平。

(3) 增减量与平均增减量。

一个时间序列中报告期水平与基期水平之差称为增减量。报告期水平 a_i 与前一期水平 a_{i-1} 之差,称为逐期增减量,即 $a_i-a_{i-1}(i=1,2,\cdots,n)$;报告期水平 a_i 与某一固定基期水平 a_0 之差称为累计增减量,即 $a_i-a_0(i=1,2,\cdots,n)$。

3) 时间序列的速度分析

(1) 发展速度。

时间序列中报告期水平与基期水平之比称为发展速度,说明现象报告期水平较基期水平的相对发展程度。由于所选基期的不同,发展速度分为环比发展速度和定基发展速度。

报告期水平 a_i 与前一期水平 a_{i-1} 之比称为环比发展速度,即 $a_i/a_{i-1}(i=1,2,\cdots,n)$

报告期水平 a_i 与某一固定基期水平(或称最初水平)a_0 之比称为定基发展速度(有时也称总速度),即 $a_i/a_0(i=1,2,\cdots,n)$

(2) 增减速度。

由增减量与基期水平对比可计算增减速度,说明报告期水平较基期水平增减的相对程度。

增减速度=增减量/基期水平=(报告水平-基期水平)/基期水平=发展速度-1

发展速度分为环比发展速度和定基发展速度,相对应的增减速度也可分为环比增减速度和定基增减速度:

环比增减速度=环比发展速度-1
定基增减速度=定基发展速度-1

与发展速度不同,增减速度说明报告期水平在扣除了基期数据以后,较基期增减的相对程度。显然,当增减速度为正值时,表示报告期水平在基期水平基础上的增长速度;当增减速度为负值时,表示报告期水平在基期水平基础上降低的程度。

应当指出,环比增减速度与定基增减速度的相互换算关系,与发展速度的换算关系不同,环比增减速度的连乘积并不等于相应时期的定基增减速度。若要由环比增减速度计算定基增减速度,只能先将环比增减速度加1转换为环比发展速度,通过环比发展速度连乘计算定基发展速度再减 1,才能求得定基增减速度。

(3) 平均发展速度和平均增减速度。

平均速度是指各个时期环比速度的平均数,平均发展速度是现象逐期发展的平均程度。相对应地,平均增减速度是现象逐期增减的平均程度,二者的关系是:

$$平均增减速度 = 平均发展速度 - 1$$

平均增减速度可能为正值,也可能为负值,为正值时表明现象在该段时期内平均来说是递增的;为负值时表明现象在该段时期内平均来说是递减的。

平均发展速度是各期环比发展速度的序时平均数,通常采用几何平均法或方程式法去计算。

2. 趋势变动分析

1) 时间序列的构成要素与模型

客观事物随着时间发展的变化,是受多种因素共同影响的结果。在诸多影响因素中,有的是长期起作用的,对事物的变化发挥决定性作用的因素;有的只是短期起作用,或者只是偶然发挥非决定性作用的因素。在分析时间序列的变动规律时,事实上不可能对每一个影响因素都一一划分开来,分别去作精确分析。但是我们可以将众多影响因素,按照对现象变化影响的类型,划分为若干种时间序列的构成要素,然后对这几类构成要素分别进行分析,以揭示时间数列的变动规律性。影响时间序列的构成要素通常可归纳为 4 种,即:长期趋势(Secular Trend)、季节变动(Seasonar Fluctuation)、循环变动(Cyclical Variation)、不规则变动(Irregular Variation)。

(1) 长期趋势。

长期趋势指现象在一段相当长的时期内所表现的沿着某一方向的持续发展变化。长期趋势可能呈现出不断向上增长的态势,也可能呈现为不断降低的趋势。长期趋势是受某种固定的起根本性作用的因素影响的结果。例如中国改革开放以来经济持续增长,表现为国内生产总值逐年增长的态势[91]。

(2) 季节变动。

本来意义上的季节变动是指受自然因素的影响,在一年中随季节的更替而发生的有规律的变动。现在对季节变动的概念有了扩展,对一年内由于社会、政治、经济、自然因素影响,形成的以一定时期为周期的有规则的重复变动,都称为季节变动。例如农业产品的生产、某些商品的销售量变动都呈现出季节性的周期变动[91]。

(3) 循环变动。

循环变动指以若干年(或月、季)为一定周期的有一定规律性的周期波动。

循环变动与长期趋势不同,它不是单一方向的持续变动,而是有涨有落的交替波动。循环变动与季节变动也不同,循环变动的周期长短很不一致,不像季节变动那样有明显的按月或按季的固定周期规律,循环变动的规律性不甚明显,通常较难识别[91]。

(4) 不规则变动。

不规则变动指现象受众多偶然因素影响,而呈现的无规则的变动。

时间序列的变动一般都是以上4种构成要素或其中一部分要素而形成的。时间序列分析的任务之一,就是对时间序列中的这几种构成要素进行统计测定和分析,从中划分出各种要素的具体作用,揭示其变动的规律和特征,为认识和预测事物的发展提供依据。

形成时间序列变动的4类构成因素,按照它们的影响方式的不同,可以设定为不同的组合模型,其中最常用的有乘法模型和加法模型[92]:

乘法模型　　$Y=T \cdot S \cdot C \cdot I$

加法模型　　$Y=T+S+C+I$

其中:Y 表示时间序列的指标数值;T 表示长期趋势成分;S 表示季节变动成分;C 表示循环变动成分;I 表示不规则变动成分。

乘法模型是假定4个因素对现象发展的影响是相互的,以长期趋势成分的绝对量为基础,其余成分均以比率(相对量)表示。加法模型是假定4个因素的影响是独立的,每个成分均以绝对量表示。

2) 线性趋势

对长期趋势的测定和分析,是时间序列分析的重要工作,其主要目的有3个:一是为了认识现象随时间发展变化的趋势和规律性;二是为了对现象未来的发展趋势作出预测;三是为了从时间序列中剔除长期趋势成分,以便于分解出其他类型的影响因素[93]。

时间序列的长期趋势是就一个较长的时期而言的,一般地说,分析长期趋势所选的时期越长越好。时间序列的长期趋势可分为线性趋势和非线性趋势。当时间序列的长期趋势近似地呈现为直线而发展,每期的增减数量大致相同时,称为时间序列具有线性趋势。线性趋势的特点是其变化率或趋势线的斜率基本保持不变[94]。

时间序列线性趋势的测定方法有许多种,最常用的有移动平均法和直线趋势方程拟合法。

(1) 移动平均法。

移动平均法是扩大原时间序列的时间间隔,选定一定的时距项数 N,采用逐次递移的方法对原数列递移的 N 项计算一系列序时平均数,这些序时平均数形成的新数列消除或削弱了原数列中的由于短期偶然因素引起的不规则变动和其他成分,对原数列的波动起到修饰作用,从而呈现出现象在较长时期的发展趋势。

(2) 直线趋势方程拟合法。

直线趋势方程拟合法是利用直线回归的方法对原时间序列拟合线性方程,消除其他成分变动,从而揭示出数列长期直线趋势的方法。直线趋势方程的一般形式为

$$\hat{Y}_t = a + b_t \tag{3-2}$$

式中 $\hat{Y}_t$——时间序列 Y_t 趋势值;

t——时间标号;

a——截距项,是 $t=0$ 时 $\hat{Y}_t$ 的初始值;

b——趋势线斜率,表示时间 t 变动一个单位时趋势值 $\hat{Y}_t$ 的平均变动数量。

3) 非线性趋势

事实上,现象的长期趋势并不总是呈现为线性趋势,也就是说现象变动的变化率或趋势线的斜率在一个较长的时期中不一定保持不变。当时间序列在各时期的变动随时间而异,各时期的变化率或趋势线的斜率有明显变动时,现象的长期趋势不是线性的,但又有一定规律性,这时称现象的长期趋势是非线性趋势。有规律的非线性趋势,常呈现为某种形态的曲线变化,又称为曲线趋势。

现象非线性趋势变动的形式多种多样,例如可能为抛物线型、指数曲线型、修正指数曲线型、Gomperte 曲线型、Logistic 曲线型等,各种曲线的拟合方法各不相同[95]。

长期趋势方程的拟合,需要判断现象发展的基本规律和态势,要求选择最适合的函数形式,事实上这是比较困难的。在对实际的时间序列拟合其长期趋势方程时,通常可参考以下的一些做法:

(1) 进行定性分析。首先应对所研究的现象的客观性质进行研究,分析其一般的发展规律,从而对现象长期趋势的性质作出基本的判断[96]。

(2) 描绘散布图。根据时间序列的观测值描绘散布图,从散布图的基本态势判断现象随时间变化的大体类型[96]。

(3) 分析时间序列的数据特征。如果时间序列中各项数据的 K 次差大致为一常数,一般来说可考虑配合 K 次曲线;若数列中各项数据的对数一次差大体为一常数,可考虑配合指数曲线。

(4) 分段拟合。现象的实际变化可能非常复杂,各个阶段可能有不同的变化规律,这时可将数列分段考察,分别拟合不同的曲线趋势。

(5) 最小均方误差分析。当数列有多种曲线可供选择时,可将多种曲线的拟合结果加以比较,分别计算各种曲线的均方误差或估计的平方误差,以估计的平方误差最小的曲线为宜。

3. 季节变动分析

1) 季节变动及其测定目的

季节变动是指客观现象因受自然因素或社会因素影响,而形成的有规律的周期性变动。季节变动在现实生活中经常会遇到,如商业活动中的"销售旺季"和"销售淡季"、农产品和以农产品为原料的某些工业生产的产量和销售量、旅游业的"旅游旺季"和"旅游淡季",等等[97]。

所谓季节变动不仅仅是指随一年中四季而变动,而是泛指有规律的、按一定周期(年、季、月、周、日)重复出现的变化。季节变动的原因通常与自然条件有关,同时也可能是由于生产条件、节假日、风俗习惯等社会经济因素所致。季节变动常会给人们的社会经济生活带来某种影响,如会影响某些商品的生产、销售与库存。

我们测定季节变动的意义主要在于认识规律、分析过去、预测未来。其目的一是通过分析与测定过去的季节变动规律,为当前的决策提供依据;二是为了对未来现象季节变动作出预测,以便提前作出合理的安排;三是为了当需要不包含季节变动因素的数据时,能够消除季节变动对数列的影响,以便更好地分析其他因素。

2) 季节变动分析的原理与方法

测定季节变动的方法很多,从是否考虑长期趋势的影响看可分为两种:一是不考虑长期趋势的影响,根据原始时间序列直接去测定季节变动;二是根据剔除长期趋势后的数据测定季节变动。

(1) 原始资料平均法。

原始资料平均法也称为按月(或季)平均法。这是对原始时间序列数据不剔除长期趋势因素,直接计算季节指数的方法[98]。

原始资料平均法计算比较简单,但应当注意运用此方法的基本假定是原时间序列没有明显的长期趋势和循环变动,通过各年同期数据的平均,可以消除不规则变动,而且当平均的期间与循环周期基本一致时,也在一定程度上消除了循环波动。当时间序列存在明显的长期趋势时,会使季节变动的分析不准确,如存在明显的上升趋势时,年末季节变动指数会远高于年初季节变动指数;当存在明显的下降趋势时,年末的季节指数又会远低于年初的季节指数。所以只有当数列的长期趋势和循环变动不明显时,运用原始资料平均法才比较合适。

(2) 趋势剔除法。

如果数列包含有明显的上升(下降)趋势或循环变动,为了更准确地计算季节指数,就应当首先设法从数列中消除趋势因素,然后再用平均的方法消除不规则变动,从而较准确地分解出季节变动成分。数列的长期趋势可用移动平均法或趋势方程拟合法测定。假定包含季节变动的时间序列的各影响因素是以乘法模型形式组合,其结构为 $Y = T \cdot C \cdot S \cdot I$,以移动平均法为例,确定季节变动的方法步骤如下:

① 对原数列通过 12 个月(或 4 个季度)的移动平均,消除季节变动 S 和不规则变动 I,所得移动平均的结果只包含趋势变动 T 和循环变动 C。

② 为了剔除原数列中的趋势变动 T 和循环变动 C,将原数列各项数据除以移动平均数列对应时间的各项数据,即消除趋势变动的数列:

$$\frac{T \cdot C \cdot S \cdot I}{T \cdot C} = S \cdot I \tag{3-3}$$

③ 将消除趋势变动的数列各年同月(或同季)的数据平均,以消除不规则变动 I,再分别除以总平均数,即得季节变动指数 S[99]。

3) 季节变动的调整

包含有季节变动因素的时间序列,由于受季节的影响而产生波动,使数列的其他特征不能清晰地表现出来。为此,常需要从时间序列中消除季节变动的影响,这称为季节变动的调整。

当已确定数列的季节变动指数 S 后,消除季节变动的直接方法是将原数列除以季节指数,即

$$\frac{Y}{S} = \frac{T \cdot C \cdot S \cdot I}{S} = T \cdot C \cdot I \tag{3-4}$$

调整后的数列即消除了季节变动的影响。

4. 循环变动分析

1) 循环变动及其测定目的

循环变动往往存在于一个较长的时期中,是一种从低到高,又从高到低周而复始的近乎规律性的变动。循环变动不同于季节变动,季节变动也是有高有低的交替变动,但季节变动有比较固定的规律性,而且变动周期一般是一年以内。循环变动的规律不那么固定,变动的周期通常在一年以上,周期的长短、变动形态、波动的大小也不固定。例如产品通常有导入期、成长期、成熟期、衰退期、替代期等经济寿命周期;又如由于受周期性因素的影响,宏观经济的增长通常产生周期性波动。

测定和分析现象的循环变动的目的,一是从数量上揭示现象循环变动的规律性;二是为了深入研究不同现象周期性循环波动的内在联系,有助于分析引起循环变动的原因;三是通过对循环规律的认识,对现象今后的发展作出科学的预测,为制定有效遏制循环变动不利影响的决策方案提供依据。

2) 循环变动的测定方法

由于循环变动通常隐匿在一个较长的变动过程中,而且其规律不固定,所以在时间序列的成分分析中,循环变动的测定是比较困难的。在实际工作中测定循环变动的常用方法主要有剩余法和直接法。

(1) 剩余法。

剩余法又称分解法,其基本思想[100]是从数列中先分解出长期趋势和季节变动,然后再通过平均消除不规则变动成分,剩余的变动则揭示出数列的循环变动特征。如果原数列的因素组合为 $Y=T \cdot C \cdot S \cdot I$,先分别消除季节变动 S 和长期趋势 T,或者同时消除季节变动 S 和长期趋势 T,即

$$\frac{Y}{T \cdot S} = \frac{T \cdot C \cdot S \cdot I}{T \cdot S} = C \cdot I \tag{3-5}$$

最后将所得循环变动和不规则变动的结果 $C \cdot I$ 进行移动平均,消除不规则变动 I,即得循环变动值 C。

(2) 直接法。

如果研究时间序列的目的,只是在于测定数列的循环波动特征,在实际工作中有时用直接法去分析数列。用直接法测定循环变动有两种方式可用,一种是将每年各月(或季)数值与上一年同期数值对比,所求得的相对数大体可消除季节变动和长期趋势,即

$$C \cdot I_{t,i} = \frac{Y_{t,i}}{Y_{t-1,i}} \quad (i=1,2,\cdots,12 \text{ 或 } i=1,2,3,4) \tag{3-6}$$

式中:下标 t 为年份;下标 i 为月份或季度。

另一种方式是将每年各月(或季度)数值较上年同期增长部分除以前一年对应月份(或季度)的数值,得出的相对数大体表示循环变动,即

$$C \cdot I_{t,i} = \frac{Y_{t,i} - Y_{t-1,i}}{Y_{t-1,i}} \quad (i=1,2,\cdots,12 \text{ 或 } i=1,2,3,4) \tag{3-7}$$

3.1.3 基于失效物理的分析方法

1. 失效物理

失效物理(Physics of Failure, PoF)一词出现于20世纪50年代后期。可靠性工程,特别是电子产品可靠性工程,在20世纪60年代初期得到美国政府的

大力支持而飞速发展,因而失效物理技术最早是被用来分析电子元器件的失效机理。以可靠性理论为基础,配合物理和化学方面的分析,说明构成产品的零件或材料发生失效的本质原因,并以此作为改进设计和消除失效的依据,最终提高产品的可靠度。通过分析相关试验的结果,有助于发现与零件、材料失效相关的特性参数、数学模型、退化模式等失效机理信息,进而建立寿命与各参数间关系的数学模型。由于产品的失效行为与失效物理有着极为密切的关系,而失效分析又是可靠性技术的重要工作,因而又有人将失效物理称为可靠性物理(Reliability Physics)[101]。

事实上,对于失效现象的分析,除了从计量统计学观点计算失效率之外,还要从实际试验验证的立场来研究失效原因,提出本质上的改善方法,也就是说质与量必须相互配合,才有可能达到要求的品质和可靠性水平。失效物理所蕴含的内容并不是狭义的物理学,还包括材料学、冶金学、化学和电气机械等学科领域,以及环境科学、规划技术、失效分析、统计分析等。失效物理的工作,除了应用于电子零件之外,还应用于机械零件、太空、航空和船舶等设备的生产和维护工作。基于失效物理的性能可靠性技术以性能可靠性理论为基础,从物理本质上描述产品的失效机理,构建产品失效物理退化量与产品可靠性之间的内在联系,并以之进行可靠性统计推断。其目的在于说明失效本质,为消除或减少失效提供定量依据,最终提高产品的可靠性水平。

2. 基于性能退化分析的方法

基于性能退化分析的实时可靠性评估与预测方法是目前该领域研究的主流[102]。这种方法认为设备或系统的可靠性下降是由内在的性能退化过程引起的,并通过对相应的性能退化过程进行建模与分析来评估和预测可靠性。性能退化建模技术以反映产品失效本质的性能参数退化量为统计对象,通过失效物理试验得到产品性能参数的退化数据,然后建立退化失效模型和确定失效准则,并以之为基础构建可靠性模型和进行可靠性统计推断。

性能退化建模的重要观点是:对于同一总体中的产品,描述其性能随时间变化的函数形式完全相同,不同的仅是参数。参数向量中的分量可分为两种情况,一是固定参数,该类型参数对任何产品个体都相同,表征产品的共有属性;另外一种是随机参数,该类型参数假设为服从某一分布的随机变量,表征了产品的个体差异性。

性能退化建模主要有两种方式,一是直接对退化数据进行曲线拟合来建立可靠性模型,这是一种数据驱动的方法,虽然能快速地建立可靠性模型,但精度可能较低,特别在做长时间外推时更是如此;另一种方式是依据产品的失效机理,通过深入剖析产品失效物理、化学反应规律来建立失效物理模型,然后依据性能退化数据建立性能可靠性模型,进而进行可靠性统计推断。

基于性能退化分析的方法借鉴了传统可靠性研究领域中的性能退化可靠性分析的部分概念和模型[102]。传统的性能退化可靠性分析主要考虑了在缺少样本失效数据,但可以测量性能退化过程的情况下的产品的总体可靠性分析问题。同基于失效数据的可靠性分析不同,性能退化可靠性分析提出了"软失效"的概念,即产品的性能退化轨道超过所定义的性能退化临界水平这样的事件。同时,性能退化可靠性分析还提出了各种性能退化模型,比如:失效物理退化模型、统计回归退化模型、随机过程退化模型和动态退化模型等。基于性能退化分析的实时可靠性评估与预测方法也采用了软失效概念,并且借鉴了上述的性能退化模型。根据所使用的性能退化模型,基于性能退化分析的实时可靠性评估与预测方法可以分成4类:回归分析方法、时间序列分析方法、马尔可夫过程分析方法和其他方法。

3.1.4　传统分析方法的优势与局限

传统数据分析方法[103],大多数都是通过对原始数据集进行抽样或者过滤,然后对数据样本进行分析,寻找特征和规律,其最大的特点是通过复杂的算法从有限的样本空间中获取尽可能多的信息。随着计算能力和存储能力的提升,大数据分析方法与传统分析方法的最大区别在于分析的对象是全体数据,而不是数据样本,其最大的特点在于不追求算法的复杂性和精确性,而追求可以高效地对整个数据集的分析。总之,传统数据方法力求通过复杂算法从有限的数据集中获取信息,其更加追求准确性;大数据分析方法则是通过高效的算法、模式,对全体数据进行分析。

传统抽样数据的量可能还不够大。根据调查研究的需要确定样本量的总体规模,是整个抽样的前提。总体规模涵盖不全面,可导致抽样误差和结果的无效。

3.2　大数据分析的特点

3.2.1　数据全体 VS 数据样本

大数据时代统计分析应转变思路,统计方法应与时俱进。在计算机技术飞速发展的今天,我们如何使用已经储备的大量资料进行全样本分析,应该是大数据时代统计分析的新特征[104]。

大数据,顾名思义,数据量大是大数据的基本特点。大数据时代,数据一直在不断地生产,其数量的级别从 Trillion byte 级别,跃升到 Pet byte 级别,甚至是 Zetta byte,并一直处于增长趋势之中。"大数据"可以看作是对大规模数据集合的智能分析处理,能够帮助人们从似乎无穷多的数据中发现信息、发现规则、发现知识、发掘智慧,进而对未来态势发展作出预测。

3.2.2　非结构化数据 VS 结构化数据

数据量的巨大也会使数据类型呈现多样化的特点。大数据环境下,数据类型众多,并且不断产生新的种类,既包括结构化数据,还包括非结构化及半结构化数据。网络日志、图片、电子邮件等都得到了快速发展,且日益成为信息数据的主体部分。

大数据环境下数据结构是以非结构化和半结构化数据为主,结构化数据为辅,但结构化数据始终处于核心地位[105]。数据结构一般可以分为结构化数据、非结构化数据、半结构化数据。结构化数据一般是指普通文本之类的数据,详细地说,是指那些方便于计算机处理的数据。它通常被存储在数据库中,有着明确的语义标签,可以被分割,单独使用,又可以在特殊情况下成为一个独立的单元被使用。而非结构化数据则是指网页、视频之类的信息数据。它是以自由文本的形式,存在于数据库之外,在计算机内并没有固定的数据模式,因而计算机很难处理分析。半结构化数据则是出于结构化数据和非结构化数据之间的数据结构形式。由于非结构化数据在计算机内没有固定的数据模式,其结构并不固定,因此处理起来很困难,很难实现信息的价值最大,从而造成了大数据价值密度低。因此,对非结构化数据的处理需求越来越强烈,非结构化数据采集技术、NoSQL 数据库等技术正取得快速发展。

3.2.3　关联分析 VS 因果分析

一个数据可能没有意义或价值,但数据多了,不仅可以探测数据之间的因果关系(纵向,解决事出有因的问题),而且可以分析数据之间的关联关系(横向,解决相互作用的问题),通过几个维度可以更加清晰和准确地分析一个事物的全貌[106]。

相关分析法是测定事物之间相关关系的规律性,并据以进行预测和控制的分析方法。社会经济现象之间存在着大量的相互联系、相互依赖、相互制约的数量关系。这种关系可分为两种类型。一类是函数关系,它反映着现象之间严格的依存关系,也称确定性的依存关系。在这种关系中,对于变量的每一个数值,都有一个或几个确定的值与之对应。另一类为相关关系,在这种关系中,变量之间存在着不确定、不严格的依存关系,对于变量的某个数值,可以有另一变量的若干数值与之相对应,这若干个数值围绕着它们的平均数呈现出有规律的波动。

当数据以数量级方式增长的时候,可以观察到许多似是而非的关联关系,通过大数据的关联性分析可以更准确、更快捷地获得全貌信息和潜在价值,并且不受偏见的影响。关联性分析通过探求"是什么",而不是"为什么",可以更好地了解世界,掌握以前无法理解的复杂技术和社会动态。

3.3 大数据分析揭示故障规律

3.3.1 可靠性工程中的数据

可靠性源于设计,成于制造,显于使用。产品的可靠性是设计出来的,生产出来的,也是管理出来的。可靠性贯穿于整个产品全寿命周期内,包括设计生产阶段、生产制造阶段、贮存阶段、使用保障阶段、报废阶段。在整个全寿命周期内,大量可靠性数据都会产生。如平均故障间隔时间(MTBF)、平均修复时间(MTTR)、平均失效时间(MTTF)等。这些数据贯穿于整个寿命周期,构成了对于产品可靠性的评估。

大量可靠性数据的来源分为设计数据,生产数据,使用数据等。部分数据分类明确,但有的数据属于其中多类或贯穿始终,不仅数据量大,数据类型多种多样,对于产品可靠性的分析工作带来较大难度。另外,大量数据间具有隐性关系,难以直观分析。同时,数据间的交互耦合也会对数据分析带来难度。因此,如何对现有的可靠性工程数据进行深度全面分析,是我们未来研究的重点之一。

3.3.2 故障激发因素的复杂性

现阶段,针对使用阶段产品早期故障问题的分析多笼统地归于设计不当、原料及制造缺陷等,即便是基于故障的 FMEA 分析等也往往给出定性的结论或推断。基于 RQR 链的工艺可靠性认知背景,早期故障率作为产品最终可靠性的衡量指标,传统的故障率分析中大都忽略制造质量偏差的因素,仅考虑以可靠性寿命试验或用户使用的故障数据对早期故障率的分布进行评估,通过老化试验(Burn-in)进行表面移除,导致对早期故障的机理缺乏全面深入的研究。

由于对故障的早期具体定位存在争议导致传统对早期故障阶段的认识比较分散,现有研究已经认识到产品在使用后逐渐暴露出由设计因素、制造因素、材料因素、环境因素等系列问题引发的缺陷,呈现较高的故障率,并具有迅速下降的趋势特征,然而这一认识没有从产品设计到制造再到使用环节层层递进的系统关联因素,也忽视了多种故障因素的交互耦合效应。毫无疑问,产品可靠性源于设计,成于制造,体现在使用阶段。

同时,传统的数据分析方法着眼于已经认识到的因素的分析,而忽视了故障因素的隐蔽性,不能针对所有因素进行全面系统的分析,可能造成分析结果不全面甚至不正确。

因而,从系统层面上分析早期故障的影响因素的基础上,针对系统进行全面的数据分析,得出故障因素的相关性,识别相关关键参数,为突破故障机理已有认识尤其重要。

3.3.3　可靠性工程大数据分析前景

大数据为可靠性数据分析带来分析信息的四个转变,这些转变将改变可靠性工程中数据分析的方法。

第一个转变是:在大数据时代,我们可以分析更多的数据,甚至是某个事物的全集数据,并且"样本"可以等于"总体",因此我们可以洞察全局、整体和所有,而不是需要随机抽样和多级抽样[106];第二个转变是:在大数据时代,因为数据量非常庞大,我们可以不再热衷于追求精确性,而是可以适当忽略微观层面的精确性而专注于宏观层面的洞察力,偏重于用概率说话,接受混乱和不精确性,我们可能会因此打开一扇新的窗户,宽容错误可能会带来更多价值;第三个转变是:在大数据时代,寻找因果关系不再是长久以来的习惯,我们将更侧重于寻找事物之间的关联关系,这会让我们发现新的潜在价值,这正是大数据的关键;第四个转变是:大数据时代的简单算法比小数据时代的复杂算法更有效,所以我们要寻找更为有效的简单算法;第五个转变是:数据的价值从基本用途转变为潜在用途,数据的价值不会随着它的使用而减少,而是可以不断地被处理和利用,并不断地产生价值,即数据可以被无限利用,而不是一次性消费[106]。

（1）系统复杂度高。大数据管理系统的类型非常多,很多公司针对自己的应用场景设计了相应的数据库产品。这些产品的功能模块各异,很难用一个统一的模型来对所有的大数据产品进行建模[107]。

（2）用户案例的多样性。测试基准需要定义一系列具有代表性的用户行为,但是大数据的数据类型广泛,应用场景也不尽相同,很难从中提取出具有代表性的用户行为。

（3）数据规模庞大。这会带来两方面的挑战。首先数据规模过大使得数据重现非常困难,代价很大。其次在传统的 TPC 系列测试中,测试系统的规模往往大于实际客户使用的数据集,因此测试的结果可以准确地代表系统的实际性能。但是在大数据时代,用户实际使用系统的数据规模往往大于测试系统的数据规模,因此能否用小规模数据的测试基准来代表实际产品的性能是目前面临的一个挑战。数据重现的问题可以尝试利用一定的方法来产生测试样例,而不是选择下载某个实际的测试数据集。但是这又涉及如何使产生的数据集能真实反映原始数据集的问题。

(4) 系统的快速演变。传统的关系数据库其系统架构一般比较稳定,但是大数据时代的系统为了适应数据规模的不断增长和性能要求的不断提升,必须不断地进行升级,这使得测试基准得到的测试结果很快就不能反映系统当前的实际性能。

未来可靠性工程中更多地要用数据"发声",要用大数据发现问题答案,要用大数据总结成功规律,要用大数据实现质量预警,要用大数据完成创新管理。

第4章

故障的关联规则分析

随着传感器技术的飞速发展,设备日趋集成化与复杂化,状态监测精度、频度不断提高,设备状态信息量呈指数级增长。传统的故障诊断方法存在诊断模型难以建立、依赖于主观经验、难以获得规则等缺陷,对故障的多样性、复杂性、隐蔽性等问题经常难以解决。关联规则挖掘是数据挖掘的重要内容,它的主要目标就是发现数据库中一组对象之间某种有趣关联或相关联系。将关联规则应用于设备故障智能诊断,对大量的故障数据进行挖掘,找出各种故障之间的关联关系,以规则的形式体现出来,并对可能发生的故障进行预测,保证设备在工作期间高效、可靠地运行,具有重要的研究价值。

4.1 关联规则的基本知识

4.1.1 关联规则的定义、相关概念与一般过程

1. 关联规则的定义

通常所说的关联规则一般是指从海量数据库中找出不同数据项之间的关联度[108]。假设有数据集合 $I=\{i_1,i_2,i_3,i_4,\cdots\}$,其中 $i_1,i_2,i_3,i_4,\cdots$ 为数据项,是集合 I 的元素;另设所有交易记录 T 的集合为 D,其中 $T\subseteq I$。TID 作为每个交易的唯一编号。若有数据集合 M,如果 $M\subseteq T$,则称交易 T 包含 M。

2. 关联规则的相关概念

支持度(Support):关联规则中的支持度是指,在所有交易集合 D 中,其中某个交易集 A 和另一个交易集 B 同时出现的概率。

置信度(Confidence):置信度是指在所有交易集合 D 中,某个交易集合 B 在另一交易集合 A 已发生的情况下,交易集合 B 发生的概率。它表示了关联规则的强度。

置信度的公式表示如下:要判断一个关联规则在相关实例中是否有价值体

现,其中很重要的是,一要看它的置信度是否大于或等于原先指定的最小置信度(min_conf),另外还要看它的支持度是否大于或等于原先指定的最小支持度(min_sup),只有这两个度都大于最小指定阈值,此关联规则才有效。在判断关联规则"好"与"差"时,只看关联规则中的置信度和支持度是不够的,即使置信度和支持度都满足原先指定的相关条件,但如果不是用户感兴趣的,那也不是一个好的关联规则,所以我们还要考虑关联规则的兴趣度,即项集之间的相关程度。当 I. M. 在区间[-1,0)上,则称 A 与 B 负关联,即 A 出现的概率越高,则 B 出现的概率越低;当 I. M. 在区间(0,1]上,则称 A 与 B 正关联,即 A 出现的概率越高,则 B 出现的概率越高;当 I. M. =0 时,则称 A 与 B 无关联,即 A 出现的概率高低与 B 出现的概率高低无关[109]。

3. 关联规则的分类

根据不同的分类标准对关联规则进行分类,下面介绍 3 种分类方法,具体分法如下:

(1) 按规则中处理的类别分:布尔型关联规则、数值型关联规则。

其中,布尔型关联规则主要表示变量间的关系,处理类变化的数据,该类型的关联规则的项之间的联系一般是量化的,由于数值关联规则的挖掘相对比较复杂,因此常常把它和多维关联规则连起来使用,这样就不仅可以直接处理数值型的字段,还可以直接处理原始数据;布尔型关联规则的挖掘相对比较容易,它的研究已经成为了国内关联规则的一个焦点。然而,在现实的具体应用中,要正确地使用布尔关联规则的挖掘办法,将数据离散化是第一步要做的事[110]。

(2) 按规则中抽象层次分:单层关联规则、多层关联规则。

(3) 按规则中涉及的数据位数:单维关联规则、多维关联规则。

4. 关联规则挖掘的过程

关联规则挖掘过程大体主要按两步进行:①高频项集的产生。所谓的高频项集是指该项集出现的频率(即支持度)大于或等于原先指定的最小支持度。这一步所要完成的任务就是从全部交易集合中找出所有高频项集。②关联规则的产生。在前面产生的所有高频项目中,按照置信度公式计算,选出所有满足 min_conf 的规则,这些规则被称为 Association Rules[109]。

4.1.2 频繁模式发现

频繁模式是发现数据集中的有价值的重要性质,是其他数据挖掘任务的基础。

生成频繁项集的基本方法(给定 d 个选项,有 2^d 个可能的候选项集):设网格中每个项集都是候选的频繁项集,通过扫描一次数据库,可以得到每个选项集的支持度。计算复杂度($O(NMw)$),其中 N 为事物项目,M 为候选项集,w 为一次比较的计算代价。

(1)缩小候选项集的数量(M)。

完全搜索:$M=2^d$;

通过裁剪技术减少 M。

(2)缩小比较次数(NM)。

用不同的数据结构来存储后续项集和事物;

避免比较每一对候选项集和事物。

(3)缩小比较代价(w)。

采用 DHP 和 vertical-based 挖掘技术。

4.1.3 Apriori 相关算法

Apriori 是一种比较典型的布尔关联规则高频项集的挖掘算法,该算法选择高频项集的基本思想是[111]:首先,从原始所有交易事务记录中,计算出交易集中每一个数据项出现的频率,根据原先设定的最小支持度,对数据库进行全面扫描,筛选出频率大于或等于最小支持度的所有一维项集,并产生出二维的候选项集。接着,根据上一步所产生的候选项集,再对数据库进行全面扫描,筛选出频率大于或等于最小支持度的所有二维项集,并产生出三维候选项集,依次类推,完成所有维数的高频项集的挖掘。Apriori 算法的优点是:简单、容易。缺点是:每次产生候选集时,都要对数据库进行一次全面扫描,需花费较多的时间[112]。

Apriori 算法的实现过程如下:

(1)通过单趟扫描数据库计算出所有 1-项集的支持度,从而得到满足最小支持度 $s\%$ 的 1-频繁项集构成的集合 L_1。

(2)为了产生 k-频繁项集构成的集合 L_k,生成一个 k-候选频繁项集的集合 C_k。若 $P,Q \in L_{k-1}, P=\{P_1,P_2,\cdots,P_{k-1}\}, Q=\{q_1,q_2,\cdots,q_{k-1}\}$ 并且当 $1 \leq i \leq k-1$ 时,$p_i = q_i$,当 $i = k-1$ 时,$p_{i-1} \neq q_{i-1}$。则 $P \cup Q = \{p_1,p_2,\cdots,p_{k-2},p_{k-1},q_{k-1}\}$ 是 k-候选频繁项集的集合 C_k 中的元素。

(3)由于 C_k 是 L_k 的超集,可能有些元素不是频繁的。由于任何非频繁的 $(k-1)$ 项集必定不能形成 k-频繁项集的子集,所以当 k-候选项集的某个 $(k-1)$ 子集不是 L_{k-1} 中的成员时,则该候选频繁项集不可能是频繁的,可以从 C_k 中移去。通过单趟扫描事物数据库 D,计算 C_k 中各个项集的支持度。将 C_k 中不满足最小支持度 $s\%$ 的项集剔除,形成由 k-频繁项集构成的集合 L_k[113]。

通过迭代循环,重复上述步骤(1)~(2),直到不能产生新的频繁项集的集合为止[114]。

算法的程序实现,分为 3 个步骤:

(1) Apriori(D,minsup_num) //发现频繁项集。

输入:数据集 D,最小支持数 minsup_num。

输出:频繁项集 L。

流程如下:

$L_1 = \{large1\text{-}itemsets\}$ //所有支持度不小于 minsupport 的 1-项集。

  $k = 2$;

  while($L_{k-1} \neq \varnothing$) {

$C_k = \text{A\_gen}(L_{k-1})$; //$C_k$ 是 k 个元素的候选集。

    For all transction $t \in D$ do begin

$C_t = subset(C_k, t)$; //C_t 是 t 所包含的候选集元素。

    For all candidate $c \in C_t D_0$

     c. count++;

    end

        $L_k = \{c \in C_k \mid c.count \geq minsup\_num\}$

  K++;

  }

  Return $L = U\, L_k$

这里调用了 A_gen(L_{k-1})函数,是为了通过($k-1$)频繁项集产生 k-候选集。

(2) A_gen(L_{k-1}) //候选集的产生。

输入:($k-1$)-频繁项集 L_{k-1}。

输出:k-候选项集 C_k。

流程如下:

  For all itemset $p \in L_{k-1}$ DO

    For all itemset $q \in L_{k-1}$ DO

 If p. $item_1$ = q. $item_1$,

 p. $item_2$ = q. $item_2$, $\cdots$, p. $item_{k-2}$ = q. $item_{k-2}$, p. $item_{k-1}$ < q. $item_{k-1}$

   Then begin

    C = $p \infty q$ //把 q 的第 $k-1$ 个元素连到 p 后。

   If isFrequentSubset(c, L_{k-1})

   Delete c; //删除含有非频繁项目子集的候选元素。

    Else add c to C_k

  End

Return C_k;
调用了 isFrequentSubset(c, L_{k-1}),是为了判断 c 是否需要加入到 k-候选集中。

(3)isFrequentSubset(c, L_{k-1})//判断候选集的元素。

输入:一个 k-候选项集 c,$(k-1)$-项集L_{k-1}。

输出:c 是否从候选集删除的判断。

  For all$(k-1)$-subset of c DO

   If $s \notin L_{k-1}$ THEN

    Return true

   Return False

4.1.4 FP-growth 算法

FP-growth 算法主要利用压缩的树型数据结构频繁模式树(Frequent Patten Tree)用较少的空间存储频繁项集挖掘所需要的全部信息。与一般的类 Apriori 的频繁项集挖掘算法相比,FP-growth 的优点在于它不需要产生大量的候选集,从而提高挖掘算法的效率。它构造了一种新颖的、紧凑的数据结构 FP-growth。它是一种扩展的前缀树结构,存储了关于频繁模式数量的重要信息。树中只包含长度为 1 的频繁项作为节点,并且那些频度高的节点更靠近树的根节点。因此,频度高的项比频度低的项有更多的机会共享同一个节点。它通过将发现长频繁模式的问题转化成寻找短模式然后再与后缀连接的方法,避免了产生长候选项集[115]。

FP-growth 进行频繁模式挖掘一般分为两个部分。首先,将提供频繁项集的数据库压缩到一棵频繁模式树上,但保留项集关联信息,然后将这种压缩后的数据库分成一组条件数据库(一种特殊类型的投影数据库),每个关联一个频繁项,并分别挖掘每个数据库[116]。

4.1.5 应用及案例

基于关联规则的超市推荐系统优化设计

本书采用超市购物明细作为事务数据库部分数据(表 4-1),设置最小支持度为 30%,最小置信度为 0%。使用改进的 Apriori 算法对该事务数据库进行关联规则挖掘,首先找出频繁项集部分结果(表 4-2)。

表 4-1 事务数据库

事务标识	交易记录
1	牛肉,鸡肉,奶酪
2	牛肉,鸡肉,衣服,奶酪,牛奶

(续)

事务标识	交易记录
3	牛肉,鸡肉,衣服,奶酪,牛奶
4	皮蛋,垃圾袋,香蕉,键盘,黑鱼,毛巾,火腿
5	牛肉,鸡肉,奶酪
……	……

表 4-2 所有频繁项集

频繁项集	支持度
鸡肉	0.681 818 182
奶酪	0.727 272 727
牛奶	0.454 545 455
牛肉	0.636 363 636
衣服	0.454 545 455
奶酪,鸡肉	0.545 454 545
牛奶,鸡肉	0.454 545 455
……	……

再通过已经找到的所有频繁项集找出其中的关联规则,部分结果如表 4-3 所列。由表 4-3 可知,本系统找出的关联规则都满足关联规则的定义。通过已经得到的关联规则,我们就可以根据超市客人某次所购买的商品找到这个客人对另一个商品也可能有购买的想法。假如我们给定一个用户所购买过的记录:{牛奶,衣服},通过系统的运行我们就会得到如表 4-4 所推荐的商品[117]。

表 4-3 关联规则

关联规则	置信度	支持度
牛奶→鸡肉	1	0.454 545 455
牛肉→鸡肉	0.928 571 403	0.590 909 091
牛肉→奶酪	0.928 571 403	0.590 909 091
牛奶,奶酪→鸡肉	1	0.318 181 818
牛肉,鸡肉→奶酪	0.923 076 928	0.545 454 545
……	……	……

表 4-4 所推荐商品

已购买商品	推荐商品
牛奶	鸡肉

通过表4-4发现推荐商品只有1个信息,如果置信度比较低的话,就会有重复数据出现,所以在真正推荐商品的时候就要对这个数据做处理,将重复数据去除,同时将已经购买过的商品从推荐商品中去除,最后得到的推荐商品为{鸡肉}。

4.2 动态关联规则挖掘

4.2.1 问题描述及需求

关联规则挖掘是数据挖掘中应用非常广泛的一种方法[118]。已经产生了许多关联规则挖掘算法,然而这些算法都认为发现的关联规则在数据库中是永恒有效的,没有考虑到规则的变化,得到的是一种静态的关联规则。实际上,规则和数据特性随着时间可能会有很大的变化,例如如果用某超市一年的销售数据作为分析对象,有可能发现"顾客在买白酒的同时也会购买礼品"这个规则,但如果仔细分析可能发现,支持这个规则的数据可能都集中在春节前后的几个月中,而在平时的数据中支持度很小,这说明规则是存在变化的。因此,考虑规则的变化更加符合规则的实际特性。

4.2.2 动态关联规则新定义

动态关联规则是一种可以描述自身随着时间变化过程并能预测自身发展趋势的规则。动态关联规则可以定义如下[119]。

设 $I=\{i_1,i_2,\cdots,i_m\}$ 是项的集合,任务相关的事务数据集 D 是在时间段 t 内收集到的。时间段 t 可以分成不相交的长度为 n 的时间序列,即 $t=\{t_1,t_2,\cdots,t_n\}$。相应地,数据集 D 可以划分为相应的 n 个子数据集 $D=\{D_1,D_2,\cdots,D_n\}$,其中 D_i 对应于时间段 t_i 内收集到的数据。数据集 D 中每个事务 T 是项的集合,使得 $T\subseteq I$。每个事务有一个标识符,称作 TID。设 A 是一个项集,事务 T 包含 A 当且仅当 $A\subseteq T$。动态关联规则是形如 $A\Rightarrow B$ 的蕴涵式,其中 $A\subset I, B\subset I$,并且 $A\cap B=\phi$。规则 $A\Rightarrow B$ 在事务集中成立,具有支持度 s,其中 s 是 D 中事务包含 $A\cup B$ 的百分比,它是概率 $P_D(A\cup B)$,也即各个子数据集 $D_i, i\in\{1,2,\cdots,n\}$ 中所包含的 $A\cup B$ 在总数据集中占的百分比之和,用概率表示为

$$s = \sum_{i=1}^{n}[P_D(A\cup B)_i] \quad (4-1)$$

式中:$P_D(A\cup B)_i$ 表示数据子集 D_i 中包含的项集 $A\cup B$ 的事务数目在数据集 D 总的事务数目中所占比例。规则 $A\Rightarrow B$ 在事务集中具有置信度 c,它是条件概

率 $P_D(B|A)$，即 D 中包含的事务同时也包含 B 的百分比，也即各个子数据集 D_i 中包含的 $A\cup B$ 相对于 D 中包含 A 的事务的百分比之和，用概率表示为 $P_D(B_i|A)$。$P_D(B_i|A)$ 表示数据子集 D_i 中包含项集 B 的事务数目与数据集 D 中包含项集 A 的所有事务数目之比。

项集 $A\cup B$ 的支持度向量定义为

$$SV=[s_1,s_2,\cdots,s_n] \qquad (4-2)$$

式中：s_i 对应于包含项集 $A\cup B$ 的事务在子数据集 D_i 中出现的频数 f_i 与数据集 D 中所包含的总事务数 M 之比。这个比值对应动态关联规则定义中所提到的概率 $P_D(A\cup B)_i$，s_i 可以用 0%～100% 之间的一个百分数表示，则有

$$s_i = \frac{f_i}{M} \qquad (4-3)$$

项集 $A\cup B$ 的支持度，记作 s，则有

$$s = \sum_{i=1}^{n} s_i \qquad (4-4)$$

设最小支持度为 min_sup，则当 $s \geqslant$ min_sup 时，项集 $A\cup B$ 就是动态频繁项集。

上面的定义中支持度的各个元素是用百分比表示的，但在某些情况下，利用包含项集的事务在数据库中出现的频数作为支持度向量的元素可能更加适合。于是，一个支持度向量表示为[119]

$$SV=[f_1,f_2,\cdots,f_n] \qquad (4-5)$$

相应的支持度可以表示为

$$s = \sum_{i=1}^{n} f_i \qquad (4-6)$$

同样当 $s \geqslant$ min_sup 时，项集 $A\cup B$ 就是动态频繁项集。

动态关联规则 $A \Rightarrow B$ 的置信度向量定义为

$$CV=[c_1,c_2,\cdots,c_n] \qquad (4-7)$$

式中：c_i 用 0%～100% 之间的一个百分数表示。$A \Rightarrow B$ 的置信度向量 CV 利用项集 A、B 和 $A\cup B$ 的支持度向量计算得出。设项集 A 的支持度向量 $SV_A=[s_{A1},s_{A2},\cdots,s_{An}]$，项集 B 的支持度向量为 $SV_B=[s_{B1},s_{B2},\cdots,s_{Bn}]$，项集 $A\cup B$ 的支持度向量为 $SV_{A\cup B}=[s_{A\cup B1},s_{A\cup B2},\cdots,s_{A\cup Bn}]$，则 c_i 的计算过程如下：

$$c_i = \frac{s_{(A\cup B)i}}{\sum_{i=1}^{n} s_{Ai}} = \frac{s_{(A\cup B)i}}{s_A} \qquad (4-8)$$

式中：s_A 表示项集 A 的支持度。动态关联规则 $A \Rightarrow B$ 的置信度记作 c，则有

$$c = \frac{\sum_{i=1}^{n} s_{(A \cup B)i}}{\sum_{i=1}^{n} s_{Ai}} = \frac{s_{A \cup B}}{s_A} = \sum_{i=1}^{n} c_i \qquad (4-9)$$

式中：$s_{A \cup B}$ 表示项集 $A \cup B$ 的支持度；s_A 表示项集 A 的支持度；s_B 表示项集 B 的支持度。设最小置信度为 min_conf，则当 $c \geqslant $ min _conf 时，规则 $s_{A \cup B}$ 是强动态关联规则。

4.2.3 动态关联规则挖掘算法

本节将首先介绍挖掘动态频繁项集的算法，然后将介绍由动态频繁项集生成动态关联规则的方法。

算法一

这种算法时间消耗比较大，但相对比较简单。它基于成熟的关联规则挖掘算法，并进行了相应的改进。

为了把算法描述清楚，设整个数据集为 D，并分割成 n 个数据子集 $D_1 \sim D_n$；设全体不带支持度向量的频繁项集为 L，而动态频繁项集的集合为 L_D，l_i 是其中的一个项集；设 f_{ij} 是项集 l_i 在数据子集 D_j 中出现的频数；设 M 是数据集中的总记录数。第一步，调用一个成熟的关联规则挖掘算法，在 D 中找到 L；第二步，扫描 $D_1 \sim D_n$，找出 l_i 在不同子集上的 f_{ij}；最后，利用公式得到支持度向量和支持度，从而得到 L_D。

算法描述如下：
输入：数据集 D 及其子数据集 $D_1 \sim D_n$，最小置信度 min_sup
输出：数据集 D 中带支持度向量的动态频繁项集 L_D
L = Association_mining_algorithm
　　　　　　//调用已有频繁项集挖掘算法得到的所有频繁项集 L
For(j=1;j≤n;j++){
　　For each itemset $l_i \in $ L{
　　　　Scan D_j for frequency f_{ij}
　　　　　//扫描子数据集 D_j 中 l_i 出现的频数 f_{ij}
　　　　$S_{ij} = f_{ij}/M$
　　　　　//计算 l_i 支持度向量中的元素 S_{ij}
}
　　}
　　For each itemset $l_i \in $ L {
　　　　　　$SV_i = \{s_{i1}, \cdots, s_{in}\}$

//产生项集l_i的支持度向量SV_i

$$S_i = \sum_{j=1}^{n} S_{ij}$$

    //计算l_i的支持度S_i

  }

  Return L_D with support vectors

函数 Association_mining_algorithm 的功能是调用一个普通关联规则挖掘算法,如 Apriori 或 FP-growth,寻找数据集中的全部频繁项集。

算法二

这个算法基于经典的 Apriori 算法,并对其进行改进以便能产生规则的支持度向量。在这个算法中,支持度向量用出现的频数作为它的元素。这个算法最主要的特点是它能够在寻找动态频繁项集的过程中计算出支持度向量,不需对数据集进行多余的扫描。算法的改进之处描述如下。

首先,在第一步寻找 1-候选项集,算法逐个扫描所有的子集并记录每个项在每个子集中出现的频数,于是对每个 1-候选项集都可以得到一个支持度向量。利用这些向量可以得到每个 1-项集的支持度,因此,就可以得到 1-频繁项集。

其次,在寻找无 1-频繁项集的循环过程中,这个算法同样扫描每个子集,从而得到利用($k-1$)-频繁项集生成的 1-候选项集在每个子集中出现的频数,于是可以得到 1-候选项集的支持度向量。利用这些支持度向量可以计算出候选集的支持度,从而得到 1-频繁项集与它们对应的支持度向量。算法的细节描述如下:

输入:数据集的子数据集 $D_1 \sim D_n$,最小支持度 min_sup

输出:数据集 D 中带支持度向量的动态频繁项集 L_D

for each $D_i, i \in \{1, \cdots, n\}$

 C_{1i} = Scan_support_1-itemset(D_i)

  //扫描各个子数据集得到 1-项集的支持度

C1 = Join-support-vector(D_1 to D_n)

 //合并 1-项集在子数据集中的支持度得到 1-项集的支持度向量

$$L_1 = \left\{ c \in C_1 \mid \sum_{i=1}^{n} c.frequency_i \geq \min\_sup \right\}$$

 //找到 1-频繁项集

 For($k = 2; L \neq \emptyset; k++$) {

  C_k = Apriori-gen(L_{k-1}, min_sup)

   //产生 k-候选项集

$C_t = \text{subset}(C_k, t)$

　　//得到 t 的子集,它们是候选项集

For each D_i {

　　For each transaction $t \in D_i$ {

　　　　For each candidate $c \in C_t$

　　　　　　C. frequency$_i$ ++

　　//扫描计数候选项集在子数据集 D_i 中出现的频数

　　}

}

$L_k = \left\{ c \in C_k \,\middle|\, \sum_{i=1}^{n} c.frequency_i \geq \min\_sup \right\}$

　　//找出满足最小支持度条件的频繁项集 L_k

}

Return $L_D = U_k L_k$ with support vectors

　　//返回所有满足最小支持度条件的频繁项集 L

函数 Apriori-gen 它的作用是从 $(k-1)$-频繁项集产生 k-候选项集。算法中函数 Scan_1-itemset 的作用是寻找每个 1-项集在不同子集中出现的频数。算法中函数 Join_support_vector 的作用是融合每个 1-项集在各个子集中出现的频数得到相应的支持度向量[119]。

4.2.4 动态决策规则

1. 信息系统

形式上,四元组 $S=(U,A,V,f)$ 是一个知识表达系统,其中:U 是由有限个非空对象组成的论域;A 是属性的非空有限集合;$V = \bigcup_{a \in A} V_a$,$V_a$ 是属性 a 的值域;$f: U \times A \to V$ 是一个信息函数,它为每一个对象的每一个属性赋予一个信息值,即 $\forall a \in A, x \in U, f(x,a) \in V_a$。知识表达系统也称为信息系统,通常也用 $S=(U,A)$ 来代替 $S=(U,A,V,f)$。

2. 决策表

一个信息系统 $S=(U,A)$,如果 $A = C \cup D, C \cap D = \varnothing$,其中 C 称为条件属性,D 称为决策属性,则称信息系统 (U,A) 是一个决策表。

3. 偏序粒

定义 4.2.1 在决策表中,若决策属性 $D=\{d\}$,假设决策属性的决策值为数值型(可扩展到可比较的符号型),且属性值为 $Vd(1), Vd(2), \cdots$[120]$, Vd(|Vd|)$,其中 $|Vd|$ 为 d 上的值域数,令 $X_i = \{x \mid d(x) = Vd(i)\}, (i=1, \cdots, |Vd|)$。根据

决策值为对象集合定义如下一种偏序关系 R。设 $1 \leq i<j \leq |Vd|$,若 $Vd(i) < Vd(j)$,称 X_i, X_j 有这样的偏序关系 $R: X_i < X_j$,记作 $(X_i, X_j) \in R$。

定义 4.2.2 令 $S=(U, C \cup \{d\})$ 是一个决策表,$ai \in C$,设 ai 的第 j 个属性值为 $Vai(j)$,定义 $Vai(j)$ 关于决策属性 d 的偏序粒如下:$G(Vai(j)) = \{Xt | ai(x) = Vai(j), d(x) = Vd(t), 1 \leq j \leq |Vai|, x \in Xt\}, 1 \leq t \leq |Vd|$,且对 $1 \leq t < t' \leq |Vd|$,有 $Xt \leq Xt'$。

其中 dt 表示按决策值排序后的第 t 个决策值。

可见每一个 $G(Vai(j))$ 包含 $|Vd|$ 个子集,这些子集分别是在 X 上那些满足在属性 ai 上取值为 $Vai(j)$ 的对象,按 d 的偏序值域划分的对象集合。

决策系统 $S=<U, C \cup D>$,对 $\forall ai \in C$,引申出如下两个表达式[121]:

$B(ai) = \{X | X \neq \varnothing, X \in G(Vai(j)), |G(Vai(j))| = 1, j \in 1, \cdots, |Vai|\}$,

$k = \left| \bigcup_{X \in B(ai)} X \right| / |U|$。

若 $G(Vai(j))$ 是没有在层次上粒化的原始偏序粒,$\bigcup_{X \in B(ai)} X$ 表示在决策表中由属性 ai 能确定划分到某一决策中的对象集合,则 k 表示属性 ai 能确定的对象占论域的比重,称 D 是 k 度依赖于 ai 的。

若 $C' \subseteq C$,对于任意属性 $ai \in C-C'$,若 $G(Vai(j))$ 当且仅当在属性集 C' 上进行了层次上的动态粒化,$\bigcup_{X \in B(ai)} X$ 表示在决策表中由 $C' \cup ai$ 能确定划分到某一决策中的对象集合,则 k 表示由 $C' \cup ai$ 新确定的对象占论域的比重,称 k 为 ai 关于属性集 C' 对 D 的重要性。

在本书算法中,$B(ai)$ 和 k 的定义的作用在于:

(1) 直观清晰地用集合表示对象的划分情况;

(2) 随着层次细化对偏序粒进行的动态调整,排除了在上一层次上的确定对象,使得 $\bigcup_{X \in B(ai)} X$ 中的对象是在当前层次上新体现出的确定对象,使得由新层次上的 $B(ai)$ 导出的规则保证非冗余性[122];

(3) 在本书算法中,选择满足 $i = \text{argmax}\left\{ \left| \bigcup_{x \in B(ai)} X \right| \right\}$(其中 arg 函数用来取满足 $\max\left\{ \left| \bigcup_{x \in B(ai)} X \right| \right\}$ 的 ai 参数 i),ai 作为下一层次上的属性,使得在后继属性 ai 的细化下,有最多的未确定对象得以确定。

由以上分析,本书提出基于偏序粒的动态规则挖掘算法是一种通过对偏序粒在多个层次上分别逐渐细化,把其中不能确定的领域作为下一个研究对象,动态地在尽量短的层次上提取规则的方法。

具体描述如下:

输入:决策系统 $S=<U,C\cup D>$;
输出:决策规则 Rule。

(1) 给定决策表 $S=<U,C\cup D>$,$D=\{d\}$,将论域按决策值的偏序关系 R 排序,计算 $UD/$;

(2) 计算各条件属性的偏序粒集 $H(ai)(ai\in C)$;

(3) 令 $Q=\{ai\mid ai\in C,\ j\in 1,\cdots,\mid Vai\mid,\mid G(Vai(j))\mid=1\}$,对 $ai\in Q$,令 $W[i]=B(ai)$;对 $\forall ai\notin Q$,令 $W[i]=\varnothing$;对 $ai\in C$,令 $H'(ai)=\{G(Vai(j))\mid,\mid G(Vai(j))\mid\neq 1,j\in 1,\cdots,\mid Vai\mid\}$,$V[i]=H'(ai)$,决策规则集 Rule$=\varnothing$;

(4) 对 $\forall ai\in Q$,令 $s=ai$,执行(5)~(8);

(5) 令 $k=1,P_k=\{ai\}$,Rule$'=\varnothing$,集合 $B=\varnothing,T(s)=\varnothing$;

(6) 对 $\forall X\in B(s)$,输出决策规则:
$desPk(X)\to desD(Yt)$(其中 $Yt\in U\,D/$,满足对 $x\in X$,有 $d(x)=Vd(t)(t\in 1,\cdots,\mid Vd\mid)$)到规则集 Rule$'$,Rule=Rule$\cup$Rule$'$,$B=B\cup(s)\cup T(s)$,令 $Bt=B,t=1,\cdots,\mid Vd\mid$;

(7) 若 $\bigcup_{X\in B}X=U$,则对 $\forall ai\in C$,令 $H'(ai)=V[i]$,转(4);

(8) 对 $\forall X\in B(s)\cup T(s)$,若 $x\in X$,有 $d(x)=Vd(t)$,则令 $Bt=Bt\cup X,t=1,\cdots,\mid Vd\mid$,对 $\forall a\in C-Pk$,令 $H'(ai)$中,$G(Vai(j))=\{Xt-Bt\mid Xt\in G(Vai(j)),1\leq j\leq \mid Vai\mid\},1\leq t\leq \mid Va\mid$,且对 $1\leq t\leq t'\leq \mid Vd\mid$ 有 $Xt<Xt'$;

若对 $\forall ai$,均有 $B(ai)\neq\varnothing$,则对 $\forall ai\in C$,令 $H'(ai)=V[i]$,转至(4),否则,令 $i=\text{argmax}\{\mid\cup X\in B(ai)X\mid\}$,令 $s=ai,T(s)=W[i],Pk+1=Pk\cup\{s\},k=k+1$,转(6);

(9) 最后得到 Rule,若规则存在重复,则去除重复的即为决策规则集。算法结束。

4.3 基于相关兴趣度的关联规则挖掘

4.3.1 相关兴趣度的引入意义

关联规则中使人感兴趣程度的度量涉及主观和客观两个方面[123]。一个规则是否比较准确地显示出数据集中蕴含的规律,这是关联规则兴趣度的客观性。规则的支持度和可信度是最常见的客观度量标准。对于很多应用而言,使用支持度—置信度框架进行挖掘是非常有用的。然而,使用支持度—置信度框架挖掘的规则并不完全是有趣的,一部分甚至有一定的欺骗性。因此,人们对挖掘出的规则做出相关性分析,从而确保最后得到的规则都是有趣的。为此,人们通过引入兴趣度来剔除实际意义不大的规则。[124]

关联规则是形式如 A=>B 的蕴含式,其中 A∩B=∅,A 为前项集,B 为后项集。它的强度可以通过它所对应的支持度和置信度来度量,支持度用来描述关联规则的频繁程度,将那些不感兴趣的规则筛选出来进行排除,而置信度则用来描述项集 B 在包含项集 A 的事务中出现的频繁程度。置信度越高则说明 B 在包含 A 的事务中出现的概率就越高。

4.3.2 几种典型兴趣度度量

由于支持度和置信度不足以筛选掉无趣的关联规则[110]。我们可以使用相关度量来扩充支持度—置信度框架,从而解决这个问题。不过这样可能导致以下形式的相关规则:

$$A \Rightarrow B [sopport, confidence, correlation]$$

也就是说,相关规则不仅通过支持度和置信度来度量,而且还使用项集 A 和 B 之间的相关度量,下面介绍几种典型的相关兴趣度度量。

1. 提升度(lift)

提升度是一种简单的相关度量,定义如下:项集 A 的出现独立于项集 B 的出现,如果 $P(A \cup B) = P(A)P(B)$,则称项集 A 和 B 是依赖的或相关的,A 和 B 之间的提升度可以通过计算下式得到

$$lift(A,B) = \frac{P(A \cup B)}{P(A)P(B)} \tag{4-10}$$

如果 $lift(A,B)<1$,则称 A 和 B 是负相关的;若 $lift(A,B)>1$,则称 A 和 B 是正相关的,反映出了一个项集的出现蕴含另一个项集的出现;若 $lift(A,B)=1$,则称 A 和 B 是相互独立的,不具有相关性。

2. 皮尔逊 χ^2 统计量

$$\chi^2 = \sum_{j,k} \frac{(f_{jk} - E(f_{jk}))^2}{E(f_{jk})} \tag{4-11}$$

式中:f_{jk} 为列链表里一个给定单元的频率;$E(f_{jk})$ 为该单元的期望频率。其计算方法为

$$E(f_{jk}) = N \times \frac{f_{j+}}{N} \times \frac{f_{+k}}{N} \tag{4-12}$$

式中:f_{j+} 与 f_{+k} 分别表示第 j 行与第 k 列所有单元的频率之和。

χ^2 统计量把真实分布的数据集和其在一个空间假设下的期望进行比较,当变量之间有很强的正(负)关联时,其值将会变得很大。

3. 余弦度量

给定两个项集 A 和 B,A 和 B 的余弦度量定义为

$$\cos ine(A,B) = \frac{P(A \cup B)}{\sqrt{P(A)P(B)}} = \frac{\sup(A \cup B)}{\sqrt{\sup(A)} \times \sqrt{\sup(B)}} \qquad (4\text{-}13)$$

余弦度量可以看作调和的提升度度量[125]:两个公式类似,不同之处在于余弦对 A 和 B 的概率乘积取平方根。余弦通过取平方根,使其值仅受 A、B 和 $A \cup B$ 的影响。

4. IS 度量

IS 是另一种度量,用于处理非对称二元度量,该度量定义如下:

$$IS(A,B) = \sqrt{I(A,B) \times s(A,B)} = \frac{s(A,B)}{\sqrt{s(A) \times s(A)}} \qquad (4\text{-}14)$$

可以证明 IS 度量数学上等价于二元变量的余弦度量。

4.3.3　强关联规则与挖掘算法

利用 Apriori 算法或其他类似的算法挖掘出所有频繁项集之后,下一步的工作就是生成强关联规则[126]。这可以在频繁项集中逐一测试非空子集的支持度,从而挖掘出所有可以生成的规则。也可以直接测试用户想要挖掘的规则是否成立。假如用户打算挖掘出这样的规则 $\{A,B,C\}$ => D,那么,第一步,先来检验 $\{A,B,C,D\}$ 和 $\{A,B,C\}$ 是否都是频繁项集。如果是,接着第二步,利用关联规则置信度的公式 Confidence$\{A$ => $B\}$ = support$\{A,B\}$/support$\{A\}$,计算出规则 $\{A,B,C\}$ => D 的置信度的值。若此值大于等于最小置信度,那么规则 $\{A,B,C\}$ => D 成立,是强关联规则。反之,不成立。

1. 基于遗传算法的强关联规则挖掘方法

定义 4.3.1　纯度是指事务数据库中所涵盖的最大频繁项在搜索空间中所占的比例,即纯度 τ = 最大频繁项数量 - 搜索空间的规模[127]。

定义 4.3.2　(最大频繁项分布):最大频繁项分布是指把纯度和搜索空间以一个二维表的形式体现出来,即 $\begin{cases} \gamma_{0(j)} = \tau \\ \gamma_{1(j)} = \psi \end{cases}$ $(j=1,2,\cdots)$,式中:γ 为分布表;ψ 为子空间的规模。

这样就把最大频繁项分布问题归结为搜索空间划分和子空间中最大频繁项数量估测。[128]

本书从染色体编码、杂交操作、变异操作、适应函数和算法框架几个方面介绍遗传算法(Genetic Algorithm & Association Rules,GA&AR)。

染色体编码　设项集 $I = \{i_1, i_2, \cdots, i_m\}$ $(i_1 = 2)$,i_j 与 i_{j+1} 是两个相邻的素数,且 $i_j < i_{j+1}$ $(j=1,2,\cdots,m-1)$,集合 $A = \{a_i \mid \underset{i=1,2,\cdots,u}{a_i} \in I\}$,集合 $B = \{b_j \mid \underset{j=1,2,\cdots,v}{b_j} \in I\}$。

如果 $\prod_{i=1}^{\mu} a_i$ 能被 $\prod_{j=1}^{v} b_j$ 整除,则 $B \subseteq A$。

杂交操作 在遗传算法中,种族繁衍一般主要依靠杂交操作和变异操作完成[129]。其中,杂交算子的选择对算法质量具有非常重要的影响。因此,为了使种族的优良品质能得到继承以及种族的有效繁衍,本书采用的杂交算子如下:

设两条待进行杂交操作的染色体为 $\langle X,Y \rangle$,并且集合 $F_x = \{\{x,v\} \mid X.\prod\%x==0\}$,$F_y = \{\{y,v\} \mid Y.\prod\%y==0\}$。则集合 $R_1 = \{r \mid r \in (F_x \cap F_y)\}$,$R_2 = \{r \mid r \in ((F_x - R_1) \cap (F_y - R_1)\} \wedge (r_j.v \geqslant r_{j+1}.v) \wedge (j=1,2,\cdots \mid F_x - R_1 \mid)$

集合 $R = \{r \mid r \in (R_1 \cup R_2) \wedge (r_j.v \geqslant r_{j+1}.v) \wedge (j=1,2,\cdots \mid F_x \mid)\}$。

因此,杂交操作后形成的子代染色体为 $\prod_{j=1}^{|R|} r_j i.R$。

变异操作 首先从项集 I 中分别随机地选择一个待变项 r_1 和变异项 r_j,然后把所有个体染色体中待变项 r_1 替换成变异项 r_j。并且,由于物种变异的可能性一般都比较小,所以当前进化是否执行变异操作由判断函数 $f(p_t)$ 决定。其中

$$f(p_t) = \begin{cases} 0 & p_t > p_v \\ 1 & p_t \leqslant p_v \end{cases}$$

式中:p_t = 第 t 次进化的种群规模,p_v = 前 $(t-1)$ 次进化种群的平均规模。

适应函数 本书引入共享函数来确定种群个体之间的物种差异,对种群中差异较小的个体通过施加共享函数进行惩罚[130],使其适应值减小,从而维护种群的多样性。其中共享函数 $sh(X,Y)$,为

$$sh(X,Y) = \begin{cases} \left(\dfrac{\mid R_1 \mid}{R}\right)^{\bar{\omega}} & \dfrac{\mid R_1 \mid}{\mid R \mid} > \varepsilon \\ 0 & \dfrac{\mid R_1 \mid}{\mid R \mid} \leqslant \varepsilon \end{cases} \quad \varepsilon \in (0,1) \qquad (4-15)$$

则施加共享函数后个体的适应函数为

$$\eta(X) = \frac{pS}{1 + \sum_{j=1}^{p} sh(X,Y_j)} \qquad (4-16)$$

式中:p 为种群规模;X 为群体中的任意个体;Y_j 为群体中不同于 X 的其他任意个体;S 为个体在事务数据库 D 中的支持度。[131]

算法框架

算法:GA&AR(Genetic Algorithm&Association Rules,GA&AR)

输入:事务数据库 D,支持度阈值 α,系数 ω,最大频繁项分布表 γ,进化的最大代数 $\text{GEN}(\gamma_{1(j)})$。

输出:最大频繁项集 U

1. Order_max(γ);/* 按照纯度 τ 从大到小进行排序 */
2. For($j=1, U=\varnothing; j \leq m; j++$){
3. $L=$Initial($I, \gamma_{1(j)}, P$), $L_0=\varnothing, U_0=\varnothing$;

/*形成初始化种群 L,P 为初始化种群规模,种群中个体染色体的长度都相等*/

4. For($t=1; t \leq \text{GEN}(\gamma_{1(j)})$ or $|U_0| \geq \gamma_{0(j)} \times \gamma_{1(j)}; t++$){

5. $L_0 = \begin{pmatrix} 1 \mid 1=\text{cross}(X_g, Y_h) \\ X_g \in L, g=1,2\cdots|I| \\ Y_h \in L, h=1,2\cdots|I| \end{pmatrix}, L=\phi;$ /* 进行杂交操作,然后把清空 */

6. $L_0=\text{Mutation}(L_0)$;   /* 进行变异操作 */
7. $L_0=\text{Deletes}(L_0)$;   /* 删除 L_0 中的多余的重复个体 */

8. $v = \sum\limits_{\substack{g=1 \\ X_g, Y_h \in L_0}}^{|L_0|-1} \left(\dfrac{|L_0|}{1+\sum\limits_{h=1}^{|L_0|} sh(X_g, Y_h)} \right) \div (|L_0|-1);$

9. For($g=1; g \leq |L_0|; g++$){
10. If($Y_h, \prod \% X_g \cdot \prod \neq 0$){
11. If$\left(S = \left(\sum\limits_{h=1,T_h \in h}^{n}(T_h \% X_g, \prod ==0)\right) \div h \geq \alpha\delta(k)\right)\{U_0 = U_0 \cup \{X_g\}\}$

/* 对支持度值进行惩罚,$k=$种群中个体染色体的长度 */

12.   If($\eta(X_g) \geq v\alpha\delta(k)$){$L=L \cup \{X_g\}$}
13.   }}}
14. $U=U \cup U_0$;
15. } Return(U);/* 结束最大频繁项搜索,输出结果 */

4.3.4 反向关联规则与挖掘算法

原有的关联规则的定义已经不能满足关联规则相关性的分析,因此我们给出了带有负项的反向关联规则定义。我们以商场超市的交易数据库为例来形式化地描述反向关联规则:

设 $I=\{i_1, i_2, \cdots, i_M\}$ 为项集,$i_j(1 \leq j \leq M)$ 为正项,相对应地,$i_j(1 \leq j \leq M)$ 为负项,$D=\{T_1, T_2, \cdots, T_N\}$ 为交易集,其中 $T_i \in I(1 \leq i \leq N)$ 为交易,则反向关联规则是一个形如:

$$p_1\hat{}p_2\hat{}\cdots\hat{}p_n => q_1\hat{}\cdots\hat{}q_k\hat{}-q_{k+1}\hat{}\cdots\hat{}-q_n$$

的蕴含式,其中 $p_i, q_j \in I(1 \leq i \leq n, 1 \leq j \leq m)$,$\{p_1, p_2, \cdots p_n\} \cap \{q_1, q_2, \cdots, q_n\} = \varnothing$。

反向项集(negative itemset):给定正项集 $I=\{i_1,i_2,\cdots,i_n\}$ 和一个项集 $S=\{I'_1,I'_2,\cdots,I'_n\}\in I$,称 $S_N=\{I''_1,I''_2,\cdots,I''_n\}$ 为 S 的一个反向项集当且仅当 $I''_j=I'_j$ 或 $I''_j=-I'_j (1\leq j\leq m\leq n, S\neq S_N)$。

也就是说,S_N 是对 S 中的若干正项用相应的负文字进行替换后得到的项集。

求 S 的反向项集的过程可以归约为求子集的过程:S 的反向项集 S_N 是由 S 的一个真子集 X,与 $S-X$ 的集合中所有项求反以后得到的一个并集,相当于 $S_N = X \cup \{-i | \forall (S-X)\}$。

如果按照重新扫描交易数据库的方法计算项集 S 的反向项集的支持度,则会因为要反复扫描数据库而使得算法的效率降低[132]。例如,当 Isl=rl 时,它的反向项集就有 2^n-1 个,这样去扫描数据库将会耗费大量的时间,这无疑为原本就繁重的频繁项集生成阶段雪上加霜。因此,我们给出下面一个定理,该定理经过对支持度定义的分析,可以在已有的正向项集支持度的基础上得到反向项集的支持度。

定理1 给定一个项集 X 和其支持度 $S(x)$,则它的一个反向项集 x' 的支持度 $S(x')$ 可以通过 x 和 X 的子集的支持度计算得到:

设 $X=A\cup B$,其中 B 为 x' 中正项的集合,$A=x-B$,且 $A\cap B=\phi$,$A=\{A_1,\cdots,A_N\}$。则有

$$S=(B-A_1\cdots-A_N)=S(B)-\sum_{i=1}^{N}S(BA_i)+\sum_{i<j}S(BA_iA_j)-\cdots+(-1)^NS(BA_1\cdots A_N)$$

推论1 若 $B=\varnothing$,则有 $s(B)=S(\varnothing)=1$,所以:

$$S(-A_1\cdots-A_N)=1-\sum_{i=1}^{N}S(A_i)+\sum_{i<j}S(BA_iA_j)-\cdots+(-1)^NS(A_1\cdots A_N)$$

从定理1和推论1可知,反向项集支持度的计算是基于已有的正向项集的支持度的,所以可以直接利用在计算频繁项集时产生的结果直接进行计算。而不必再次扫描整个交易数据库,当一个项集 $|S|=n$ 时,它的反向项集就有 2^n-1 个,其中有 k 个负项的反向项集有 $C_n^k (1\leq k\leq n)$ 个,然后对于每一个有 k 个负项的反向项集计算其相应的支持度,最多需要共 2^k 次运算。因此,对于一个满足负相关的项集来说,它共需要不超过 $\sum_{i=1}^{n}C_n^i 2^i$ 次运算就可以得到所有可能的反向项集的支持度。

推论2 假设 $X=A\cup B$,其中 B 为 x' 中正项的集合,$A=X-B$,且 $A\cap B=\phi$,$A=\{A_1,\cdots,A_N\}$。则有

$$S(B-A_1\cdots-A_N)=(-1)^0\sum_{i_1<i_2<\cdots<i_{N-1}}S(B-A_{i_1}\cdots-A_{i_{N-1}})+(-1)^j\sum_{i_1<i_2<\cdots<i_{N-2}}S(B-A_{i_1}\cdots-A_{i_{N-1}})+\cdots+(-1)^{N-2}\sum_{i_1=1}^{N}S(B-A_{i_1})+(-1)^{N-1}S(B)+(-1)^NS(BA_1\cdots A_N)$$

(4-17)

推论2与定理1相比,利用了之前计算得到的反向项集的支持度,而定理1中用的是$BA_1\cdots A_k$的支持度,若$BA_1\cdots A_k$不是频繁项,则必须额外计算该项集的支持度,所以推论2在实现时可以减少计算量。

4.3.5 例外规则与挖掘算法

例外规则挖掘可以分为以下3个子问题:

(1) 求出事务数据库 D 中所有频繁项集,使用频集生成关联规则,推导出对照关联规则。

(2) 根据前两步规则的前件及其后件得到所有候选例外规则。

(3) 兴趣度度量,定义兴趣度,设定阈值,区分并筛选出例外规则。

处理数据的时候,我们总会把那些出现很少的数据当作"异常"处理。在词条解释中,异常指的是不同于平常的。要描述上述的问题,这个还不够确切,"例外"一词出现了。在词条解释中,例外指的是超出常例之外,在一般规律、规定之外的情况。在数据库中,例外指的是在大容量的数据集中明显不同于大部分数据的那些仅少数的数据。分析可知,用户关心的是例外。

关联规则挖掘的是高支持度、高置信度的强模式。我们现在研究的例外,明显支持度很低,如果继续以支持度为阈值的研究思路来探讨这个问题,必然不会得到解决。由置信度的定义可知,例外往往也有较高的置信度、所以,例外研究的是低支持度、高置信度的弱模式。支持度无法作为阈值,若以置信度为阈值来提取信息的话,是不是所有高置信度的信息都是我们需要的呢?问题里面,我们一直强调的是用户的需求。供求矛盾是问题的导火线,正因为我们得到的正关联规则无法满足用户的需求,供不应求的情况下,我们才会由用户的需求出发研究数据。于是用户的需求是我们考虑的出发点,可以尝试把用户的需求做个定义,给出计算方法,以此作为选择低支持度、高置信度规则的准绳,挑选出真正令用户满意的规则,从而提供准确、有价值的信息。

例外关联规则的定义如下:

如果 $A \Rightarrow X$ 是常识关联规则(高支持度、高可信度),$B \Rightarrow \neg X$ 是参照关联规则(低支持度,可能是低可信度),则 $A,B \Rightarrow \neg X$ 是例外关联规则(低支持度,高可信度)。

这里,参照关联规则的 B,X 均取自于常识关联规则中的项。

通过兴趣度来挖掘例外规则,许多研究者做了这方面的工作,这里,介绍两种取得了较好结果的方法[133]。

J-measure 方法使用例外规则的支持度和可信度来计算兴趣度,J-measure

方法定义如下：

$$J(X,AB) = \Pr(XAB)\log_2 \frac{\Pr(X|AB)}{\Pr(X)} + \Pr(\neg XAB)\log_2 \frac{\Pr(\neg X|AB)}{\Pr(\neg X)}$$
(4-18)

由于 J-measure 方法没有使用从原始数据中提取的常识关联规则，所以它并没有很好地估计一个例外规则的兴趣度。

GACE-方法(Geometric mean of the Average Compressed Entropies)对 J-measure 方法做了改进，它使用常识关联规则 $A \Rightarrow X$ 和它的例外关联规则 $A,B \Rightarrow \neg X$ 来计算兴趣度。GACE-方法的定义如下：

$$GACE(A \Rightarrow X, AB \Rightarrow \neg X) = \sqrt{J(X,A)J(\neg X,AB)}$$
(4-19)

GACE-方法并没有使用参照关联规则9，因此可能会丢掉一些重要的参考信息，故必须加以改进。

4.4　故障诊断与数据挖掘技术

将数据挖掘技术应用于设备故障诊断，是设备故障诊断领域的又一个突破。通过数据挖掘技术将大量的监测数据进行有用的规则的挖掘，得出具有重要参考价值的结论，比以往的研究都更具有潜力。本章将从设备维修与故障诊断的相关理论，以及数据挖掘的基本概念开始阐述。

4.4.1　设备故障诊断概述

在工程技术领域中，对机械设备的运行维修与故障诊断至今已有很长的历史，可以说几乎是与机器的发明同时产生的[134]。最初，机械设备比较简单，维修人员主要凭借感觉器官、简单仪表以及个人经验就能完成故障的诊断和维修工作，但是随着现代工业的迅速发展，生产设备大型化、自动化、智能化，同时设备元器件的老化、系统应用环境的变化、日常维护不足以及操作人员的失误等影响又往往无法避免，从而导致无论多精良的机械设备在运行时都有产生故障的可能，这使得故障诊断越来越受到重视。

1. 设备故障定义

设备的基本状态通常包括正常状态、异常状态和故障状态。正常状态是指设备没有任何缺陷或者设备有缺陷但是缺陷在允许的限度范围之内。异常状态是指设备有缺陷，且缺陷已有一定程度的扩展，使得设备状态信号发生变换，设备性能劣化，但仍能维持工作。故障状态是指设备性能指标严重降低，已经无法维持正常工作[135]。设备故障是指设备的运行处于不正常状态(劣化状态),并可导致设备相应的功能失调,即导致设备相应的行为(输出)超过允许范围,使设备的功能低于规定水平[136]。该定义有以下特点:强调了设备的输出(行为),从而有利于给出设备状态的测量途径;强调了设备故障评判的多样性,即从设备的所有行为表现都可以进行评判;强调对故障认识的主观性,即设备的状态"超过允许范围"是人参与的体现;此外,该定义也不排斥客观性,即"超过允许范围"是一个诊断标准问题,一旦标准确立,则具有客观性和公正性。

2. 设备故障分类

故障类型多种多样,分类标准也不尽相同。按故障发生的快慢分类可分为突发性故障与渐发性故障。突发性故障是因为各种不利因素和外界影响的共同作用超出了设备所能够承受的限度,从而突然发生的故障。这类故障通常无明显征兆,是突然发生的,是事前检查和监视不能预知的故障。渐发性故障是设备的初始参数在逐渐劣化过程中逐渐衰减而引起的故障,一般与设备零部件的磨损、疲劳、腐蚀及老化有关,是在运行状态逐渐形成的。这类故障的发生通常有明显的预兆,能够通过预先检查和监视发现,若采取一定的预防举措,是可以控制或延缓故障发生的。

设备故障按故障发生的后果可分为功能性故障与参数性故障[137]。功能性故障是指设备不能继续完成自己规定功能的故障。这类故障往往是由于个别零件损坏造成的,如内燃机不能发动,油泵不能供油。参数性故障是指设备的工作参数不能保持在允许范围内的故障。这类故障属渐发性的,一般不妨碍设备的运转,但影响产品的加工质量,如机床加工精度达不到规定标准、动力设备出力达不到规定值的故障。设备故障按故障的损伤是否能容忍分为允许故障和不允许故障。允许故障是指考虑到设备在正常使用条件下,随着使用时间的增长,设备参数的逐渐劣化是不可避免的,因而允许发生某些损伤但不引起严重后果的故障,如零件的某些正常磨损、腐蚀和老化等。不允许故障是由于设计时考虑不周,制造装配质量不合格,违反操作规程所造成的故障,如设计强度不够造成的零件的断裂,超负荷使用设备造成的设备损坏等[138]。

4.4.2 数据挖掘在故障诊断中的应用

诊断是一个专家系统的主要领域。虽说手工编写的规则在专家系统中通常运作良好,但有时会过于耗费人工,在这种情况下机器学习就会有用。对于电机设备,例如,发动机和发电机,预防性的维护能够避免由于故障而导致工业生产过程的中断。机械师定期的检查每一台设备,在不同的位置测量设备的振动情况,判断这台设备是否需要维修。典型的故障形式包括轴心偏移、机构松弛、轴承失效和泵动不平衡。某个化学工厂拥有超过 1,000 多台不同的设备,范围从很小的泵到非常大的涡轮交流发电机,这些设备至今仍需要由有二十多年工作经验的专家进行诊断。通过对设备装置上的不同位置振动的测量,以及使用傅里叶分析法在三个轴向上检测出在基本转速下每一个共振所产生的能量,进行故障的判断,由于受到测量和记录过程的限制,所得到的信息非常繁杂,需要专家对这些信息进行综合研究后做出诊断。尽管手工制作的专家系统已经在一些方面得到发展,由于得到诊断方案的过程将在不同的机械装置上重复很多遍,所以也在探索运用及其学习方案。

6,000 多个故障中的每一个故障都是由一组测量和专家的诊断结果组成,这些诊断再现了在这一领域二十年的经验。其中有一个半由于不同的原因不能令人满意,而不得不丢弃,剩下的将作为训练例子投入使用。这个诊断系统的目的不是为了考查是否存在故障,而是要判断出是什么故障。因此,在训练集里没有必要包括没有故障的事例。由测量得到的属性值是属于较低层的数据,必须使用一些中间的处理方法将它们增大。中间处理方法是一些基本属性的公式,这些公式是专家结合一些因果关系的领域知识所制定的。用一个归纳法公式对衍生出的属性进行运算,从而产生一组诊断规则。一开始,专家并不满意这些规则,因为他不能将这些规则与他的知识和经验相联系。对于他来说,统计的证据本身并不是一个充分的解释。为了让建立的规则令人满意,必须使用更多的背景知识。尽管产生的规则将会非常复杂,但是专家喜欢它,因为他能够根据自己的机械知识对它们进行评估。专家对一些由第三方产生的规则和他自己使用的规则达成一致感到高兴,而且愿意从其他规则中获得新的洞察力。

从性能测试的结果可以看出,机器学到的规则较优于由专家根据以往的经验手工编制的规则,这一结果在化学工厂使用的效果中得到进一步的肯定。有趣的是,这个系统的应用不是因为它有良好的性能表现,而是因为由机器学到的规则已经得到这个领域的专家的肯定[135]。

4.4.3　数据挖掘在故障诊断中应用的发展趋势

1. 机器学习的应用

诊断系统中的核心问题就是系统的学习能力问题,故障诊断专家系统的难点在于知识的自动获取,而机器学习则是解决知识获取的途径之一。所谓机器学习(Machine Learning),是研究计算机怎样模拟或实现人类的学习行为,以获取新的知识或技能,重新组织已有的知识结构使之不断改善自身的性能。它是人工智能的核心,是使计算机具有智能的根本途径,其应用遍及人工智能的各个领域,它主要使用归纳、综合而不是演绎。机器学习是提高故障诊断专家系统智能性的重要标志。

对于数据挖掘技术的研究正在与日俱增,这为从计算机网络和计算机数据库提取所需的信息与知识提供了新方法,在此方向上也已经取得了许多有价值的研究与应用成果。因此,发展并完善现有的机器学习方法,同时不断探索新的学习方法,建立起实用的机器学习系统,尤其是多种学习方法协同工作的诊断系统将会成为今后研究的重要方向之一[139]。

2. 知识发现的应用

诊断专家系统能够正确诊断错误的关键是知识获取技术和推理技术。故障诊断专家系统是否会遇到知识获取的"瓶颈"问题,取决于知识获取技术在系统中运用的好坏程度;而在现有并且发展成熟的专家系统中,大部分对于推理技术的应用都还停留在针对单一特定运行状态的异常诊断方面,离所期望的全面运行状态异常诊断还有一定差距。

随着数据库技术和人工智能技术的发展,知识发现(KDD)技术也慢慢的进入人们的视野中,成为近几年新兴的一个具有广阔发展前途以及广泛应用前景的技术领域,其研究的主要目标是运用有效的算法,从大量现有数据集合中确定出有效的、新颖的、潜在有用的、基本可理解的知识。本质上来说,知识发现是"数据挖掘"的一种更广义的说法。综合各领域的具体应用,KDD 的功能可概括为预测、特征提取、模式和规则发现、异常情况探测、建模等。知识发现的分类方法有很多种,按被挖掘对象分有基于关系数据库、多媒体数据库;按挖掘的方法分有数据驱动型、查询驱动型和交互型;按知识类型分有关联规则、特征挖掘、分类、聚类、总结知识、趋势分析、偏差分析、文本采掘。知识发现技术可分为两类:基于算法的方法和基于可视化的方法。大多数基于知识发现的方法是在人工智能、信息检索、数据库、统计学、模糊集和粗糙集理论等领域中发展来的。将知识发现技术运用在故障诊断专家系统中可以有效弥补专家系统关键技术中存在的问题。

在知识获取技术方面,基于知识发现的知识获取并不需要知识工程师从领域专家的经验中提取规则,它只是对领域专家提供的故障实例进行学习,自动从领域专家的故障实例中获得知识,知识也是隐含地分布存储在数据挖掘器中,只有在应用时,这些知识才以统一格式的规则形式被提取出来。这种知识获取的方式是完全自主的,并不需要知识工程师与领域专家进行直接对话,从而避免了对话过程中可能会导致诊断规则出现不一致的一切因素,这在一定程度上,能够缓解甚至克服传统故障诊断专家系统所面临的知识获取"瓶颈"问题。

在推理技术方面,知识发现技术是以数据库系统、数据仓库统计学等为基础的。数据仓库是支持管理决策过程的、面向主题的、集成的、随时间而变的、持久的数据集合。可以将数据仓库中的每一维度对应设备运行时的一个状态参数,这样就可以使得不同的运行状态参数存放在不同的维度空间里,数据挖掘器在推理时就可以根据不同需要将不同维度里的状态参数综合起来进行分析计算。由此可见,运用知识发现技术可以有效避免传统推理机制对单一方面的精确度高而忽略了其他方面影响的缺点,从而增强推理的合理性、提高推断结果的可靠性。

知识发现技术是智能系统理论和技术的重要研究内容,它能够从大量数据中挖掘并学习有价值的、隐含的知识,这使得只是发现技术在近年来受到了国内外的极大重视。结合数据挖掘算法的基本思想,将其改进为可以适合并应用于专家系统的推理机制,从而在很大程度地改善了以往推理机制的性能和效率。由此可知,知识发现技术将是专家系统发展的又一趋势。

4.5 考虑时间窗口的关联规则挖掘

4.5.1 问题的提出及意义

所谓时间窗口是指这样一个时间区间,在该区间之外的交易数据均认为是过时的,不用于当前关联规则的发现过程。这样,发现算法便可集中在最近的数据上,提高了发现结果的时效性。常规关联规则发现算法将所有规则保存在一个集合中,这些规则适用于整个数据库;而带时间约束的关联规则是在当前时间窗口中有效的关联规则。

4.5.2 时间窗口的表达与运算方法

下面对带时间窗口的状态集序列模式挖掘过程中需要用到的重要概念进行定义。其中表4-5为状态集序列模式挖掘模型的符号定义。

定义 4.5.1 带时间窗口的状态项目(Status Item with Time Window,SITW)为所有item 的 ID 及其所在状态(status),以及时间窗口 w 的集合,即 SITW $= \{(i_1,s_1)^w, (i_1,s_2)^w, \cdots, (i_1,s_k)^w, (i_2,s_1)^w, \cdots, (i_2,s_k)^w, \cdots, (i_m,s_1)^w, (i_m,s_2)^w, \cdots, (i_m,s_k)^w\}$。其中 SITW 包含 m 个 item,即 item 的 ID 组合为 $\{i_1, i_2, \cdots, i_m\}$,而每个 item 具有 k 个状态,其状态集合为 Status $= \{s_1, s_2, \cdots, s_k\}$,每个 item 所在的时间窗口为 w。本书为了研究方便,规定每个 item 有 3 个状态,即 $k=3$,$s_1=0, s_2=1, s_3=2$,其中 0 表示正常状态,1 表示中间状态,2 表示故障状态。

表 4-5 SSPMTW 模型的符号定义

符 号	含 义
$SITW$	所有带时间窗口的状态项目的集合,符号表示为 $SI=\{(i_1,s_1)^w,(i_1,s_2)^w,\cdots,(i_1,s_k)^w,(i_2,s_1)^w,\cdots,(i_2,s_k)^w,\cdots,(i_m,s_1)^w,(i_m,s_2)^w,\cdots,(i_m,s_k)^w\}$
$X(ID,s)^w$	带时间窗口的状态项集,比如 $X(ID,s)^w$ 可以表示为 $X(ID,s)^w \subseteq SITW$
D	时序数据库中全部事件的集合
T	时序数据库的整个时间段(Total Time Span)
W	时间窗口的集合
w	时间窗口比如 $w=[t_s,t_e]$,表示一个连续的时间区间,它开始于 t_s,结束于 t_e
$|w|$	时间窗口的宽度
D^w	发生在 w 时间段的事件的集合
$|D^w|$	发生在 w 时间段的事件的个数
$D(X)^w$	发生在 w 时间段包含状态项集 X 的事件的集合
$|D(X)^w|$	$D(X)^w$ 中事件的个数
$X_1 \to^w X_2$	在 w 时间窗口内,状态项集 X_1 发生导致状态项集 X_2 发生
$|X_1 \to X_2|^w$	在 w 时间窗口内,时态数据库中 X_1 发生导致 X_2 发生的个数
$\sup(X_1 \to^w X_2)$	在 w 时间窗口内 $X_1 \to^w X_2$ 的支持度可以表示为 $|X_1 \to X_2|^w / |D^w|$
$c(X_1 \to^w X_2)$	在 w 时间窗口内 $X_1 \to^w X_2$ 的置信度可以表示为 $|X_1 \to X_2|^w / |D(X_1)^w|$
$s\%$	用户定义的最小支持度阈值(user-specified minimal support, minsup)
$c\%$	用户定义的最小置信度阈值(user-specified minimal confidence, minconf)
ω	用户定义的最小时间窗口的宽度(user-specified minimal width of time-window, minwin)
$g\%$	用户定义的最小时间覆盖度阈值(user-specified minimal time-coverage rate, mintcr)
$d\%$	用户定义的最小覆盖度阈值(user-specified minimal coverage rate, mincov)
$u\%$	用户定义的最小因素集阈值(user-specified minimal factor set rate, minfs)
$e\%$	用户定义的最小周期时间覆盖度(user-specified minimal periodic time coverage rate, minptcr)

定义 4.5.2 带时间窗口的状态项集(Status ItemSet with Time Window,SISTW):项集 $X(ID,s)^w$ 可以被定义为带时间窗口的状态项集 SISTW,当且仅当其满足以下两个约束条件:

(1) $X(ID,s)^w \in SITW$,即 $X(ID,s)^w$ 是状态项目 $SITW$ 的子集;

(2) 对任意一个 $(i,s)^w \in X(ID,s)^w$,i 的状态为 1 或 2;

(3) 对任意一个 $(j,s)^w \in SITW$-$X(ID,s)^w$,j 的状态为0。

定义 4.5.3 带时间窗口的频繁状态项集(Frequent Status Itemset with Time-Window,FSITW):FSITW 可以被表示为 $X(ID,s)^W$,当且仅当其满足以下约束条件:

(1) $X(ID,s)^W \in SITW$;

(2) 对任意两个时间窗口 $w_i,w_j \in W$,满足 $w_i \cap w_j = \phi$;

(3) 对任意 $w \in W$,满足 $\dfrac{|D(X(ID,s))^w|}{|D^w|} \times 100\% \geqslant s\%$。

在挖掘 FSITW 时,我们同样可以借鉴 Apriori 算法中的向下闭合性质,即如果状态项集 X 在时间窗口 (t_s,t_e) 的支持度是 $s\%$,那么它所有的子集在同样的时间窗口 (t_s,t_e) 中的支持度中将不小于 $s\%$。首先,我们需要提出子集和超集两个概念,并基于此提出3个重要性质用于提高带时间窗口的状态集序列模式挖掘的计算效率。具体如性质1、性质2和性质3所示。

定义 4.5.4 子集:一个在 (t_s,t_e) 时间窗口内的状态项集可以表示为 $X(ID,s)^{(t_s,t_e)}$,若 $X'(ID,s)^{(t'_s,t'_e)}$ 是 $X(ID,s)^{(t_s,t_e)}$ 的下限集,则当且仅当 $X'(ID,s) \subseteq X(ID,s)$,$t'_s < t'_e$,$t'_s \geqslant t_s$,$t'_e \leqslant t_e$。

定义 4.5.5 超集:一个在 (t_s,t_e) 时间窗口内的状态项集可以表示为 $X(ID,s)^{(t_s,t_e)}$,若 $X'(ID,s)^{(t'_s,t'_e)}$ 是 $X(ID,s)^{(t_s,t_e)}$ 的上限集,则当且仅当 $X(ID,s) \subseteq X'(ID,s)$,$t'_s < t'_e$,$t'_s \leqslant t_s$,$t'_e \geqslant t_e$。

性质 1 如果状态项集 $X(ID,s)$ ($X(ID,s) \subseteq SI$) 在时间窗口 (t_s,t_e) 频繁,那么它的任意一个子集,例如 $X'(ID,s)$ ($X'(ID,s) \subseteq SI$, $X'(ID,s) \subseteq X(ID,s)$) 在时间窗口 (t_s,t_e) 中也一定频繁。

性质 2 如果状态项集 $X(ID,s)$ ($X(ID,s) \subseteq SI$) 在时间窗口 (t_s,t_e) 非频繁,那么它的任意一个超集,例如 $X''(ID,s)$ ($X''(ID,s) \subseteq SI$, $X''(ID,s) \supseteq X(ID,s)$) 在时间窗口 (t_s,t_e) 也一定非频繁。

性质 3 如果一个状态项集 $X(ID,s)$ ($X(ID,s) \subseteq SI$) 在 W_1 上是频繁的,但在 $\overline{W}_1$ 上是非频繁的,而另一个状态项集 $Y(ID,s)$ ($Y(ID,s) \subseteq SI$) 在 W_2 上是频繁的,但在 $\overline{W}_2$ 上是非频繁的,那么这两个状态项集的集合 $Z = X(ID,s) \cup Y(ID,s)$,在时间窗口 $W_3 = W_1 \cap W_2$ 上可能是频繁的,但在时间窗口 $\overline{W}_3 = \overline{W}_1 \cup \overline{W}_2$ 上是不可能频繁的。

图4-1给出了一个例子来阐述性质3,其中状态项集 $X(ID,s)$ 在时间窗口 $W_1 = \{[0,t_1],[t_2,t_3],[t_3,t_4],[t_5,T]\}$ 上是频繁的,在 $\overline{W}_1 = \{[t_1,t_2],[t_4,t_5]\}$ 是非频繁的,而另一个状态项集 $Y(ID,s)$ 在时间窗口 $W_2 = \{[0,t_1],[t_2,t_3],[t_4,t_5]\}$ 上是频繁的,在 $\overline{W}_2 = \{[t_1,t_2],[t_3,t_4],[t_5,T]\}$ 上是非频繁的,那么这两个状态项集的集合 $Z = X(ID,s) \cup Y(ID,s)$ 在时间窗口 $W_3 = W_1 \cap W_2 = \{[0,t_1]$,

$[t_2,t_3]\}$ 上可能是频繁的,但在 $\overline{W}_3 = \overline{W}_1 \cup \overline{W}_2 = \{[t_1,t_2],[t_3,t_4],[t_4,t_5],[t_5,T]\}$ 上是不可能频繁的。

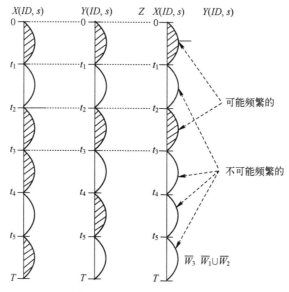

图 4-1　阐述性质 3 的示例图

这 3 个重要性质在进行带时间窗口的 SSPM 时,具有极其重要的价值和作用,可以减少候选状态项集的个数,从而提高计算效率。

定义 4.5.6　带时间窗口的状态集序列(Status-set Sequence with Time-Window,SSTW):SSTW 是指形如 $X_1(ID,s) \to X_2(ID,s) \to \cdots \to^W X_k(ID,s)$ 的带时间窗口的有序状态项集的集合,其中 $X_1(ID,s),X_2(ID,s),\cdots,X_k(ID,s) \in FSITW$ X,W 表示该状态集序列 SS 所发生的时间窗口。与传统序列定义不同之处在于此处序列中的元素不仅带有状态属性,而且带有时间窗口的约束限制。

在寻找候选的 SSTW 时,同样具有两个重要的性质,从而可以提高计算效率,具体如以下性质 4 和性质 5 所示。

性质 4　如果状态集序列 $SS(ID,s)(SS(ID,s) \subseteq FSI)$ 在时间窗口 (t_s,t_e) 频繁,那么它的任意一个子状态集序列,例如

$$SS'(ID,s)(SS'(ID,s) \subseteq FSI \& SS'(ID,s) \subseteq SS(ID,s))$$

在时间窗口 (t_s,t_e) 也一定频繁。

性质 5　如果状态集序列 $SS(ID,s)(SS(ID,s) \subseteq FSI)$ 在时间窗口 (t_s,t_e) 非频繁,那么它的任意一个超状态集序列,例如

$$SS''(ID,s)(SS''(ID,s) \subseteq FSI \& SS''(ID,s) \supseteq SS(ID,s))$$

在时间窗口 (t_s,t_e) 也一定非频繁。

定义 4.5.7 SSTW 的平均支持度(Mean Support of SSTW):形如
$$X(ID,s) \to^W Y(ID,s)$$
的 SSTW 的平均支持度,$\bar{s}\%$,可以被定义为

$$\bar{s}\% = \left(\sum_{w \in W} |w| s\right) / \left(\sum_{w \in W} |w|\right) \times 100\% \tag{4-20}$$

式中:s 是 $X(ID,s) \to^W Y(ID,s)$ 的支持度,且 $w \in W$,即

$$s = (|D(X \to Y)^w|)/(|D^w|) \quad \forall w \in W \tag{4-21}$$

定义 4.5.8 SSTW 的平均置信度(Mean Confidence of SSTW):形如
$$X(ID,s) \to^W Y(ID,s)$$
的 SSTW 的平均置信度,$\bar{c}\%$ 可以被定义为

$$\bar{c}\% = \left(\sum_{w \in W} |w| \cdot c_w\right) / \left(\sum_{w \in W} |w|\right) \times 100\% \tag{4-22}$$

其中 c_w 是 $X(ID,s) \to^W Y(ID,s)$ 的置信度,即 $c_w = (|D(X \to Y)^w|)/(|D(X)^w|)$。

定义 4.5.9 SSTW 的时间覆盖度(Time-coverage rate of SSPTW):带时间窗口的状态集序列,例如 $X(ID,s) \to^W Y(ID,s)$ 的时间覆盖度,$tc\%$ 表示该 SSPTW 在时间段上的覆盖程度,具体可用如下公式表示:

$$tc\% = \frac{\sum_{w \in W} |w|}{|T|} \times 100\% \tag{4-23}$$

式中:$\sum_{w \in W} |w|$ 是 $X(ID,s) \to^W Y(ID,s)$ 所在时间窗口的总长度,$|T|$ 表示时序数据库的总时间区间。在特殊情况下,当 $tc\% = 100\%$,则该 SSPTW 是一个传统的(traditional)、全时间段(full-time)的序列模式;当 $tc\%$ 不大于 100%,如 80%,那么该 SSPTW 是一个部分(part-time)序列模式。本书规定 $tc\%$ 需满足以下约束条件:$tc\% \geqslant \omega/|T|$。

定义 4.5.10 时间窗口的状态集序列模式(Status-set Sequential pattern with Time-Window, SSPTW):$\{X_1(ID,s) \to X_2(ID,s) \to \cdots \to X_k(ID,s)\}^W$ 是 SSPTW,当且仅当其满足以下几个约束条件:

(1) $X_1(ID,s), X_2(ID,s), \cdots, X_k(ID,s) \subseteq SI, X_1(ID,s) \cap X_2(ID,s) \cap \cdots \cap X_k(ID,s) = \phi, W \neq \phi$,

(2) $X_1(ID,s)^W, X_2(ID,s)^W, \cdots, X_k(ID,s)^W \subseteq FSITWs$,

(3) 对 $\forall w \in W$,满足以下支持度约束:
$$|D(X_1(ID,s) \to X_2(ID,s) \to \cdots \to X_k(ID,s))^w|/|D^w| \times 100\% \geqslant s\%$$

(4) 对 $\forall \omega \in W$,满足以下置信度约束:
$$\min\left\{\frac{|X_1(ID,s) \to X_2(ID,s) \to \cdots \to X_k(ID,s)|^W}{|X_1(ID,s) \to X_2(ID,s) \to \cdots \to X_{k-1}(ID,s)|^W} \times 100\% \mid \forall k = 2,3,\cdots,p-1\right\} \geqslant c\%$$

(5) 对 $\forall w \in W$,满足 $|w| \geq \omega$,

(6) $status(X_k(ID,s)) = 2$。

定义 4.5.11 带时间窗口的状态集序列模式的覆盖度(Coverage Rate (CR) of SSPTW):状态集序列模式形如

$$SSPTW = \{X_1(ID,s) \to X_2(ID,s) \to \cdots \to X_k(ID,s)\}^W$$

的覆盖度计算公式如下所示:

$$CR(SSPTW) = \min\left\{\frac{|X_1(ID,s) \to \cdots \to X_k(ID,s)|^W}{|X_k(ID,s)|^W} \times 100\% \mid \forall k = 2,2,\cdots,p-1\right\} \tag{4-24}$$

其描述了在导致状态集 X_k 发生的诸多序列中由于

$$\{X_1(ID,s) \to X_2(ID,s) \to \cdots \to X_k(ID,s)\}$$

在 W 时间窗口上的发生导致 X_k 发生的概率。

定义 4.5.12 带时间窗口的强状态集序列模式(Strong Status-set Sequential Pattern with Time-Window, Strong SSPTW):状态集序列模式形如

$$SSPTW = \{X_1(ID,s) \to X_2(ID,s) \to \cdots \to X_k(ID,s)\}^W$$

是一个强状态集序列模式,当且仅当 $CR(SSPTW) \geq mincov$,其中 $mincov$ 是用户定义的最小覆盖度阈值 $d\%$,它的赋值与最小置信度阈值 $c\%$ 相等。

定义 4.5.13 带时间窗口的状态集的因素集(Factor Set of status-set, FS):带时间窗口的状态项集 $X(ID,s)^W$ 的因素集可以被表示为 $FS(X(ID,s)^W)$,对 $\{ssp_1, ssp_2, \cdots, ssp_i\}$ 中的任意一个状态序列模式 ssp,如果 $ssp \to^W X(ID,s)$ 仍是一个状态集序列模式,那么 ssp 是 $FS(X(ID,s)^W)$ 的一个元素。带时间窗口的状态集 $X(ID,s)^W$ 的因素集如果满足以下公式时,

$$Rate(X(ID,s)) = \sum_i (CR(ssp_i \to^W X(ID,s))) \geq minfs \tag{4-25}$$

那么 $FS(X(ID,s)^W)$ 被称为 $X(ID,s)^W$ 的主要因素集,其中 $minfs$ 是用户定义的最小因素集阈值 $u\%$。

定义 4.5.14 带时间窗口的状态集序列模式挖掘(SSPMTW):SSPMTW 是在时序数据库中挖掘出带时间窗口的状态集序列模式(SSPTW)、带时间窗口的强状态集序列模式(Strong SSPTW),以及带时间窗口的频繁状态项集的主要因素集(Factor Set)的过程。

4.5.3 基于时间窗口的频繁项挖掘算法

本章设计了基于时间窗口的频繁项挖掘算法,以满足对用户滑动时间窗口和指定时间窗口查询的需求[140]。算法将统计时间窗口细粒度切分,每当新的数据到来,RFreq 算法统计其中频繁项频数放在第 0 个子时间窗口中,随着统计

时间增长保存历史数据的子时间窗口逐步合并,当前子时间窗口后移,在第0个窗口位置新增空白样本集统计下一时间段到来数据项频数。

首先形式化定义统计时间窗口和查询时间窗口。

定义 4.5.15 假定统计时间窗口的最大宽度为 L,当前时间节点为 t,允许查询的时间窗口就落在 $t\sim(t-L)$ 之间。以 W 表示查询时间窗口的宽度,[W_{min}, W_{max}]表示查询时间窗口,即 $W_{min}-W_{max}=W$,那么图 4-2 可体现出它们之间的关系。

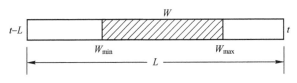

图 4-2 统计时间窗口和查询时间窗口

在查询时间窗口 W 中,对所有的数据项 e 的频数 C 进行降序排序,排在前 K 位的数据项即查询结果。

1. 统计时间窗口分析

为了在更细粒度进行 Top-K 频繁项查询,算法在时间维度切分现有的统计时间窗口,对每个子时间段的数据项进行频数统计,保存统计结果。用户查询时,选取与查询窗口相重叠的子窗口,依据子窗口内的统计结果估计各数据项的频数,排序获得 Top-K 数据项。可选的切分方式包括均S切分、随机切分、按特定比例切分等。

均匀切分将 L 均匀分成 m 个子时间窗日,每个子时间窗口的长度为 L/M。采用均匀切分方式,在一个子窗口内,选定的查询窗口与实际窗口之间的差距最大不超过 L/M,跨越多个子窗口的查询窗口与实际值之间最大差距为 L/m。在数据流挖掘过程中,最近到达的数据项通常包含更多的信息,历史数据的重要程度远不如近期数据,均匀切分的方式没能体现出数据流的这一重要特性。

随机切分方法是在 L 上随机取 $m-1$ 个时间点,将统计时间窗口划分成 m 个子窗口,在此基础上统计频繁数据项频数并提供 Top-K 频繁项查询。随机切分无法控制子窗口的宽度,也无法确定查询窗口与实际窗口间的时间差距,可用性较低[140]。

较为有效的窗口切分方式是将统计时间窗口按指数式宽度切分,即子窗口的宽度为 $1,2,4,\cdots,2^{m-1}$。指数式切分方式的优点在于,离当前时间节点越近的数据项频数准确度越高。每个子窗口内用于统计的内存大小相同,在同等内存大小的条件下,指数式窗口切分方式能够覆盖更大的时间宽度,进而给用户提供更大的查询空间。指数式窗口切分的方式可根据实际需求对增长幅度进行调整,比如 1,24,24*7,24*30,… 的方式增长就更加符合对于小时、天、周、月、年为时间单位的数据统计需求。根据需求调整有利于降低统计过程中的数据误差,得到更精确的查询结果。为了便于讨论和操作,下文中以底数是 2 为例,研究时间窗口切分以及数据操作。

2. 指数式时间窗口切分和合并

定义 4.5.16 定义内存空间为 C_m,每个子窗口所需的内存空间为 C,在内存中能够保存的子窗口的个数 $m=C_m/C$。

定义 4.5.17 子窗口的基本宽度,即第一个子窗口的时间宽度 b 按如下方式计算:当 $m \leqslant \log_2 L$ 时,$b=L/2^m$,此时各子窗口宽度为 $L/2^m, L/2^{m-1}, \cdots, L/2$,即 $b, 2b, \cdots, 2^{m-1}b$;

当 $m > \log_2 L$ 时,b 取值为 1,在内存允许的条件下尽量将较大的子窗口拆分成为两个更细粒度的子窗口,延迟子窗口的合并得到更精确的数据统计。

以 $C_0, C_1, \cdots, C_{m-1}$ 表示内存中的 m 个统计子窗口,C_0 用 W 接收每 b 个最新时刻到来的数据项,并记录其中的 $(1+\theta)K$ 个数据项($\theta \geqslant 0$),目标取值直接影响查询时数据项的频数确定,也影响 Top-K 查询产生的结果。在内存允许的条件下,增大 θ 的取值对提高查询结果的准确率将起到积极的作用。

当 b 时间结束,遍历所有子时间窗口,合并首次出现的两个相邻等长的时间窗口 C_i, C_{i-1}。在合并过程中,若数据项 e_k 同时出现在 C_i, C_{i-1} 中,直接相加频数,若 e_k 只在 C_i 中出现,取其在 C_i 中的统计频数 f_{ki},对于其在 C_{i-1} 的频数,依据一定的规则给出频数估计值 f_{ki},将两值相加作为新的时间窗口该数据项的频数。两个时间窗口合并之后得到的新的时间窗口内的数据项的个数可能会超过 $(1+\theta)K$,此时需要按数据项的频数降序排列,取其中前 $(1+\theta)K$ 个数据项[140]。

算法的形式化描述如下所示:

输入:数据流 S。

输出:子窗口集合 C_m。

1. FOR I from 0to m-2
2. IF C[i],length_of_window=C[i+1]. Length_of_window
3.   MERGE(C[i],C[i+1])
4.   BREAK
5. ELSE
6.   CONTINUE
7. ENDIF

8. 插入新的空窗口当作 C[0],原窗口依次向后顺延

9. RETURN C_m

在上述代码中,MERGE(C[i],C[i+1])完成的功能是将两窗口合并,其实现方式如下:

输入:子窗口集合 C_m,需要合并的窗口 C[i],C[j]

输出:C_m

 1. For each item E_i in C[i]
 2. C[i].item.frequency+=C[j].estimate_frequency()
 3. For each item in C[j]
 4. If C[j].item IN C[i]
 5.   C[i].item.frequency+= C[j].item.frequency － C[j].estimate_frequency()
 6. ELSE
 7.   C[i].insert[item]
 8.   C[i].item.frequency+=C[i].estimate_frequency()
 9. C[i].start_time=min(C[i].start_time,C[j].end_time)
 10. C[i].end_time=max(C[i].end_time,C[j].end_time)
 11. C[i].sort()
 12. C_m.remove(C[j])
 13. RETURN C_m

上述代码完成将 C[j] 合并入 C[i] 的功能。C[i].estimate_frequency() 根据现有全局频数统计,估计数据项 E_i 在 C[i] 中可能的频数,详细估计算法将会在后文讨论。算法整体实现的功能是,对于 C[i] 中出现而未在 C[j] 中出现的数据项加上频数 C[j].estimate_frequency(),对于 C[j] 中出现而未在 C[i] 中出现的数据项加上频数 C[i].estimate_frequency(),对共同出现的数据项则直接进行频数相加。合并完成后按频数对数据项进行排序。

数据流处理的过程中另一个与时间窗口密切相关的是滑动时间窗口的处理。传统算法统计的频繁项通常从起始点开始到当前统计时间只有一个完整的时间窗口,部分算法采用随时间推进历史数据有效性衰减的方式来减小历史数据对当前结果的影响,仍未精确实现滑动时间窗口。在本书中所提出的算法可以有效地处理滑动时间窗口。子窗口超出了滑动窗口的范围,停止它与后续窗口的合并操作,抛弃该子窗口数据。距离当前时间节点越近的统计窗口长度短,而且在合并算法中先开始扫描,因此最近的时间窗口更容易被合并,远端的长时间窗口合并较晚,避免了较早合并远端历史数据而无法抛弃窗口的问题[140]。

4.5.4 带时间窗口的关联规则挖掘算法(股票)

首先,假设需要挖掘的形式是:"股票 A 在 Tt 时间上涨且股票 B 在 $Tt+1$ 时间上涨,则股票 C 在 $Tt+4$ 时间上涨"。

那么,经过数据预处理后,可以将上述形式转化为:"股票 A 在 Tt 时间上为 1,且股票 B 在 $Tt+1$ 时间上为 1,则股票 C 在 $Tt+3$ 时间上为 1"。

我们可以定义一个滑动时间窗口,窗口每次滑动的步长是一天,时间窗口的左边框设为 Ta,右边框设为 Tc,窗口长度是 $[Tc-Ta+1]$,单位是天。定义 3 个集合,$C2$ 是候选二项集;$C3$ 是候选三项集;$C2'$ 是临时候选二项集,用来存放当前时间窗口所获得的项集。滑动时间窗口的基本思路是:

定位时间窗口的初始位置 $Ta=T1, Tb=2, Tc=T4$,列方向上包含窗口内所有的股票项,然后执行以下的操作:

(1) 获取二项集。首先搜索窗口的 Ta 列和 Tb 列,获取 $Ii(Ta)=1$ 且 $Ij(Tb)=1$ 的项 (Ii, Ij) 构成一个时间窗口内的全部二项集,其中 $1 \leqslant i \leqslant m, 1 \leqslant j \leqslant m$,且 $i \neq j$(m 是股票项数)。将得到的二项集,置于 $C2'$ 中。得到当前时间窗口中全部的二项集 $C2'$ 后,将 $C2'$ 中的项集添加到 $C2$ 中。

(2) 获取三项集。对于 $C2'$ 中每一个二项集,考察时间窗口中 Tc 列上布尔值为 1 的股票,构成三项集,即 $Ii(Ta)=1 \wedge Ij(Tb)=1 \wedge Ik(Tc)=1$,其中 $1 \leqslant k \leqslant m$ 且 $k \neq i \neq j$。将得到的三项集放入 $C3$ 中。

(3) 滑动窗口向右滑动一个步长,重复步骤 1 和步骤 2 直至时间窗口的右端滑动到用户指定的终止时间,得到全部的二项集和三项集。分别计算 $C2$ 和 $C3$ 中各个项集的支持度计数,根据用户定义的最小支持度计数阈值,删除不满足最小支持度阈值的项集,构成 2 项和 3 项频繁项集 $L2, L3$。

(4) 对 $L3$ 中每个项集进行相关分析,删除部分不满足相关分析的项集。

(5) 对 $L3$ 中剩余的满足相关分析的项集,进行置信度分析,将满足最小置信度阈值的三项集作为关联规则输出。

滑动时间窗口的长度可以任意定义。但股票市场变化较快,滑动时间窗口的长度太长的话,不容易反应市场短期的规律。因此滑动时间窗口的长度一般不超过天,即滑动时间窗口的宽度不会超过列。

下面以"上涨$(A, (t=Tt)) \wedge$上涨$(B, (t=Tt+1)) \Rightarrow$上涨$(C, (t=Tt+3))$ 支持度是 $X\%$,置信度是 $Y\%$"这个规则模式为例,对算法进行描述。

算法描述
输入:
　　G:股票数据库;

Min_supCount:最小支持度阈值;

Min_conf:最小置信度阈值;

Startday.finishday:用户指定的时间序列段的起始和终止日期;

输出:D 中的三项集。

方法:

  1. 对 G 进行处理,得到股票—时序位示图 D;

  2. 在股票—时序位示图 D 中通过调用以下方法来挖掘关联规则:

Procedure search(D.startday.finishday,min_supCount,min_conf)

{

  //window_left 是滑动窗口的左端,C2 是候选二项集;C3 是候选三项集;

  //C2′是临时候选二项集,用来存放当前时间窗口所获得的二项集

  For(window_left=startday;window_left<=finishday−3;window_left++)

  {

    For each $I_j \in D$

    For each $I_j \in D$

    {

      If(i!=j&&Ii(window_left)==1&&Ij(window_left+1)==1)

      //添加到当前时间窗口的临时候选二项集 C2′中

        Add{Ii,Ij} to C2′

    }

    C2=C2UC2′

  //根据当前时间窗口得到的候选二项集 C2′来查找候选三项集

    For each [Ii,Ij] ∈ C2′

      For each $I_k \in D$

      If(i!=k&&j!=k&&Ik(window_left+3==1)

      {

      //添加到当前时间窗口的候选三项集 C3 中

        Add [Ii,Ij,Ik] to C3

      }

  }

}

  计算 C2 中各个项集的支持度计数;删除小于 min_supCount 的二项集,最后保留的二项集构成 L2;

  计算 C3 中各个项集的支持度计数;删除小于 min_supCount 的三项集,最后保留的三项集构成 L3;

计算 each 项集 ∈ L3 的相关度,从 L3 中删除负相关的项集;

计算 each 项集 ∈ L3 的置信度,若大于等于 min_conf,生成强关联规则输出。

4.6 周期性关联规则挖掘

4.6.1 问题的提出及意义

周期性关联规则挖掘是时态约束关联规则的一种,周期性关联规则适合发现周期性分布的有限个属性之间的关联关系一类问题[141],例如,每年的夏季城市居民用电量天平均值会明显高于其他季节,城市居民的周末用电量天平均值明显高于其他非周末时间,城市居民的节假日用电量会明显增加。调度自动化系统越限报警多发于天刚黑的时候等。

4.6.2 周期关联规则的分类

周期时态关联规则中的周期主要体现在规则成立的时间上,周期时间段有可能是全周期,如每年、每月、每旬、每周、每三天等,周期上的每一个时间点都要考虑,也可能是部分周期,如每年的三月、每周二,某个事件发生后的一段时间等,只考虑时期中的某些时间点。部分周期关联规则对于全周期而言较为松散,在现实世界中其存在更具普遍性[142]。

(1) **全周期关联规则**。在这里,周期中的每一个时间点都影响着时态数据上的循环行为,如挖掘以年为周期的关联规则,一年中的每一天都可能对关联规则起支持作用。对于全周期关联规则的研究已经很广泛、深入,相应的方法也可用到具有时态属性的关联规则的研究中。本书主要对基于时态约束的关联规则进行部分周期的挖掘。

(2) **部分周期关联规则**。并非周期中的每个时间点都支持该关联规则,它只描述时态数据中某些时间点的周期性特征而并非全部时间点的周期特征。例如在每年的八月份至九月份,某地区的气温持续上升三天后,导致接下来的两天内天气状况是阴或小雨,而在其他月份,并没有这样的规律。

部分周期关联规则的挖掘算法与全周期的挖掘不同,只考虑有周期性特征的时间片,而不关心无周期性特征的时间片,具有周期性特征的时间片上的所有取值即构成基本特征集,部分周期的挖掘就是在此空间上进行挖掘的。

4.6.3 周期性关联规则的定义

下面我们先来引入一些周期性关联规则的定义:

定义 4.6.1 设 $I=\{i_1,i_2,\cdots,i_m\}$ 是数据库 D 中项<item>的集合。T 是事务集合,对于任意事务 $S\in T$,S 是项集 I 的子集,即 $S\subseteq I$。假设数据库 D 被划分为 n 个具有时间标记的数据子集,每一个数据子集的时间跨度相等,大小为 tt,每一个数据子集对应于某个时间单元内的事务。记第 i 个时间单元为 t_i,$1\Leftarrow i\Leftarrow m$,即 t_i 为时间段 $(t*i,t*(i+1))$。对于每个时间段 t_i,用 d_i 表示在 t_i 内执行的事务的集合,称 d_i 为时间单元 t_i 对应的数据集,则数据库 D 可以表示为 d_i 的序列:$D=\{d_1,d_2,\cdots,d_n\}$。

定义 4.6.2 若 d_i 中一条关联规则为 $X\rightarrow Y$,$X\subset I$,$Y\subset I$,$X\cap Y=\varnothing$,如果 d_i 同时包含 X 和 Y 的事务的比率为 s,则称在 $X\rightarrow Y$ 在 d_i 中的支持度为 $s\%$。如果 d_i 中包含 X 的事务同时也包含 Y 的比率为 c,则称 $X\rightarrow Y$ 在 d_i 中的置信度为 $c\%$。

定义 4.6.3 对于给定的最小支持度 min_sup% 和最小置信度 min_conf%,当 d_i 包含 X 比率不小于 min_sup% 则称 X 为频繁项集。如果 $X\rightarrow Y$ 在 d_i 中的支持度不小于 min_sup%,置信度不小于 min_conf% 则称 $X\rightarrow Y$ 是 d_i 中一条关联规则。

4.6.4 发现周期性关联规则

我们可以利用周期的性质减少算法所用的时间。

在关联规则中,频繁项集(即满足最小支持度 minsup 的项集合)的计算量很大,利用周期的性质,采用裁剪技术,可减少所需求周期性频繁项集合的时间。

假如有周期性关联规则 $X\Rightarrow Yc(s,i)$ 中,根据周期定义可知在 $l_j^i(j=1,2,\cdots,N)$ 时间段中都有 $X\cup Y$ 的频繁项集;同理,若有周期性频繁项集 $Xc(l,i)$,则应在每一个周期 $l_j^i(j=1,2,\cdots,N)$ 的时间段都有频繁项集 X。

所以,可以得出若有某一周期的 l_j^i 时间段中 X 不满足最小支持度,则可在该周期中删去 X,而到下一个周期 l_{j+1}^i 的时间段时,就不考虑 X 从而减少计算。

产生周期性的关联规则分两个阶段,第一阶段产生周期性的频繁项集;第二阶段产生周期性的关联规则。

1. 产生周期性的频繁项集

利用 Apriori 算法加上周期裁剪技术求出向量组 SegTime 中的每个向量以决定时间段中可能存在的所有的周期性的频繁项集。

为了描述方便,用 k-itemset 表示含有 k 个项目的项集,用 k-itemsets 表示项集的集合,其中每个元素都为 k-itemset 的项集,L_k 表示为频繁 k-itemsets,C_k 表示候选 k-itemsets,L_k^i 表示具有周期 $c(l,i)$ 的频繁 k-itemsets,C_k^i 表示具有周期 $c(l,i)$ 的候选 k-itemsets。项目在项集中依字典顺序排列。对于 L_k、C_k、L_k^i 以及 C_k^i 中的每一项,都由两个数据项:①项集 $X=\{x_1,x_2,\cdots,x_k\}$;②支持度 count

表示。

算法主要思想是首先从向量组 SegTime 中取向量 (s_1,e_1),再根据该向量取项集存入候选项集 C_l^1,然后由候选项集 C_l^1 和在向量 (s_1,e_1) 决定的时间段 $l_j^1(j=1,2,\cdots,N)$ 中判断是否具有周期 $c(l,1)$ 的 L_n^1 频繁项集,在判断过程中应用了裁剪技术,求完后,再求向量 (s_2,e_2),根据该向量取候选项集 C_l^2,然后再由向量决定的时间段 $l_j^2(j=1,2,\cdots,N)$ 中判断是否具有周期 $c(l,2)$ 的 L_n^2 频繁项集,依此类推直到最后用向量 (s_k,e_k) 来判断是否有周期 $c(l,k)$ 的 L_n^k 频繁项集。

算法主要是由两个循环构成,第一个 for 循环是从向量组 Segtime 中取向量 (s_i,e_i) 和将时间段 l_j^i 的项集存入 C_l^i;第二个 while 循环,是第一个 for 的内循环,目的是根据 C_l^i 求具有周期 $c(l,i)$ 的频繁项集 L_n^i。最后将得到的结果放入 Answer 集合中。

产生周期性的频繁项集算法详细描述如下所示:

输入:Seg Time[i],i=1,2,$\cdots$,k
输出:频繁项集 Answer 具有周期 c(1,i),i=1,2,$\cdots$,k
算法:
for(i=1;i≤k;i++)
begin   //按顺序取 SegTime 中的向量,存入 temp
    temp=SegTime[i]   //temp 类型为(s,e)
    n=1;//用 n 表示项集的大小
    C_n^1={1-itemsets}   在 l_1^i 区间中;
while($C_n^i \neq \varnothing$)
begin   //求一个周期为 c(1,i) 的频繁项集
    for(j=1;j < N 且 $C_n^i \neq \varnothing$;j++)
    /* 在 l_i^i 区间中判断 C_n^i 中项集是否满足 minsup */
    begin
        forall 候选项集 c $\in C_n^i$ do //候选项集初始化
        c. count=0;
        forall(T $\in$ D) $\wedge$ (T. time $\in l_j^i$) do
    /* 事务 T 在数据库 l_j^i 的时间段区间中 */
    begin
        forall 候选项集 c $\in C_n^i$ do
        if(c. X $\subseteq$ T)   //该候选项集是事务 T 的子集
        c. count++;
    end

$C_n^i = \{c \in C_n^i \mid c.\text{count}/\text{sum T} > \text{minsup}\}$;
　　　　//利用了裁剪技术, sum T 表示在 l_i^i 区间中的事件总数
　　　end
　　　if$(C_n^i \neq \phi)\{L_n^i = C_n^i\}$;
　　n++;
　　　$C_n^i = \text{Apriori-gen}(L_{n-1}^i)$; //产生新的候选频繁集
end
Answer=$\cup L_{n-1}^i$; /* 将具有周期 c(l,i)的频繁项集存入 Answer 中 */
end.

2. 候选项集产生的算法

根据上述的算法可知函数 Apriori-gen 的参数是 L_{n-1}^i, 即为 $(k-1)$-itemsets 集合。它有两个步骤：

第一步, 合并步骤, 是 L_{n-1}^i 和 L_{n-1}^i 合并。具体如下所示：
forall 　p,q $\in L_{n-1}^i$
begin
　　if$(p.x_1 == q.x_1, \cdots, p.x_{n-2} == q.x_{n-2}, p.x_{n-1} < q.x_{n-1})$
　　　then 合并 p,q 为 X={$p_1, p_2, \cdots, p_{n-1}, q_{n-1}$}加入 C_k^i 中;
end.

第二步, 裁减步骤, 删除所有 $c \in C_k^i$ 且 c 的 $(k-1)$-itemset 子集不全在 L_{n-1}^i 中
forall itemsets c $\in C_k^i$　do
　forall c 的 $(k-1)$-itemset 子集 s do
　　if$(s \notin L_{n-1}^i)$then 从 C_k^i 中删除 c

3. 产生周期性的关联规则

周期性的关联规则可用找到的周期性的频繁项集直接产生, 即对每一个周期性的频繁项集 L 用迭代的方法产生所有的非空的子集合 α, 若 support(L)/support(α)满足 minconf, 则有周期性的关联规则 α⇒(L-α)c(l,i)。

4.7　基于约束的关联规则挖掘

4.7.1　施加约束的原因

在发现关联规则的过程中, 用户一般都扮演了什么角色呢？在传统的关联规则发现中, 用户仅仅设置了初始阈值(包括支持度、置信度), 然后就是等待系统交付最终的结果。系统往往需要几个小时或者更长的时间来产生大量的关

联规则,而在这些关联规则中,往往只有小部分是用户关心的。显然,如果用户能对关联规则的发现过程进行指导,使得产生的关联规则就是用户需要的,这样不仅规则的数目大大减少了,而且挖掘的效率更高[143]。

在可交互的挖掘过程中,用户提出的用来指导挖掘过程的要求,就是广义上的"约束"。基于约束的关联规则的挖掘,其目标是为了在挖掘开始前更好地体现用户的要求,将那些耗费时间与空间而用户并不感兴趣的知识自动地排除。为了研究的需要,下面讨论约束的定义与分类。

4.7.2 约束的定义

给出交易集 D 上的约束的定义。

定义4.7.1 对确定的交易集 D,约束 C 是在 2^I 上的断言。当且仅当 $C(X)$ 为真时,称项集 X 满足约束 C。设 $S \subseteq 2^I$, $SAT_c(S) = \{X \in S\} X$ 满足 C。当 $S = 2^I$ 时,$SAT_c(S)$ 简写为 SAT_c。

例如定义 C_{freq} 为项集必须满足的最小支持度 σ;定义 $C_{scope}(S)$ 为 $S \subseteq 2^{(i1,i2,i3)}$,即只在项 $\{i_1,i_2,i_3\}$ 中挖掘关联规则;$C_{target} = \{i_1,i_2,i_3\}$,即要挖掘的关联规则的右部(RHS)在 $\{i_1,i_2,i_3\}$ 中。

在基于约束的挖掘中,挖掘在用户提供的各种约束的指导下进行[144]。这些约束包括:

知识类型约束:指定要挖掘的知识类型,如关联规则;

数据约束:指定与任务相关的数据集;

维/层次约束:指定所用的维或概念结构中的层;

规则约束:指定要挖掘的规则形式(如规则模板),如单价(price<\$10)的交易项目可能引发购买总额(sum>\$200)。

一般来说,规则约束又可以分为如下几类:

个数约束(number constraints):对关联规则中涉及的项的个数进行限制;

项目约束(item constraints):对关联规则的左部(LHS)和右部(RHS)所属类别进行限制;

函数约束(function constraints):关联规则除类别以外的限制以及项目间的相互关系,通常为函数形式,本书主要讨论的就是函数约束;

兴趣度约束:指定规则兴趣度阈值或统计度量,如支持度和置信度。从与用户交互的角度来说,兴趣度约束是一种特殊的函数约束。

4.7.3 约束的描述

函数约束分为单变量约束、多变量约束。下面介绍约束条件的语法结构。

设 C 是运用在 S_1 和 S_2 上包括下面类型约束条件的合并关系表达式。

定义 4.7.2 （单变量约束条件）一个单变量约束条件包括如下形式：

（1）**类约束**。其形式是 $S \subset A$，S 是变量集，而 A 是属性，因此 S 是一个值属于域 A 中的集合。

（2）**域约束**。其包括以下形式：

① $S\theta V$，S 是变量集，V 是 S 所属域的常量，θ 是布尔运算符 $=$、$\neq$、$<$、$>$、$\leq$、$\geq$，此式表示 S 中的每个元素和常量 V 之间的关系；

② $V\theta S$，S 和 V 的含义同上，θ 是布尔运算符 $\in$ 和 $\notin$，此式表示值 V 属于或不属于集合 S；

③ $V\theta S$，或 $S\theta V$，S 是变量集，V 是 S 所属域的常量集，θ 是布尔运算符 $\subset$、$\not\subset$、$\subseteq$、$\neq$。

（3）**集合约束**。其形式是 $agg(S)\theta V$，此处的 agg 是这些集合函数：min，max，sum，count，avg，θ 是布尔运算符 $=$、$\neq$、$<$、$>$、$\leq$、$\geq$。此式表示 S 上的集合函数运算的值和 V 的关系。

定义 4.7.3 （两变量约束）包括以下形式：

（1）$S_1\theta S_2$，S_1，S_2 是变量集，θ 包括 $\subset$、$\not\subset$、$\subseteq$；

（2）$(S_1 o S_2)\theta V$，S_1 和 S_2 是变量集，V 是常量集或是空值，o 是 $\cap$ 或 $\cup$，θ 是布尔运算符 $\subset$、$\not\subset$、$\subseteq$、$=$、$\neq$；

（3）$agg_1(S_1)\theta agg_2(S_2)$，$agg_1$ 和 agg_2 是集合函数，θ 是布尔运算符 $=$、$\neq$、$<$、$\leq$、$>$、$\geq$。

满足约束条件的 (S_1,S_2) 集合可用不同的方式进行定义。使用约束和约束的否定之间的并关系，是常见的形式。

4.7.4 约束的性质分类及其实现

上节对约束进行了分类，但是如何找出符合这些约束的关联规则呢？显然，进行约束性关联规则发现的算法要具有完备性和健壮性。健壮性指能找出符合约束的关联规则，完备性指要找出所有的满足约束的关联规则。

对于如何实现约束，目前主要有两种方法。一种是事后测试法（generate and test, g&t）；一种是推进法（push）。

（1）事后测试法：由名知义，该方法就是先生成所有的满足支持度（min_sup）、置信度（min_conf）的规则，然后再判断这些规则是否满足约束 C。

这是一种事后处理的方法，本质上并没有改变发现频繁项集的过程，因此仍然缺乏用户的主动性，并且效率不高。

（2）推进法：利用约束的性质，在频繁项集的发现过程中引入各种约束，使得发现的频繁项集就是那些满足约束的项集,这样,通过提高发现满足约束的频繁项集的过程,来提高规则发现的效率。同时,由于得到的满足约束的频繁项集比较小,使得产生符合用户需求的规则更加简单。目前的研究主要是以 Apriori、FP、closed 算法为基础的。

通过比较可以知道,采用推进法是一种解决交互性的效率较好的方法。但是如何利用约束的性质,使得生成的项集就是满足约束的项集呢?这里,我们有必要对约束的性质进行讨论,并通过分析其性质,探讨如何将约束推进到频繁项集的发现过程中。根据约束本身性质的不同,分为反单调、单调、简洁的、可转变的、不可转变的 5 类约束,下面将分别讨论。

1. 反单调约束(anti-monotone constraint)

定义 4.7.4 如果对于项集 X, X',约束 C 都有:$(X' \subseteq X \wedge X$ 满足 $C) \Rightarrow X'$ 那么可以称约束 C 是反单调约束,简记为 C_{am}。

例如 $\text{sum}(I.\text{price}) \leq 100$。假设某一个 k-项集不满足该约束,即该 k-项集满足 $\text{sum}(I.\text{price}) > 100$,那么,该 k-项集的超集 $(k+1)$-项集,由于要比 k-项集多一项,显然就更贵,因此也不满足该约束。所以可称此约束是反单调的。

显然频繁约束 C_{freq} 是反单调的,这就是著名的 Apriori 性质。Apriori 算法运用 Apriori 性质大大压缩了搜索空间。类似地,将 C_{freq} 替换为 C_{am},就可以实现一般的反单调约束挖掘。

反单调约束的连接、拆分,仍然是反单调的。

项目约束是反单调的,证明如下:

根据项目约束的定义,限定关联规则的右部(RHS)所属类别就是约束 C_{target};而限定关联规则的左部(LHS)所属类别可以由限定挖掘范围 $C_{\text{scope}}(S)$ 和限定关联规则的右部 C_{target} 得出。根据约束的反单调性定义,显然约束 C_{scope} 和 C_{target} 都是反单调的,所以项目约束是反单调的[145]。

将反单调约束检验推进到频繁项集的发现过程中,是有意义的。

2. 单调性约束(monotone constraint)

定义 4.7.5 如果对于项集 X, X',约束 C 都有 $(X' \subseteq X \wedge X$ 满足 $C) \Rightarrow X$,那么称约束 C 是单调性约束,简记为 C_m。

例如 $\text{SUM}(I.\text{price}) \geq 100$,如果某项集 I 满足该约束,即集合中的单价和不少于 100,进一步添加更多的项到 I 中将增加总和,显然总是满足该约束的。类似的单调约束包括 $\min(I.\text{price}) \leq 10, \text{count}(I) \geq 10$ 等。

如果一个项集满足单调性约束,则对于它的任意超集,都不需要再进行单调性检验,这样通过减少对项集的约束性检验过程,可以提高速度。

单调约束的连接、分解,仍然是单调的。

3. 简洁性约束(succinct constraint)

定义 4.7.6 一个项目子集 I_s 是一个简洁集(succinct set)，如果对于某些选择性谓词 p，该项目子集能够表示为 $\sigma p(I)$，此处，σ 是一个选择符。$SP \subseteq 2^{\text{Item}}$ 是一个强简洁集(succinct power set)，如果有一个数目不变的简洁集 $\text{Item}_1,\cdots,\text{Item}_K \subseteq \text{Item}$，$SP$ 能够用 $\text{Item}_1,\cdots,\text{Item}_K$ 的并、差运算表示出来。

如果 $SAT_C(\text{Item})$ 是一个强简洁集，则约束 C 是简洁的，简记为 C_{succ}。

例如，约束 $C_1 \equiv S.\text{price} \geq 100$，则可令 $\text{Item}_1 = Q_{\text{price}} \geq 100(\text{Item})$。因为满足约束 C_1 的项集 $SAT_{C1}(\text{Item})$ 就是 $2^{\text{Item}1}$，所以约束 C_1 是简洁的。

又例如 $C_2 \equiv \{\text{snacks, sodas}\} \subseteq S.\text{Type}$，则令 $Item_2 = \sigma_{\text{Type=snacks}}(Item)$，$Item_3 = \sigma_{\text{Type=snacks}}(Item)$，$Item_4 = \sigma_{\text{Type=snacks}}(Item)$，则 C_2 是简洁的，因为 $SAT_{C2}(\text{Item})$ 可以表示为 $2^{\text{Item}} - 2^{\text{Item}2} - 2^{\text{Item}3} - 2^{\text{Item}4} - 2^{\text{Item}2 \cup \text{Item}4} - 2^{\text{Item}3 \cup \text{Item}4}$。

对于这类约束，可以列出并且仅仅列出所有确保满足该约束的集合。这样，在支持计数开始之前，就可以直接精确地产生满足简洁性约束的集合，这样就避免了生成检验方式的过大开销。换言之，这种约束是计数前可剪枝的。例如对 $\min(I.\text{price}) \geq 500$，在计数前就可以判断某个项集是否满足该约束，如果不满足，可以直接将其剪枝掉。

4. 可转变性约束(convertible constraint)

有些约束不属于以上 3 种，然而，如果将项集中的项以某种特定的次序排列，这时，该约束有可能会满足前面提到的反单调性或单调性：如果满足反单调性，则称为可转变反单调的；如果满足单调性，则称为可转变单调的。

如果一个约束既可以转变成反单调的，又可以转变成单调的，则称其为强转变的约束。

下面举一个例子说明以上几种概念：约束 $\text{avg}(I.\text{price}) < v$ 既不是反单调的，也不是单调的。然而，如果事务中的项以其单价的递增次序添加到项集中，则约束 $\text{avg}(I.\text{price}) < v$ 成为反单调的。解释如下：如果一个项集不满足该约束，即该项集的 $\text{avg}(I.\text{price}) > v$，则按递增的次序，该项集的超集必然是在原来的项集中添加了 price 值更大的项，显然该超集也是不能满足该约束的，因此是反单调的，故该约束是可转变的反单调约束。同理，如果事务中的项以单价的递减次序添加到项集中，则该约束就成了可转变的单调约束。

对于可转变的约束，我们可以先将其转换成反单调或单调约束，然后再利用反单调或单调的性质来实现该约束。广义地说，反单调、简洁、单调的约束都是可转变约束。

一般来说，可转变的约束是可以在 Apriori 中实现，但是从性能上来看，这样做的效率很低。主要问题在于可转变约束是基于某种项集的排序的。在

Apriori 中,要多次扫描数据库,如果每次对项集进行排序,特别是在数据库很大的时候,则这个额外的工作量是我们难以承受的。因此从效率上说,可转换的约束不能在 Apriori 算法中实现。

5. 不可转变性约束(inconvertible constraint)

不属于以上 4 类的约束,将其都归为不可转变的约束[146]。

在类 Apriori 算法中对于可转变、不可转变的约束,我们可以设法从这两类约束条件中导出相对应的某种较弱的约束,使得后一种约束为反单调、单调、简洁约束中的一种,然后利用前面的解决办法来处理,从而也能够对候选项集进行部分的剪枝。需要指出的是,导出的弱约束与原来的约束毕竟是不同的,所以在最后确定所有的频繁项集后仍然需要对该约束条件进行判断。例如:$avg(S) \leq v$ 是可转变的约束,既不是反单调约束,也不是简洁约束,但是我们可以导出相对较弱的简洁约束:$min(S) \leq v$,进行处理,然后在生成所有的频繁项集后再进行约束条件 $avg(s) \leq v$ 的判断。

上述 5 种约束之间的关系如图 4-3 所示。

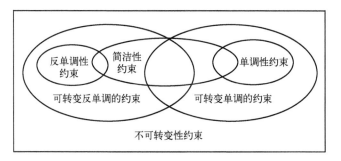

图 4-3　5 种约束关系图

第 5 章

故障/健康监控的时间序列模式分析

时间序列是指同一种现象在不同时间上的相继观察值排列而成的一组数字序列[147]。时间序列预测方法的基本思想是：预测一个现象的未来变化时，用该现象的过去行为来预测未来。即通过时间序列的历史数据揭示现象随时间变化的规律，将这种规律延伸到未来，从而对该现象的未来作出预测[148]。产品故障的发生、发展是一个渐变的时间序列过程，这个过程包含一系列数据，这些数据是来自于随时间或者其他变量的增加而得到的数据[149]。采用时间序列模式来分析产品的故障，可对产品故障预测领域发挥重要的作用。

5.1 时序特性的分析方法

按照时间连续记录的时间序列称为连续时间序列，如电流信号和电压等。仅在特定时间间隔取值的时间序列称为离散时间序列，如利息、产量和销售量等[150]。在许多有关预测的文献中指出，如果观测值是连续的，则通常使用时间序列来描述，如果观测值是离散的，则通常使用离散序列来描述[2]。现实中的时间序列的变化受许多因素的影响，有些起着长期的、决定性的作用，使时间序列的变化呈现出某种趋势和一定的规律性，有些则起着短期的、非决定性的作用，使时间序列的变化呈现出某种不规则性[151]。对于故障监控得到的时间序列数据，希望可以通过时序特性的分析方法，从而对设备工作状态进行分析以及对设备故障进行诊断和预测，本小节主要介绍了时序特性的主要分析方法，例如趋势分析法、统计分析法、特征分析法、周期性分析法等。

5.1.1 趋势分析法

时间序列的趋势分析实际上就是对时间序列数据进行一系列的处理后（如去掉噪声），关注序列的长期运动方向[2]。趋势变化，指现象随时间变化朝着一定方向呈现出持续稳定地上升、下降或平稳的趋势。长期趋势是某一指标在相当长的时间内持续发展变化的总态势,或不断增长或下降,或停留在一个水平上。长期趋势因素是指在较长时间内比较稳定、经常起作用的根本性因素。它具有长期性、稳定性、经常性和根本性的特点[152]。由于柴油机等设备的周期寿命相对较长,监控记录的时间序列数据具有显著的长期趋势,所以我们主要介绍长期趋势的分析方法。

测定长期趋势的目的及意义:①认识和掌握现象随时间演变的趋势和规律,为制定相关措施及后续管理提供依据;②通过对现象过去变动的认识,对事物的未来发展做出预计和推测;③测定出趋势因素后,便于从原时间序列中剔除趋势因素,便于研究其他因素。

测定长期趋势的方法主要有两种。第一,数列修匀法:主要包括扩大时期法、移动平均法和加权移动平均法。第二,趋势模型法:主要有线性模型法和非线性模型法。而非线性模型又主要包括抛物线模型、指数曲线模型和生长曲线模型(皮尔曲线模型和龚珀兹曲线模型)。趋势模型法将在5.2节中具体介绍,本节只介绍数列修匀法。

(1) 扩大时期法:是指在原时间序列不能明显反应现象发展趋势时,将其不同时间单位上的数据加以合并形成一个新的时间序列,新的时间序列中各数据时间间隔的长短将几倍于原数列中的数据。但是,在应用扩大时期法时一定要注意扩大时期法只适合于时序列,此外,扩大后的时期既要求相等,又要求考虑扩大的时期长短[153]。

(2) 移动平均法:是从时间序列的第一项开始,按一定项数求序时平均数,然后每次向后移动一项,计算一系列序时平均数,从而形成一个新的时间序列。通过移动平均法对原数列进行修匀,消除了偶然因素的影响,使隐藏在原数列中的长期趋势显现出来[153]。移动项数的选择应根据数据的波动程度及数据的周期性来定,一般以周期的整数倍为移动项数。

(3) 加权移动平均法是对近期的观察值和远期的观察值赋予不同的权数后再进行预测。当时间序列的波动较大时,最近期的观察值应赋予最大的权数,较远时期的观察值赋予的权数依次递减;当时间序列的波动不是很大时,对各期的观察值应赋予近似相等的权数[154];所选择的各期的权数之和等于1。

5.1.2 统计分析法

基于监控设备记录的数据,一个更为简单、更实用的描述时间统计特征的方法是研究该序列的低阶矩,特别是均值、方差、自协方差和自相关系数,它们被称为特征统计量。尽管这些特征统计量不能描述设备时间数列全部的统计特性,但由于它们概率意义明显,易于计算,而且往往能代表时间序列的主要概率特征,所以我们对时间序列进行分析,主要是通过分析这些特征的统计特性,推断出随机序列的性质[155]。

1. 均值

对时间序列 $\{X_t, t \in T\}$ 而言,任意时刻的序列值 X_t 都是一个时间变量,都有它自己的概率分布,不妨设 X_t 的分布函数为 $F_t(x)$,只要满足条件

$$\int_{-\infty}^{+\infty} x F_t(x) < \infty \tag{5-1}$$

就一定存在着某个常数 μ_t,使得时间序列变量 X_t 总是围绕在常数值 μ_t 附近做随机波动。我们称 μ_t 为序列 $\{X_t\}$ 在 t 时刻的均值函数。

$$\mu_t = EX_t = \int_{-\infty}^{+\infty} x \mathrm{d} F_t(x) \tag{5-2}$$

当 t 取遍所有的观察时刻时,就得到一个均值函数序列 $\{\mu_t, t \in T\}$。它反映的是时间序列 $\{X_t, t \in T\}$ 每时每刻的平均水平。

2. 方差

当 $\int_{-\infty}^{+\infty} x^2 F_t(x) < \infty$ 时,可以定义时间序列的方差函数用以描述序列值围绕其均值做随机波动的平均波动程度。

$$\sigma_t^2 = DX_t = E(X_t - \mu_t)^2 = \int_{-\infty}^{+\infty} (X_t - \mu_t)^2 \mathrm{d} F_t(x) \tag{5-3}$$

同样,当 t 取遍所有的观察时刻时,就得到一个方差函数序列 $\{\sigma_t^2, t \in T\}$。

3. 自协方差函数和自相关函数

类似于自协方差函数和自相关函数的定义,在时间序列分析时,我们定义自协方差函数和自相关函数的概念。

对于时间序列 $\{X_t, t \in T\}$,任取 $t, s \in T$,定义 $\gamma(t,s)$ 为序列 $\{X_t\}$ 的自协方差函数:

$$\gamma(t,s) = E(X_t - \mu_t)(X_s - \mu_s) \tag{5-4}$$

定义 $\rho(t,s)$ 为时间序列 $\{X_t\}$ 的自相关系数,简记为 ACF:

$$\rho(t,s) = \frac{\gamma(t,s)}{\sqrt{DX_t \cdot DX_s}} \tag{5-5}$$

之所以称它们为自协方差函数和自相关函数,是因为通常的协方差函数和相关系数度量的是两个不同事件彼此之间的相互影响程度,而自协方差函数和自相关函数的度量是同一事件在两个不同时期之间的相关程度,想象地讲就是度量自己过去的行为对自己现在的影响。

5.1.3 特征分析法

当设备发生故障时,不同部位的特有结构决定了它的故障信号也具有独特

的特征。以滚动轴承为例,当滚动轴承出现故障时,局部损伤的轴承元件在运转过程中产生的高频振动会激起轴承振动系统的固有频率,其特点表现为在平稳振动的基础上,每隔一定的时间就会出现一个冲击成分[156]。不同滚动轴承元件发生故障时,信号中包含的冲击成分的特征频率也不同。

当滚动轴承出现故障时,会在其振动频谱或者包络谱的故障特征频率处出现峰值,然而由于实际制造、安装等过程中都不可避免地会产生误差,实际图谱中的故障特征频率并非精确地等于理论值,所以在滚动轴承实际的故障诊断中,往往是在其故障特征频率附近寻找峰值。此外,滚动轴承故障信号具有以下两点明显的特征:

(1) 周期性的故障冲击。当滚动轴承原件存在缺陷或者发生故障时,损伤原件会对系统产生周期性的冲击作用。这种冲击作用表现为周期性的阻尼自由衰减振动。

(2) 调制。由于滚动轴承特有的结构,轴承元件故障时会受到系统和周围干扰作用的影响,这些综合的因素使得故障信号表现出调幅或调频现象。

对于存在故障的齿轮箱系统,故障特征常通过噪声信号表现出来,实测的噪声信号包括三部分:集中在低频区段周期性强迫振源引起的响应,幅值较低;由制造误差激振引起的宽带随机响应;齿轮或轴承缺陷产生的脉冲冲击响应,往往引起系统的啮合频率或固有频率。这些信号表现在时域上是淹没在白噪声中的信号,在频率域上,主要是啮合频率及其各次谐波和零件固有频率为载波的调制边频带。如何区分不同调制型故障的振动特征,分析边频带,很大程度上决定了能否准确识别齿轮箱故障[157]。

小波分析常被用来分析机械设备的故障诊断,运用小波分析方法的齿轮箱故障诊断算法,步骤如下:

(1) 获取实测齿轮箱故障噪声信号,利用小波的多分辨率特性,对信号进行降噪,去除随机噪声。

(2) 利用小波包算法,结合频带能量谱,提取能量集中的、包含故障特征的边频带,并在时间域观察其是否有周期性冲击或者奇异成分。

(3) 绘制复小波多尺度包络谱,分析在不同尺度上信号的冲击成分,选取合适的尺度参数,对边频带进行包络解调,得到单尺度包络谱。

(4) 对于已知载波频率的边频带,为避免频率混叠效应,可采用高斯谐波小波,解调出调制频率。

(5) 分析齿轮箱结构,计算特征频率,通过比较不同挡位齿轮箱频率谱和包络谱,推断齿轮箱故障原因[157]。

5.1.4 周期性分析法

时间序列的周期性是指随着时间的推移序列呈现出有规律的周期性波动[158]。

时间序列周期性的特点:①近乎规律性的从低至高再从高至低的周而复始的变动;②不同于趋势变动,它不是朝着单一方向的持续运动,而是涨落相间的交替波动;③不同于季节变动,其变化无固定规律,变动周期多在一年以上,且周期长短不一;④时间长短和波动大小不一,且常与不规则波动交织在一起,很难单独加以描述和分析[159]。

常见的数据周期性分析方法主要有频谱分析、季节性模型和 X-11 法等。

(1) 频谱分析是一种历史较早的数据周期性分析方法,它利用傅里叶级数和傅里叶变换处理时间 t 的函数 $F(t)$,把 $F(t)$ 按频率域上的各个周期函数进行分解,经过变换和处理,得到对应的功率谱估计,再利用功率谱来评价各个频率对 $F(t)$ 的贡献,从而判定 $F(t)$ 的波动周期。

(2) 时间序列分析中的季节性模型主要是利用乘积季节模型来对季节因素进行分析,季节模型中常见的周期为周、月和季度。

(3) X-11 法是美国国势调查局于 1975 年 10 月发表的一种精细的季节调整法,在国际上比较流行,日本的官方机构、欧美各国以及一些国际机构(IMF)都使用它。这个方法主要是使用对称滑动平均法来处理时间序列,从而获得时间序列的趋势项和季节项的估计。它的不足之处在于有序列长度变短造成的数据损失以及滑动阶数确定的主观人为性。

这些方法用来分析时间序列数据各有优劣,使用什么方法较好,应从使用者的目的和具体情况来确定。

5.2 基本分析模型

模型是所研究对象的数学描述。能够反映时间序列变化规律的数学模型很多,本小节主要介绍趋势模型、季节模型、ARMA 模型、ARCH 类模型、协整和误差修正模型。

5.2.1 趋势模型

1. 趋势模型的分类

1) 线性模型

$$\hat{y} = a_0 + a_1 t \tag{5-6}$$

式中：$\hat{y}$表示时间序列的趋势值；a_0表示趋势线在Y轴上的截距；a_1表示趋势的斜率，即时间t变动一个时间单位，观察值的平均变动数量；t表示时间序号。趋势方程中的参数可根据最小二乘法求得，具体如下：

$$\begin{cases} \sum Y = na_0 + a_1 \sum t \\ \sum tY = a_0 \sum t + a_1 \sum t^2 \end{cases} \quad (5-7)$$

解得

$$\begin{cases} a_1 = \dfrac{n \sum tY - \sum t \sum Y}{n \sum t^2 - (\sum t)^2} \\ a_0 = \bar{Y} - a_1 \bar{t} \end{cases}$$

2）非线性模型

（1）抛物线模型。

二次抛物线模型： $\hat{y} = a_0 + a_1 t + a_2 t^2$ (5-8)

三次抛物线模型： $\hat{y} = a_0 + a_1 t + a_2 t^2 + a_3 t^3$ (5-9)

n次抛物线的一般形式： $\hat{y} = a_0 + a_1 t + a_2 t^2 + \cdots + a_n t^n$ (5-10)

抛物线的预测模型可通过简单的数学变换成多元线性模型，再采用多元线性回归的方式估计参数。以二次抛物线为例，设有一组统计数据$y_1, y_2, \cdots, y_n$，令$Q(a_0, a_1, a_2) = \sum_{t=1}^{n}(y_t - \hat{y}_t) = \sum_{t=1}^{n}(y_t - a_0 - a_1 t - a_2 t^2)^2 = $最小值，即

$$\begin{cases} \sum y = na_0 + a_1 \sum t + a_2 \sum t^2 \\ \sum ty = a_0 \sum t + a_1 \sum t^2 + a_2 \sum t^3 \\ \sum t^2 y = a_0 \sum t^2 + a_1 \sum t^3 + a_2 \sum t^4 \end{cases} \quad (5-11)$$

解该三元一次方程即可求得参数a_0, a_1和a_2。

（2）指数曲线模型。

指数曲线模型为 $\hat{y} = ae^{bt}(a>0)$ (5-12)

对函数模型$\hat{y}_t = ae^{bt}$做线性变换得$\ln y_t = \ln a + bt$，令$Y_t = \ln y_t, A = \ln a$则$Y_t = \ln a + bt$，这样就可把指数模型转换为线性模型。参数的计算可按线性模型来计算。

（3）生长曲线模型。

生物的生长过程一般经历发生、发展、成熟到衰老几个阶段，在不同的生长阶段，生物生长的速度也不一样。此时，可以用近似S型的生长曲线来模拟，常用S型的生长曲线有两种：龚珀兹曲线和皮尔曲线。

① 龚珀兹曲线模型为

$$\hat{y}_t = ka^{b^t} \quad (5-13)$$

对函数模型$\hat{y}_t = ka^{b^t}$两边取常用对数得$\ln y = \ln k + b^t \ln a$，$Y = \ln y, K = \ln k, A = $

$\ln a$,则得到修正指数函数 $Y=K+Ab^t$。

该模型常用于产品的研制、发展、成熟和衰退分析,特别适用于对处在成熟期的商品进行预测,以掌握市场需求和销售的饱和量[160]。

② 皮尔曲线预测模型为 $y_t = \dfrac{L}{1+ae^{-be}}$,取倒数变换可得 $\dfrac{1}{y_{t+1}} = \dfrac{1-e^{-b}}{L} + e^{-b}\dfrac{1}{y_t}$,令 $Y_{t+1} = \dfrac{1}{y_{t+1}}$,$Y_t = \dfrac{1}{y_t}$,则 $Y_{t+1} = \dfrac{1-e^{-b}}{L} + e^{-b}Y_t$。式中:$L$ 为变量 y 的极限值。

该模型多用于生物繁殖、人口发展统计,也适用于对产品生命周期作出分析,尤其适用于处在成熟期商品的市场需求饱和量的分析与预测[161]。

2. 趋势模型的选择

(1) 图形识别法:通过绘制散点图来进行,即将时间序列的数据绘制成以时间 t 为横轴,时序观察值为纵轴的图形,观察并将其变化曲线与各类函数曲线模型的图形进行比较,以便选择较为合适的模型[162]。

(2) 差分法:利用差分法把数据修匀,使非平稳序列达到平稳序列[163]。

一阶向后差分可以表示为 $\qquad y'_t = y_t - y_{t-1}$ （5-14）

二阶向后差分可以表示为 $\qquad y''_t = y'_t - y'_{t-1} = y_t - 2y_{t-1} + y_{t-2}$ （5-15）

3. 差分识别标准

差分识别标准如表 5-1 所列。

表 5-1 差分识别标准

差 分 特 性	使 用 模 型
一阶差分相等或大致相等	一次线性模型
二阶差分相等或大致相等	二次线性模型
三阶差分相等或大致相等	三次线性模型
一阶差分比相等或大致相等	指数曲线模型

5.2.2 季节模型

在某些时间序列中存在明显的周期性变化,这种周期是由于季节性变化(包括季度、月度、周度等变化)或其他一些固有因素引起的[164],这类序列称为季节性序列。在经济领域中,季节性序列更是随处可见,如季度时间序列、月度时间序列、周度时间序列等。处理季节性时间序列只用以上介绍的方法是不够的。描述这类序列的常见模型是季节时间序列模型(Seasonal ARIMA Model),用 SARIMA 表示。较早文献也称其为乘积季节模型(Multiplicative Seasonal Model)。下面介绍一下季节时间序列模型的建立过程。

设季节性序列(月度、季度、周度等序列都包括其中)的变化趋势为 s,则通

常时间间隔为 s 的观测值之间存在一定的相关关系。

（1）季节差分：消除季节单位根。

与非季节时间序列模型一样，当存在季节单位根时，即季节性时间序列 $y_t = y_{t-s} + \varepsilon_t$，则首先用季节差分的方法消除季节单位根，即 $y_t - y_{t-s}$，季节差分算子定义为 $\Delta_s = 1 - L^s$，称为 s 阶差分，则对 y_t 进行一次季节差分表示为 $\Delta_s y_t = (1-L^s)y_t = y_t - y_{t-s}$，若非平稳季节时间序列存在 D 个季节单位根，则需进行 D 次季节差分之后才能转换为平稳的序列，即 $\Delta_s^D y_t = (1-L^s)^D y_t$。

（2）季节自回归算子与移动平均算子：描述季节相关性。

类比一般的时间序列模型，序列 $x_t = \Delta_s^D y_t$ 中含有季节自相关和移动平均成分意味着：$x_t = \alpha_1 x_{t-s} + \alpha_2 x_{t-2s} + \cdots + \alpha_p x_{t-ps} + \mu_t + \beta_1 \mu_{t-s} + \beta_2 \mu_{t-2s} + \cdots + \beta_Q \mu_{t-Qs}$，即 $\Delta_s^D y_t$ 可以建立关于周期为 s 的 P 阶自回归 Q 阶移动平均季节时间序列模型。

$A_P(L^s)\Delta_s^D y_t = B_Q(L^s)\mu_t$，其中 $A_P(L^s) = (1 - \alpha_1 L^s - \alpha_2 L^{2s} - \alpha_P L^{Ps})$ 称为季节回归算子；$B_Q(L^s) = (1 + \beta_1 L^s + \beta_2 L^{2s} + \beta_Q L^{Qs})$ 称为季节移动平均算子。对于上述模型，相当于假定是平稳的、非自相关的。以上模型把序列中的季节单位根、季节相关成分描述完了。

（3）季节时间序列模型的一般形式：乘积季节模型。

当 μ_t 非平稳且存在 ARMA 成分时，则可把 μ_t 描述为 $\phi_p(L)\Delta^d \mu_t = \Theta_q(L)v_t$，其中：$v_t$ 为白噪声过程；p,q 表示非季节自回归、移动平均算子的最大阶数[165]；d 表示 μ_t 一阶差分次数，由上式得 $\mu_t = \phi_p^{-1}(L)\Delta^{-d}\Theta_q(L)v_t$，于是得到季节时间序列的一般表达式：

$$\phi_p(L)A_P(L^s)\Delta^d \Delta_s^D y_t = \Theta_q(L)B_Q(L^s)v_t \tag{5-16}$$

式中：下标 P,Q,p,q 分别表示季节与非季节的自回归、移动平均算子的最大滞后阶数；d,D 分别表示非季节和季节差分次数。上式称为 $(p,d,q)\times(P,D,Q)_s$ 阶季节时间序列模型或乘积季节模型[166]。当协方差平稳序列 $\Delta^d \Delta_s^D y_t$ 含有均值 μ 等确定性成分时，上述模型表示为 $\phi_p(L)A_P(L^s)(\Delta^d \Delta_s^D y_t - \mu) = \Theta_q(L)B_Q(L^s)v_t$。

保证 $(\Delta^d \Delta_s^D y_t)$ 具有平稳性的条件是 $\phi_p(L)A_P(L^s) = 0$ 的所有根在单位圆外；保证 $(\Delta^d \Delta_s^D y_t)$ 具有可逆的条件是 $\Theta_q(L)B_Q(L^s) = 0$ 的所有根在单位圆外。

当 $P=D=Q=0$ 时，SARIMA 模型退化为 ARIMA 模型，从这个意义上说，ARIMA 模型是 SARIMA 模型的特例。当 $P=D=Q=p=d=q=0$ 时，SARIMA 模型退化为白噪声模型。$(1,1,1)\times(1,1,1)_{12}$ 阶月度 SARIMA 模型表达式为 $(1-\phi_1 L)(1-\alpha_1 L^{12})\Delta\Delta_{12}y_t = (1+\theta_1 L)(1+\beta_1 L^{12})v_t$，$\Delta\Delta_{12}y_t$ 具有平稳条件是 $|\phi_1|<1$，$|\alpha_1|<1$，$\Delta\Delta_{12}y_t$ 具有可逆条件是 $|\theta_1|<1$，$|\beta_1|<1$。

5.2.3 ARMA 模型

ARMA 模型的全称是自回归移动平均模型，它是目前最常用的拟合平稳序列的模型[167]。它可细分为 AR 模型、MA 模型和 ARMA 模型三大类。

1. AR 模型

p 阶自回归模型 AR(p)是一种描述时间序列方面特别有效的随机时间序列模型[168]。这个模型中,时间序列的现在值 x_t 是用该序列过去数值的线性组合加上一个白噪声扰动项 ε_t 来表示。

AR(p)的结构模型如下所列：

$$\begin{cases} x_t = \phi_0 + \phi_1 x_{t-1} + \phi_2 x_{t-2} + \cdots + \phi_p x_{t-p} + \varepsilon_t \\ \phi_p \neq 0 \\ E(\varepsilon_t) = 0, \mathrm{Var}(\varepsilon_t) = \sigma_\varepsilon^2, E(\varepsilon_t \varepsilon_s) = 0(s \neq t) \\ E(x_s \varepsilon_t) = 0(\forall s < t) \end{cases} \quad (5-17)$$

式中：$\{\varepsilon_t\}$ 独立同分布；$\phi_p \neq 0$,确保了该模型的 p 阶自回归模型；$E(\varepsilon_t) = 0$,$\mathrm{Var}(\varepsilon_t) = \sigma_\varepsilon^2, E(\varepsilon_t \varepsilon_s) = 0(s \neq t)$,说明随机干扰序列为零均值白噪声序列；$E(x_s \varepsilon_t) = 0(\forall s < t)$,说明当前的随机干扰与过去的序列值无关。

当 $\phi_0 = 0$ 时,该模型称为中心化 AR(p)模型；而非中心化 AR(p)模型可通过下列公式转化为中心化 AR(p)模型：

$$\mu = \frac{\phi_0}{1 - \phi_1 - \cdots - \phi_p} y_t = x_t - \mu, 则 \{y_t\} 为 \{x_t\} 的中心化序列。$$

引进延迟算子,中心化 AR(p)模型可简记为 $\phi(B)x_t = \varepsilon_t$,而 $\phi(B) = 1 - \phi_1 B - \phi_2 B^2 - \cdots - \phi_p B^p$,称为 p 阶自回归系数多项式。

2. MA 模型

q 阶自回归模型 MA(q)是另一种描述时间序列的重要模型。这个模型中,时间序列的现在值 x_t 是用白噪声扰动项的线性组合来表示。

MA(q)的结构模型如下所示：

$$\begin{cases} x_t = \mu + \varepsilon_t - \theta_1 \varepsilon_{t-1} - \theta_2 \varepsilon_{t-2} - \cdots - \theta_q \varepsilon_{t-q} \\ \theta_q \neq 0 \\ E(\varepsilon_t) = 0, \mathrm{Var}(\varepsilon_t) = \sigma_\varepsilon^2, E(\varepsilon_t \varepsilon_s) = 0(s \neq t) \end{cases} \quad (5-18)$$

当 $\mu = 0$ 时,称为中心化 MA(q)模型。对非中心化 MA(q)模型只要做一个简单的位移 $y_t = x_t - \mu$,就可以转化为中心化 MA(q)模型。

引进延迟算子,中心化 MA(q)模型又可以简记为 $x_t = \phi(B)\varepsilon_t$,式中：$\phi(B) = 1 - \theta_1 B - \theta_2 B^2 - \cdots - \theta_q B^q$,称为 q 阶移动平均系数多项式[169]。

3. ARMA 模型

时间序列的现在值 x_t 不仅与其以前时刻的自身值有关,而且还与其过去时刻进入系统的扰动存在一定依存关系,形成了 ARMA 模型。

ARMA 的结构模型如下所示：

$$\begin{cases} x_t = \phi_0 + \phi_1 x_{t-1} + \cdots + \phi_p x_{t-p} + \varepsilon_t - \theta_1 \varepsilon_{t-1} - \cdots - \theta_q \varepsilon_{t-q} \\ \phi_p \neq 0, \theta_q \neq 0 \\ E(\varepsilon_t) = 0, \mathrm{Var}(\varepsilon_t) = \sigma_\varepsilon^2, E(\varepsilon_t \varepsilon_s) = 0 (s \neq t) \\ E(x_s \varepsilon_t) = 0 (\forall s < t) \end{cases} \quad (5-19)$$

当 $\phi_0 = 0$ 时，称为中心化的 $\mathrm{ARMA}(p,q)$ 模型。

引进延迟算子，中心化 $\mathrm{ARMA}(p,q)$ 模型又可以简记为

$$\phi(B) x_t = \Theta(B) \varepsilon_t,$$

式中：$\phi(B) = 1 - \phi_1 B - \phi_2 B^2 - \cdots - \phi_p B^p$，称为 p 阶自回归系数多项式；$\phi(B) = 1 - \theta_1 B - \theta_2 B^2 - \cdots - \theta_q B^q$，称为 q 阶移动平均系数多项式。

5.2.4 ARCH 类模型

在模型分析中，我们通常选用方差或标准差来反映变量的不确定性。在回归模型的分析中，为分析简便，通常假定模型的随机扰动项满足零均值、同方差、不相关等条件。但在金融时间序列中，金融序列常常具有非常大的波动，且波动间存在着相关关系。在这种情况下继续使用同方差的假定将会在模型的回归分析中造成重大偏差。独立同方差的假定显然已不适于描述金融市场价格的波动规律，比如股票价格、利率、外汇汇率、通货膨胀率等金融时间序列经常会遇到异方差问题，这些时间序列的分布一般具有尖峰厚尾的分布，其方差在不断变化中。例如在金融市场中有一个常见的现象：股价或其他类似的金融产品的波动性不仅随着时间的变化而变化，而且常在某一段中出现较大幅度的波动后面伴随着较大幅度的波动，在较小幅度波动后面紧接着较小幅度波动的情况，即其随机误差项的方差表现出"波动集群性"特征。

正因为如此，恩格尔（Engle）教授于 1982 年创造性地引入自回归条件异方差模型即 ARCH（AutoRegressive Conditional Heteroskedasticity）模型来刻画金融资产的价格波动行为。该模型很好地反映了方差的时变性特点，实践证明 ARCH 模型在经济金融领域取得了良好的效果。可以说，ARCH 模型的提出是金融计量学领域里程碑式的学术成果。随后 ARCH 模型由于它自身的灵活性，得到了不断地改进，形成一系列 ARCH 模型族。这些模型共同构建了一套比较完整的条件异方差自回归理论，在金融领域引起了高度的重视并得到了广泛的应用，成为将非线性理论应用于金融时间序列波动中最经典的一部分。本小节主要介绍常用的 ARCH 模型、GARCH 模型、EGARC 模型和 TARCH 模型。

1. ARCH 模型

ARCH 模型的全称是自回归条件异方差模型，由罗伯特·恩格尔（Engle）

教授于 1982 年在《计量经济学》(*Econometrica*)中首次提出[170]。主要思想是指残差项 ε_t 的条件方差依赖于它的前期值 ε_{t-1} 的大小,我们所做的是充分提取其中的信息以便使残差 ε_t 成为白噪声序列。于是就有了自回归条件异方差模型。其形式是:

$$\begin{cases} x_t = f(t, x_{t-1}, x_{t-2}, \cdots) + \varepsilon_t \\ \varepsilon_t = \sqrt{h_t} e_t \\ h_t = \omega + \sum \lambda_j \varepsilon_{t-j}^2 \end{cases} \quad (5-20)$$

式中:f 是 x_t 的自回归模型;ε_t 是残差;$h_t = \text{Var}(\varepsilon_t) = E(\varepsilon_t^2)$;$e_t$ 为服从正态分布 $N(0,1)$ 的白噪声;h_t 由两部分构成,其中 ω 表示方差的不变部分,$\sum \lambda_j \varepsilon_{t-j}^2$ 表示方差的时变部分。在 ARCH(p) 过程中,由于 ε_t 是随机的,而 ε_t^2 不可能为负值,于是对于 ε_t 的全部实现值,只有 $h_t = \text{Var}(\varepsilon_t) = \omega + \lambda_1 \varepsilon_{t-1}^2 + \lambda_2 \varepsilon_{t-2}^2$ 是正数,模型才是合理的,为使 ε_t^2 协方差平稳,就要求方程 $1 - \lambda_1^2 - \lambda_2^2 - \cdots = 0$ 的根在单位圆外,等价于 $\lambda_1 + \lambda_2 + \lambda_3 + \cdots < 1$。

ARCH 模型的缺点:

(1) 模型中将 h_t 设定为 ε_t^2 的线性函数,而这种线性关系只是对非线性的一个近似,在实际问题中近似程度不一定高。

(2) 因为要求 h_t 非负,所以当 p 较大时,没有约束的 λ 常常会违背非负的条件。

(3) h_t 是 ε_t 的偶函数,有不合理性,方差 h_t 的波动不仅仅取决于 ε_t 的大小,还取决于 ε_t 的正负。

(4) 模型中,ε_t 设定为正态分布,而实际情况中 ε_t 往往会服从 t 分布或广义误差分布,与假定并不相符。

2. GARCH 模型

因为实际情况中,序列的异方差函数通常有长期的异方差性,这时,如果用 ARCH 模型拟合就会产生较高的移动平均阶数和不准确的残差估计值。所以为了修正这个问题,Engle 的学生 Bollerslov 提出了 GARCH 模型,他把 ARCH 模型中 h_t 加入了自回归的部分,其形式为

$$\begin{cases} x_t = f(t, x_{t-1}, x_{t-2}, \cdots) + \varepsilon_t \\ \varepsilon_t = \sqrt{h_t} e_t \\ h_t = \omega + \sum \eta_i h_{t-i}^2 + \sum \lambda_j \varepsilon_{t-j}^2 \end{cases} \quad (5-21)$$

式中:h_t 由三部分组成:①常数项 ω;②均值方程的残差平方的滞后,即从前得到的波动性的信息 $\sum \varepsilon_{t-j}^2$(ARCH)项;③上一期的预测方差 $\sum h_{t-i}^2$(GARCH)项。

普通的 ARCH 模型是 GARCH 模型的一个特例,构成了一个 GARCH(0,1) 模型。此方程要满足两个条件:①$\omega>0, \eta_i \geq 0, \lambda_j \geq 0$;②$\sum \eta_i + \sum \lambda_j < 1$。

GARCH 模型的缺点:

(1) 对于 GARCH 模型,条件方差对正、负的波动性的反映程度是相同的。不受残差符号的影响。但是实际情况有时是非对称的。比如研究表明,预期的股票收益下降时波动性会增大,预期的股票收益上升时波动性会减小。

(2) 即上述约束条件:条件方差方程中的所有系数都大于 0。

3. EGARC 模型

为了不受 EGARC 模型中参数非负这一条件的约束,Nelson(1991)提出 EGARC 模型。形式为

$$\begin{cases} x_t = f(t, x_{t-1}, x_{t-2}, \cdots) + \varepsilon_t \\ \varepsilon_t = \sqrt{h_t} e_t \\ \ln h_t = \omega + \sum \eta_i h_{t-i}^2 + \sum \lambda_j g(e_t) \\ g(e_t) = \theta e_t + \gamma(|e_t| - E|e_t|) \end{cases} \quad (5-22)$$

式中:$\gamma(|e_t|-E|e_t|)$反映了e_t的大小变化对h_t的影响;θe_t表示e_t为正负不同状态下对$\ln h_t$不同程度的影响。当$\gamma<0$表示价格波动受负面消息的冲击大于正面消息的冲击;当$\gamma>0$表示波动受正面消息的冲击大于负面消息的冲击。并且模型中条件方差方程中的系数可取任何实数,而不会使h_t为负。其参数估计可通过 EViews 来实现。

4. TARCH 模型

描述非对称性还有一个重要的 TARCH 模型,即门限自回归条件异方差模型,它是由 Zakaran(1994)以及 Glosten、Jaganathan 和 Runkle(1992)分别独立提出的。其形式为

$$\begin{cases} x_t = f(t, x_{t-1}, x_{t-2}, \cdots) + \varepsilon_t \\ \varepsilon_t = \sqrt{h_t} e_t \\ h_t = \omega + \alpha_j \varepsilon_{t-j}^2 + \gamma \varepsilon_{t-1}^2 d_{t-1} + \beta_i h_{t-i} \end{cases} \quad (5-23)$$

式中:若$\varepsilon_t<0$,则$d_t=1$;否则,$d_t=0$。利好消息($\varepsilon_t>0$)和利坏消息($\varepsilon_t<0$)对条件方差有不同的影响。利好消息的影响系数为α_j,而利坏消息的影响系数为$\alpha_j+\gamma$。若$\gamma\neq0$,则影响是非对称的,如果$\gamma>0$,说明存在杠杆效应,非对称的主要效果是使波动加大;如果$\gamma<0$,则非对称效应是波动减小。$\gamma=0$说明条件方差的影响是对称的。在使用该模型进行预测时,假定残差的分布基本上是对称的,这样可以认为$d=0.5$在一般的时间为1,但不知道具体何时为1,在此情况下,可以假定$d=0.5$。

5.2.5 协整和误差修正模型

经典回归模型是建立在稳定的数据变量基础上的,对于非稳定变量,不能使用经典回归模型,否则会出现虚假回归等诸多问题。此外,许多经济变量是非稳定的,这就给经典的回归分析方法带来很大的限制。但是,如果变量之间存在长期的稳定关系,即它们之间是协整的,则是可以使用经典回归模型方法建立回归方程的[171]。

1. 协整理论

对于不平稳时间序列$\{Y_t\}$进行d阶差分($d=1,2,\cdots,n$):

$\Delta Y_t = Y_t - Y_{t-1}$(一阶差分);

$\Delta^2 Y_t = \Delta(\Delta Y) = \Delta Y_t - \Delta Y_{t-1}$(二阶差分);

$\Delta^d Y_t = \Delta(\Delta^{d-1} Y) = \Delta^{d-1} Y_t - \Delta^{d-1} Y_{t-1}$($d$阶差分)。

若$\{Y_t\}$进行d阶差分后成为平稳序列,则称$\{Y_t\}$为d阶单整序列,记为$\{Y_t\} \sim I(d)$。

2. 协整定义

如果时间序列$\{Y_t^{(1)}\}$,$\{Y_t^{(2)}\}$,$\cdots$,$\{Y_t^{(r)}\}$都是d阶单整序列,即$\{Y_t^j\} \sim I(d)$,$j=1,2,\cdots,r$,且存在$\beta_1,\beta_2,\cdots,\beta_r$使得$\beta_1 Y_t^{(1)} + \beta_2 Y_t^{(2)} + \cdots + \beta_r Y_t^{(r)} \sim I(d-b)$,其中$b>0$,称序列$\{Y_t^{(1)}\}$,$\{Y_t^{(2)}\}$,$\cdots$,$\{Y_t^{(r)}\}$存在$(d,b)$阶协整关系。序列间存在协整关系,说明它们之间存在长期稳定关系,对它们进行回归,可排除伪回归现象。

3. 协整关系检验

协整检验的思想在于:如果某两个或多个同阶时间序列向量的某种线性组合可以得到一个平稳的误差序列,则这些非平稳时间序列存在长期的均衡关系,或者说这些序列具有协整性。协整检验分为两变量之间协整性检验和多变量之间协整性检验[172]。

1) 双变量协整关系的检验

假如x_t和y_t都是$I(1)$的,我们可以用以下思路来检验它们之间是否存在协整关系。首先用OLS对协整回归方程$y_t = \alpha + \beta x_t + \varepsilon_t$进行估计,然后检验残差$e_t$是否平稳。因为如果$x_t$和$y_t$没有协整关系,那么它们的任一线性组合都是非平稳的,残差e_t也将是非平稳的。所以,我们通过检验e_t是否平稳,就可以得知x_t和y_t是否存在协整关系。检验e_t是否平稳可以采用单位根检验,但需要注意的是,此时的临界值不能再用(A)DF检验的临界值,而要用恩格尔和格兰杰(Engle and Granger)提到的临界值,故这种协整检验又称为(扩展的)恩格尔和格兰杰检验,简称(A)EG检验[173]。

恩格尔-格兰杰(Engle-Granger)两步估计方法表明,OLS方法一旦用于估计协整向量,误差修正模型的其他参数可以通过将协整向量的第一阶段估计值带入第二阶段继续进行回归,且得到的估计量具有一致性。另外,第二阶段产生的 OLS 标准误差,是真实的标准误差的一致估计量。

两步估计方法的优点是:它可以利用第一阶段估计量的超一致性,且在第一阶段就能检验出变量间是否存在协整关系,从而确定误差修正模型的合理性,进而断定模型是否为伪回归[174]。

2) 多变量协整关系的检验

多变量协整关系的检验要比双变量复杂一些,主要原因在于协整变量间可能存在多种稳定的线性组合。设有 4 个 $I(1)$ 变量 Z,X,Y,W,它们有如下长期的均衡关系:

$$Z_t = \alpha_0 + \alpha_1 W_t + \alpha_2 X_t + \alpha_3 Y_t + \varepsilon_t$$

其中,非均衡误差项 ε_t 应是 $I(0)$ 序列:$\varepsilon_t = Z_t - \alpha_0 - \alpha_1 W_t - \alpha_2 X_t - \alpha_3 Y_t$。

然而,如果 Z 与 W,X 与 Y 间分别存在长期均匀关系,$Z_t = \beta_0 + \beta_1 W_t + v_{1t}$,$X_t = \gamma_o + \gamma_1 Y_t + v_{2t}$,则非均衡误差项 v_{1t},v_{2t} 一定是稳定序列 $I(0)$。于是它们的任意线性组合也是稳定的。例如,$v_t = v_{1t} + v_{2t} = Z_t - \beta_0 - \gamma_o - \beta_1 W_t + X_t - \gamma Y_t$ 一定是 $I(0)$ 序列。由于 v_t 像式中的 ε_t 一样,也是 Z,X,Y,W 四个变量的另一稳定线性组合。

对于多变量的协整检验过程,基本与双变量情形相同,即需检验变量是否具有同阶单整性,以及是否存在稳定的线性组合。后者需通过设置一个变量为被解释变量,其他变量为解释变量,进行 OLS 估计并检验残差序列是否平稳。如果不平稳,则需要更换被解释变量,进行同样的 OLS 估计及相应的残差项检验。当所有的变量都被作为被解释变量检验之后,仍不能得到平稳的残差项序列,则认为这些变量间不存在 (d,b) 阶协整关系[175]。

4. 误差修正模型

根据格兰杰定理,若干个一阶非平稳变量间如果存在协整关系,那么这些变量一定存在误差修正模型(ECM)表达式。误差修正模型是有协整关系的一阶单整时间序列 $I(1)$ 之间包含的,一个反映长期均衡对短期波动影响的"误差修正机制"的特定形式的差分方程模型。误差修正模型不仅能够保留变量关系的长期动态信息,而且还能够保证回归分析的有效性[176]。

1) 双变量的误差修正模型

考虑一个只有两个变量的自回归的分布滞后模型 ARDL(1,1):

$$Y_t = \beta_0 + \beta_1 X_t + \beta_2 Y_{t-1} + \beta_3 X_{t-1} + \varepsilon_t$$

若把该模型变成一阶差分的形式,即

$$\Delta Y_t = \beta_0 + \beta_1 \Delta X_t + (\beta_2 - 1) Y_{t-1} + (\beta_1 + \beta_3) X_{t-1} + \varepsilon_t$$

$$= \beta_0 + \beta_1 \Delta X_t + (\beta_2 - 1) \left(Y_{t-1} - \frac{\beta_1 + \beta_3}{1 - \beta_2} X_{t-1} \right) + \varepsilon_t$$

若令 $ecm_t = Y_t - \frac{\beta_1 + \beta_3}{1 - \beta_2} X_t$，$\alpha = \beta_2 - 1$，则模型变为 $\Delta Y_t = \beta_0 + \beta_1 \Delta X_t + ecm_{t-1} + \varepsilon_t$。

式中：ΔY_t 代表被解释变量的短期波动；ΔX_t 为解释变量的短期波动；ecm_{t-1} 代表的则是两个变量之间的关系对长期均衡的偏离，即上一期变量偏离均衡水平的误差，称为误差修正项；α 称为修正系数，反映 Y 对均衡偏离的修正速度。因此被解释变量的短期波动可以分解成两个部分：一部分为解释变量的短期波动影响，另一部分为长期均衡的调节效应。模型 β_2 通常小于 1，所以 ecm_{t-1} 的系数 α 通常小于 0。这意味着前一期 X 对 Y 解释不足，有正的误差时，会减少 Y 的正向波动或增加其负向波动，反之亦然。这说明，该模型有一种对前期误差的自动修正作用，因此被称为"误差修正模型"。误差修正模型的自动调整机制类似于适应性预期模型。若误差修正项的系数 α 在统计上是显著的，它将告诉我们 Y 在一个时期里的失衡有多大比例部分可在下一期得到纠正，或者更应该说"失衡"对下一期 Y 水平变化的影响大小[177]。

2) 多变量的误差修正模型

格兰杰和恩格尔已证明，如果变量之间存在长期均衡关系，则均衡误差将显著影响变量之间的短期动态关系。若 3 个 $I(2)$ 变量 Y, X_1 和 X_2 之间存在如下长期均衡关系：$y_t = \alpha_0 + \alpha_1 x_{1t} + \alpha_2 x_{2t}$，则其二阶非均衡关系可写成 $y_t = \beta_0 + \beta_1 x_{1t} + \beta_2 x_{1t-1} + \beta_3 x_{1t-2} + \gamma_1 x_{2t} + \gamma_2 x_{2t-1} + \gamma_3 x_{2t-2} + \delta_1 y_{t-1} + \delta_2 y_{t-2} + \varepsilon_t$，于是它的一个误差修正模型为 $\Delta^2 y_t = \beta_1 \Delta^2 x_{1t} + \gamma_1 \Delta^2 x_{2t} + \lambda ecm_{t-1} + \phi ecm_{t-2} + v_t$，式中：$ecm_{t-1} = y_{t-1} - \alpha_0 - \alpha_1 x_{1t-1} - \alpha_2 x_{2t-1}$ 是滞后一期的均匀误差；ecm_{t-2} 是滞后二期的均匀误差。比较上面两式可知：$\lambda = \delta_1 - 2$，$\alpha_0 = -\frac{\beta_0}{\lambda + \phi}$，$\alpha_1 = -\frac{2\beta_1 + \beta_2}{\lambda}$，$\alpha_2 = -\frac{2\gamma_1 + \gamma_2}{\lambda}$，$\phi = \delta_2 + 1$，$\beta_3 = \beta_1 - \phi \alpha_1$，$\gamma_3 = \gamma_1 - \phi \alpha_2$。上面第二式描述了均衡误差对变量 y_t 的短期动态影响，表明了变量 y_t 和 x_{1t}, x_{2t} 的短期动态关系。不难看出，因为 y_t, x_{1t}, x_{2t} 都是 $I(2)$ 变量，它们的二阶差分 $\Delta^2 y_t$ 和 $\Delta^2 x_{1t}, \Delta^2 x_{2t}$ 必然是平稳时间序列，同时 ecm_{t-1}, ecm_{t-2} 和 v_t 也都是 $I(0)$ 变量，因此，这个表明变量 y_t, x_{1t}, x_{2t} 短期动态关系的误差修正模型是一个有效的模型。

误差修正模型要求分析的变量之间存在协整关系。采用误差修正的形式有许多优点：估计方程的时候，由于方程包含多阶滞后项，变量之间往往产生多重共线性，从而影响估计精度，而差分一次以后的变量几乎是正交的，这样就避免了多重共线性。

5.3 一元时间序列挖掘

5.3.1 时间序列预处理

时间序列预处理的主要任务就是处理孤立点噪声数据。

噪声数据一般是指在测量时产生的随机错误或者偏差。有很多因素都可能引起噪声数据的出现,其中主要原因有:在数据收集时,本身就难以收集到十分精确的数据;收集数据的设备出现故障;在数据输入时出现错误;存储介质出现损坏等。引起时间序列具有噪声数据的起因各异,但是时间序列噪声数据大致有两类:第一类是掺杂在时间序列中异于原始数据的异类数据,比如收集时间序列的计算机出现故障,致使在时间序列中夹杂着与原始数据不同的数据;第二类是偏离序列期望值较大的数据,例如环境污染使得某一天的平均温度突然变化很大。在实际的时间序列中,很少出现异类噪声数据,一般噪声数据都是第二类噪声数据。在第二类噪声数据中,把那些偏离期望值很大的数据就叫孤立点噪声数据[178]。

噪声数据的差异性决定着清除它们方法的不同,一般采用直接删除法去除异类噪声数据。因为时间序列压缩对偏离期望值较小的噪声数据具有一定的容忍性,所以不需要处理这类噪声数据;孤立点噪声数据的存在严重影响时序关联规则的挖掘,因而必须识别和删除孤立点噪声数据[178]。

图 5-1、图 5-2 分别为含孤立点和不含孤立点的时间序列图。

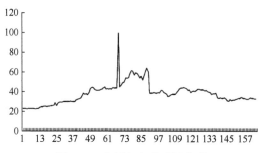

图 5-1 含孤立点的时间序列

常见的孤立点识别方法是基于数据间的相似度进行识别:如果该数据与它所在时间段内的其他数据具有很好的相似性,那么这个数据不是孤立点,否则它是孤立点。从时间序列的图像看,如果某个数据相对于它相邻区域内数据具有很强的跳跃性,那么它就是孤立点,否则不是孤立点。因而,可以用时间序列数据的跳跃程度判断它是否是孤立点。这种度量方法具有很强的直观性,既考

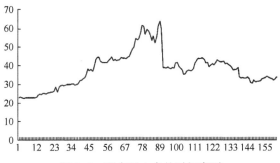

图 5-2 不含孤立点的时间序列

虑到时间序列数据是二维点,又考虑到时间维与数值维具有很大差异性[178]。

定义 5.3.1 设时间序列为 $X=(x_1,x_2,\cdots,x_n)$,任意 $x_i \in X$,有 $x_i-x_{i-1} \geq 0$ 成立,称 x_i 是具有增加趋势的数据,反之,称 x_i 是具有减少趋势的数据。在等号不成立时,称 x_i 是具有严格增加趋势的数据;反之则称 x_i 是具有严格减少趋势的数据,其中 $i=2,3,\cdots,n$。

如图 5-3 所示,C 与 D 之间的数据具有严格增加趋势,H 和 I 之间的数据具有严格减少趋势。

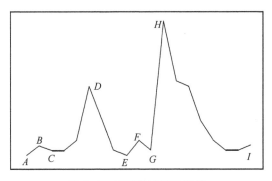

图 5-3 相同增减趋势数据

具有相同增减趋势的数据之间还是有很大的区别,最重要的区别是某个数据相对于它前面数据的增减快慢程度具有差异性。因而,在度量时间序列中不同的数据时,不仅要注意它们的增减趋势,还得注意它们的增减快慢程度[178]。

定义 5.3.2 在时间序列 $X=(x_1,x_2,\cdots,x_n)$ 中,各个数据所对应的时刻分别为 $t_1,t_2,\cdots,t_n$,任意 $x_i,x_j \in X$,其中 $i<j(i,j \in \{1,2,\cdots,n\})$,称 $\delta_{ji}=\dfrac{|x_j-x_i|}{t_j-t_i}$ (1)

为 x_j 对 x_i 的相对变化率。

某个数据是否是孤立点,主要由这个数据所处的数据集决定。某个数据在某个数据集中可能是孤立点,但是在另一个数据集里却不一定是孤立点。如图 5-4 所示,如果把点 C 分别放到数据集 $\{A,B,C\}$ 和 $\{C,D,E\}$ 中,它都不是孤立点;但是把它放到集合 $\{B,C,D\}$ 中,它就是孤立点。时间序列孤立点左右两边的增减趋势不相同。因此,在判断某个数据是不是孤立点时,一般要把数据放在不同增减趋势的数据集中进行考查。

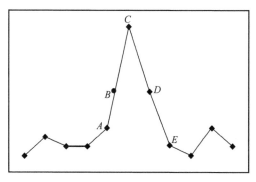

图 5-4 噪声数据

定义 5.3.3 在时间序列 $X=(x_1,x_2,\cdots,x_n)$ 中,任意两个相邻子序列 X_1, X_2, $X_1=(x_1,x_2,\cdots,x_{k-1},x_k)$, $X_2=(x_k,x_{k+1},\cdots,x_n)$,满足 X_1, X_2 内的数据具有相同增减趋势,但增减趋势却相反。对于给定的正常数 ε,δ,有
$$\begin{cases} |\delta_{(k+1)k}-\delta_{k(k-1)}|>\varepsilon \\ |x_k-x_{k-1}|>\delta \\ |x_k-x_{k+1}|>\delta \end{cases}$$
(2)成立,称 x_k 是时间序列 X 的孤立点,式中:ε 是相对变化率改变量的容忍阈值;δ 是数值改变量的容忍阈值。

当然,时间序列 $X=(x_1,x_2,\cdots,x_n)$ 的左、右两个端点也有可能是孤立点,对于给定的正常数 ε,δ,如果左端点满足 $\begin{cases}|t_1-t_2|<\varepsilon\\|x_1-x_2|>\delta\end{cases}$(3),那么左端点是孤立点;同样,如果右端点满足 $\begin{cases}|t_{n-1}-t_n|<\varepsilon\\|x_n-x_{n-1}|>\delta\end{cases}$(4),那么右端点也是孤立点。

定理 5.1 给定时间序列 $X=(x_1,x_2,\cdots,x_n)$, $s_0\in X$, s_0 是 X 的孤立点的必要条件是 s_0 为局部极值点。

很显然,数据集的相对变化率体现其变化快慢程度。时间序列孤立点的相对变化率相对于它前后相邻数据会有急剧变化。根据定理 5.1,在判断时间序列某个数据是否是孤立点时,只需先搜索时间序列的所有局部极值点,再看这些局部极值点是否满足条件(2)。实际上,条件(2)体现时间序列中某个数据的跳跃程度,如果它具有很强的跳跃性,那么它就是时间序列中的孤立点;同样条件(3)、(4)分别体现左、右两个端点的跳跃程度,也就是这个数据与它周围数据很不相似。对于给定时间序列,以及相应的阈值,就可能根据孤立点的识别方法识别出孤立点[178]。

其具体的算法如算法5-1所示。

算法5-1 识别时间序列的孤立点

输入:时间序列 $X=(x_1,x_2,\cdots,x_n)$,正阈值 ε 和 δ;

输出:时间序列 X 的孤立点集。

(1) 初始化孤立点集 $S=\varnothing$;

(2) 把 $X=(x_1,x_2,\cdots,x_n)$ 划分成具有相同增减趋势的子序列 $X_1, X_2,\cdots,X_K$;

(3) 依次检查相邻两个子序列的交点是否满足条件(1)。如果满足条件(1),那么就把交点并入孤立点集 S 中;否则,检查下一个交点。

(4) 检验时间序列 $X=(x_1,x_2,\cdots,x_n)$ 的左端点和右端点是否分别满足条件(2)和条件(3)。如果分别满足,那么就把端点并入孤立点集 S 中。

(5) 输出孤立点集 S。

对孤立点的处理有两种方法,一种方法是用新数据替代孤立点,替代数据必须与它周围数据具有较好的相似性;另一种方法是直接删除孤立点。由于数据压缩对非孤立点噪声数据具有一定的容忍性,对替代数据要求不高,因而也可以不需要进行数据替代,只需要删除原有孤立点。这样不会影响后面时间序列的分割与分段模式表示[178]。

在算法5-1中,非常重要的是相对变化率改变量容忍阈值 ε 和数值改变量容忍阈值 δ 的确定。相对变化率改变量容忍阈值 ε 的大小要考虑时间序列的稀疏程度,如果本身时间序列非常稀疏,那么 ε 就相对给小点;如果时间序列很稠密,那么 ε 就相对给大点。同样,数值改变量容忍阈值 δ 由时间序列的波动程度决定,本身波动较小,那么 δ 相对给小些;波动较大,那么 δ 相对给大些。

5.3.2 时间序列压缩(时间序列离散化)

时间序列具有数据密集性和随机波动性等外部特征,用单一数学模型描述整个时间序列具有一定的难度;同时,因为用单一数学模型描述整个时间序列很难体现时间序列的局部变化趋势,所以这种描述方法具有不合理性。给定时间序列 X,如图5-5所示,用最小二乘法把 X 拟合成直线 $X=at+b$,从拟合直线仅仅得到时间序列的整体变化趋势,即以大小为 a 的速度进行增加,这与实际变化趋势有很大的区别,并且这种拟合会损失很多局部信息。

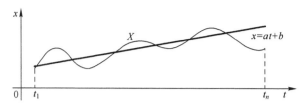

图 5-5 时间序列的整体模拟趋势

时间序列压缩是把整个时间序列分割成一系列子序列后,用模式表示每个子序列。时间序列模式指时间序列的局部变化特征,或者是时间序列在某段时间内的均值、方差、时间序列离散化后的符号,或者是时间序列的增减变化趋势,或者是线性拟合后的斜率和截距[178]。

1. 时间序列压缩的定义

时间序列的局部变化趋势本身相当重要,例如心电图中的局部变化趋势具有很强的规律性,如果丢失局部变化趋势也就很难获取这些规律。时间序列压缩是把整个时间序列分割成一系列子序列后,用模式表示每个子序列,其数学定义如下[178]:

设时间序列 $X=(x_1,x_2,\cdots,x_n)$,用分割点 $t_{\alpha_1},t_{\alpha_2},\cdots,t_{\alpha_K}$ 把 X 分为 $k+1$ 段 $(k\ll n)$,即 $X=\{X_1,X_2,\cdots,X_K\}$,$\bigcup_{i=1}^{k+1}X_i=X, X_i\cap X_j=\varnothing(i\neq j;i,j=1,2,\cdots,k+1)$,用简单模式把每个子序列表示为

$$X=\begin{cases}f_1(t,\omega_1)+e_1(t), & t\in(t_1,t_{\alpha_1})\\ f_2(t,\omega_2)+e_2(t), & t\in(t_{\alpha_1},t_{\alpha_2})\\ \cdots\\ f_{k+1}(t,\omega_{k+1})+e_{k+1}(t), & t\in(t_k,t_n)\end{cases} \quad (5-24)$$

式中:$t_{\alpha_1},t_{\alpha_2},\cdots,t_{\alpha_k}$ 表示分割点所对应的时刻;$f_i(t,\omega_i)$ 表示连接模式两端点的函数,ω_i 是一段时间内时间序列与它的模式表示之间的误差;$e_i(t)$ 就是时间区间 $[t_{\alpha_{i-1}},t_{\alpha_i}]$ 之间的模式。这种把时间序列分割用模式表示的过程称为时间序列压缩。

通过压缩时间序列得到时间序列的模式序列,如在上面例子中的时间序列 X 的模式集为 $\{\omega_1,\omega_2,\cdots,\omega_{k+1}\}$,当然每个子序列的模式不一定相同,第一段可能是直线,第二段可能是二次多项式,第三段可能是四次多项式。在压缩时间序列时,各个子序列的模式也不一样,即使所有子序列的模式都是多项式,多项式的阶也不一定相同。只有在确定时间序列数据挖掘的目的之后,才能选择出适合数据挖掘的模式[178]。

从时间序列压缩的定义可知:压缩时间序列需要解决 3 个重要问题:

(1) 分割点的选择。对于同一个时间序列,选择不同的分割点就会有不同的压缩结果。

(2) 分割点归属的确定。在确定分割点之后,还要确定分割点属于相邻两个子序列中的哪个子序列。

(3) 子序列模式的选择。选择何种简单模式表示每个子序列就显得尤为重要,它决定着整个时间序列的挖掘结果。

2. 时间序列压缩的方法

时序压缩的方法主要有:分段平均值压缩法(PSA)、基于误差的在线分段压缩法(PRA)、基于重要点的分段压缩法(IPRA)、基于关键点的分段压缩法(KPRA)、分段多项式压缩法(PPRA)。

1) 分段平均值压缩法(PSA)

分段平均值压缩法指把时间序列平均分成一系列子序列,用每个子序列的平均值表示该子序列中的每个值。这样就可以把高维时间序列降为低维时间序列。如果要把 N 维的时间序列 X 降为 n 维的时间序列($n<N$),把 X 平均分成 n 份,并求出每一份的平均值,然后用平均值代替相应时间段上的序列[178]。

把有 10 个点的时间序列 $X=(-1,-0.5,1.5,1,0.5,0.5,1,0.5,-1.9,-2.1)$ 连接成光滑曲线,如图 5-6 所示,水平粗线表示把 10 维的时间序列用分段平均值法降为 5 维的时间序列的图形,为 $(0.75,1.25,0.5,0.6,2)$。

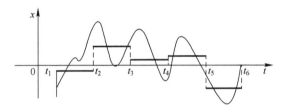

图 5-6 分段平均法

在实际分割过程中,如果时间序列的数据点数不能被段数所整除,那么就取它们相除的最大整数,剩下的数据点作为小段,再求平均值[178]。

这种压缩方法简单可行,时间复杂度也较小,能反映时间序列的大致趋势。但是,也具有很明显的缺点:

(1) 很难确定所要降低的维数。给定时间序列,如何确定最终降成多少维的序列却有很大难度。

(2) 损失的信息太多。这种方法只能简单地勾画出时间序列的大致趋势;并且用平均值代替相应子序列的值,这样的压缩损失信息非常多。

(3) 不利于时序关联规则的挖掘。平均值只能给出时间序列局部的简单变化趋势,而不能很好地描述出时间序列局部变化趋势,因此,这种压缩方法不利于时序关联规则的挖掘。

(4) 不利于比较两个时间序列的相似性。在相似性搜索时,可以把所有的时间序列都压缩为相似同维的序列,用欧氏距离刻画它们的相似性,方法简单易行,但是这样所得结果具有很大的差异性。

2) 基于误差的在线分段压缩法(PRA)

基于误差的在线分段压缩法指把时间序列分成子序列,用最小二乘法把每个子序列拟合成直线[178]。设 $X=\{x_1,x_2,\cdots,x_N\}$ 是长度为 N 的时间序列,它对应的 K 个分段为 $(x_{1L},x_{1R},t_1),(x_{2L},x_{2R},t_2),\cdots,(x_{KL},x_{KR},t_K)$,其中 x_{iL} 和 x_{iR} 分别表示第 i 段的左端点和右端点;t_i 表示第 i 段结束的时刻 $i=(1,2,\cdots,K)$。如果用 a 和 b 分别表示第 i 段开始和结束时间,即有 $a=t_{i-1},b=t_i$,那么时间序列 X 从 a 到 b 的子序列表示为 $X_i[a,b]$,即有 $X_i[a,b]=\{x_a,x_{a+1},\cdots,x_b\}$,其中 $1\leqslant a < b \leqslant N(i=1,2,\cdots,K)$。

设时间序列 $X=\{x_1,x_2,\cdots,x_N\}$ 的第 i 段 $X_i[a,b]$ 拟合后的数据为
$$X'[a,b]=\{x'_a,x'_{a+1},\cdots,x'_b\}$$

拟合误差分别为
$$E[a,b]=\{e_a,e_{a+1},\cdots,e_b\}=\{x_a-x'_a,x_{a+1}-x'_{a+1},\cdots,x_b-x'_b\} \quad (5-25)$$

拟合每个子序列后得到 3 种不同形式的误差,分别为累积残差 AE、平均残差 ME 和最大偏差 DE,定义为
$$AE=\sum_{i=a}^{b}e_i^2, ME=\frac{AE}{b-a+1}, DE=\text{Max}|e_i|(i=1,2,\cdots,K) \quad (5-26)$$

对时间序列 X 有 3 种不同的分段方法:滑动窗口法、自顶向下法和自底向上法。用这 3 种不同的拟合误差作为判断的标准。

滑动窗口法用直线拟合同一个窗口内的数据点,当窗口内数据的拟合误差小于给定阈值时,接收新的数据,直到拟合误差大于阈值,完成一个直线分段;然后开启另一个窗口接收新的数据,进行新的拟合和判断。这种方法最大的优点是算法时间复杂度很小,为 $O(N)$,并且不会出现在在同一个子序列中只有相邻两个数据点的情况,使得拟合误差为 0;这种方法的缺点就在于分段时没有考察时间序列的所有样本点,并且也很难确定窗口的初始宽度。

自顶向下法的基本思想是先扫描整个时间序列,找到最佳分割点,把时间序列分成两个子序列,计算每个子序列的拟合误差。如果子序列的拟合误差大于给定阈值,那么继续对这个子序列用相同方法进行细分,直到所有子序列的拟合误差都小于阈值。在这个方法中,优点就在于不需要先确定时间序列的分割段数,由序列自身的特点来决定最终的分割段数;缺点在于可能出现一个子序列只有相邻的两个数据点,同时没有明确什么样的分割点才是最佳的,也没

有给出确定最佳分割点的方法[178]。

自底向上法是首先把整个时间序列以每两个点为一段进行分段,计算相邻段合并后的拟合误差,将误差最小的两段合并,直至任意相邻两段合并后的误差大于给定阈值。当第 i 段和第 $i+1$ 段合并后,算法需要重新计算合并段与 $i-1$ 及 $i+2$ 段的合并拟合误差[178]。

这 3 种方法都是采用误差阈值对原始时间序列进行分段和拟合。不过,对时间序列的变化趋势而言,压缩方法都存在相应的缺点,主要有:

(1) 采用平均残差作为分段标准的方法对长时间内相对拟合较好数据的趋势分界点(拐点)存在较大偏差。对于平均残差,当分段子序列比较长时,有比较大的时间间隔 $b-a$ 时,由于平均残差计算式 $ME=\dfrac{AE}{b-a+1}$ 中分母变大,使得对累积残差的敏感度降低,这样会造成分界点误差增大。子序列比较长,造成划分时间与实际趋势变化时间存在比较大的误差[178]。

(2) 采用累积残差作为分段标准的方法不能有效识别短时间内数据相对的趋势变换,并且它是对分段序列中各个点拟合误差的直接累积,对各个点与拟合直线的离散程度并不敏感,因此对短时间内较大波动的子序列数据动态性刻画比较差,也即是出现欠拟合的情况;同时,由于累积残差的累积效应还会出现过拟合的情况,即本来是拟合很好的一段却被划分成两段或者更多段进行拟合。如图 5-7 所示,从 22 开始到 28 结束的 Seg 2 是典型的短时大波动数据,这就是欠拟合的情况。很显然,依照这种划分就覆盖了原始数据变化趋势。

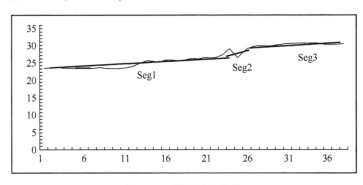

图 5-7 累计误差效果

(3) 由于累积残差的累积效应,可能使拟合出现过拟合的情况,以及累积残差对短时段大波动数据不敏感进而造成欠拟合的情况,所以不用拟合残差作为阈值,改用子序列线性度作为衡量子序列的拟合程度。线性度越高,则拟合直线与原始数据越接近[178]。

假设子序列 $S[a,b]$ 各点的拟合误差为 $E[a,b]=\{e_a,e_{a+1},\cdots,e_b\}$。因为方差表示数据的离散程度,所以采用 E 的方差 lm 作为子序列的线性度,lm 值越小,线性度越高。

$$lm = \frac{1}{b-a+1} \sum_{i=a}^{b} (e_i - \overline{E})^2 \tag{5-27}$$

通过对上式进行变形可以得到

$$\begin{aligned}lm &= \frac{1}{b-a+1} \sum_{i=a}^{b} (e_i^2 - 2e_i\overline{E} + \overline{E}^2) \\ &= \frac{1}{b-a+1} \sum_{i=a}^{b} (e_i^2 - \overline{E}^2) \\ &= ME - \overline{E}^2\end{aligned} \tag{5-28}$$

把滑动窗口法、自顶向下法和自底向上法的判断标准改为线性度后,就克服了原有方法的缺点,使得分段后的子序列具有很好的拟合效果,并且还能很好地体现出时间序列的局部变化趋势。不过,这种改进方法只是从拟合的优度上考虑,并没有顾及时序关联规则挖掘。

3) 基于重要点的分段压缩法(IPRA)

在时间序列中,有很多点都具有强烈的视觉刺激,人们经常关注这些点,因此,就把这些点称为重要点[178]。

在时间序列 $X=\{x_1,x_2,\cdots,x_n\}$ 中,下列几类点都是重要点:

(1) 时间序列的两个端点;

(2) 局部极值点;

(3) 如果 $x_m>x_{m-1}$ 且 $x_m/x_{m-1}>\varepsilon$,那么 x_m 是重要点;

(4) 如果 $x_m<x_{m-1}$ 且 $x_{m-1}/x_m>\varepsilon$,那么 x_m 是重要点。其中 ε 是给定的常数 ($m=2,3,\cdots,n$),并假设每一个点的值都为正数。

时间序列的两个端点表示序列的开始和结束,在整个序列中起着很重要的作用,因此端点也是重要点;由于人们一般都注重局部极值,所以局部极值点也是重要点;还有一类点它既不是端点也不是局部极值点,但是却具有很强的跳跃性,即数值突变点,这些点同样会引起强烈的视觉冲击,因而也把这些点称为重要点[178]。如图 5-8 所示,时间序列共有 8 个数,t_4 和 t_5 时刻的数据是 x_4 和 x_5,很明显 x_5 比 x_4 小很多,那么 x_5 就是重要点;但是在 t_2 时刻的数据 x_2 就不是重要点。

给定时间序列 X,基于重要点的分段压缩法的一般步骤如下:

(1) 找出 X 的所有重要点;

(2) 用重要点将时间序列 X 分割成一系列子序列,每一个子序列的端点分

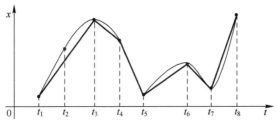

图 5-8 时间序列的重要点

别是相邻两个重要点;

(3) 连接每个子序列的两个端点。

每一条线段就是相应子序列的近似表示,如图 5-9 所示。这个方法的优点有:

(1) 保证线段的端点都在原来时间序列上;

(2) 该方法还支持在线选取重要点;

(3) 由于整个算法只需对时间扫描一次,并且也不需要对每一段做复杂的最小二乘法计算,因此这个算法具有较小的时间复杂度;

(4) 只需要输入一个参数 ε。

该算法的最大缺点就是损失的信息较多,并且只能勾画出这个时间序列的轮廓,简单地描述出时间序列的大致趋势。

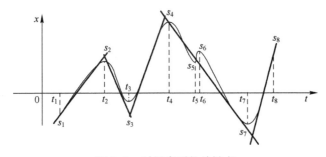

图 5-9 时间序列的关键点

4) 基于关键点的分段压缩法(KPRA)

在时间序列中,局部极值点具有相对重要的作用,但是有些相邻局部极值点的时间间隔较小并且数值也相差并不大,这些局部极值点对时间序列的压缩不会起到关键的作用,同时人们也不会太注意这些极值点,因而称这些局部极值点为非重要局部极值点。在时间序列所有局部极值点中除去非重要的局部极值点剩下的就称为关键点[178]。

定义 5.3.4 设时间序列 $X=\{x_1,x_2,\cdots,x_n\}$ 中的局部极值集 $S=\{s_1,s_2,\cdots,$

$s_m\}$,其中 $s_i \in X(i=1,2,\cdots,m)$,这些极值点对应的时刻集为 $T=\{t_1,t_2,\cdots,t_m\}$。对于给定的两个正常数 ε 和 δ,如果存在两个相邻的局部极值点 s_k 和 s_{k+1} 满足:

$$\begin{cases} |s_k-s_{k+1}|<\varepsilon \\ |t_k-t_{k+1}|<\delta \end{cases} \tag{5-29}$$

则 s_k 和 s_{k+1} 为局部极值点中非重要局部极值点,其中 $k\in\{1,2,\cdots,m-1\}$,其他的局部极值点就是时间序列 X 的关键点。

时间序列 $X=\{x_1,x_2,\cdots,x_n\}$ 的局部极值点集为 $S=\{s_1,s_2,\cdots,s_8\}$,如图5-9所示,显然 s_5 和 s_6 相隔时间太短以及它们值也相差较小,应该从局部极值点集中删除,那么 X 的关键点为 s_1,s_2,s_3,s_4,s_7,s_8。

用关键点把时间序列分成一系列子序列,并对每一个子序列进行一元线性回归,最后得到拟合直线,例如,第 i 段子序列的拟合方程为

$$\begin{cases} y_i=a_i+b_it+\varepsilon_i \\ \varepsilon_i\sim N(0,\sigma^2) \end{cases} \tag{5-30}$$

用最小二乘法求出 a_i 和 b_i,那么就用这两个参数代替原来的相应子序列。这种方法也可以简单地勾画出时间序列的大致变化趋势,不过也会损失很多信息。因为这种方法比较直观,而且计算速度较快,因而人们常采用这种方法进行压缩[178]。

5) 分段多项式压缩法(PPRA)

在压缩时间序列时,除了用直线表示时间序列的局部增减变化趋势以外,也可以用多项式表示。多项式压缩法分为全序列多项式压缩法和分段多项式压缩法[178]。

定义 5.3.5 设时间序列 $X=(x_1,x_2,\cdots,x_n)$,任意子序列 $x\subseteq X$,且 $|x|=m$ ($m<n$),在最小均方误差意义下,把 x 用如下多项式函数进行拟合:

$$f(t,w)=w_0+w_1t+\cdots+w_qt^{q-1} \tag{5-31}$$

这样把 x 映射到由多项式基 $\{1,t,\cdots,t^{q-1}\}$ 生成的 q 维特征空间中的点 $w=(w_0,w_1,\cdots,w_{q-1})$,称 w 是子序列 x 的多项式点。

把时间序列分割成一些子序列,把每个子序列用多项式进行拟合,最后用每个子序列的多项式系数代替每个子序列。这样每个子序列都会有一个 p 维特征空间中的点与它对应。一般都有多项式的阶数远小于时间序列(子序列)的长度。因而,这种方法都会起到降维的作用[178]。

这种多项式压缩方法仅仅说明子序列或者时间序列能够用多项式进行近似表示,它依然存在着不可克服的缺点。

(1) 很难确定时间序列的分割点。在把时间序列分割成子序列时,很难确定分割点。

(2) 很难确定多项式的阶。把时间序列分割成子序列后,对于不同的子序列可以用不同阶的多项式拟合,也可以使用相同阶的多项式拟合。如果用不同阶的多项式拟合不同子序列,那么每个子序列具体的阶数用拟合误差确定。这种方法具有很好的拟合效果,损失的信息也较少,同时还起到压缩数据的作用,但是却很难进行时序关联规则挖掘;用相同阶的多项式对不同子序列拟合会出现拟合效果较差,损失的信息太多[178]。

(3) 不能较好地反映时间序列的局部变化趋势。用多项式拟合每个子序列时,只考虑到拟合的效果,并没有重视对局部模式的表示。因此,分段多项式压缩法仅仅说明可以用这种方法进行时间序列压缩,具有一定的理论意义,但是在时间序列时序关联规则挖掘中却缺少一定的实用价值[178]。

5.3.3 时间序列相似性度量

在许多信息检索和数据挖掘系统中的序列相似性查询中,相似性度量常用于发现具有相似起伏的股票、确定具有相似销售模式的产品、分类具有相似形状的恒星光谱曲线等[179]。同样,相似性挖掘也可以用于同一时间序列中不同子序列间的相似性度量,从而为频繁序列的寻找奠定基础。

对子序列之间相似性的度量可以定义为:给定一个相似性评价函数和一个阈值 ε,如果函数值小于等于 ε,则表明序列相似。这里 $D(X,Y)$ 为序列 X 与 Y 的相似性判别函数,如果计算结果小于给定的阈值 ε,则表明 X 与 Y 相似。

对于时间序列的相似性度量,不同的数据表达形式相似性度量的方法也不尽相同,下面主要介绍两种常用的测量方法[180]。

1. 斜率反正切线性分段序列模式算法

(1) 初始化:线性分段和初始计算。

根据先验知识将序列划分成 n 个子序列,每个子序列包含 t 条线段(即 $t+1$ 个时间点数据),得到序列的数据值 $X[1,\cdots,t+1;1,\cdots,n]$,$Y[1,\cdots,t+1;1,\cdots,n]$,$X$ 表示时间值,Y 表示数据值。然后计算各线段的斜率得到斜率序列 $K'[1,\cdots,t;1,\cdots,n]$,斜率的反正切值序列 $K[1,\cdots,t;1,\cdots,n]$ 以及时间跨度序列 $L[1,\cdots,t;1,\cdots,n]$。其中,$K'[i,j]$ 代表第 j 个子序列的第 i 条线段的斜率值,$K[i,j]=\arctan(K'[i,j])$,$L[i,j]$ 代表第 j 个子序列的第 i 条线段的时间跨度,即

$$K'[i,j]=\frac{Y(i+1,j)-Y(i,j)}{X(i+1,j)-X(i,j)}, K[i,j]=\arctan(K'[i,j]), L[i,j]=X[i+1,j]-X[i,j]$$

(2) 子序列和序列相似性匹配,以得到子序列模式分类集合。

以上我们得到子序列的逻辑表示,下面将利用算法 5-2 找出时序序列中所有具有相同模式的子序列模式集。

算法 5-2 模式分类算法

算法描述:给定某一序列,设其斜率反正切值序列为 $K[1,\cdots,t;1,\cdots,n]$,对该序列的 n 个子序列进行两两匹配,对于序列 m 和 m',首先比较 $T(m)$ 和 $T(m')$,若不相等,则认为子序列 m 和 m' 不相似,若相等,则计算斜率反正切值的平均偏离ς的大小来决定子序列 m 和 m' 是否相似:

$$\varsigma = \frac{\left(\sum_{i=1}^{T(m)} |K[i,m] - K[i,m']|\right)}{T(m)}, T(m) = T(m') \tag{5-32}$$

若ς小于规定(或用户指定)的误差 WC,则认为子序列 m 和 m' 相似。

输入:线段序列的斜率反正切值序列 $K[1,\cdots,t;1,\cdots,n]$,数组 $T[1,\cdots,n]$,允许误差 WC

输出:子序列模式分类集合

Submatch($K[1\cdots t,1\cdots n]$,T$[1,\cdots,n]$,WC){
Set Result=0; //设置结果集合 Result 初始为空
For i=1 To n
For j=i+1 To n
If T[i]=T[j] Then{
Tmp=T[t];//tmp 为临时变量
Tmp=T[i];
err=0;//初始值
For q=1 Totmp
err=err+Abs(K[q,t] - K[g,j]);//偏离误差累积
err=err+Abs(K[q,i] - K[q,j])
err=err/tmp;//平均偏离误差
If err<WC Then
Result= ResultU{(T,J)};;}//匹配成功
Result= ResultU{(I,J)};}
Join(Result);//将结果集合 Result 中有公共元素的子序列对合并
Output(Result);}//输出结果

2. 基于欧式距离的相似性度量

用滑动窗口把时间序列离散成子序列,并用定义在子序列集合上的相似性函数把子序列空间进行聚类,给不同的类赋予不同的符号,这样把原始时间序列转化成符号序列[178]。

设时间序列为 $X=\{x_1,x_2,\cdots,x_n\}$,取长度为 w 的滑动窗口,每次向后滑动

把时间序列 X 离散成子序列集：
$$W(X)=\{M_i | M_i=(x_i,x_{i+1},\cdots,x_{i+w-1})\},(i=1,2,\cdots,n-w+1)\}$$
在子序列集 $W(X)$ 上定义任意元素之间的距离 $d(M_i,M_j)=\sqrt{\sum_{i=j=1}^{w}(M_i-M_j)^2}$，给定阈值 ε，如果 $d(M_i,M_j)<\varepsilon$，则子序 M_i 和 M_j 相似；否则，不相似。然后将 $W(X)$ 聚类成类集 $\{C_1,C_2,\cdots,C_k\}$，并赋予每个类一个特定的符号 a_h，$W(X)$ 的原始符号模式序列为 $D(X)=\{a_1,a_2,\cdots,a_k\}$。

例如：时间序列为 $X=\{1,2,1,2,1,2,1,2,1,1,2,3,2,1,2,1,2,3,2\}$，如图 5-10 所示，滑动窗口的宽度为 3，把时间序列 X 离散为
$W(X)=\{(1,2,1),(1,2,1),(1,2,1),(1,2,1),(1,1,2),(2,3,2),(2,1,2),(2,1,2),(2,3,2)\}$

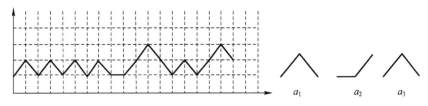

图 5-10　时间序列的模式

把 $W(X)$ 进行聚类后得到 3 个类，其基本模式为 a_1,a_2,a_3，这样也就得到 X 所对应的符号模式序列为 $W(X)=\{a_1,a_1,a_1,a_1,a_2,a_1,a_3,a_3,a_1\}$。

应用固定时间窗口进行离散时间序列，优点在于使离散后的子序列具有相同的维数，也有利于计算任意两个子序列间的距离，有利于聚类分析[178]。不过，这种方法存在的缺点有：很难确定滑动窗口长度。一般没有确定滑动窗口长度的统一标准，只有由挖掘者的偏好去决定。时序关联规则挖掘很大程度取决于滑动窗口的长度，不同的滑动窗口长度都会有不同的时序关联规则。

5.3.4　序列模式挖掘算法

由上一小节可知，时间子序列之间经过相似性测量和分类，可以转化为符号模式序列，符号模式可以看作是一个序列模式，本小节将进行序列模式的挖掘，即挖掘频繁序列模式以及序列模式之间的关联规则。

序列模式挖掘（Sequential Pattern Mining，SPM），是由 R. Agrawal 和 R. Srikant 在 1995 年针对超市购物篮数据进行分析而被提出来的，它是指从时序数据库中发现前后具有依赖关系的高频子序列模式的过程。作为数据挖掘领域一个具有重要应用价值的研究分支，SPM 初衷是想从具有交易时间属性的数据库中挖掘出客户在某一时间段的购买活动和规律，但在近些年来，其应用领

域不仅仅局限于对客户的购买行为进行模式分析,它在其他尖端科学领域也得到了极具针对性的研究,比如 Web 访问模式预测、疾病诊断等。

1. SP 的定义

下面对序列模式挖掘过程中需要用到的重要概念进行定义,其中表 5-2 为序列模式挖掘模型的符号定义。

表 5-2 SPM 模型的符号定义

符 号	含 义
I	所有项目的集合,符号表示为 $I=\{i_1,i_2,\cdots,i_m\}$
X	项集,比如 X 可以表示为 $X \subseteq I$
D	时序数据库中所有事件的集合
$\|D\|$	时序数据库中事件的个数
$\|D(X)\|$	时序数据库中项集 X 的个数
$X_1 \rightarrow X_2$	项集 X_1 发生导致项集 X_2 发生
$\|X_1 \rightarrow X_2\|$	时序数据库中 X_1 发生导致 X_2 发生的个数
$sup(X_1 \rightarrow X_2)$	$X_1 \rightarrow X_2$ 的支持度可以表示为 $\|X_1 \rightarrow X_2\|/\|D\|$
$s\%$	用户定义的最小支持度阈值(the minimum support, minsup)

定义 5.3.6 项目(Item,I):项目 I 为所有 item 的 ID 集合,即 $I=\{i_1,i_2,\cdots,i_m\}$。

定义 5.3.7 项集(Itemset):项集 X 可以被定义为项目的非空集合,具体表示为:① $X \in I$,即 X 是 I 的子集,而 I 为所有 item 的 ID 集合;②对任意两个 $i \in X, j \in X, i,j \in I, i \cap j = \emptyset$。其中,含有 k 个 item 的项集称为 k 项集。

定义 5.3.8 频繁项集(Frequent Itemset, FI):项集 X 可以被定义为频繁项集,当且仅当其满足以下约束条件:

(1) $X \in I$;

(2) $\dfrac{|D(X)|}{|D|} \times 100\% \geqslant s\%$,其中 $s\%$ 是最小支持度阈值。

与 ARM 相似,在进行频繁项集挖掘时,同样有两个重要又直观的性质,具体如性质 1 和性质 2 所示。

性质 1:如果 $X(X \subseteq I)$ 是频繁的,那么它的任意一个子集,比如 $X'(X' \subseteq X)$ 一定也是频繁的。

证明:若 $X(X \subseteq I)$ 是频繁的,那么 $sup(X) \geqslant minsup$,又因 $X'(X' \subseteq X)$,那么 $sup(X) \geqslant minsup$,证毕。

性质 2：如果 $X(X \subseteq I)$ 是非频繁的，那么它的任意一个超集，比如 $X''(X'' \supseteq X)$ 也一定是非频繁的。

证明：若 $X(X \subseteq I)$ 是非频繁的，那么 $sup(X) < minsup$，又因 $X''(X'' \supseteq X)$，那么 $sup(X'') < minsup$，证毕。

这两个重要的性质在进行频繁项集挖掘时，具有极其重要的价值和作用，可以大大减少候选项集的数量，从而提高计算效率。

定义 5.3.9 序列(Sequence)：序列是形如 $X_1 \rightarrow X_2 \rightarrow \cdots \rightarrow X_k$ 的有序项集的集合，其中 X_k 表示频繁项集，k 是序列的长度。

定义 5.3.10 给定两个序列 A, B，其中 $A = (a_1, a_2, \cdots, a_m)$，$B = (b_1, b_2, \cdots, b_n)$，如果存在一组整数 $1 \leq i_1 < i_2 < \cdots < i_m \leq n$ 使得 $a_1 \subseteq b_{i_1}, a_2 \subseteq b_{i_2}, \cdots, a_m \subseteq b_{i_m}$，则称 B 是 A 的超序列，即 $B \supseteq A$。

定义 5.3.11 序列的支持度(Support of Sequence)

序列形如 $S = \{X_1 \rightarrow X_2 \rightarrow \cdots \rightarrow X_k\}$ 的支持度可以表示为 $s(S) = \dfrac{|X_1 \rightarrow X_2 \rightarrow X_3 \rightarrow \cdots \rightarrow X_k|}{|D|} \times 100\%$，其描述了在时序数据库中 S 发生的频繁程度。

定义 5.3.12 序列模式(Sequential Pattern, SP)

序列 $S = \{X_1 \rightarrow X_2 \rightarrow \cdots \rightarrow X_k\}$ 是一个序列模式 SP，当且仅当其满足以下约束条件：

(1) $X_1, X_2, X_3, \cdots, X_k \subseteq I$；

(2) $X_1, X_2, X_3, \cdots, X_k$ 都是满足最 minsup 的 FI；

(3) $sup(S) = \dfrac{|D(S)|}{|D|} \times 100\% \geq minsup$。

序列模式 SP 的定义可以被解释为：序列中所有的元素都满足 minsup，即所有的元素都是频繁的。

2. SPM 的一般步骤

序列模式挖掘步骤与数据挖掘很相似，它在处理数据时，具体执行步骤如图 5-11 所示。

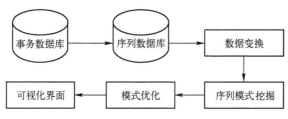

图 5-11 序列模式挖掘步骤

序列模式挖掘步骤的详细处理过程如下：

(1) 将 Transaction Database(TD) 转换为 Sequence Database(SD)：由于在存储序列时，它最初的数据大多存储在 TD 中，但是在 SPM 过程中，我们需要将其转换成 SD。

(2) 数据变换：该阶段需要将 SD 中的数据转换成便于 SPM 算法运行的数据。

(3) 序列模式挖掘：该阶段需要选择合适的算法来对时序数据进行模式挖掘。该步骤是 SPM 过程中最关键的步骤，因此根据数据特点以及挖掘要求选择相适应的算法，对 SPM 过程非常重要。

(4) 模式优化：该阶段是对已挖掘出的序列模式进行后续处理工作，因为其中可能存在一部分序列模式没有太大的价值和意义。同时，为了便于用户理解我们挖掘出的模式，还需对其进行分类、整理及归纳，而这些都是该步骤需要完成的工作。

(5) 可视化界面：通过知识表示和可视化技术，向用户展示已挖掘出的序列模式，从而便于用户根据获得的模式信息做出相应的决策。

3. SPM 的算法框架

以上内容对 SPM 过程中需要用到的概念进行了系统的定义，并研究了序列模式挖掘的一般步骤。图 5-12 是序列模式挖掘的算法框架图，其主要包含以下两个步骤：(a) 频繁项集挖掘，主要包含步骤(1)(2)，当候选项集的支持度满足 minsup 时，该候选项集即为频繁项集；(b) 序列模式挖掘，主要包含步骤(3)(4)，当候选序列的支持度满足 minsup 时，该候选序列即为频繁序列。

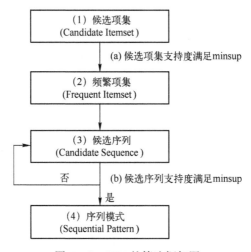

图 5-12　SPM 的算法框架图

下面对 SPM 过程中应用最为广泛的 Apriori 算法进行研究。基于 Apriori 算法思想的序列模式挖掘包含两个步骤：①挖掘出满足 minsup 阈值的频繁项集 (FI)；②基于频繁项集，挖掘出满足 minsup 阈值的序列模式(SP)[181]。

4. FI 的挖掘算法

图 5-13 为 Apriori 算法在进行频繁项集挖掘时的算法伪代码，其中：D 表示时序数据库；minsup 是最小支持度阈值；FI 表示频繁项集；C_k 表示候选项集。

Main：Apriori Algorithm on Finding Frequent Itemsets ( )
Input：D, *minsup*
Output：FI
Begin
 (1) $C_1 = \{\text{candidate 1-itemset}\}$
 (2) $L_1 = \{c \in C_1 \mid \sup(c) \geq \text{minsup}\}$
 (3) **for** $(k=2; L_{k-1} \neq \phi; k++)$ **do**
 (4) $L_k = \phi$
 (5) $C_k = Candidate\_gen(L_{k-1})$
 (6) **For each** candidate $c \in C_k$ **do**
 (7) Count support c in the temporal database
 (8) **If** $c \cdot support \geq minsup$ **then**
 (9) $L_k = L_k \cup \{c\}$
 (10) **End if**
 (11) **End for**
 (12) **End for**
 (13) $Output = \cup_k L_k$
End

图 5-13 进行挖掘 FI 的 Apriori 算法

图 5-13 中(1)(2)表示挖掘出频繁 1-项集，(3)~(13)表示挖掘出所有的频繁项集。值得提出的是，图 5-13 中(5)调用了产生候选项集的 Candidate-gen(L_{k-1}) 函数，其具体算法伪代码如图 5-14 所示。

Main：Candidate_gen(L_{k-1}) Algorithm on Finding Candidate Itemsets ( )
Input：L_{k-1}, minsup
Output：Candidate itemset C_k
Begin

步骤1:合并(join step)

(1) $C_k = \phi$
(2) **for each** *itemset* $l_1 \in L_{k-1}$
(3)   **for each** *itemset* $l_2 \in L_{k-1}$
(4)   If $((l_1[1]=l_2[1]) \wedge (l_1[2]=l_2[2]) \wedge \cdots \wedge (l_1[k-2]=l_2[k-2]) \wedge (l_1[k-1]=l_2[k-1]))$
(5)   then {
(6) $C_k = C_k \cup \{l_1 \infty l_2\}\}$;
(7)   End if
(8)   End for
(9)   End for

步骤2:修剪(prune step)

(10) For each $c \in C_k$ do
(11) $L_{(k-1)_c} = \{s \mid s \subset c \text{ and } |s| = k-1\}$;
(12)   For each $s \in L_{(k-1)_c}$
(13)   If $s \notin L_{(k-1)}$ then
(14)   Delete s
(15) End if
(16)   End For
(17)   End For
End

图 5-14 产生候选项集的 Apriori 算法

图 5-14 为产生候选项集的 Apiori 算法伪代码,其主要包括两部分:合并(join step)和修剪(prune step),其中步骤(1)~(9)为合并部分,步骤(10)~(17)表示为修剪部分。在合并步骤中,Apriori 算法采用连接 $L_1 \infty L_1$ 产生 C_2 的方法。$L_1 \infty L_1$ 连接运算要求两个连接的项集共享 0 个项,$L_k \infty L_k$ 运算则要求两个连接的项集共享前 $k-1$ 个项。在修剪步骤中,则是将 C_k 中的一些不满足频繁 L_{k-1} 子集的状态项集修剪掉。简而言之,即假设 $c \in C_k$,如果存在非频繁$(k-1)$-项集 $s, s \subset c$,则 $c \notin L_k$。由于 L_k 的任意子集均频繁,而存在 c 的子集 s 非频繁情形,故 c 一定非频繁,即 $c \notin L_k$。总之,通过 Candidate-gen(L_{k-1}) 函数中的修剪过程,可以大大减少候选状态项集的个数,进而减少下一步扫描数据库的次数,达到减轻计算负担,提高计算效率的目的。

5. SP 的挖掘算法

图 5-15 为 Apriori 算法在挖掘序列模式时的算法伪代码。当候选序列的支持度满足 minusp 阈值时,则判定该候选序列即为序列模式。

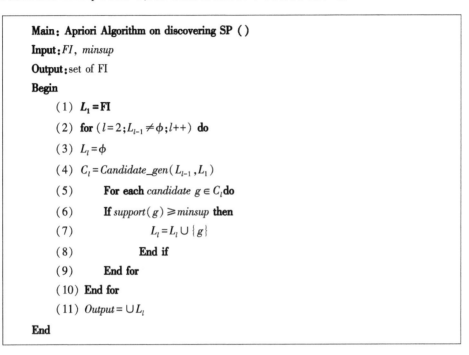

图 5-15　挖掘 SP 的 Apriori 算法

6. SPM 算法的举例说明

下面将通过一个小规模算例,来阐述 SPM 整个运算过程。表 5-3 为时序数据库 5 个项目在 4 次故障监测中的时序序列,其中用户规定的最小支持数阈值为 minsup=50%。

表 5-3　SPM 时序数据库

TID	Status items
T1	1,3,4
T2	2,3,4
T3	1,2,3,5
T4	2,5

1) SPM 的求解思路

(1) 对该时序数据库中的数据进行分析,基于 Apriori 算法思想,先产生候选项集,然后挖掘出满足 minsup 的所有频繁项集。

(2) 通过第(1)步挖掘出的频繁项集,先产生候选序列,然后挖掘出满足 minsup 的所有序列模式。

2) 求解过程及结果分析

图 5-16 为 FI 的具体挖掘过程,最终挖掘出所有的频繁项集,具体如表 5-4 所列。

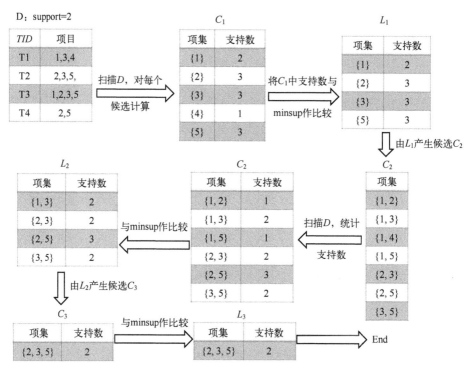

图 5-16 频繁项集的挖掘过程

表 5-4 挖掘 FI 的 Apriori 算法

L_k	FSI	support	L_k	FSI	support
L_1	{1}	0.4	L_2	{1,3}	0.4
	{2}	0.6		{2,3}	0.4
	{3}	0.6		{2,5}	0.6
	{5}	0.6		{3,5}	0.4
L_3	{2,3,5}	0.4	L_4	ϕ	—

通过频繁项集的求解过程,可以看出其每一步都需要先产生候选项集,再通过扫描数据库,计算出满足约束的频繁项集。本例中数据规模较小,所以其计算效率不受影响,但是当数据库规模越来越大时,每一步都需要产生巨量的候选项集,这对运行效率及计算机 I/O 开销都是巨大的挑战。

表 5-5 为最终挖掘出的满足 minsup 阈值的序列模式。其中"—"表示此处为空。

表 5-5　挖掘 SP 的 Apriori 算法

L_k	SP	Support	SP	Support
L_1	{1}→{2}	0.4	{5}→{2}	0.4
	{1}→{5}	0.4	{1,3}→{2}	0.4
	{1}→{2,5}	0.4	{1,3}→{52}	0.4
	{2}→{5}	0.4	{1,3}→{2,5}	0.4
	{3}→{2}	0.6	{2,3}→{5}	0.4
	{3}→{5}	0.6	{3,5}→{2}	0.4
	{3}→{2,5}	0.6	—	—
L_2	{3}→{2}→{5}	0.4	{3}→{5}→{2}	0.4
L_3	∅	—	—	—

通过 SPM 的求解过程可以看出当其候选序列的支持度满足 minsup 阈值,则判定其为序列模式。但是当数据规模越来越大时,单一约束将会导致挖掘出巨量的序列模式,并且其中存在大量价值较小的序列模式,最终不便于用户从中挑选出真正有用的信息并做出决策。

5.4　并行多序列时序模式挖掘

5.4.1　问题的提出与意义

序列模式挖掘(Sequential Parttern Mining)或称序列挖掘,主要研究如何在带有时间特征的数据库中挖掘频繁发生的序列,从而实现对未来行为的预期[182]。一个典型的序列模式的例子是"9 个月以前出现 A 故障的设备很可能在 1 个月内出现 B 故障"。序列模式挖掘是在 1995 年由 R. Agrawal 对超市数据的分析中提出来的。在现实生活中有着很多的序列数据库存在的例子,例如某种产品的加工过程、股票市场的价格波动曲线、医疗诊断分析等。对历史数据的发展趋势的分析、数据之间相似性的检查、数据之间的时间关联挖掘等都是时序数据和序列数据库挖掘的应用领域。在现实生活中有很多数据都是时间序列数据,例如网站的点击流数据、电信行业通话信息产生的数据等。

但是随着序列模式应用领域的不断扩大,对于不断出现的新问题,传统的挖掘方法已经不能解决。现在序列模式挖掘所面临的数据量往往非常大,因此整个系统的存储容量和挖掘效率就显得至关重要[183]。现有的算法多次迭代的遍历数据库,不可避免地将会生成大量候选集,加之单处理器系统计算能力的限制,当数据库的规模很大时,这些算法的挖掘效率较低,限制了挖掘的进度。高效实用的挖掘算法一直是衡量数据挖掘的一个重要指标,因此,为了能找到一条有效的途径来解决数据挖掘问题,高效的并行挖掘算法是关键。所以,对于并行挖掘及其关键技术的研究是非常有必要的。

5.4.2 并行序列模式挖掘

在序列模式挖掘中,数据集的大小是越来越大,这造成了巨大的计算负担。序列模式挖掘问题是典型的计算密集型问题中的一种,随着各种高性能并行计算机系统的不断应用与普及,并行序列模式挖掘也就产生了。

1. 并行算法基础

可同时执行的所有进程的集合称之为并行算法,为了达到给定问题的求解,这些进程之间互相作用和相互协调动作。从不同的角度可以对并行算法进行分类,例如数值计算与非数值计算;同步并行算法、异步并行算法和分布式并行算法;共享存储并行算法和分布存储并行算法;确定并行算法和随机并行算法等。同步和通信是并行算法中另外两个重要的概念。在时间上使各进程在某个地方互相等待达成协调一致的过程称之为同步,而在空间上对各个进程在执行的过程中进行数据交换称之为通信。

对于一个求解给定问题的算法,判断它是否合格的标准是从各个方面综合地衡量算法的优劣,而性能评价的目的就是找到一个能够判断算法好坏的度量标准。下面就将并行算法的几个基本度量进行简单的介绍。

(1) 运行时间。在并行处理机上,对于某一问题在求解过程中所需要的计算时间称为并行算法的运行时间,即算法的结束时间减去算法的开始时间。在多处理机的状态下,当每台计算机的开始或者结束不同步时,那么算法运行时间的计算方式为最后一台处理机的结束时间减去第一台处理机的开始时间。在一种算法进行实现之前,需要对其进行理论上的分析以确定算法的优劣。主要是针对运行时间进行分析,它包含两个方面,在最坏情况下估计算法的计算时间和通信时间。

(2) 并行度与粒度。算法中可同时执行的操作数称为算法的并行度。若处理器的个数是无限制的,那么算法的并行度是指可以同时用来做并行运算的处理机的个数。当并行算法在挖掘的过程中运行时,其并行度不能够保持一个恒定的值,因此平时所说的并行度的概念都是加上了时间限制。算法的并行度的大小直接体现了"并行程度"的大小,体现了软硬件在多大程度上能够匹配。粒度是并行算法中另一个重要的概念,能独立并行执行的任务大,即意味着粒度粗,而算法的并行度小;能独立并行执行的任务小,即意味着粒度细,而算法的并行度大。

(3) 加速比和效率。加速比和效率是并行算法评价标准中最基本的准则,这两个概念是衡量并行算法优劣的重要指标,在求解某个问题的过程中,我们希望算法能够获得最接近于理想状态的加速比和效率值。加速比[64]描述的是最好的串行算法解决某个问题所需要的时间与使用 P 个处理器解决相同问题所需要时间之间的比值,可以定义为

$$S_p = T_1 / T_P \tag{5-33}$$

式中: T_1 表示最好的串行算法解决某个问题所需要的时间; T_P 表示使用 P 个处理器解决相同问题所需要的时间。

并行算法的效率描述的是从式(5-33)中获得的加速比的值与处理器个数 P 的比值,可以定义为

$$E_p = S_p / P \tag{5-34}$$

式中: $0 < E_p < 1$, P 表示并行系统中处理器的个数。因此,在某个变量保持不变的前提下,例如计算规模,如果加速比 S_p 与处理器个数 P 成正比例关系,则表示该并行算法能够取得很好的效率值。

通过以往的研究表明,当处理器数目不断增多时,算法的效益并不是呈现线性增长的,而是将趋于饱和甚至出现负增长,原因在于当处理器的数目过多时,处理器间的通信负担将会加重,会占用较多的时间。

(4) 可扩展性。可扩展性是衡量并行算法性能的另一个重要指标。通常情况下,影响系统性能的原因是多方面的,既可能与系统和问题的规模有关,也有可能是由于算法本身的性能造成的,不管是什么原因都会对系统的可扩展性产生重大的影响。由于系统性能与系统的扩展性二者之间的关系,通常也可以通过衡量算法可扩展性来判断一个并行系统的优越性。

2. 并行序列模式挖掘的体系结构

从并行计算机体系结构来看,并行序列模式挖掘可以分为两种:基于共享存储(shared-memory)的并行序列模式挖掘和基于分布存储(distributed-memory)的并行序列模式挖掘。由于体系结构上的差异,它们进行序列模式挖掘的过程也不尽相同[184]。

（1）基于共享存储的并行序列模式挖掘对于共享存储环境下的并行序列模式挖掘问题，首先将序列数据库集中存放在一个本地磁盘中，采用共享内存结构，每个处理器拥有着同等的机会可以访问数据库中的所有数据。此时，并行序列模式挖掘主要任务就是要协调好各处理器的工作，如何让它们互斥地访问序列数据库和数据结构，从而将原先所有的工作量分担给多个处理器执行，从而计算出候选序列的支持度，挖掘出所有的序列模式。

（2）基于分布存储的并行序列模式挖掘在分布存储环境下，分布在不同计算节点上的数据都可以作为并行序列模式挖掘的对象。假设有 n 台基于分布存储体系结构的计算节点 $P_1, P_2, \cdots, P_n$，除了进行网络传递信息之外，诸如硬盘、内存等其他资源都是相互独立的。序列数据库 D 分别被划分到 n 个节点上，每个处理器上的数据库分别标记为 $D_1, D_2, \cdots, D_n$。那么并行序列模式挖掘的任务就是每个节点同时运行，各自处理分配到的部分数据库，在处理的过程中与其他节点通过网络通信交互相关的信息，相互协作，共同从数据库 D 中挖掘出完整的序列模式集合。

3. 典型并行序列模式挖掘算法优缺点分析

大多数并行序列模式挖掘都是对相应串行序列模式挖掘算法进行并行化而得到的。目前典型的并行序列模式挖掘算法主要可以有 3 种：基于 Apriori-like 的并行算法；基于 SPADE 的并行算法；基于树投影的并行算法。

1）基于 Apriori-like 的并行算法

Shintani 和 Kitsuregawa 基于 Apriori-like 串行算法提出了 3 种并行策略：NPSPM、SPSPM 和 HPSPM[182]。在算法 NPSPM 中，候选序列将会被复制到每个处理器中，各处理器通过本地数据库计算相应的本地支持度，而在每次迭代之后要进行一次规约操作，得到其全局支持度。在 NPSPM 中，每个节点都复制了完整的候选数据集，这样，如果数据库的规模较大，就可能会出现内存溢出问题。针对以上问题，SPSPM 作出了一些改进，它将候选集划分成大小相等的块，各处理器分别处理其中的一块候选集，对于单个处理器来说不会出现内存溢出问题。但是 SPSPM 中系统的聚合内存也会导致额外的通信开销，因为为了得到序列的全局支持度，需要将每个处理器的本地数据集广播到其他所有的处理器上[185]。HPSPM 采用了一个更加智能的策略，一方面使用 HASH 方法对候选序列集进行划分；另一方面处理器之间的通信时间也会有所减少。因此，相比前面两个算法，HPSPM 的性能更好。

但是它们都存在一些问题，具体表现在：

（1）需要多次迭代扫描原始数据库，带来了高额的系统开销。

（2）迭代过程中需要交换远程数据库划分，增加了通信的难度，导致巨大的通信开销。

(3) 系统中复杂的 HASH 数据结构额外增加了系统维护的负担[186]。

2) 基于 SPADE 的并行算法

针对以上问题,在串行算法 SPADE 的基础上,Zaki 等提出了基于共享存储的并行序列模式挖掘算法——pSPADE,该算法主要有以下优点:

(1) 算法的数据格式采用垂直数据库,只需通过简单的链接就能列举出所有的频繁序列,快捷实用。

(2) 使用格理论将原始搜索空间分解成基于后缀的类,每个类在主存中都是独立的,可以被单独处理。然后不断地进行分解,递归地应用到各个父类上,从而产生更小的类。

(3) 提出了异步机制。每个处理器工作在不同的类上,相互之间不需要进行任何通信或者同步。

(4) 为了处理挖掘过程中各处理器上出现的负载不平衡,pSPADE 采用了动态负载平衡机制,如果某个处理器处理完自身的任务后处于空闲状态,那么将它加入到一个忙碌的处理器上去处理在更高层上的类[182]。

通过采用上述技术,使 I/O 的计算代价都达到最小化,且动态负载平衡机制的引入有力地保证了各处理器之间的负载平衡。因此,在加速比方面来讲,算法 pSPADE 获得了最优的结果。但是,共享存储并行结构本身固有的有限带宽问题将会使算法的可扩展性在某个时刻受到抑制[186];另外,由于数据是分布存储的,算法的使用范围也会受到一定的限制。

3) 基于树投影的并行算法

Valerie 等在树投影的基础上提出了新的基于分布存储的并行算法[186]:STPF。STPF 可以分为两种情况:一是数据并行(DPF)。在这种情况下,初始数据库被划分成 p 个大小相等的块,每个处理器被分配一个块[182]。各处理器计算本地支持度得到局部支持度,然后通过和其余处理器之间的通信和规约操作得到各候选序列的支持度,再将全局支持度广播到各处理器,得到第 k 层频繁序列。算法中采用宽度优先的方式,很好地处理了挖掘过程中的负载不平衡问题,同时也带来了高额的通信开销。二是任务并行(TPF)。先使用数据并行算法将树扩展直到第 $k+1$ 层($k>0$);一旦第 k 层不同节点被划分到各处理器上初始分配完成,每个处理器继续产生子树[182]。通过分析可知,在 STPF 中,当 $|D|$ 增加时,p 也会相应地增长;但是当最小支持度降低时,全局任务量增加,但 p 却不变,所以程序的并行效率也没有提高,此时算法的结果已经到达饱和状态,不会有什么改变。

5.4.3 并行序列模式改进算法

在并行序列模式挖掘中,有两个问题是非常重要的:一是在挖掘的过程中如何平衡处理器之间的负载,目前的静态负载有一个很大的缺陷,无法准确地估计各个工作量的大小,但又缺乏高效的动态负载策略;二是缺少有效的挖掘算法以及剪枝策略,在并行体系结构中,各处理器之间必须能够达到同步协作才能实现搜索优化的全局化,但这必然会造成时间上的大量消耗,因此设计搜索优化策略相当困难。

为了解决以上并行挖掘中的问题,本小节介绍了一种基于前缀树的非闭合并行序列模式挖掘算法(PTPSPM)。采用一种类似前缀树的结构,使用改进的 prefixspan 算法来挖掘各站点上的候选序列和总的全局序列,并提出了一种新的前缀树剪枝技术将不能扩展的全局 k 序列删除来提高挖掘效率。任务分配上利用投影数据库标识符索引表进行动态调度以减少处理器的空闲等待,采用选择抽样技术来平衡处理器之间的负载。

1. 问题的描述

设并行系统中有 n 个通过高速内部网络互连的站点 $S_1, S_1, \cdots, S_n$,各站点都是相互独立的一台处理机。S 表示所有站点的集合,$S = \{S_1, S_1, \cdots, S_m\}$,站点 $S_i(i=1,2,\cdots,m)$ 上的数据序列集合记为 $db_i(i=1,2,\cdots,m)$,所有站点上数据序列的集合记为 DB。每个站点上的数据序列的格式都相同,记为(ID, Sequence),其中 ID 代表序列标识,Sequence 表示原始序列数据[187]。minsup 是用户给定的最小支持度阈值,则站点 S_i 上的最小支持度计数为 $\text{mincount}_i = |db_i| \times \text{minsup}$,主处理机上全局最小支持度计数 $\text{mincount} = |DB| \times \text{minsup} = (|db_1| + |db_2| + \cdots + |db_m|) \times \text{minsup}$。站点 S_i 上所有包含序列 s 的序列总数称为 s 在站点 S_i 上的支持计数,记作 $\text{count}_i(s)$,如果 $\text{count}_i(s) \geqslant \text{mincount}_i$,则称序列 s 是站点 S_i 上的序列模式。$\text{count}(s)$ 为序列 s 的总的支持度计数,如果 $\text{count}(s) \geqslant \text{mincount}$,则称序列 s 是全局序列模式,显然 $\text{count}(s) = \sum_{i=1}^{n} \text{count}_i(s)$,给定一个序列 s 和一个序列 α,$s \diamond \alpha$ 表示 s 连接 α。其中,连接的方式主要有序列扩展和项扩展,分别表示为 $\diamond_s$ 和 $\diamond_i$。

长度为 k 的序列模式称为 k 序列模式。设 $F(k)$ 表示全局 k 序列模式的集合,因此,对于每一个 $s \in F(k)$,$\text{count}(s) > \text{minsup}$ 成立。$F_i(k)$ 表示站点 S_i 上的 k 序列模式的集合,对于每一个 $s \in F_i(k)$,$\text{count}_i(s) > \text{mincount}_i$ 成立。

定义 5.4.1 前缀树结构前缀序列树(prefix sequential pattern tree),它由所有满足最小支持度的全局序列模式组成。在树中的每个节点维护一个三元组

(sequence,count,branch),其中 sequence 是全局序列,count 是序列的支持度,branch 是指向其子树的分支。在前缀序列树中,branch 分为两种:虚线和实线。若子节点是其父节点的项扩展,则分支用虚线表示;若子节点是其父节点的序列扩展,则分支用实线表示。每个分支(从根节点到叶子节点)代表了一个候选序列。

以表 5-6 所列的序列数据库为基础构建如图 5-17 所示的前缀树,在前缀树中,第二层的虚线 f 表示 2 序列模式项扩展 $<(af)>$,其支持数为 2,第三层中的 d 表示 3 序列模式序列扩展 $<(af)(d)>$,其支持数为 2。

表 5-6　给定的序列数据库 DB

ID	Sequence
1	$<(af)(d)(e)(a)>$
2	$<(e)(a)(b)>$
3	$<(e)(abf)(bde)>$

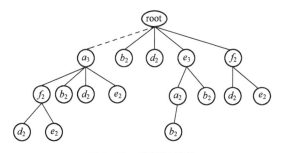

图 5-17　前缀树结构

定义 5.4.2 L_k 子树在前缀树中,根为第 0 层,树的第一层为 L_1 序列模式,第 i 层为 L_i 序列模式($i=1,2,\cdots,n$)。序列树根据 L_1 序列模式可以划分为多个子树,这些子树称之为 L_1 子树;相应地,长度为 k 的序列模式所划分的子树称之为 L_k 子树[188]。局部子树(local subtree)是指各站点上序列模式构成的子树,而全局频繁序列模式所构成的子树称之为全局子树(global subtree)。例如,在图 5-17 中,树的第二层表示的是 5 个 L_1 序列模(a_3,b_2,d_2,e_3,f_2),可以划分为 5 个 L_1 子树 $\{(a_3),(b_2),(d_2),(e_3),(f_2)\}$。树的第三层表示的是 8 个频繁 L_2 序列模式($<af_2>,<ab_2><ad_2><ae_2><ea_2><eb_2><fd_2><fe_2>$),同理可以划分为 8 个 L_2 子树。

2. PTPSPM 算法的设计

在并行系统中,在所有站点 $S_i(i=1,2,\cdots,n)$ 上执行算法,主要由两个过程组成,序列模式挖掘的主过程主要负责生成全局序列模式和控制各计算机的挖掘进度;而子过程主要负责执行挖掘算法,生成各站点上的序列模式,并相应进行数据传输和对全局序列模式进一步执行挖掘算法。主节点与其他节点的不同之处在于该节点要对其他节点挖掘的局部序列模式进行汇总,并输出最终的结果。

1) 算法思想

在算法的开始阶段,每个处理器访问各自本地数据库,得到每个项的本地序列集合,然后将各处理器上的候选 1 序列规约至主处理机,比较全局支持度与最小支持度,计算出全局序列模式集合 LS_1,长度为 1,然后将 LS_1 进行投影,得到相应的投影数据库。

这里使用虚拟投影来减少投影数据库的构造代价。由于相同的投影数据库可能是由不同的前缀投影而来。因此,为了避免相同的投影数据库的重复产生,在投影的过程中,投影是用指针和偏移量来表示的,指针指向用来得到投影数据库的那个序列,而偏移量表示投影数据库中该序列的后缀起始位置。例如在表 5-6 中,对<b>进行投影时得到的投影序列记为(指针标记,4)代替 $S|<b>=<(\_f)(bed)>$,而对 2 序列<ab>进行投影时的投影序列也为(指针标记,4),此时检查投影数据库发现这个投影数据库已经存在,因此这次就不用产生这个投影序列。

每个频繁 1 序列的投影数据库都是相互并列和独立的,可以分配给不同的处理器,在每个处理器上单独使用改进的算法挖掘各个投影数据库,各处理器挖掘中不需要处理器之间的通信。按照这个思想,首先建立各个频繁 1 序列的投影数据库,然后将这些投影数据库分配到处理器上。具体的分配方法如下:首先给每个频繁 1 序列的投影数据库分配一个标识符,并保存在主处理器中,开始阶段主处理器给每个处理器分配一个投影数据库进行挖掘,并将索引表中的前 i 个删除,若某个处理器分配的投影数据库较大引起了负载不平衡,使用选择抽样来平衡负载。当某个处理器处理完自身的工作后便向主处理器发送一个结束请求,主处理器收到请求之后将标识符为 $i+1$ 的投影数据库发送给该处理器并在索引表中将 $i+1$ 删除,如此反复进行下去直到线性表为空。

2) 算法描述

PTPSPM 算法是挖掘全局序列的主要部分,它的主要思路是:先使用改进的 prefixspan 算法在各个处理器上挖掘候选 1 序列,然后将挖掘得到的候选 1 序列模式以及相应的支持数使主处理器获知,主处理器通过规约各站点上的 1 序列模式的支持度得到全局 1 序列,不断迭代递归地调用各站点序列模式挖掘算法,直到序列挖掘任务完毕。全局 k 序列是指所有站点上候选 k 序列模式的并集,即通过合并的方式将各站点上的候选 k 序列规约。

3) 各站点序列模式挖掘

在各个站点上应用 prefixspan 算法的基本思想挖掘出各个站点上的候选序列模式。在 prefixspan 算法中,当挖掘出 k 序列模式之后,深度优先挖掘以 k 序列为前缀的 $(k+1)$ 序列模式[189]。在挖掘的过程中,各 k 序列模式之间的挖掘是相互独立的,因此这个过程可以多个线程并行执行。

算法 5-3 LocSeq(preSeq(k),pj(k))(见图 5-18)

输入:全局 k 序列模式:preSeq(k),初始化为空;伪投影数据库 pj(k)

输出:挖掘出来的局部 $k+1$ 序列模式 $\cup F_i(k+1)$

```
(1)  For each sequence in P_i;
(2)  For (k=0;pj(k+1)!=null;k++)
(3)  {If (pre==NULL){
(4)     For each sequence in db_i;
(5)        C_i(1)=number_of_1-sequence(db_i);
(6)        count_i(1)=sum(C_i(1));
(7)  If (count_i(1)≥min count_i)
(8)        F_i(1)=frequent_1-sequence(count_i(1))}
(9)  Else {if (pj(k)!=null){
(10) for each sequences in pj(k),scan pj(k) once,find every frequent item α such that
        (a) scan be extended to s◇iα;
        (b) scan be extended to s◇sα;
(11) If no valid α avaible then
(12) Return;
(13) For each valid α do
(14) Call Prefixspan(s◇iα,D(s◇iα),minsup,prefix-tree);
(15) For each valid α do
(16) Call Prefixspan(s◇sα,D(s◇sα),minsup,prefix-tree);}}}
(17) Return
```

图 5-18 局部序列模式算法

算法 5-3 站点上执行序列模式挖掘的任务。由于开始阶段序列无前缀,则先挖掘 1 序列,然后计算各站点上的 1 序列的支持数,得到各处理器上的局部序列模式;最后递归地调用 prefixspan 算法挖掘局部 $k+1$ 序列模式;算法最后返回的是挖掘出来的局部 $k+1$ 序列模式 $\cup F_i(k+1)$。

假定系统中有 3 个处理器,分别命名为 P_1,P_2,P_3。据上面的算法 5-3 来挖掘表 5.6 中的数据库,这里的数据库可以如图 5-19 那样划分,每个处理器具有一个独立的子树。

由图 5-19 可知,在处理器 P_1 上得到了候选 3 序列 $<(af)(d)>$ 和 $<(af)(e)>$,在处理器 P_2 上得到了候选 3 序列 $<(e)(a)(b)>$,而在处理器 P_3 上无法得到候选 3 序列。因此我们仅能从 P_1 和 P_2 上得到候选 L_3 子树。如图 5-20 所示。

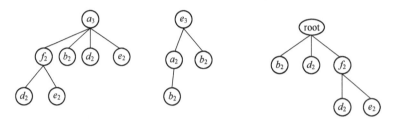

图 5-19 在处理器 P_1,P_2 和 P_3 上的并行处理

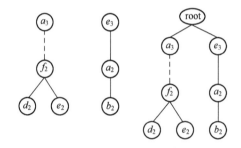

图 5-20 各站点上的子树(左,中)和全局子树(右)

4) 全局序列模式的挖掘

挖掘全局 k 序列模式,首先主处理器发送广播信息给包括自己在内的各处理机,获取全局候选 k 序列模式在所有站点上的支持数。由各站点上的候选序列模式和全局序列模式的关系可知,全局候选 k 序列模式即为所有站点的候选序列模式的并集[189],记为

$$C(k), C(k) = F_1(k) \cup F_2(k) \cup \cdots \cup F_n(k)。$$

算法 5-4 GloSeq($F_i(k)$)(见图 5-21)

输入:各个站点发送过来的 k 序列模式 $F_i(k)$

输出:保存全局序列模式的数据结构 GlobleTree

(1) $F(k)$ = NULL;
(2) Receive $F_i(k)$ and $count_i(k)$ from other processors;
(3) $C(k) = F_1(k) \cup F_2(k) \cup \cdots \cup F_n(k)$;
(4) D_s = sum($C(k)$);

(5) If($D_s \geq$ min sup)
(6)   F(k)= frequent_k-sequence(D_s);
(7) PrefixTree←F(k);
(8) if(k>1)
(9)   *GlobleTree* =pruning(PrefixTree);
(10) send F(k) to all the processors;
(11) Return

图 5-21 局部序列模式算法

算法 5-3 描述的是挖掘全局 k 序列模式的过程。初始的全局序列为空,主机首先通知各处理器发送各站点上的 k 序列模式以及对应的支持数;然后进行对应序列和支持数的规约,得到全局 k 序列;并插入到前缀树中,判断是否需要剪枝;最后主机将得到的全局 k 序列发送到所有处理器,在各站点上继续进行 $k+1$ 序列的挖掘。

按照算法 5-3 的思路,例如,如果要生成全局 2 序列模式,先在各处理器上执行算法 5-2 并挖掘出各个候选 2 序列,各个处理机将挖掘到的 2 序列 $F_i(2)$ $(i=1,2,\cdots,n)$ 发送到主处理器,主处理器对每个候选序列累加操作得到全局候选 2 序列 $C(2)$,并广播到所有的处理器以获取相应的支持数,再与全局最小支持度阈值进行比较得到全局 2 序列。重复上面的步骤,直到挖掘出所有的频繁序列模式。

5) 前缀系列树的剪枝

为了提高挖掘的速度,本书提出一种全局树剪枝策略。主机将前缀树中的全局 k 序列(k>1)和全局(k-1)序列(k>1)的所有节点一一进行比较,删除没有在 k 序列的前(k-1)项出现的那些(k-1)序列,若在剪枝的过程中(k-2)层的某个节点的子节点为空,则将该节点也删除。

算法 5-5 pruning(PrefixTree)(见图 5-22)

输入:前缀树 PrefixTree

输出:剪枝过的前缀树并保存在 GlobleTree 中

(1) receive F(k) and F(k-1);
(2) Find all the nodest that represent F(k-1) in PrefixTree;
(3) If (k>1){
(4) t=Compare(the first k-1 items in F(k-1), the first k-1 items in F(k));
(5) If (t==1)

```
(6) Delete(t);}
(7) If (the node i in level k-2 doesn't have child nodes
(8)    Delete i;
(9) Return GlobleTree
```

图 5-22 局部序列模式算法

通过模式增长生成的全局 k 序列模式,并不是将所有的候选序列都添加到前缀树中,而仅仅添加频繁序列。所以不是每次都需要对前缀树进行剪枝,所有的全局 1 序列添加到前缀树中是不需要进行剪枝的,当添加全局 2 序列到前缀树中之后才开始对前缀树进行剪枝。例如:对图 5-22 的前缀树进行剪枝,当添加全局 2 序列到前缀树中时,将所有的 2 序列与 1 序列进行比较,1 序列中凡是在 2 序列的第 1 项出现的保留下来,其余的 1 序列删除,因为它们已不能进行项扩展或者序列扩展。以此类推完成对前缀树的剪枝,最终得到全局 L_3 子树。

6) 动态负载平衡

本书采用一种选择抽样技术来平衡负载。其主要思想是:当系统中出现负载不平衡时,对于一个给定的序列,抛弃每个序列的非频繁 1 序列和最后 L 个频繁 1 序列,这里的 L 为指定的参数 t 和序列数据库中序列的平均长度的乘积。剩余部分序列的运行时间作为一个基准时间,用该基准时间去计算各投影数据库的运行时间,将那些需要较长挖掘时间的投影数据库划分成数个小投影数据库以达到负载平衡的目的。例如:假定$(A:4),(B:4),(C:4),(D:3),(E:3),(F:3),(G:1)$,为 1 序列集合及其他们的支持数,支持度阈值为 4,整个序列数据库的序列的平均长度为 4,这里指定 $t=0.75$,则 $L=4\times0.75=3$。则对于序列 $s=<AABCACDCFDB>$,采用选择抽样技术将会选择出基准序列 $s'=<AABCA>$。其后缀$<\cdots CDCFDB>$将会被删除(首选删除 s 中非频繁 1 序列 D 和 F 得到 $<AABCACCB>$,然后将最后 3 项频繁 1 序列删除即得到 s')。序列 s' 的运行时间将会作为标准,将那些运行时间较长的投影数据库划分成小块,并分配给空闲的处理器,从而达到负载平衡的效果。

第6章

基于故障多状态集的序列模式挖掘

传统的序列模式挖掘方法仅考虑事件(event)标志,而实际的故障研究不仅要考虑其标志,还要考虑其包含的 n 个状态。比如,机械产品的故障可能除了正常状态和故障状态以外,还有中间状态,即部分功能失效,但仍能完成部分业务,处于正常状态与故障状态之间的状态。如果深入研究,还可以将中间状态划分为不同级别的情形,最终形成具有 n 个状态属性的故障多状态集合。而这种多状态集更加符合产品实际的情况,能够更细致地刻画故障的特点,因而本章的研究内容具有更强的实用性。

6.1 问题的提出和意义

6.1.1 故障与健康状态监控问题

现代武器装备的采购费用和使用与保障(OSS)费用日益庞大,经济可承受性成为一个不可回避的问题[190]。据美军综合数据,在武器装备的全寿命周期费用中使用与保障费用占到了总费用的72%[191]。与使用保障费用相比,维修保障费用在技术上更具有可压缩性。PHM、基于状态的维修(CBM)、货架产品(COTS)、自主式保障(AL)等都是压缩维修保障费用的重要手段。从20世纪70年代起,故障诊断、故障预测、CBM、健康管理等系统逐渐在工程中应用。20世纪70年代中期的A-7E飞机的发动机监控系统(EMS)成为PHM早期的典型案例[190]。在30年的发展过程中,电子产品机上测试(BIT)、发动机健康监控(EHM)、结构件健康监控(SHM)、齿轮箱、液压系统健康监控等具体领域问题的PHM技术得到了发展,出现了健康与使用监控系统(HUMS)、集成状态评估系统(ICAS)、装备诊断与预计工具(ADAPT)等集成应用平台,故障诊断、使用监测、与维修保障系统交联是这些平台具有的典型特征,但故障预测能力和系统集成应用能力很弱或没有。例如,ICAS正在提升其故障预测能力、开放式系统集成能力,以更好地满足系统级集成应用的需求[190]。

工程应用及技术分析表明,PHM 技术可以降低维修保障费用,提高战备完好率和任务成功率:

(1) 通过减少备件、保障设备、维修人力等保障资源需求,降低维修保障费用;

(2) 通过减少维修,特别是计划外维修次数,缩短维修时间,提高战备完好率;

(3) 通过健康感知,减少任务过程中故障引起的风险,提高任务成功率。

本书在阐述 PHM 概念及其框架的基础上,依据故障诊断与预测的人机环完整性认知模型,对故障诊断与故障预测技术进行了分类与综合分析;分析了故障诊断与预测技术的性能要求、定量评价与验证方法[190];理清了 PHM 技术的发展方向。

6.1.2 从状态监控到状态预警

直接采信被观测对象功能及性能信息进行故障诊断,是置信度最高的故障诊断方法,得到了最成功的应用。典型的方法包括电子产品的机上测试(BIT),以及非电子产品功能系统的故障诊断等。本书对具体方法不作说明。

虚警率(FA)高或不能复现(CND)故障多是困扰 BIT 的一个主要问题。以航空电子为例,据 1996—1998 年统计,美国 F/A-18C 飞机虚警率高达 88%,平均虚警间隔飞行时间(MFHBFA)不到 11。

造成 BIT 虚警率高的原因,除了 BIT 系统本身的设计问题外,主要表现为不可复现(CND)或重测合格(RTOK)等状态。CND 状态出现的原因一直是近年研究的热点,有专家认为,由于机上与地面工作应力和环境应力的不同,以及拆装过程的影响,使得机上测试状态与地面复测状态存在差异,是导致 CND 和虚警的一个主要原因。与使用环境数据等进行融合,进行综合诊断,成为提高 BIT 能力的重要途径[190]。

另外,实验证明环境应力对电子产品造成的某些累积损伤也表现为电性能的退化,在现行 BIT 体系的基础上,采集电性能退化信息,有可能实现对电子产品的故障预测[193]。

6.2 多状态集的数学定义

传统的序列模式挖掘方法仅考虑事件(event)的 ID,比如在超市一次性购买 4 件物品可以表示为项集 $X=\{$芭比娃娃,棒棒糖,啤酒,面包$\}$,显而易见,这些项目代表已购买物品的 ID。本书研究的状态集序列模式挖掘(SSPM),它不仅考虑每个项目的 ID,同时还考虑 ID 所处的状态。从模型上讲,每个 ID 可以有 n 个状态,但是为了方便研究,本书是以 3 个状态进行研究的,即正常状态、中间状态、故障状态,其中中间状态是处于正常状态与故障状态之间的状态。如果将来深入研究,我们还可以将中间状态划分为不同级别的情形,最终从具有 n 个状态属性的海量数据库中挖掘出潜在的规律和知识。

在实际应用方面,状态集序列模式挖掘(SSPM)可用于考虑状态属性的行业,通过从设备运行的历史数据中挖掘和发现故障模式知识,分析故障原因及进行故障预测,因此其具有重要的研究价值和应用意义。比如将 SSPM 用于复杂系统的故障预测时,可以借鉴已挖掘到的状态集序列模式,来预测系统中可能出现的潜在故障,从而提前对这些潜在故障进行预防性维修,消除或减少系统出现故障的可能性和安全性风险,减少停机时间,增加可用时间,从而提高系统的可靠性和维修性,并有效地降低不必要的定期维修费用损失,以及由于系统故障所造成的维修费用损失和其他损失,提高系统的经济性。

6.2.1　状态相关定义

在工程实践中,系统及其组成单元从最佳工作状态到完全失效状态之间可以出现多种不同的状态[194]。在不同的状态下,系统和单元对应有不同的性能水平。通常把具有有限多个状态或性能水平的系统称为多状态系统,把具有有限多个状态或性能水平的单元称为多状态单元。

二态系统只具有完好和失效两种状态,是多状态系统的一个简单特例。

6.2.2　状态转换图

状态转换图通过描绘系统的状态及引起系统状态转换的事件,来表示系统的行为。此外,状态转换图还指明了作为特定事件的结果,系统将做哪些动作(例如,处理数据)。因此状态转换图提供了行为建模机制[195]。

在状态转换图中,每一个节点代表一个状态,其中双圈是终结状态。许多单片机教材上对工作模式的表达通常采用状态图的形式[195]。

6.3　多状态集序列模式挖掘方法

6.3.1　状态及多状态序列

定义 6.3.1　状态项目(Status Item,SI):

状态项目 SI 为所有 item 的 ID 与其所在状态(status)的集合,即 SI = {(i_1,s_1),(i_1,s_2),…,(i_1,s_k),(i_2,s_1),(i_2,s_2),…,(i_2,s_k),…,(i_m,s_1),(i_m,s_2),…,(i_m,s_k)}。其中 SI 包含 m 个 item,即 item 的 ID 组合为{i_1,i_2,…,i_m},而每个 item 具有 k 个状态,其状态集合为 Status = {s_1,s_2,…,s_k}。本书为了研究方便,我们规定每个 item 有 3 个状态,即 k=3,s_1=0,s_2=1,s_3=2,其中 0 表示正常状态,1 表示中间状态,2 表示故障状态。

定义 6.3.2 状态集序列(Status-set Sequence,SS):

SS 是形如{X_1(ID,s)→X_2(ID,s)→…→X_k(ID,s)}的有序 SIS 的集合,其中 X_k(ID,s)表示 FSI,k 是状态集序列的长度。与传统序列中的元素仅代表 item 的 ID 不同之处是,本书状态集序列中的元素带有状态属性。

6.3.2 频繁多状态序列

定义 6.3.3 频繁状态项集的因素集(Factor Set of FSI, FS):

频繁状态项集 X(ID,2)的因素集可以表示为 FS(X(ID,2)),对{ssp_1,ssp_2,…,ssp_i}中的任意一个状态集序列模式 ssp 来说,如果 ssp→X(ID,2)仍是一个状态集序列模式,那么 ssp 是 FS(X(ID,2))中的一个元素。频繁状态项集 X(ID,2)的因素集可以被公式表达为 $Rate(X(ID,2)) = \sum_i (CR(ssp_i \to X(ID,2)))$,如果它满足公式(6-1),其中 minfs 是用户定义的最小因素集比率 u%,那么 FS(X(ID,2))被称为频繁状态集 X(ID,2)的主要因素集。

$$Rate(X(ID,2)) = \sum_i (CR(ssp_i \to X(ID,2))) \geq minfs \qquad (6-1)$$

当考虑因素集比率(Factor Set Rate)这一约束时,我们可以挖掘出处于故障状态的频繁状态项集(FSI)的主要因素集(Major Factor Set)。

添加该约束的重要意义是,当某 FSI 是用户非常关注的一组重要部件时,比如该部件故障将会导致安全事故的发生,或者该组部件故障将会导致巨大的维修费用损失,通过求出导致该 FSI 的主要因素集,我们就可以对该组部件进行重点监控。当出现导致改组重要部件故障的其他部件存在潜在故障风险时,我们就会提高警惕,提前对该潜在故障进行预防性维修,从而避免导致该组重要部件出现故障的可能性发生,进而减少费用损失和其他人员伤亡的损失。

6.3.3 发现状态序列模式的一般步骤

以上内容对 SSPM 过程中需要用到的概念进行了详细和系统的定义,该图 6-1 是状态集序列模式挖掘的算法框架图。它与传统的频繁序列挖掘(仅包括图 6-1 中的(1)(2)(3)步骤)相比,额外增加了状态属性以及置信度、原因覆盖度、因素集比率等约束,从而将传统的序列模式挖掘模型进行扩展,最终挖掘出状态集序列模式、强状态集序列模式及频繁状态项集的主要因素集。

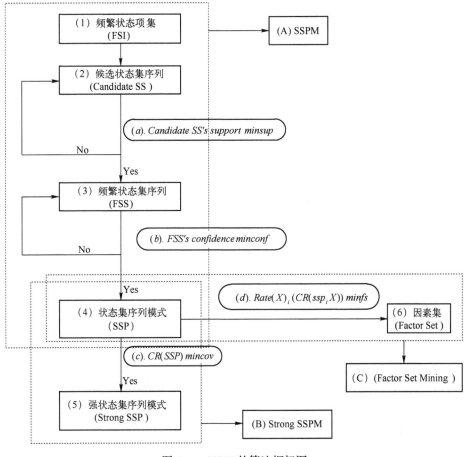

图 6-1　SSPM 的算法框架图

图 6-1 中 SSPM 算法框架图主要包含以下三部分内容:

(A) 表示状态集序列模式挖掘(SSPM),其中包括挖掘频繁状态项集(FSI)、产生候选状态集序列(Candidate SS)、挖掘频繁状态集序列(FSS)以及最终挖掘出状态集序列模式(SSP)。在 SSPM 过程中一共涉及 3 个约束条件:①状态项集的支持度不小于 minsup,从而挖掘出 FSI;②状态集序列的支持度不小于 minsup,从而挖掘出 FSS;③FSS 的置信度不小于 minconf,从而挖掘出 SSP。

(B) 表示强状态集序列模式挖掘(Strong SSPM),其中涉及一个约束条件,即 SSP 的覆盖度不小于最小覆盖度阈值 mincov,从而挖掘出强状态集序列模式。

(C)表示因素集挖掘,其中涉及一个约束条件,即导致频繁状态集发生的所有因素集的求和不小于最小因素集阈值 minfs,从而挖掘出 FSI 的主要因素集。

同传统序列模式挖掘方法类似,状态集序列模式挖掘同样包含两个步骤:①从时序数据库中挖掘出支持度不小于 minsup 的频繁状态项集(FSI);②通过第一步获取的 FSI 生成状态集序列模式(SSP)。本书中 SSPM 算法研究,主要借鉴了传统 Apriori 算法的思想,因为 Apriori 算法是 SPM 最基础的算法,而本书是基础性研究,但是本书在该算法基础上对其进行优化改进,提出 Improved-Apriori 算法,同时在计算效率上将会对传统 Apriori 算法和 Improved-Apriori 算法进行比较分析,找出更适用于 SSPM 的算法。下面将对 SSPM 过程中的两个重要阶段(FSI 和 SSP)的相关算法进行研究。

1. FSI 的挖掘算法

由于在挖掘出 SSP 之前,必须先挖掘出 FSI。因此,我们首先对 FSI 算法进行研究,并将传统 Apriori 算法和本书提出的 Improved-Apriori 算法作对比分析。

1)传统 Apriori 算法

传统的 Apriori 算法在挖掘 FSI 时,其主要采用的是循环迭代思想,具体的算法思路与步骤如下:

第一步:统计每个状态项目出现的频率,当其频率不小于 minsup,则判定其为频繁 1-状态项集。

第 $k(k>1)$ 步:从第 k 步开始,将采用循环迭代方法,直至挖掘不到更高层的 FSI 为止。第 k 步主要分两阶段来完成:第一阶段调用 Candidate-gen(L_{k-1})函数,其功能是通过将已挖掘的 L_{k-1} 中的元素两两组合,从而产生候选 k-状态项集,即 C_k;第二阶段,通过扫描数据库来计算 C_k 中每个元素的支持度,并与 minsup 作比较,最终得到 L_k。

图6-2 即为传统 Apriori 算法思想在进行 FSI 挖掘过程中的伪代码,其中:D 表示时序数据库;minsup 是最小支持度阈值;FSI 表示频繁状态项集;C_k 表示候选状态项集。

图6-2 中(1)、(2)表示挖掘出频繁状态 1-项集,(3)~(13)表示挖掘出所有的频繁状态项集 FSIs。

从以上算法的执行过程及其他文献的算例得知,作为经典的 FSI 挖掘算法,Apriori 算法具有重要的里程碑作用,但通过不断深入的研究,发现其存在重要的缺陷问题:①该算法需要花费大量的时间,来对巨量的候选状态项集进行处理。由于 Apriori 算法需要通过 L_{k-1} 产生 C_k,然后再判断 C_k 中的每一项是否满足 minsup 阈值。但是,当 L_{k-1} 有 n 项时,那么 C_k 则有 C_n^2 项,并且随着 L_k 中 k 值不断增大,C_k 中元素个数将呈指数趋势增长。②需要多次扫描时序数据库,这对计算机的 I/O 负载开销来讲是一个极大的挑战。

Main：Apriori Algorithm on Finding Frequent Status Itemsets（）
Input：D, *minsup*
Output：FSI
Begin
    （1） $C_1 = \{\text{candidate 1-satus itemset}\}$
（2） $L_1 = \{c \in C_1 \mid \sup(c) \geqslant minsup\}$
（3） **for** $(k=2; L_{k-1} \neq \phi; k++)$ **do**
（4） $L_k = \phi$
（5） $C_k = Candidate\_gent(L_{k-1})$
（6） **For each** *candidate* $c \in C_k$ **do**
（7） *Count support c in the temporal database*
（8）   **If** $c \cdot support \geqslant minsup$ **then**
（9） $L_k = L_k \cup \{c\}$
（10）   **End if**
（11） **End for**
（12）**End for**
（13）$Output = \cup_k L_k$
End

图 6-2 挖掘 FSI 的 Apriori 算法

鉴于以上 Apriori 算法的缺点，本书下面将提出 Improved-Apriori 算法，其计算效率更高，更为快捷。

2）Improved-Apriori 算法

Improved-Apriori 算法，其思想是通过 Matlab 中的矩阵运算计算出所有的 k-状态项集中每个元素的支持度，而不需要先通过 L_k 产生 C_k 这一候选过程，并最终挖掘出所有频繁 k-状态项集($k>=1$)。与传统 Apriori 算法相比，Improved-Apriori 算法的优点是其不需重复多次遍历数据库，却依然能够挖掘出所有的 FSI，因此其大大减小了计算机的 I/O 负载开销，提高了计算效率。

Improved-Apriori 算法在进行频繁状态项集挖掘时，其具体算法思路和步骤如下：

（1）扫描数据库一次，挖掘出所有的频繁 1-状态项集，即 L_1。

（2）通过将 L_1 与自身进行矩阵运算，从而求出所有 2-状态项集的支持度，然后将满足 *minsup* 的频繁 2-项集提取出来，作为 L_2。

(3) 当 $k>2$ 时,将 L_{k-1} 与 L_1 做矩阵乘法,最终求出 L_k。

(4) 直至没有满足 $minsup$ 的频繁状态项集产生为止,算法结束。至此,我们挖掘出所有的 FSI。

图 6-3 为 Improved-Apriori 算法思想的伪代码,它采用 Matlab 中矩阵运算,从而计算出每个项集的个数,最终达到挖掘出所有的频繁状态项集的目的。

图 6-3 中(1)~(8)表示挖掘出所有的频繁状态 1-项集。(9)~(19)表示挖掘出所有的频繁状态 k-项集。值得提出的是本书中频繁 k-状态项集是通过将频繁 $k-1$ 项集与频繁 1 项集进行矩阵乘法运算得来的,计算效率快捷、高效。

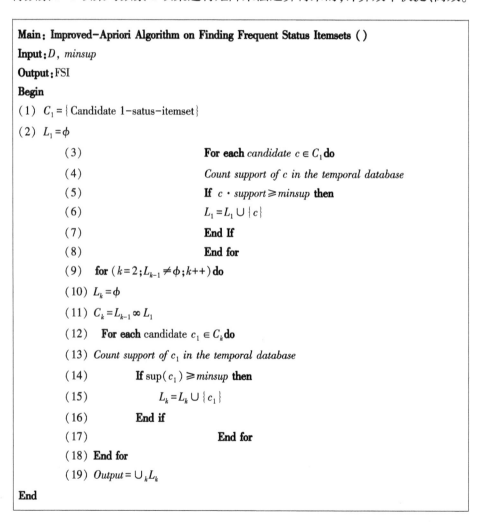

图 6-3 挖掘 FSI 的 Improved-Apriori 算法

3) 两种算法对比分析

下面通过对 5.3.4.5 中提到的算例使用 Improved-Apriori 算法求解,来说明两种算法在频繁状态项集挖掘过程中各自的运算过程及不同之处。表 6-1 中时序数据库记录了 5 个项目(1、2、3、4、5)在 4 次故障监测中所处的状态,其中我们规定每个项目只有两个状态:0 或 1,0——normal,1——abnormal,例如 (1,1) 表示项目 1 处于 abnormal 状态。表 6-1 只记录了处于 abnormal 状态的项目,已知 $minsup=2$。

表 6-1 FSI 挖掘的时序数据库

TID	Status items
T1	1,3,4
T2	2,3,4
T3	1,2,3,5
T4	2,5

下面将采用 Improved-Apriori 算法对表 6-1 中的数据进行 FSI 挖掘,并通过本示例来阐述 Improved-Apriori 算法的具体运算过程。

(1) 通过将原始数据库转化为 01 矩阵,即 A 矩阵,然后通过 sum 函数统计每个项目的支持度,并与 $minsup=2$ 作比较,最终挖掘出 $L_1=\{\{1\},\{2\},\{3\},\{5\}\}$。

(2) 通过将 L_1 的转置矩阵与 L_1 作矩阵运算,我们挖掘出了频繁 2-状态项集,即 $L_2=\{\{1,3\},\{2,3\},\{2,5\},\{3,5\}\}$。矩阵 $L_1^T L_1(i,j)$ 中"*"表示其中的元素内部存在交集,故不作考虑,"×"表示此处数字不满足 $minsup$ 阈值。L_2 中频繁状态项集的 01 矩阵具体如 $L_{2(0,1)}$ 所示。

(3) 通过将 $L_{2(0,1)}$ 的转置矩阵与 L_1 作矩阵运算,我们挖掘出频繁 3-状态项集,即 $L_3=\{\{2,3,5\}\}$。L_3 中频繁项集的 01 矩阵具体如 $L_{3(0,1)}$ 所示。

(4) 通过将 $L_{2(0,1)}$ 的转置矩阵与 L_1 作矩阵运算,具体计算结果如 $L_{3(0,1)}^T L_1$ 所示,通过将内部存在交集的删去,则只留下第一项,但其支持数小于 $minsup$,故计算结束。最终 $L_3=\{\varnothing\}$。

$$A=\begin{matrix}\{1\}\{2\}\{3\}\{4\}\{5\}\\\begin{bmatrix}1&0&1&1&0\\0&1&1&0&1\\1&1&1&0&1\\0&1&0&0&1\end{bmatrix}\end{matrix}\Rightarrow L_1=\begin{matrix}\{1\}\{2\}\{3\}\{5\}\\\begin{bmatrix}1&0&1&0\\0&1&1&1\\1&1&1&1\\0&1&0&1\end{bmatrix}\end{matrix}$$

$$\Rightarrow L_1^{\mathrm{T}} L_1 = \begin{bmatrix} 1 & 0 & 1 & 0 \\ 0 & 1 & 1 & 1 \\ 1 & 1 & 1 & 0 \\ 0 & 1 & 1 & 1 \end{bmatrix} \begin{bmatrix} 1 & 0 & 1 & 0 \\ 0 & 1 & 1 & 1 \\ 1 & 1 & 1 & 1 \\ 0 & 1 & 0 & 1 \end{bmatrix} = \begin{bmatrix} 2 & 1 & 2 & 1 \\ 1 & 3 & 2 & 3 \\ 2 & 2 & 3 & 2 \\ 1 & 3 & 2 & 3 \end{bmatrix}$$

$$\Rightarrow L_2 = \begin{bmatrix} * & \times & 2 & \times \\ * & * & 2 & 3 \\ * & * & * & 2 \\ * & * & * & * \end{bmatrix} \Rightarrow L_{2(0,1)} = \begin{bmatrix} 1 & 0 & 0 & 0 \\ 0 & 1 & 1 & 1 \\ 1 & 1 & 1 & 1 \\ 0 & 0 & 1 & 0 \end{bmatrix}$$

$$\Rightarrow L_{2(0,1)}^{\mathrm{T}} L_1 = \begin{bmatrix} 1 & 0 & 1 & 0 \\ 0 & 1 & 1 & 0 \\ 0 & 1 & 1 & 1 \\ 0 & 1 & 1 & 0 \end{bmatrix} \begin{bmatrix} 1 & 0 & 1 & 0 \\ 0 & 1 & 1 & 1 \\ 1 & 1 & 1 & 1 \\ 0 & 1 & 0 & 1 \end{bmatrix} = \begin{bmatrix} 2 & 1 & 2 & 1 \\ 1 & 2 & 2 & 2 \\ 1 & 3 & 2 & 3 \\ 1 & 2 & 2 & 2 \end{bmatrix}$$

$$\Rightarrow L_3 = \begin{bmatrix} * & \times & * & \times \\ * & * & * & 2 \\ \times & * & * & * \\ * & * & * & * \end{bmatrix} \Rightarrow L_{3(0,1)} = \begin{bmatrix} 0 \\ 1 \\ 1 \\ 0 \end{bmatrix}$$

$$\Rightarrow L_{3(0,1)}^{\mathrm{T}} L_1 = \begin{bmatrix} 0 & 1 & 1 & 0 \end{bmatrix} \begin{bmatrix} 1 & 0 & 1 & 0 \\ 0 & 1 & 1 & 1 \\ 1 & 1 & 1 & 1 \\ 0 & 1 & 0 & 1 \end{bmatrix} = \begin{bmatrix} 1 & 2 & 2 & 2 \end{bmatrix}$$

$$\Rightarrow L_3 = \begin{bmatrix} \times & * & * & * \end{bmatrix} \Rightarrow L_3 = \varnothing$$

(5) 通过以上运算,我们挖掘出了所有的 FSI,具体如表 6-2 所列。

表 6-2 挖掘 FSI 的 Improved-Apriori 算法

L_k	FSI	support	L_k	FSI	support
L_1	{1}	0.4	L_2	{1,3}	0.4
L_3	{2}	0.6	L_4	{2,3}	0.4
	{3}	0.6		{2,5}	0.6
	{5}	0.6		{3,5}	0.4
	{2,3,5}	0.4		ϕ	—

通过对比,我们可以发现,Apriori 算法和 Improved-Apriori 算法都能挖掘出 FSI,从而验证了两种算法的可行性。但是,从求解效率上看,Apriori 算法的弊端是需要产生大量的候选状态项集及多次扫描数据库,才能挖掘出频繁 k-状态项集。当状态项目越来越多时,候选状态项集的数量将呈指数趋势增长,其计

算效率相当低下。与 Apriori 算法相比，Improved-Apriori 算法的优点是其通过 Matlab 中的矩阵运算，可以简单快速计算出所有的频繁 k-状态项集的支持度，而不需要多次遍历数据库以及产生候选状态项集。Improved-Apriori 算法在求解效率上优于 Apriori 算法。

2. SSP 的挖掘算法

下面我们借助已挖掘出的 FSI 和 Improved-Apriori 算法来进行 SSPM 的第二个步骤，即状态集序列模式(SSP)挖掘的算法研究，其具体运算步骤如下：

(1) 首先，挖掘 1-SSP。其中 1-SSP 即为所有的 FSIs。

(2) 其次，挖掘 k-SSP($k>=2$)。通过将所有的 $(k-1)$-SSP 表示为 01 矩阵形式，然后将 $(k-1)\text{-SSP}_{(0,1)}$ 的转置矩阵与 $1\text{-SSP}_{(0,1)}$ 进行矩阵乘法运算，即 $[(k-1)\text{-SSP}]^T_{(0,1)}[1\text{-SSP}]_{(0,1)}$，其中转置矩阵最左侧需要添加一列 0 矩阵，而 $1\text{-SSP}_{(0,1)}$ 矩阵最下侧添加一行 0 矩阵，通过矩阵一次运算后，我们计算出所有组合的 k-状态集序列的支持度，通过与 $minsup$ 作比较，最终我们挖掘出所有的频繁 k-状态集序列。具体如公式(6-2)所示：

$$supprot = [zeros(1, size(D,2)); D]' * [D; zeros(1, size(D,2))]/(size(A,1)) \quad (6-2)$$

然后通过考虑置信度约束，其具体如公式(6-3)所示，并经过矩阵运算后，我们挖掘出所有的满足 $minsup$、$minconf$ 的 k-SSP。

$$Confidence = \mathrm{diag}(ones(1, size(DC,2))./DC) * support * (size(A,1)) \quad (6-3)$$

(3) 最后，直至 $[k\text{-SSP}]^T_{(0,1)}[k\text{-SSP}]_{(0,1)}$ 中没有满足约束条件的 SSP 时，算法结束。

基于以上算法步骤，下面图 6-4 即为采用 Improved-Apriori 算法进行 SSP 挖掘的算法伪代码。

通过考虑 $minsup$、$minconf$ 约束，Improved-Apriori 算法可以快速高效地挖掘出所有满足要求的 SSP。

Main: Improved-Apriori Algorithm on discovering SSP ( )
Input: *FSI*, *minsup*, *minconf*
Output: set of FSI
Begin
    (1) **L_1 = FSI**
    (2) **for** $(l=2; L_{l-1} \neq \phi; l++)$ **do**
    (3) $L_l = \phi$
    (4) $C_l = Candidate\_gen(L_{l-1}, L_1)$

```
(5)      For each candidate g ∈ C_l do
(6)          If sup_g ≥ minsup then
(7)              Calculate its confidence c_g
(8)              If c_g ≥ minconf then
(9)                  L_l = L_l ∪ {g}
(10)             End if
(11)         End if
(12)     End for
(13) End for
(14) Output = ∪ L_l
End
```

图 6-4 Improved-Apriori 算法

6.3.4 模式的支持度、置信度与覆盖度

定义 6.3.4 SS 的支持度（Support of SS）

状态集序列形如 $SS = \{X_1(ID,s) \to X_2(ID,s) \to \cdots \to X_k(ID,s)\}$ 的支持度计算公式如下：

$$sup(SS) = \frac{|X_1(ID,s) \to X_2(ID,s) \to \cdots \to X_k(ID,s)|}{|D|} \times 100\% \quad (6-4)$$

其描述了在时态数据库中 S 发生的频繁程度。

定义 6.3.5 SS 的置信度（Confidence of SS）

状态集序列形如 $SS = \{X_1(ID,s) \to X_2(ID,s) \to \cdots \to X_k(ID,s)\}$ 的置信度计算公式如下：

$$c(SS) = \min\left\{\frac{|X_1(ID,s) \to X_2(ID,s) \to \cdots \to X_k(ID,s)|}{|X_1(ID,s) \to X_2(ID,s) \to \cdots \to X_{k-1}(ID,s)|} \times 100\% \mid \forall k = 2,3,\cdots,p\right\}$$

$$(6-5)$$

其描述了由于 $\{X_1(ID,s) \to X_2(ID,s) \to \cdots \to X_{k-1}(ID,s)\}$ 的发生导致 $X_k(ID,s)$ 发生的概率。

定义 6.3.6 状态集序列模式的覆盖度（Coverage Rate (CR) of SSP）

SSP 的覆盖度形如 $SSP = \{X_1(ID,s) \to X_2(ID,s) \to \cdots, \to X_k(ID,s)\}$ 的计算公式如下：

$$CR(SSP) = \min\left\{\frac{|X_1(ID,s) \to X_2(ID,s) \to \cdots \to X_k(ID,s)|}{|X_k(ID,s)|} \times 100\% \mid \forall k = 2,3,\cdots,p-1\right\}$$

(6-6)

其描述了在导致状态集 $X_k(ID,s)$ 发生的诸多序列中,由于 $\{X_1(ID,s) \to X_2(ID,s) \to \cdots \to X_{k-1}(ID,s) \mid \forall k = 2,3,\cdots,p-1\}$ 的发生导致 $X_k(ID,s)$ 发生的概率,其中覆盖度取值为历史取值的最小值。

6.3.5 强模式挖掘

定义 6.3.7 状态集序列模式的覆盖度(Coverage Rate (CR) of SSP)

SSP 的覆盖度形如 $SSP = \{X_1(ID,s) \to X_2(ID,s) \to \cdots \to X_k(ID,s)\}$ 的计算公式如下:

$$CR(SSP) = \min\left\{\frac{|X_1(ID,s) \to X_2(ID,s) \to \cdots \to X_k(ID,s)|}{|X_k(ID,s)|} \times 100\% \mid \forall k = 2,3,\cdots,p-1\right\}$$

(6-7)

其描述了在导致状态集 $X_k(ID,s)$ 发生的诸多序列中,由于 $\{X_1(ID,s) \to X_2(ID,s) \to \cdots \to X_{k-1}(ID,s) \mid \forall k = 2,3,\cdots,p-1\}$ 的发生导致 $X_k(ID,s)$ 发生的概率,其中覆盖度取值为历史取值的最小值。图 6-5 为挖掘 Strong SSP 的 Improved-Apriori 算法

```
Main: Improved-Apriori Algorithm on discovering Srong SSP ( )
Input: SSP, mincov
Output: Strong SSP
Begin
    (1) for (l=1; L_{l-1} ≠ φ; l++l=1;) do
    (2)     L_l = SSP_l
    (3)     StrongSSP_l = φ
    (4)     For each q ∈ L_l do
    (5)         Calculate its coverage rate CR(q)
    (6)         If CR(q) ≥ mincov then
    (7)             Strong SSP_l = Strong SSP_l ∪ {q}
    (8)         End if
    (9)     End for
    (10) End for
    (11) Output = ∪ StrongSSP_l
End
```

图 6-5 挖掘 Strong SSP 的 Improved-Apriori 算法

6.3.6　模式的因素集回溯分析

目前,序列模式中频繁状态项集的主要因素集(Major Factor Set)这一指标在实际应用当中越来越受到广泛的关注,但是目前很少有学者对其进行深入研究。鉴于该问题,下面本书将进行频繁项集的因素集研究,并挖掘出导致用户关注的频繁状态项集发生的主要因素集,从而便于用户从中提取有用的知识和规律,做出最优决策。

该算法的伪代码具体如图 6-6 所示,其中(7)表示对所有导致 y 发生的状态集序列的覆盖度求和,判断其是否满足用户定义的最小因素集比率($minfs$),当满足时,则判定这些状态集序列为导致 y 发生的主要因素集。

```
Main: Apriori Algorithm on discovering FS( )
Input: FSI, SSP, minfs
Output: Factor set of FSI
Begin
        (1)   L₀ = FSI
        (2)   For each y ∈ FSI do
        (3)   FSₗ(y) = φ
        (4)       for (l=1; Lₗ₋₁ ≠ φ; l++) do
        (5)   Lₗ = SSPₗ
        (6)   For each sspᵢ ∈ Lₗ
        (7)   If Rateₗ(y) = Σᵢ (CR(sspᵢ → y)) ≥ minfs then
        (8)   FSₗ(y) = FSₗ(y) ∪ {sspᵢ}
        (12)           End if
        (13)         End for
        (14)       End for
        (15)   End for
        (16)   Output = FSₗ(y)
End
```

图 6-6　挖掘 FSI 主要因素集的 Improved-Apriori 算法

6.4 带时间窗口的状态集序列模式挖掘

6.4.1 带时间窗口的意义

由于传统的序列模式挖掘是在整个时间段上进行的,这样可能会将那些在整个时间段上是非频繁,但在局部时间段上为频繁的序列模式漏掉,比如一些项集或序列在整个序列时间段上可能不满足用户自定义的 $minsup$ 和 $minconf$ 等约束,但是在某些时间段上它们却满足这些约束。

鉴于该问题,本书将引入时间窗口的概念,进行带时间窗口的状态集序列模式挖掘,通过发现 SSP 的有效时间窗口,最终找到在局部时间窗口上满足约束的状态集序列模式,而这一点目前还很少有人研究过,但其在现实应用中具有重大研究价值和意义,比如发现一天之中在哪些时间段超市中购买鸡蛋的客流量比较密集,在哪些时间段复杂系统的某些部件易发生故障等规律。

在对带时间窗口的 SSPM 进行深入研究时,我们可以分析那些有效的时间窗口是否具有周期性规律,从而找到那些具有周期性发生的状态集序列模式,这样其在现实应用中将会更加广泛。因为用户更期望找到那些具有周期性规律发生的模式,比如对复杂系统的故障预测来说,可以重点在周期性时间段内对易发生故障的系统进行预防性维修,从而避免由于盲目地预防性维修所造成的费用损失。

综上所述,带时间窗口的 SSPM 在实际应用中将具有非常重要的研究价值和意义。比如销售商可以在具体的时间段内制定相应的促销活动,从而提高经济效益;装备采购部可以根据装备故障的周期性规律,采取周期性库存采购策略;医疗上可以根据疾病发生的周期性规律,提前采取有效措施,预防疾病恶化等。

6.4.2 带时间窗口的状态集序列模式的定义

下面对带时间窗口的状态集序列模式挖掘过程中需要用到的重要概念进行定义。其中表 6-3 为状态集序列模式挖掘模型的符号定义。

定义 6.4.1 带时间窗口的状态项目(Status Item with TW,SITW):带时间窗口的状态项目 $SITW$ 为所有 $item$ 的 ID 及其所在状态($status$),以及时间窗口 w 的集合,即 $SITW = \{(i_1,s_1)^w, (i_1,s_2)^w, \cdots, (i_1,s_k)^w, (i_2,s_1)^w, \cdots, (i_2,s_k)^w, \cdots, (i_m,s_1)^w, (i_m,s_2)^w, \cdots, (i_m,s_k)^w\}$。其中 $SITW$ 包含 m 个 $item$,即 $item$ 的 ID 组合为 $\{i_1, i_2, \cdots, i_m\}$,而每个 $item$ 具有 k 个状态,其状态集合为 $Status = \{s_1,$

$s_2, \cdots, s_k\}$,每个 $item$ 所在的时间窗口为 w。本书为了研究方便,规定每个 $item$ 有 3 个状态,即 $k=3, s_1=0, s_2=1, s_3=2$,其中 0 表示正常状态,1 表示中间状态,2 表示故障状态。

表 6-3 SSPMTW 模型的符号定义

符 号	含 义
$SITW$	所有带时间窗口的状态项目的集合,符号表示为 $SI = \{(i_1, s_1)^w, (i_1, s_2)^w, \cdots, (i_1, s_k)^w, (i_2, s_1)^w, \cdots, (i_2, s_k)^w, \cdots, (i_m, s_1)^w, (i_m, s_2)^w, \cdots, (i_m, s_k)^w\}$
$X(ID, s)^w$	带时间窗口的状态项集,比如 $X(ID, s)^w$ 可以表示为 $X(ID, s)^w \subseteq SITW$
D	时序数据库中全部事件的集合
T	时序数据库的整个时间段(Total Time Span)
W	时间窗口的集合
w	时间窗口比如 $w=[t_s, t_e]$,表示一个连续的时间区间,它开始于 t_s,结束于 t_e
$\|w\|$	时间窗口的宽度
D^w	发生在 w 时间段的事件的集合
$\|D^w\|$	发生在 w 时间段的事件的个数
$D(X)^w$	发生在 w 时间段包含状态项集 X 的事件的集合
$\|D(X)^w\|$	$D(X)^w$ 中事件的个数
$X_1 \to^w X_2$	在 w 时间窗口内,状态项集 X_1 发生导致状态项集 X_2 发生
$\|X_1 \to X_2\|^w$	在 w 时间窗口内,时态数据库中 X_1 发生导致 X_2 发生的个数
$\sup(X_1 \to^w X_2)$	在 w 时间窗口内 $X_1 \to^w X_2$ 的支持度可以表示为 $\|X_1 \to X_2\|^w / \|D^w\|$
$c(X_1 \to^w X_2)$	在 w 时间窗口内 $X_1 \to^w X_2$ 的置信度可以表示为 $\|X_1 \to X_2\|^w / \|D(X_1)^w\|$
$s\%$	用户定义的最小支持度阈值(user-specified minimal support,$minsup$)
$c\%$	用户定义的最小置信度阈值(user-specified minimal confidence,$minconf$)
ω	用户定义的最小时间窗口的宽度(user-specified minimal width of time-window,$minwin$)
$g\%$	用户定义的最小时间覆盖度阈值(user-specified minimal time-coverage rate,$mintcr$)
$d\%$	用户定义的最小覆盖度阈值(user-specified minimal coverage rate,$mincov$)
$u\%$	用户定义的最小因素集阈值(user-specified minimal factor set rate,$minfs$)
$e\%$	用户定义的最小周期时间覆盖度(user-specified minimal periodic time coverage rate,$minptcr$)

定义 6.4.2 带时间窗口的状态项集(Status ItemSet with Time Window, SISTW)

项集 $X(ID,s)^w$ 可以被定义为带时间窗口的状态项集 SISTW，当且仅当其满足以下两个约束条件：①$X(ID,s)^w \in SITW$，即 $X(ID,s)^w$ 是状态项目 SITW 的子集；②对任意一个 $(i,s)^w \in X(ID,s)^w$，i 的状态为 1 或 2；③对任意一个 $(j,s)^w \in SITW-X(ID,s)^w$，$j$ 的状态为 0。

定义 6.4.3 带时间窗口的频繁状态项集（Frequent Status Itemset with Time-Window，FSITW）

FSITW 可以被表示为 $X(ID,s)^W$，当且仅当其满足以下约束条件：

(1) $X(ID,s)^W \in SITW$；

(2) 对任意两个时间窗口 $w_i, w_j \in W$，满足 $w_i \cap w_j = \phi$；

(3) 对任意 $w \in W$，满足 $\dfrac{|D(X(ID,s))^w|}{|D^w|} \times 100\% \geqslant s\%$。

在挖掘 FSITW 时，我们同样可以借鉴 Apriori 算法中的向下闭合性质，即如果状态项集 X 在时间窗口 (t_s, t_e) 的支持度是 $s\%$，那么它所有的子集在同样的时间窗口 (t_s, t_e) 中的支持度中将不小于 $s\%$。首先，我们需要提出子集和超集两个概念，并基于此提出 3 个重要性质用于提高带时间窗口的状态集序列模式挖掘的计算效率。具体如性质 6.1、性质 6.2 和性质 6.3 所述。

定义 6.4.4 子集：一个在 (t_s, t_e) 时间窗口内的状态项集可以表示为 $X(ID,s)^{(t_s,t_e)}$，若 $X'(ID,s)^{(t'_s,t'_e)}$ 是 $X(ID,s)^{(t_s,t_e)}$ 的下限集，则当且仅当 $X'(ID,s) \subseteq X(ID,s)$，$t'_s < t'_e, t'_s \geqslant t_s, t'_e \leqslant t_e$。

定义 6.4.5 超集：一个在 (t_s, t_e) 时间窗口内的状态项集可以表示为 $X(ID,s)^{(t_s,t_e)}$，若 $X'(ID,s)^{(t'_s,t'_e)}$ 是 $X(ID,s)^{(t_s,t_e)}$ 的上限集，则当且仅当 $X(ID,s) \subseteq X'(ID,s)$，$t'_s < t'_e, t'_s \leqslant t_s, t'_e \geqslant t_e$。

性质 6.1 如果状态项集 $X(ID,s)$（$X(ID,s) \subseteq SI$）在时间窗口 (t_s, t_e) 中频繁，那么它的任意一个子集，比如 $X'(ID,s)$（$X'(ID,s) \subseteq SI, X'(ID,s) \subseteq X(ID,s)$）在时间窗口 (t_s, t_e) 中也一定频繁。

性质 6.2 如果状态项集 $X(ID,s)$（$X(ID,s) \subseteq SI$）在时间窗口 (t_s, t_e) 中非频繁，那么它的任意一个超集，比如 $X''(ID,s)$（$X''(ID,s) \subseteq SI, X''(ID,s) \supseteq X(ID,s)$）在时间窗口 (t_s, t_e) 中也一定非频繁。

性质 6.3 如果一个状态项集 $X(ID,s)$（$X(ID,s) \subseteq SI$）在 W_1 上是频繁的，但在 $\overline{W}_1$ 上是非频繁的，而另一个状态项集 $Y(ID,s)$（$Y(ID,s) \subseteq SI$）在 W_2 上是频繁的，但在 $\overline{W}_2$ 上是非频繁的，那么这两个状态项集的集合 $Z = X(ID,s) \cup Y(ID,s)$，在时间窗口 $W_3 = W_1 \cap W_2$ 上可能是频繁的，但在时间窗口 $\overline{W}_3 = \overline{W}_1 \cup \overline{W}_2$ 上是不可能频繁的。

图 6-7 给出了一个例子来阐述性质 6.3，其中状态项集 $X(ID,s)$ 在时间窗

口 $W_1 = \{[0, t_1], [t_2, t_3], [t_3, t_4], [t_5, T]\}$ 上是频繁的,在 $\overline{W}_1 = \{[t_1, t_2], [t_4, t_5]\}$ 是非频繁的,而另一个状态项集 $Y(ID, s)$ 在时间窗口 $W_2 = \{[0, t_1], [t_2, t_3], [t_4, t_5]\}$ 上是频繁的,在 $\overline{W}_2 = \{[t_1, t_2], [t_3, t_4], [t_5, T]\}$ 上是非频繁的,那么这两个状态项集的集合 $Z = X(ID, s) \cup Y(ID, s)$ 在时间窗口 $\overline{W}_3 = W_1 \cap W_2 = \{[0, t_1], [t_2, t_3]\}$ 上可能是频繁的,但在 $\overline{W}_3 = \overline{W}_1 \cup \overline{W}_2 = \{[t_1, t_2], [t_3, t_4], [t_4, t_5], [t_5, T]\}$ 上是不可能频繁的。

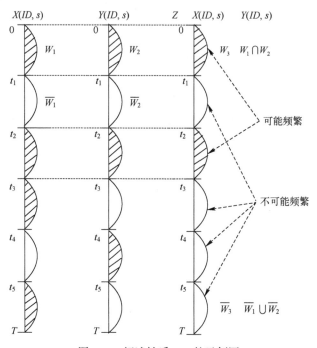

图 6-7 阐述性质 6.3 的示例图

这 3 个重要性质在进行带时间窗口的 SSPM 时,具有极其重要的价值和作用,可以减少候选状态项集的个数,从而提高计算效率。

定义 6.4.6 带时间窗口的状态集序列(Status-set Sequence with Time-Window, SSTW)

SSTW 是指形如 $X_1(ID, s) \rightarrow X_2(ID, s) \rightarrow \cdots \rightarrow^W X_k(ID, s)$ 的带时间窗口的有序状态项集的集合,其中 $X_1(ID, s), X_2(ID, s), \cdots, X_k(ID, s) \in FSITW; X, W$ 表示该状态集序列 SS 所发生的时间窗口。与传统序列定义不同之处在于此处序列中的元素不仅带有状态属性,而且带有时间窗口的约束限制。

在寻找候选的 SSTW 时,同样具有两个重要的性质,从而可以提高计算效率,具体如以下性质 6.4 和性质 6.5 所示。

性质 6.4 如果状态集序列 $SS(ID, s)$($SS(ID, s) \subseteq FSI$)在时间窗口 (t_s, t_e)

频繁,那么它的任意一个子状态集序列,例如,$SS'(ID,s)$ ($SS'(ID,s) \subseteq FSI \& SS'(ID,s) \subseteq SS(ID,s)$) 在时间窗口 (t_s, t_e) 也一定频繁。

性质 6.5 如果状态集序列 $SS(ID,s)$ ($SS(ID,s) \subseteq FSI$) 在时间窗口 (t_s, t_e) 非频繁,那么它的任意一个超状态集序列,例如,$SS''(ID,s)$ ($SS''(ID,s) \subseteq FSI \& SS''(ID,s) \supseteq SS(ID,s)$) 在时间窗口 (t_s, t_e) 也一定非频繁。

定义 6.4.7 SSTW 的平均支持度(Mean Support of SSTW)

形如 $X(ID,s) \to^W Y(ID,s)$ 的 SSTW 的平均支持度 $\bar{s}\%$,可以被定义为 $\bar{s}\% = \left(\sum_{w \in W} |w| s\right) / \left(\sum_{w \in W} |w|\right) \times 100\%$,其中 s 是 $X(ID,s) \to^W Y(ID,s)$ 的支持度,且 $w \in W$,即 $s = (|D(X \to Y)^w|)/(|D^w|)$,$\forall w \in W$。

定义 6.4.8 SSTW 的平均置信度(Mean Confidence of SSTW)

形如 $X(ID,s) \to^W Y(ID,s)$ 的 SSTW 的平均置信度 $\bar{c}\%$,可以被定义为 $\bar{c}\% = \left(\sum_{w \in W} |w| \cdot c_w\right) / \left(\sum_{w \in W} |w|\right) \times 100\%$,其中 c_w 是 $X(ID,s) \to^W Y(ID,s)$ 的置信度,即 $c_w = (|D(X \to Y)^w|)/(|D(X)^w|)$。

定义 6.4.9 SSTW 的时间覆盖度(Time-coverage rate of SSPTW)

带时间窗口的状态集序列,例如,$X(ID,s) \to^W Y(ID,s)$ 的时间覆盖度 $tc\%$,表示该 SSPTW 在时间段上的覆盖程度,具体可用如下公式表示:

$$tc\% = \frac{\sum_{w \in W} |w|}{|T|} \times 100\% \tag{6-8}$$

式中:$\sum_{w \in W} |w|$ 是 $X(ID,s) \to^W Y(ID,s)$ 所在时间窗口的总长度;$|T|$ 表示时序数据库的总时间区间。在特殊情况下,当 $tc\% = 100\%$,则该 SSPTW 是一个传统的(traditional)、全时间段(full-time)的序列模式;当 $tc\%$ 不大于 100%,例如,80%,那么该 SSPTW 是一个部分(part-time)序列模式。本书规定 $tc\%$ 需满足以下约束条件:$tc\% \geq \omega/|T|$。

定义 6.4.10 时间窗口的状态集序列模式(Status-set Sequential Pattern with Time-Window, SSPTW)

$\{X_1(ID,s) \to X_2(ID,s) \to \cdots \to X_k(ID,s)\}^W$ 是 SSPTW,当且仅当其满足以下几个约束条件:

(1) $X_1(ID,s), X_2(ID,s), \cdots, X_k(ID,s) \subseteq SI, X_1(ID,s) \cap X_2(ID,s) \cap \cdots \cap X_k(ID,s) = \phi, W \neq \phi$;

(2) $X_1(ID,s)^W, X_2(ID,s)^W, \cdots, X_k(ID,s)^W \subseteq FSITWs$;

(3) 对 $\forall w \in W$,满足以下支持度约束:

$|D(X_1(ID,s) \to X_2(ID,s) \to \cdots \to X_k(ID,s))^w| / |D^w| \times 100\% \geq s\%$

(6-9)

(4) 对 $\forall w \in W$,满足以下置信度约束：

$$\min\left\{\frac{\mid X_1(ID,s) \to X_2(ID,s) \to \cdots \to X_k(ID,s) \mid^W}{\mid X_1(ID,s) \to X_2(ID,s) \to \cdots \to X_{k-1}(ID,s) \mid^W} \times 100\% \mid \forall k=2,3,\cdots,p-1\right\} \geqslant c\%$$

(5) 对 $\forall w \in W$,满足 $\mid w \mid \geqslant \omega$;

(6) $status(X_k(ID,s)) = 2$。

定义 6.4.11 带时间窗口的状态集序列模式的覆盖度(Coverage Rate (CR) of SSPTW)

状态集序列模式形如 SSPTW = $\{X_1(ID,s) \to X_2(ID,s) \to \cdots \to X_k(ID,s)\}^W$ 的覆盖度计算公式如下：

$$\text{CR(SSPTW)} = \min\left\{\frac{\mid X_1(ID,s) \to \cdots \to X_k(ID,s) \mid^W}{\mid X_k(ID,s) \mid^W} \times 100\% \mid \forall k=2,3,\cdots,p-1\right\}$$

其描述了在导致状态集 X_k 发生的诸多序列中由于 $\{X_1(ID,s) \to X_2(ID,s) \to \cdots \to X_k(ID,s)\}$ 在 W 时间窗口上的发生导致 X_k 发生的概率。

定义 6.4.12 带时间窗口的强状态集序列模式(Strong Status-set Sequential Pattern with Time-Window, Strong SSPTW)

状态集序列模式形如 SSPTW = $\{X_1(ID,s) \to X_2(ID,s) \to \cdots \to X_k(ID,s)\}^W$ 是一个强状态集序列模式,当且仅当 CR(SSPTW) $\geqslant$ mincov,其中 mincov 是用户定义的最小覆盖度阈值 $d\%$,它的赋值与最小置信度阈值 $c\%$ 相等。

定义 6.4.13 带时间窗口的状态集的因素集(Factor Set of status-set, FS)

带时间窗口的状态项集 $X(ID,s)^W$ 的因素集可以被表示为 $FS(X(ID,s)^W)$,对 $\{ssp_1, ssp_2, \cdots, ssp_i\}$ 中的任意一个状态集序列模式 ssp,如果 $ssp \to^w X(ID,s)$ 仍是一个状态集序列模式,那么 ssp 是 $FS(X(ID,s)^W)$ 的一个元素。带时间窗口的状态集 $X(ID,s)^W$ 的因素集如果满足以下公式：

$$Rate(X(ID,s)) = \sum_i (CR(ssp_i \to^w X(ID,s))) \geqslant minfs \qquad (6-10)$$

那么 $FS(X(ID,s)^W)$ 被称为 $X(ID,s)^W$ 的主要因素集,其中 minfs 是用户定义的最小因素集阈值 $u\%$。

定义 6.4.14 带时间窗口的状态集序列模式挖掘(SSPMTW)

SSPMTW 是在时序数据库中挖掘出带时间窗口的状态集序列模式(SSPTW)、带时间窗口的强状态集序列模式(Strong SSPTW),以及带时间窗口的频繁状态项集的主要因素集(Factor Set)的过程。

以上内容对带时间窗口的状态集序列模式的知识表达及建模都有了详细的阐述,下面主要对 SSPMTW 的算法进行深入研究。与状态集序列模式挖掘方法类似,带时间窗口的状态集序列模式挖掘(SSPTW)包含以下 3 个步骤:①从时序数据库中找出所有的支持度不小于 minsup 的带时间窗口的频繁状态项集,即 FSITW；②通过第（1）步发现的 FSITW，进一步挖掘带时间窗口的状态集序列模式，即 SSPTW；③对第（2）步挖掘出的 SSPTW 进行模式的周期性分析，最终发现具有周期性发生规律的 SSPTW，即 Periodic SSPTW。

下面对 SSPTW 挖掘过程中的详细步骤进行阐述，具体如下：

（1）挖掘出带时间窗口的频繁状态项集，即 FSITW。

首先，将整个时间段（Total Time Span）按照最小事件窗口（$minwin$）进行划分，在单个时间窗口上求出每个状态项目的支持度，并采用贪婪算法，将满足 $minsup$ 的时间窗口最大化，然后判定每个状态项目所在的时间窗口是否满足最小时间覆盖度阈值（$mintcr$），若满足则判定该状态项目即为频繁 1-FSITW，即 L_1-FSITW。

其次，通过 Candidate_gen( ) 算法，采用两两组合方法以及 6.4.2 中的性质 6.3，产生 C_k-SITW，当其中的候选项集满足 $minsup$、$mintcr$ 阈值时，则判定该候选项集为带时间窗口的频繁 k 状态项集（L_k-FSITW）。

最后，直至没有候选状态项集产生时，本部分算法结束。

最终，我们挖掘出了所有的满足 $minwin$、$minsup$、$mintcr$ 的 FSITW。

（2）挖掘出带时间窗口的状态集序列模式，即 SSPTW。

首先，将 FSITW 中的项集两两组合，从而产生带时间窗口的候选 1-状态集序列，即 C_1 SSTW，然后判断 C_1 SSTW 中每个 SSTW 的支持度、置信度、时间覆盖度的值是否满足 $minup$、$minconf$、$mintcr$，当这 3 个阈值依次满足时，则判定该候选序列为 L_1-SSPTW。采用同样的方法，最终我们挖掘出所有的 SSPTW。

其次，通过考虑最小覆盖度阈值，最终将 SSPTW 中满足 $mincov$ 的带时间窗口的状态集序列模式，判定为强 SSPTW，即 Strong SSPTW。

最后，通过考虑最小因素集比率，最终挖掘出用户感兴趣的导致 FSITW 发生的，并满足 $minfs$ 阈值的主要因素集。

（3）挖掘出周期性的带时间窗口的状态集序列模式，即 Periodic SSPTW。

通过考虑周期宽度 T（Periodic Width）和周期间隔 O（Periodic Time Interval）这两个参数，最终我们挖掘出 Periodic SSPTW。

以上内容对 SSPMTW 过程中需要用到的概念进行了详细和系统的定义，图 6-8 是带时间窗口的 SSPM 及模式的周期性分析的算法框架图。它与 SSPM 相比，额外增加了时间窗口、最小时间覆盖度、最小周期性时间覆盖度等约束，从而将状态集序列模式挖掘模型进行扩展，最终挖掘出带时间窗口的 SSP、带时间窗口的 Strong SSP 及带时间窗口的频繁状态项集的主要因素集、周期性。

其中：(A) 表示带时间窗口的频繁状态项集挖掘（FSITW Mining），具体包括步骤（1）~（4），其中考虑的约束条件有两个，一是判断每个小的时间窗口中

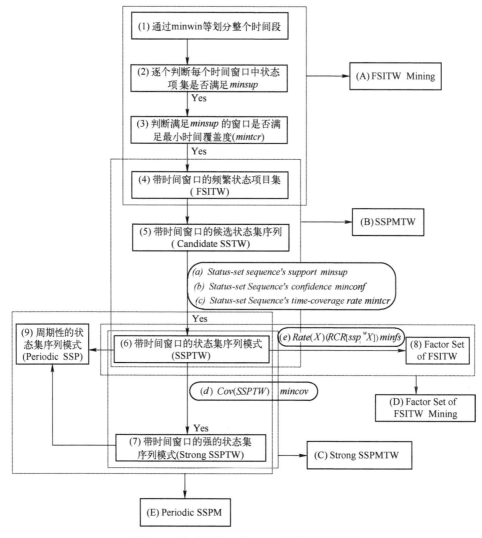

图 6-8 带时间窗口的 SSPM 的算法框架图

状态项集的支持度是否满足用户定义的最小支持度阈值,二是判断满足 $minsup$ 的时间窗口是否满足最小时间覆盖度($mintcr$)。

(B) 表示带时间窗口的状态集序列模式挖掘(SSPMTW),具体包括步骤 (4)~(6),其中考虑的约束条件有 3 个,即(a)(b)(c),分别表示带时间窗口的状态集序列的支持度不小于 $minsup$,置信度不小于 $minconf$,时间覆盖度不小于 $mintcr$。

(C) 表示带时间窗口的强的状态集序列模式挖掘(Strong SSPMTW),其中包含1个约束条件,即(d),表示SSPTW的覆盖度不小于mincov。

(D)表示带时间窗口的频繁状态集的因素集挖掘(Factor Set of FSITW Mining),其中包含的约束条件有1个,即导致频繁状态项集 X 发生的所有因素的覆盖度之和满足用户定义的最小因素集比率 minfs。

(E)表示周期性状态集序列模式挖掘(Periodic SSPM),其中包含3个约束条件:周期宽度、周期间隔以及最小周期时间覆盖度。只有保证具有周期性规律的序列模式的时间窗口尽量在已挖掘的满足条件的时间窗口内,同时保证周期性的时间间隔尽量在不满足约束条件的时间窗口内,才能保证挖掘到SSP的最佳周期以及最佳的Periodic SSP。

6.4.3 频繁模式的发现算法

下面我们主要进行带时间窗口的频繁状态项集的算法研究,这也是SSPTW挖掘的基础,通过发现所有的频繁状态项集及其所在的时间窗口,才能挖掘出带时间窗口的状态集序列模式。

本书中挖掘FSITWs的方法,是依据 minwin 阈值将数据库划分为小段,然后扫描整个数据库,统计在每一小的时间段中候选状态项目的支持度,只有当候选状态项目的支持度满足 minsup 阈值,并且该候选状态项目所在的时间窗口的时间覆盖度值满足最小时间覆盖度阈值(mintcr)时,该候选状态项目才是带时间窗口的频繁状态项集(FSITW)。为了高效地挖掘出所有的FSITWs,我们将会采用6.4.2部分中提出的性质6.1~6.3,并基于这些性质,本书提出TW-Apriori算法,它具体的伪代码如图6-9所示。

Main: TW-Apriori Algorithm on Finding FSITWs ( )
Input: D, *minwin*, *minsup*
Output: set of FSITW
Begin
    (1) $L_1 = Large_1\_gen(D, minsup)$
    (2)   **for** $(l=2; L_{l-1} \neq \phi; l++)$ **do**
    (3) $C_l = Candidate\_gen(L_{l-1})$
    (4)   **For each** candidate $c \in C_l$ **do**
    (5)   *Count support of c in its frequent-possible time windows*
    (6)   **If** $c \cdot support \geq minsup$
    (7) $tcr(c) \geq mintcr$ **then**
    (8) $L_l = L_l \cup \{c\}$
    (9)   **End if**

```
(10)     End for
(11) End for
(12) Output = ∪ L_l
End
```

图 6-9　发现 FSITWs 的 TW-Apriori 算法

图 6-9 主程序中第一步产生 Large-1 FSITWs，这一步是 SSPTW 过程的基础，也是最重要的一步，下面我们将对它的算法思想进行详细阐述，具体算法如图 6-10 所示。期间我们统计了单个项目在数据库每个小时间段中的支持度，并将其与 minsup 进行比较，判断其频繁性，并通过贪婪算法，将其临近的时间窗口进行合并，最终将其频繁时间窗口最大化。

```
Subroutine: Large_1_gen( )
Input: D, minwin, minsup, mintcr
Output: L_1
Begin
(1) D = ∪ D_T, |T_i| = |(t_s, t_e)| = minwin     //根据 minwin 将 D 划分为 n 部分
(2) L_1 = φ                                       //对 L_1 进行初始化
(3) for all individual item x ∈ SI do begin      //在每小段计算单个项目的支持度
(4)   For all segment D_T ∈ D do begin
(5)     Count support of x in D_T
(6)   End
(7)   T = φ                                       //采用贪婪算法将 x 的时间窗口最大化
(8)   For i = 1:n do begin
(9)     If (support(D_T(x)) ≥ minsup) then
(10)      T = T ∪ T_i
(11)    Else
(12)      L_1 = L_1 + x^T                         //将状态项目 x 及其时间窗口放入 L_1
(13)      T = φ                                   //重置时间窗口
(14)   End if
(15)  End
(16) End
(17) Output = L_1
End
```

图 6-10　发现 Large-1 FSITWs 的贪婪算法

图 6-9 主程序中的另一个子程序——Candidate_gen( )具体如图 6-11 所示,它的算法思想是通过前一步挖掘出的 FSITWs 产生下一步的候选 FSITWs,直到最后没有候选状态项集产生为止。值得提出的是,对所有的候选状态项集,只有当它们发生的时间窗口在其超集时间窗口的交集中时,我们才统计其支持度,这也是 6.4.2 中性质 6.3 的核心思想所在。

```
Subroutine: Candidate_gen( )
Input: L_{k-1}, minsup
Output: C_k
Begin
(1)  C_k = φ
(2)  For all x ∈ SI do begin
(3)      For all pairs of l_i^{[t_s,t_e]}, l_j^{[t_s,t_e]} ∈ L_{k-1} do begin
(4)  Candidate = l_i ∩ l_j
(5)  T = [t_s, t_e]_i ∩ [t_s, t_e]_j
(6)  Count support of Candidate in T
(7)      If |Candidate| = k ∧ T ≠ φ ∧ support ≥ minsup then
(8)  Put candidate with T into C_k
(9)      End if
(10)     End for
(11) End for
(12) Output = C_k
End
```

图 6-11 通过 L_{k-1} 产生新的候选 FSITWs 算法

通过以上 3 个算法,最终我们挖掘出了所有的频繁状态项集及其所在的时间窗口,从而为下一步带时间窗口的序列模式挖掘做准备。

6.4.4 模式挖掘的一般过程

由于已经挖掘出了所有的 FSITWs,下面我们主要进行带时间窗口的状态集序列模式挖掘的第二阶段,即序列模式挖掘的算法研究。与 SSPM 算法类似,不同的是 SSPMTW 需要考虑每个候选序列模式的时间窗口问题。首先,通过考虑 minwin、minsup、minconf、mintcr 等约束,我们挖掘出所有的带时间窗口的状态集序列模式,即 SSPTW,其具体的伪代码如图 6-12 所示。

```
Main: TW-Apriori Algorithm on discovering SSPTW( )
Input: FSITW, minsup, minconf, mintcr
Output: SSPTW
Begin
    (1)  $L_0$ = FSITW
    (2)  for ($l=1; L_{l-1} \neq \phi; l++$) do
    (3)      $SSPTW_l = \phi$
    (4)      $C_l = candidate\_gen(L_{l-1}, L_0)$
    (5)      For each candidate $m \in C_l$ do
    (6)          Calculate support of m in its frequent-possible time-windows
    (7)      If $Sup_m \geq minsup$
    (8)         $Conf_m \geq minconf$
    (9)         $TCR_m \geq mintcr$ then
    (10)         $SSPTW_l = SSPTW_l \cup \{m\}$
    (11)     End if
    (12)    End for
    (13) End for
    (14) Output = $SSPTW_l$
End
```

图 6-12 挖掘 SSPTW 的 TW-Apriori 算法

图 6-12 中第四步 Candidate_gen( ) 是通过将前一步获得的带时间窗口的状态集序列模式与 FSITW 进行组合，从而产生候选 SSPTW，为下一步计算其支持度、置信度、时间覆盖度做准备，图 6-13 为 Candidate_gen( ) 算法的具体伪代码思想。

```
Subroutine: Candidate_gen( )
Input: $SSPTW_{l-1}$, FSITW
Output: $Cand-SSPTW_l$
Begin
(1)  $Cand-SSPTW_l = \phi$
(2)  For all $SSPTW_i \in SSPTW_{l-1}$ do begin
(3)  For all $y_j^w \in FSITW$ do begin
(4)  $Cand = SSPTW_i \cap y_j^w$
```

```
(5)  T=[t_s,t_e]_{SSPTW_i} ∩ [t_s,t_e]_{y_j}^W
(6)  Count support Cand in T
(7)    If |Cand|=k and T≠φ and support_{cand} ≥ minsup then
(8)      Put Cand with T into Cand-SSPTW_l
(9)    End if
(10)  End for
(11) End for
(12) Output=Cand-SSPTW_l
End
```

图 6-13　产生新的 Candidate-SSPTW 算法

6.4.5　强的带时间窗口的状态集序列模式的挖掘算法

经过以上部分的研究,最终我们将挖掘出所有的带时间窗口的状态集序列模式。但是,当考虑覆盖度阈值(Coverage Rate)时,即当 $Cov(SSPTW) \geq mincov$ 时,我们将挖掘出规则更强的 SSPTW,即强的带时间窗口的状态集序列模式(Strong SSPTW)。其在实际应用过程中的价值将会更高,实用性也更好。图 6-14 即为 Strong SSPTW 算法思想具体的伪代码。

```
Main: TW-Apriori Algorithm on discovering Srong SSPTW( )
Input: SSPTW_l, mincov
Output: Strong SSPTW
Begin
(1)  for (l=1;L_{l-1}≠φ;l++) do
(2)    L_l=SSPTW_l
(3)    Strong SSPTW_l=φ
(4)    For each h∈L_l do
(5)      Calculate its coverage rate CR(h)
(6)      If CR(h) ≥ mincov then
(7)        Strong SSPTW_l=Strong SSPTW_l ∪ {h}
(8)      End if
(9)    End for
(10) End for
(11) Output= ∪ Strong SSPTW_l
(12) End
```

图 6-14　挖掘 Strong SSPTW 的 TW-Apriori 算法

6.4.6 因素集的 FSITW 的挖掘算法

经过以上部分的研究,我们已经挖掘出所有的 FSITW、SSPTW 以及 Strong SSPTW。但是,在实际应用过程中,用户可能会对某些重要的 FSITW 感兴趣,因为当这些 Important FSITW 发生时,可能会带来经济上的巨大收益或巨大损失,或者其他一些方面的重要影响。

因此下面我们将考虑最小因素集比率($minfs$)这一约束,通过将导致某 Important FSITW 发生的 SSPTW 的覆盖度进行求和运算,并与 $minfs$ 进行比较,当满足该阈值,那么我们就挖掘出了导致该 Important FSITW 发生的主要因素集。比如当 x^w 为用户关心的 FSITW,$\{ssptw_1 \to x^w, ssptw_2 \to x^w, ssptw_3 \to x^w\}$ 中三项均是 SSPTW,并且 $ssptw_1$、$ssptw_2$、$ssptw_3$ 均导致了 x^w 的发生,当 $Rate(X^w) = \sum_i (CR(ssptw_i \to X^w)) \geqslant minfs$ 时,则判定 $\{ssptw_1, ssptw_2, ssptw_3\}$ 为 x^w 的主要因素集。图 6-15 即为 Factor Set of FSITW 算法思想的具体伪代码。

```
Main: TW-Apriori Algorithm on discovering FS()
Input: FSI, SSP, minfs
Output: Factor set of FSI
Begin
    (1)  L_0 = FSI^W
    (2)  For each y ∈ FSI^W do
    (3)    FS(y) = φ
    (4)    for (l = 1; L_{l-1} ≠ φ; l++) do
    (5)      For each ssp_i^w ∈ SSP_l^W
    (6)        If Rate(y) = ∑_i (CR(ssp_i →^w y)) ≥ minfs then
    (7)          FS(y) = FS(y) ∪ {ssp_i^w}
    (17)       End if
    (18)     End for
    (19)   End for
    (20) End for
    (21) Output = FS(y)
End
```

图 6-15 挖掘 FSI 因素集的 TW-Apriori 算法

6.4.7 周期性状态集序列模式的挖掘算法

通过对带时间窗口的状态集序列模式的时间窗口进行周期性分析,我们可以挖掘出周期性状态集序列模式,其在实际应用中将更加广泛。比如用于超市的季节性促销、周期性库存,从而提高超市的经济效益,并节省其库存费用;还可以对具有周期性故障特点的系统进行预防性维修,从而避免其故障,减少停工时间,或对装备部件进行周期性采购策略,避免由于故障不能及时进行维修保障工作。

周期性状态集序列模式是序列模式和一系列时间窗口的集合。下面对 Periodic SSPM 过程中的重要概念进行定义。

定义 6.4.15 周期性宽度(Periodic Width, T)

它是用户规定的满足周期性模式应具有的时间窗口的宽度,其中周期性宽度是最小时间窗口的整数倍,即 $T=k\times\omega$。假设 $T=5$,则表示规定的周期性宽度为最小时间窗口的 5 倍。当 SSP 所在时间窗口的宽度满足 T 约束时,可以把该模式作为候选周期性状态集序列模式。

定义 6.4.16 周期性间隔(Periodic Interval, O)

它是用户规定的满足周期性模式应具有的时间窗口的间隔,其中周期性间隔是最小时间窗口的整数倍,即 $O=k\times\omega$,其中周期性间隔可以根据经验按天、周、月、年等来确定。

定义 6.4.17 周期性状态集序列模式(Periodic SSP)

状态集序列模式,形如 $X\to Y$,当同时满足周期性宽度 T 和周期性间隔 O 时,则该状态集序列模式即为周期性状态集序列模式,具体表示为 $X\to^{T,O} Y$。

定义 6.4.18 周期性时间覆盖率(Periodic Time Coverag Rate, PTCR)

假设 p 为满足 Periodic SSP,例如, $X\to^{P_i} Y$ 的时间窗口的周期数量, $n-p$ 为不满足该 Periodic SSP 的时间窗口的周期数量。若 $X\to^{T,O} Y$ 是一个周期性宽度为 T、间隔为 O 的规则性较强的 Periodic SSP,当且仅当 $X\to^{T,O} Y$ 满足以下周期性时间覆盖度值时,即

$$\frac{p}{n-p}\times 100\% \geqslant e\% \tag{6-11}$$

式中: $e\%$ 是用户规定的最小周期性覆盖率阈值(The Minimum Periodic Time Coverag Rate)。

当一个周期模式 $X\to^{P_i} Y$ 满足 T 和 O 两个约束阈值,但是其 $PTCR(X\to^{P_i} Y) < e\%$,它也是周期模式,只不过它是一个周期性时间覆盖度规则较弱的 Periodic SSP。比如超市某物品在一年时间内,仅有 10 天出现该物品的销售情况,由于其 $PTCR$ 值太低,我们就不考虑这种周期性,因为它的实际应用价值不高。

定义6.4.19 模式的周期性分析

模式的周期性分析是指从时序数据库中挖掘出重复出现的、具有周期性发生规律的状态集序列模式。比如,通过周期性分析发现,80%的人在电影院看完电影之后会去附近的餐厅吃饭,这种周期性规律比仅仅发现人们在看完电影之后会去附近餐厅吃饭这样的序列模式的价值大很多。因为通过周期性分析,我们不仅挖掘出序列模式,而且进一步挖掘出周期性的规律以及确切的数值。

下面举一个简单例子来阐述如何进行模式的周期性分析工作如图6-16所示。其中某状态集序列模式 SSPTW 所在的时间窗口为[1,2][4][6],规定最小时间窗口 $minwin=1$,周期性宽度 $T=1$,周期性间隔 $O=1$。

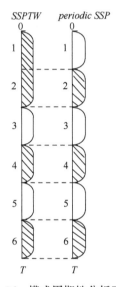

图6-16 模式周期性分析示例图

通过图6-16左侧图形中的阴影部分可以看出在时间窗口[1,2][4][6]中,该时序序列为状态集序列模式,通过周期性分析,发现其在右侧图形阴影部分,即时间窗口[2][4][6]中满足用户规定的周期性宽度和间隔约束,并且其周期性时间覆盖度值为100%,是一个规则性非常强的周期性状态集序列模式。

下面对 Periodic SSP 的算法进行研究,其具体算法思想及步骤如下:首先,找出满足周期宽度 T 和周期间隔 O 的 SSPTW 及其时间窗口,然后计算这些模式的周期性时间覆盖度值,当其满足最小周期性时间覆盖度阈值时,则判定该模式为周期性状态集序列模式。其算法思想的具体伪代码如图6-17所示。

```
Main: TW-Apriori Algorithm on discovering Periodic SSPTW( )
Input: SSPTW_l, T, O, minptcr
Output: Periodic SSPTW
Begin
    (1) for (l=1; L_{l-1} ≠ φ; l++) do
    (2)     L_l = SSPTW_l
    (3)     Periodic SSPTW_l = φ
    (4)     For each h ∈ L_l do
    (5)         Match its time-windows with T and O
    (6)         If T(h) ≥ T, and O(h) ≥ O then
    (7)             Calculate its periodic time coverage rate
    (8)             If ptcr(h) ≥ minptcr then
    (9)                 Preiodic SSPTW_l = Periodic SSPTW_l ∪ {h}
    (10)            End if
    (11)        End if
    (12)    End for
    (13) End for
    (14) Output = ∪ Periodic SSPTW_l
End
```

图 6-17 周期性序列模式挖掘算法

下面我们将通过简单算例来对 SSPM 的方法及算法进行验证和分析。

6.5 基于多状态集序列模式挖掘的设备健康检测与预警方法

6.5.1 设备健康管理

1. 设备健康概念

设备健康由 3 个方面的要素构成:

(1) 自身素质强健:具有良好的机件材料的耐用性、系统配合的平衡性、持久运用的稳定性、高强度高频率运用的可靠性[196]。

(2) 防御自愈机能完善:全面持久的自养护、自修复、自补偿、自适应的仿生机能[197]。

(3) 运用和管理科学:实施健康管理和动态养护维修,使设备的动力性、经济性、可靠性、安全性、净化性在全寿命周期中始终保持或优于设计质量[198]。

2. 设备健康分类

"设备健康管理"把设备分为3类状态：健康—亚健康—故障。

设备使用寿命是一个由健康—亚健康—故障—报废，即设备形态与性能由量变到质变的动态过程[196]。

根据调研显示，目前在用的机械、设备、车辆，健康状态的约占20%，亚健康状态的占60%，故障状态的约占20%。

3. 设备管理定位

设备现行管理和维修的理论、模式、制度是一种被动式滞后性管理[196]。

它以设备的故障管理与维修为核心，重点关注设备的故障阶段，以被动保养、排故诊断、解体换件维修为基本模式，缺乏对设备在"亚健康"阶段的形态与性能的动态劣化和系统平衡紊乱的控制对策。其结果势必造成无可挽回的能源、备件、人力、时间、生产、产品质量的损失和安全隐患及环境污染[199]。

设备健康管理和维修的理论、模式、制度是人—机(主动与被动)结合的前瞻性管理。它以设备的健康管理为核心，重点锁定设备的"健康和亚健康"阶段，以保持健康状态的持久性和稳定性为评价标准[200]。研究设备动态损伤规律；设计和实施预防保健、健康监测、平衡调整、动态养护维修对策和健康保健制度。其结果必然是设备在全寿命周期保持健康、高效、低成本的运用，创造显著的能源、备件、人力、时间的节约效益，安全和环保事半功倍，生产效率倍增。

4. 设备的亚健康管理

"设备健康管理"突破了无故障就是完好的传统概念，首次提出了设备"亚健康"的概念。"亚健康"是设备形态和性能的亚稳态，具有双向转化的特点，诊断处理得当，可以转化为健康；诊断处理失当，可劣化为故障，使设备带病运行，造成人、财、物的浪费，生产损失及安全隐患，因此，是设备健康管理的和监控的重中之重[11]。

5. 设备的仿生机能

"设备健康管理"，通过为机械设备建立"自监控、自养护、自修复、自强化、自补偿、自适应"的仿生机能，有效地解决了设备"健康状态"长期的自主保健和"亚健康"状态的自主监控和康复，建立了人机双向自主结合的设备管理形式，弥补了现行设备管理理论和模式中缺少设备自主管理与维修(即机治)的缺陷[201]。

6. 设备的系统管理

"设备健康管理"，强调对机械设备"自身的形态与机能、健康防护和自愈能力、运用条件"三个方面的全面管理和系统监控，克服了传统管理只注重设备运用条件(如材、油、水、气等)的单一要素管理,形成了更加系统的管理维修体系[201]。

7. 设备的要素管理

"设备健康管理",把复杂的机械设备类型精练为"五大要素":机、电、油、水、气。不论精密的设备还是简单的机械,都是这五大要素不同方式的集成。抓住这五大要素的健康管理,就抓住了设备管理的关键[201]。

6.5.2 设备健康监控理论与技术

1. 设备变异的特点

设备健康管理的核心任务是控制变异,维护健康。设备变异有如下特点:

(1) 变异的连续性。机械的运动性使量变连续变化为质变。例如:设备由健康—亚健康—故障—报废。

(2) 变异的连锁性。机件的相关性形成变异的因果连锁。例如:机件材料变异—机件形态变异—总成机能变异—系统工况变异—设备运行变异。

(3) 变异的必然性。机械运动中的损坏因素导致设备变异。例如:磨损、腐蚀、疲劳等因素使机件逐渐失去形态和机能,最终失效。同时又常常以不可预见的、偶然的、突发的形式表现出来。

(4) 变异的可控性。通过建立和完善"法治+人治+机治"的设备管理模式,变异是可以被控制的。

2. 设备健康监测的特点

(1) 设备健康保障是监测目标。传统管理与维修的检测,追踪重点是故障指标,为制定修理方案提供依据;"健康管理"的检测,追踪重点是健康指标的变异,为制定保健康复方案提供依据。

因此,健康管理监测对检测的内容、频次、参数分析诊断等进行了科学设计,选定动力性、经济性、净化性、安全性四大类健康指标,为维修保养方案提供准确选择和有效指导[202]。

(2) 设备状态跟踪是监测重点。设备零部件失效、各系统配合平衡紊乱、工况劣化都是从量变到质变的动态过程[203]。

健康监测追踪动态参数的变化,特别是"亚健康状态"的变化,增加监测的频度和内容,在每次保养中都进行全面系统检测,有效监控设备工况的变异、防御自愈能力的衰减、损伤量变的程度,适时进行调整,恢复健康,防止故障生成。

(3) 仪器设备是必备手段。设备健康管理要实现检测管理"制度化",检测作业"现场化",检测指标"标准化",检测技术"智能化"。把设备状态信息的采集、分析、诊断和调整、保养、维修决策延伸到设备应用第一线,改变企业缺乏监测设备,依赖经验和"不病不看"的现状。提高设备健康监控水平和维修保养的效率及质量。

（4）信息网络化是发展方向。信息网络化是设备管理的发展趋势。在高新信息技术的支持下,主要的管理与维修技术已发展成为以可靠性为中心的失效分析技术、故障监测诊断技术、虚拟管理和维修技术、自动识别技术、远程支援管理与维修技术等。通过开展设备健康管理培训、"TnPM"健康管理体系认证,全面促进设备管理的现代化。

第7章

故障信息聚类分析

聚类分析是将物理或抽象对象的集合分组为由类似的对象组成的多个类的分析过程,其目标就是在相似的基础上收集数据来分类。聚类分析方法被用作描述数据,衡量不同数据源间的相似性,以及把数据源分类到不同的簇中。故障分类是开展故障分析的基础,本章介绍了常用的聚类分析方法,及如何利用聚类分析方法开展故障分类研究。

7.1 聚类分析的基本思想

随着经济社会和信息技术的飞速发展和普及,数据库应用的规模、范围和深度急剧扩大,各行各业的数据量不断积累,人们面临着越来越多的文本、图像、视频以及音频数据,而这些激增的数据后面隐藏着许多未知的、潜在有用的信息,人们为了将这些数据更好的被利用,希望能够对这些数据进行更高层次的分析[204]。虽然我们目前所用的数据库系统可以高效、方便地完成数据的插入、查询、统计等功能,但是无法发现数据中存在的内在关系和隐含的信息,更无法从我们现有的浩海如烟的信息中提取有用的信息预测将来的发展趋势[205]。数据聚类分析正是在这一当务之急的情况下产生的解决这一问题的有效途径,它是数据挖掘研究领域非常重要的组成研究课题,用于在数据库中对未知对象类的发现,为数据挖掘提供有力的支持。所谓数据挖掘,就是从大量无序的数据中发现隐含的、有效的、有价值的、可理解的模式,进而发现有用的知识,并得出时间的趋向和关联,为用户提供问题求解层次的决策支持能力[206]。

聚类分析是人类认识世界的重要方式,目前已经被广泛的应用于各个数值分析领域,包括模式识别、数理统计、图像处理以及市场分析等[207]。人早在婴幼儿时期,就开始根据潜意识的分类主题学习如何区分猫和狗、区分动物与植物等[208]。因此为了研究生物的演变,人们需要对生物进行分类,根据各种生物的特征,将它们归属于不同的界、门、纲、目、科、属、种等。在商业上,聚类分析可以帮助市场分析人员根据客户消费模式对客户进行分类,发现不同类别客户的消费偏好和特点,从而进行有针对性的服务和广告宣传。虽然人们可以凭经验和专业知识实现分类,但聚类分析作为一种定量方法,从数据分析的角度给出了一个更准确的分类工具[208]。

聚类分析(Clustering Analysis),又称聚类,是一种广泛的应用于KDD与数据挖掘的分析手段[208]。它是这样一个过程,即,将一组数据划分为若干类,使得同类的数据从某种角度有最大的相似性,而不同类的数据间的这种相似性最小。聚类分析就是用数学方法研究和处理给定对象的分类。聚类问题是一个久远的问题,是随着人类的产生和社会的发展而不断深化的一个问题。人们要认知世界、改变世界,就要区分不同的事物并感知存在于不同事物间的相似性。

聚类作为一种非监督型知识发现方法,它不需要任何事先的训练数据,而仅仅按照相似性原则,将一组数据划分为事先未知的分类状态,因而是一种有效的、得到广泛应用的识别与发现未知模式的几种有效方法之一[208]。

聚类算法是知识发现(KDD)中的一种最常用的数据挖掘方法之一,它是一个根据最大的类内相似和最小的类间相似的原则,将一组数据对象划分为几个聚类的过程。聚类算法有两个基本的研究方面。一种是常规的静态聚类,即将数据对象划分为给定聚类数目的聚类,并同时达到特定目标函数值的最小化(或者最大化)。这样的算法包括K-means、K-medoids、K-modes以及模糊聚类等。另一种是根据聚类问题的实际意义,设计一种目标函数,为一组给定的数据对象寻找合适的、事先未知的聚类数目。分裂式层次聚类算法和合并式层次聚类算法是目前寻找聚类数目的有效方法,并且得到了广泛的应用。其他关于聚类数目的查询方法研究还有Kothari和Pitts[60]给出的考虑邻居关系的目标函数,要求数据对象不仅仅需要尽可能的靠近其所属的聚类中心,同时还要尽可能的远离其临近的其他聚类中心。Chiou和Lan[58],以及Lozano和Larranga[59]都在他们的研究工作中采用了遗传算法来处理聚类问题,并给出了按照控制类的直径大小的方式来控制聚类数目。

经典分类学是从单对象或有限的几个对象出发,单凭经验或专业知识对事物进行分类。这种分类具有的优点是界限非常清晰。但是,随着人们认识的加深,发现这种分类常常不适用于具有模糊性的分类问题[7]。如把人按漂亮分为"漂亮的人""不漂亮的人"。这就产生了经典分类方法解决不了的问题——如何判定某个人的类别。由此产生了模糊聚类分析,应用模糊聚类得到了对象属于不同类别的不确定性程度,表达了样本类属的中介性,更能客观地反映现实世界。我们把应用普通数学方法进行分类的聚类方法称为普通聚类分析,而把应用模糊数学方法进行分析的聚类分析称为模糊聚类分析[209]。

美国加州大学伯克利分校电气工程系的 L. A. Zadeh 教授于 1965 年发表论文,提出了创建模糊集合论,1969 年 E. H. Ruspinid 引进了模糊划分的概念。

1974 年 J. C. Bezdek 和 J. C. Dunn 提出了模糊聚类方法。随着模糊聚类分析传入了我国,我国学者对模糊聚类分析的数学基础进行研究,获得很多令世人瞩目的成果,1982 年方开泰等对常用数学聚类分析方法进行了系统总结。1994 年李相镐等对模糊聚类分析及其应用的有关文献作了系统总结[210]。

近年来,聚类作为一种基本的数据挖掘方法被广泛地应用于相似搜索、顾客划分、模式识别、趋势分析等领域中。例如,在超市中,把经常被同时购买的商品项聚类到一起有利于改善商品的布置,提高销售利润。在电子商务每天的日常业务中,网上商店的 Web 服务器自动收集并存储了网上客户对商品的购买、浏览倾向,对不同类别的客户群分析其可能的兴趣特点和购买方式[208]。在信息检索领域中,聚类分析对文档进行分类,改善信息检索的效率,或者发现某一领域文献的组成结构。在医疗分析中,通过对一组新型疾病聚类,得到每类疾病的特征描述,就可以对这些疾病进行识别,提高治疗的功效[10]。

应用领域

聚类分析是一个极富挑战性的研究领域,是近年来迅速发展起来的一种新兴的数据处理技术,它在气象分析、图像处理、模糊控制、计算机视觉、天气预报、模式识别、生物医学、化学、食品检验、生物种群划分、市场细分、业绩评估等诸多领域有着广泛的应用,并在这些领域中取得了长足的发展[211]。

聚类分析在文本中的应用

文本聚类是将集中相似的文本分为一组的全自动处理过程,根据对象的某种联系或相关性,对文档进行有效的摘要、组织,以便从文本集中发现内在相关的信息[7]。同类的文本相似程度较大。文本聚类方法通常先通过向量空间模型把文档转换成高维空间中的向量,然后对这些向量进行聚类[7]。

中文文档转换成向量,需要先有分词软件对中文文本分词后转换成向量,再通过特征抽取形成样本矩阵,最后进行聚类,文本聚类的输出一般为文档集合的一个划分。由于聚类不需要训练,也不需要预先对文档手工标注类别,具有一定的灵活性和自动化处理能力,目前已经成为对文本信息进行处理的重要手段[7]。

聚类分析在市场营销客户细分中的应用

市场营销业利用数据挖掘技术进行市场定位和消费分析,辅助制定营销方案。通过对客户数据库不同消费者消费同一类商品或服务的众多不同数据进行聚类分析,争取潜在的客户,制定有利于市场运行的策略[212]。目前企业都已经意识到"客户就是上帝",在这种经营理念的指引下,对现有客户和潜在客户的培养和挖掘正成为企业成功的关键[7]。

例如,客户的需求倾向一般有内因和外因共同决定的,内因一般包括对某种产品的需要、认知,而影响外因的元素相对较多,比如文化、社会、小群体、参考群体等等[7]。把这些因素作为分析变量,把所有潜在客户的每一个分析变量的指标值量化出来,用聚类分析法进行分类。除此之外,客户满意度和重复购买的几率都可以作为属性进行分类。根据这些分析得到的归类,可以为企业制定市场运营决策提供参考和保障[7]。

聚类分析在金融领域中的应用

随着世界经济的快速发展,金融业面临的考验与日俱增。在分析市场和预测发展、各类客户的归类、银行及各类担保公司的担保和信用评估等工作上需要收集和处理大量的数据,这些数据是不可能通过人工或简单的数据处理软件可以完成的[7]。

可以采用模糊聚类分析法对客户进行分类,预防产生不良账户,防范金融诈骗。对潜在良好信用客户的挖掘,设计和制定更符合客户要求的金融产品,分析、观测金融市场的发展趋势起到重要的作用[7]。

聚类分析在模式识别中的应用

模式识别的一个重要问题就是特征的提取,而模糊聚类分析方法是可以直接从原始数据内找到相关的内在联系,提取特征,进行优选和降维,采用模糊聚类算法提供的最近邻原型分类器,构造基于模糊规则的分类器用于线条检测或识别物体[7]。在一些模式识别的具体应用中,模糊聚类取得了较好的效果,比如汉字字符识别中的字符预分类、语音识别中的分类和匹配雷达目标识别中目标库的建立和新到目标的归类等。

聚类分析在图像处理中的应用

计算机是现代生活和工作的重要工具。图像处理是计算机视觉功能的重要组成部分。人眼视觉具有主观性,所以处理图像比较适合采用模糊手段,另一方面也解决了样本图像的匮乏与无监督分析的要求,它已成为图像处理中一个重要的研究分析工具。模糊聚类在图像处理中的一个最广泛的应用是图像分割,它实质上就是研究像素的无监督分类,模糊聚类算法提出不久后就被应用于图像分割。人们经过实践与学习,提出了多种基于模糊聚类的灰度图像分割新方法,该方法在分割纹理图像、序列图像、遥感图像等方面获得了很大的成果。

现实意义:作为多元统计方法的一种,聚类分析又称为群分析,它是研究样本或指标的分类问题[213]。聚类分析的研究不仅具有重要的理论意义,也具有重要的工程应用价值和人文价值。随着我们知识水平的不断提高,在实际生活和工作中,面对经常遇见分类题,要求也越来越严格[214]。例如,核算分析我国各省市自治区工业企业日益严重的环境问题;某一城市污染的轻重分类;某学校考察一个年级学生学习各科成绩的情况的分类;通过测量人体某些部位的尺寸,反映人体体型的分类;考察城市的物价,由于考核的指数比较多,有食品消费物价、建材价格、服务项目物价指数等,通常先把这些物价指数分类。随着科学生产技术的飞速发展,在许多重要的与人们生活息息相关的领域都将遇到分类问题。这将直接影响到我们的工作与生活。

7.2 聚类统计量

7.2.1 Q型聚类统计量——距离

聚类分析的研究对象是大样本数据,先找出能度量样本(或变量)之间相似程度的统计量,以这个统计量作为划分类型的依据,把一些相似程度较大的样本(或变量)聚合为一类,形成不同的小类,再根据度量相似程度的统计量,把一些相似程度较大的小类聚合成较大的类[215],再把相似程度较大的类聚合成更大的类,直到把所有样本(或变量)都聚合为一类为止。

设有容量为 n 的样本观测数据 $(x_{i1}, x_{i2}, \cdots, x_{ip})$ $(i=1,2,\cdots,n)$,用矩阵表示为

$$X = \begin{bmatrix} x_{11} & x & \cdots & x \\ x & x & \cdots & x \\ x & x & & x \end{bmatrix}$$

对 n 个样本进行聚类的方法称为 Q 型聚类,常用的度量样本之间的相似程度的统计量为距离。

对样本进行聚类时,用样本之间的距离来刻画样本之间的相似程度。两个样本之间的距离越小,表示两个样本之间的共同点越多,相似程度越大;反之,距离越大,共同点越少,相似程度越小。

Q 型聚类统计量——距离:

设 Ω 是 p 维空间点的集合,x, y 是 Ω 中的任意两点。实值函数 $d(.,.)$,如果它满足以下条件:

(1) $dx, y \geq 0, \forall x, y \in \Omega$;

(2) $dx, y = 0$,当且仅当 $x = y$;

(3) $d\,x,y = d\,y,x$, $\forall\,x,y \in \Omega$;

(4) $d\,x,y \leq d\,x,z + d\,z,y$, $\forall\,x,y \in \Omega$。

称 $d(x,y)$ 是点 x 和 y 之间的距离，如果只满足(1)、(2)、(3)，而(4)不满足，则称为广义距离。

p 维空间中聚类分析常用的广义距离有以下几种：

1. 明氏(Minkowski)距离

$$d_{ij}(q) = \left[\sum_{k=1}^{p} |x_{ik} - x_{jk}|^q\right]^{\frac{1}{q}} \tag{7-1}$$

当 $q=1$ 时，$d_{ij}(1) = \sum_{k=1}^{p} |x_{ik} - x_{jk}|$，称为绝对距离(Absolute Distance);

当 $q=2$ 时，$d_{ij}(2) = \left[\sum_{k=1}^{p} |x_{ik} - x_{jk}|^2\right]^{\frac{1}{2}}$，称为欧式(Euclidean)距离;

当 $q=\infty$ 时，$d_{ij}(\infty) = \max_{1 \leq k \leq p} |x_{ik} - x_{jk}|$，称为切比雪夫(Chebychev)距离;

当各变量的单位不同或测量值的范围相差很大时，直接采用明氏距离是不合适的，应该对各变量的数据做标准化处理后进行计算[216]。

明氏距离的缺点：

(1) 没有考虑各个变量的量纲，也就是"单位"当作相同看待；

(2) 没有考虑各个变量的分布(期望,方差)可能不同；

(3) 没有考虑各个变量之间的相关性。

例：二位样本(身高,体重)，有 3 个样本 $a(180,50)$，$b(190,50)$，$c(180,60)$，用明式距离计算，ab 与 ac 之间的距离是相等，但是身高的 10cm 等价于体重的 10kg 吗？

2. 马氏(Mahalanobis)距离

$$d_{ij}(M) = \sqrt{(x_{(i)} - x_{(j)})^T S^{-1} (x_{(i)} - x_{(j)})} \tag{7-2}$$

其中 S 是样本观测数据矩阵的协方差矩阵。马氏距离的好处是排除了各变量间的相关性干扰，又消除了各变量的单位影响；缺点是公式中的 S 难以确定。

3. 兰氏(Lance)距离

$$d_{ij}(L) = \sum_{k=1}^{p} \frac{|x_{ij} - x_{jk}|}{x_{ik} + x_{jk}} \tag{7-3}$$

兰氏距离是一个无量纲的量，受奇异值的影响较小，适用于具有高度偏倚的数据，但兰氏距离没有考虑变量间的相关性。

7.2.2　R型聚类统计量——相似系数

考虑对变量进行聚类时,常用相似系数来描述变量之间的相似程度。两个变量之间的相似系数绝对值接近于1,表明两个变量的关系越密切;绝对值越接近于0,二者关系越疏远。

定义7.2.1　对任意两点 $x_i = (x_{1i}, x_{2i}, \cdots, x_{ni})^T, x_j = (x_{1j}, x_{2j}, \cdots, x_{nj})^T (i,j = 1,2,\cdots,p)$,实值函数 $C_{ij} = C_{ij}(x_i, x_j)$ 如果满足条件:

(1) $|C_{ij}| \leq 1 (i,j = 1,2,\cdots,p)$;
(2) $C_{ij} = 1 (i,j = 1,2,\cdots,p)$;
(3) $C_{ij} = C_{ji} (i,j = 1,2,\cdots,p; i \neq j)$。

称 C_{ij} 为变量 x_i 和 x_j 的相似系数。

常用的相似系数有两种:夹角余弦和相关系数。$x_i = (x_{1i}, x_{2i}, \cdots, x_{ni})^T, x_j = (x_{1j}, x_{2j}, \cdots, x_{nj})^T (i,j = 1,2,\cdots,p)$。

夹角余弦定义为

$$q_{ij} = \frac{\sum_{k=1}^{n} x_{ki} x_{kj}}{\sqrt{\sum_{k=1}^{n} x_{ki}^2 \sum_{k=1}^{n} x_{kj}^2}} \tag{7-4}$$

相似系数定义为

$$r_{ij} = \frac{\sum_{k=1}^{n} (x_{ki} - \bar{x}_i)(x_{kj} - \bar{x}_j)}{\sqrt{\sum_{k=1}^{n} (x_{ki} - \bar{x}_i)^2 \sum_{k=1}^{n} (x_{kj} - \bar{x}_j)^2}} \tag{7-5}$$

式中: $\bar{x}_i = \frac{1}{n} \sum_{k=1}^{n} x_{ki}; \bar{x}_j = \frac{1}{n} \sum_{k=1}^{n} x_{kj} (i,j = 1,2,\cdots,p)$。

变量之间也可以用距离来度量相似程度,样本之间也可以用相似系数来度量相似程度,距离和相似程度也可以相互转化,常用的转化公式有

$$d_{ij}^2 = 1 - C_{ij}^2$$
$$C_{ij} = \frac{1}{1 + d_{ij}}$$
$$d_{ij} = \sqrt{2(1 - C_{ij})}$$

7.3　系统聚类法

系统聚类法是最常用的一种聚类分析方法,其基本思想是:开始将各个样本各自看成一类,共有 n 类。按规定的方法计算每两个类之间的距离,将

距离最近的两个类合并成一个新类,其余的类不变,得到 $n-1$ 个类;按规定方法计算新类与其他类之间的距离,再将距离最近的两个类合并成一个新类,其余的类不变,得到 $n-2$ 个类;每次减少一类,直到最后所有的样本归为一类为止。最后将上述合并类过程画成一张树形图,按一定的原则决定分为几类[217]。

规定不同的类与类之间的距离,产生不同的系统聚类方法,常用的聚类方法有最短距离法、最长距离法、中间距离法等[218]。

1. 最短距离法

规定类与类之间的距离为两个类之间最近的两个样本之间的距离,即类 G_p 和 G_q 之间的距离定义为 $D_{pq} = \min\limits_{i \in G_p, j \in G_q} d_{ij}, p \neq q$,其中 d_{ij} 表示样本 $x_{(i)}^T$ 和样本 $x_{(j)}^T$ 的距离,当 $p=q$ 时,$D_{pq}=0$。若某步骤类将 G_p 和 G_q 合并为新类 G_r,即 $x_{(j)}^T G_r = G_p \cup G_q$,新类 G_r 与其他类 G_k 间距离的递推公式为

$$D_{rk} = \min_{i \in G_r, j \in G_k} d_{ij} = \min\{\min_{i \in G_p, j \in G_k} d_{ij}, \min_{i \in G_q, j \in G_k} d_{ij}\} = \min\{D_{pk}, D_{qk}\}$$

具体步骤如下:

(1) 开始每个样本自成一类,$G_i = x_{(i)}^T$,规定样本之间的距离,计算两两样本之间的距离 d_{ij},有 $D_{ij} = d_{ij}(i,j=1,2,\cdots,n)$。写成距离矩阵 $D_{(0)} = (d_{ij})_{n \times n}$。

(2) 选择 $D_{(0)}$ 中最小的非零元素,设为 D_{pq},将对应的类 D_p 和 D_q 合并为新类 $G_r = G_p \cup G_q$,计算新类 G_r 与其他类 G_k 间距离 $D_{rk} = \min\{D_{pk}, D_{qk}\}$,去掉 $D_{(0)}$ 中第 p,q 行及第 p,q 列,增加第 r 行和第 r 列,其他类与类之间的距离不变。得到距离矩阵 $D_{(1)} = (d_{ij})_{n-1 \times n-1}$,其中 D_{ij} 为两两类之间的距离。

(3) $D_{(1)}$ 重复步骤(2),得到 $D_{(2)} = (d_{ij})_{n-2 \times n-2}$。如此下去,直到所有元素并为一类为止。

(4) 画树形图,确定分类个数。

例 7-1(最短距离法)

设抽取 6 个样本,每个样本只测量了两个指标 X,Y,如表 7-1 所列。

表 7-1 指标

指 标	样本1	样本2	样本3	样本4	样本5	样本6
X	1.0	0.8	1.2	2.0	3.0	1.1
Y	1.5	1.0	1.6	0.0	4.0	0.2

试用最短距离法对 6 个样本进行聚类。

第一步:6 个样本自成一类,先求距离矩阵 $D_{(0)}$(表 7-2),合并 G_1 和 G_3。

表 7-2　距离矩阵 $D_{(0)}$

$D_{(0)}$	G_1	G_2	G_3	G_4	G_5	G_6
G_1	0					
G_2	0.7	0				
G_3	0.3	1	0			
G_4	2.5	2.2	2.4	0		
G_5	4.5	5.2	4.2	5	0	
G_6	1.4	1.1	1.5	1.1	5.7	0

第二步:合并 G_1 和 G_3 为 G_7,得到距离矩阵 $D_{(1)}$(表 7-3)。

表 7-3　距离矩阵 $D_{(1)}$

$D_{(1)}$	G_2	G_4	G_5	G_6	G_7
G_2	0				
G_4	2.2	0			
G_5	5.2	5	0		
G_6	1.1	1.1	5.7	0	
G_7	0.7	2.4	4.2	1.4	0

第三步:合并 G_2 和 G_7 为 G_8,得到距离矩阵 $D_{(2)}$(表 7-4)。

表 7-4　距离矩阵 $D_{(2)}$

$D_{(2)}$	G_4	G_5	G_6	G_8
G_4	0			
G_5	5	0		
G_6	1.1	5.7	0	
G_8	2.2	4.2	1.1	0

第四步:合并 G_4,G_6 和 G_8 为 G_9,得到距离矩阵 $D_{(3)}$(表 7-5)。

表 7-5　距离矩阵 $D_{(3)}$

$D_{(3)}$	G_5	G_9
G_5	0	
G_9	4.2	0

最后,所有样本合并为一类,聚类过程结束。

2. 最长距离法

最长距离法规定类与类之间的距离为两个类之间最远的两个样本的距离。类 G_p 和 G_q 之间的距离定义为

$$D_{pq} = \max_{i \in G_p, j \in G_q} d_{ij}, \quad p \neq q \tag{7-6}$$

式中：d_{ij} 表示样本 i 和样本 j 之间的距离，当 $p = q$ 时，$D_{pq} = 0$。

最长距离法与最短距离法聚类的步骤相同，只是类与类之间的距离定义方法不同，从而类 G_p 和 G_q 合并为新类 G_r 后，类 G_r 与其他类 G_k 间距离的递推公式也不同，最长距离法的递推公式为

$$D_{rk} = \max_{i \in G_r, j \in G_k} d_{ij} = \max\{\max_{i \in G_p, j \in G_k} d_{ij}, \max_{i \in G_q, j \in G_k} d_{ij}\} = \max\{D_{pk}, D_{qk}\}$$

3. 中间距离法

类 G_p 和 G_q 合并为新类 G_r 后，类 G_r 与其他类 G_k 间距离的递推公式为

$$D_{rk}^2 = \frac{1}{2} D_{kp}^2 + \frac{1}{2} D_{kp}^2 - \frac{1}{4} D_{pq}^2 \tag{7-7}$$

新类与其他类之间的距离既不取最近的两类之间的距离，也不取最远的两类之间的距离，而是取两者中间的距离，所以称为中间距离法。

中间距离法的更一般情景为

$$D_{rk}^2 = \frac{1-\beta}{2}(D_{kp}^2 + D_{kq}^2) - \beta D_{pq}^2, \quad \beta \leq 1 \tag{7-8}$$

这种方法称为可变法，特别当 $\beta = 0$ 时，递推公式变为

$$D_{rk}^2 = \frac{1}{2}(D_{kp}^2 + D_{kq}^2) \tag{7-9}$$

聚类个数的确定：系统聚类时，最终聚多少类合适，是一个很实际的问题。一个好的聚类应该在类内的各个样本尽可能相似的前提下，类的个数尽可能少，可从实际出发，选择合适的分类数。根据树状结构图来分类应遵循以下准则：

（1）任何类都必须在邻近各类中是突出的，即各类重心之间距离必须大；

（2）各类所包含的元素都不应过多；

（3）分类的数目应该符合使用的目的；

（4）若采用几种不同的聚类方法处理，则在各自的聚类图上应发现相同的类。

7.4 基于划分方法的聚类

聚类分析最简单、最基本的方法是划分，它把对象组织成多个互斥的组或

簇。为了使得问题说明简洁,我们假定簇个数作为背景知识给定[219]。这个参数是划分方法的起点。

相应地,给定 n 个数据对象的数据集 D,以及要生成的簇数 k,划分算法把数据对象组织成 5($k \leqslant n$)个分区,其中每个分区代表一个簇。这些簇的形成旨在优化一个客观划分准则,如基于距离的相异性函数,使得根据数据集的属性,在同一个簇中的对象是"相似的",而不同簇中的对象是"相异的"[220]。

本节,我们将学习最著名、最常用的划分方法 K-means(均值)算法和 K-medoids(中心点)算法。我们还将学习这些经典划分方法的一些变种,以及如何扩展它们以处理大型数据集。

7.4.1 K-means(均值)算法

假设数据集 D 包含 n 个欧几里得空间中的对象。划分方法把 D 中的对象分配到 k 个簇 $C_1, \cdots, C_k$ 中,使得对于 $1 \leqslant i, j \leqslant k$。一个目标函数用来评估划分的质量,使得簇内对象相互相似,而与其他簇中的对象相异。也就是说,该目标函数以簇内高相似性和簇间低相似性为目标[221]。

基于形心的划分技术使用簇 C_i 的形心代表该簇。从概念上讲,簇的形心是它的中心点。形心可以用多种方法定义,例如用分配给该簇的对象(或点)的均值或中心点定义[222]。对象 $p \in C_i$ 与该簇的代表 c_i 之差用 dist(p, c_i) 度量,其中 dist(x, y) 是两个点 x 和 y 之间的欧几里得距离。簇 C_i 的质量可以用簇内变差度量,它是 C_i 中所有对象和形心 c_i 之间的误差的平方和,定义为

$$E = \sum_{i=1}^{k} \sum_{p \in C_i} \text{dist}(p, c_i)^2$$

式中:E 是数据集中所有对象的误差的平方和;p 是空间中的点,表示给定的数据对象;c_i 是簇 C_i 的形心(p 和 c_i 都是多维的)。换言之,对于每个簇中的每个对象,求对象到其簇中心距离的平方,然后求和。这个目标函数试图使生成的结果簇尽可能紧凑和独立。

优化簇内变差是一项具有挑战性的计算任务。在最坏情况下,我们必须枚举大量可能的划分(是簇数的指数),并检查簇内变差值。业已证明,在一般的欧几里得空间中,即便对于两个簇(即 $k=2$),该问题也是 NP-困难的[223]。此外,即便在二维欧几里得空间中,对于一般的簇个数 k,该问题也是 NP-困难的。如果簇个数 k 和空间维度 d 固定,则该问题可以在 $O(n^{dk+1} \log n)$ 时间内求解,其中 n 是对象的个数。为了克服求精确解的巨大计算开销,实践中通常需要使用贪心方法。一个基本例子是 K-均值算法,它简单并且经常使用[221]。

"K-means算法是怎样工作的?"K-means算法把簇的形心定义为簇内点的均值。它的处理流程如下。首先,在 D 中随机地选择 k 个对象,每个对象代表一个簇的初始均值或中心。对剩下的每个对象,根据其与各个簇中心的欧几里得距离,将它分配到最相似的簇。然后,K-means算法迭代地改善簇内变差。对于每个簇,它使用上次迭代分配到该簇的对象,计算新的均值。然后,使用更新后的均值作为新的簇中心,重新分配所有对象。迭代继续,直到分配稳定,即本轮形成的簇与前一轮形成的簇相同。K-means算法过程概括在图7-1中。

算法:K-means。用于划分的 K-means 算法,其中每个簇的中心都用簇中所有对象的均值来表示。

输入:

  k:簇的数目;

  D:包含 n 个对象的数据集。

输出:k 个簇的集合。

方法:

(1) 从 D 中任意选择 k 个对象作为初始簇的中心;

(2) **Repeat**

(3)   根据簇中对象的均值,将每个对象分配到最相似的簇;

(4)   更新簇均值,即重新计算每个簇中对象的均值;

(5) **until** 不再发生变化

图7-1   K-means算法

例7-2 使用 K-means 算法划分的聚类。考虑二维空间的对象集合,如图所示。令 $k=3$,即用户要求将这些对象划分成 3 个簇。根据图 7-1 中的算法,我们任意选择 3 个对象作为 3 个初始的簇中心,其中簇中心用"+"标记。根据与簇中心的距离,每个对象被分配到最近的一个簇。这种分配形成了如图 7-2(a)中虚线所描绘的轮廓。

下一步,更新簇中心。也就是说,根据簇中的当前对象,重新计算每个簇的均值。使用这些新的簇中心,把对象重新分布到离簇中心最近的簇中。这样的重新分布形成了图 7-2(b)中虚线所描绘的轮廓。

重复这一过程,形成图 7-2(c)所示结果。这种迭代地将对象重新分配到各个簇,以改进划分的过程被称为迭代的重定位(Iterative Relocation)。最终,对象的重新分配不再发生,处理过程结束,聚类过程返回结果簇。

不能保证 K-means 算法收敛于全局最优解,并且它常常终止于一个局部最

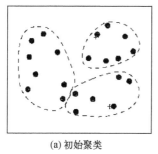 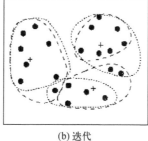 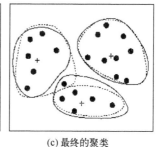

(a) 初始聚类　　　　　　(b) 迭代　　　　　　(c) 最终的聚类

图 7-2　结果簇

优解。结果可能依赖于初始簇中心的随机选择。实践中,为了得到好的结果,通常以不同的初始簇中心,多次运行 K-means 算法。

K-means 算法的复杂度是 $O(nkt)$,其中 n 是对象总数,k 是簇数,t 是迭代次数。通常,$k \ll n$ 并且 $t \ll n$。因此,对于处理大数据集,该算法是相对可伸缩和有效的。

K-means 算法有一些变种。它们可能在初始 k 个均值的选择、相异度的计算、簇均值的计算策略上有所不同。

仅当簇的均值有定义时才能使用 K-means 算法。在某些应用中,例如当涉及具有标称属性的数据时,均值可能无定义。K-众数(K-modes)算法是 K-means 算法的一个变体,它扩展了后一均值范例,用簇众数取代簇均值来聚类标称数据。它采用新的相异性度量来处理标称对象,采用基于频率的方法来更新簇的众数。可以集成 K-均值和 K-众数算法,对混合了数值和标称值的数据进行聚类。要求用户必须事先给出要生成的簇数 k 可以算是该方法的一个缺点[224]。然而,针对如何克服这一缺点已经有一些研究,如提供 k 值的近似范围,然后使用分析技术,通过比较由不同 k 得到的聚类结果,确定最佳的 k 值。K-均值算法不适合于发现非凸形状的簇,或者大小差别很大的簇。此外,它对噪声和离群点敏感,因为少量的这类数据能够对均值产生极大的影响[223]。

"怎样提高 K-means 算法的可伸缩性?"一种使 K-均值在大型数据集上更有效的方法是在聚类时使用合适规模的样本;另一种是使用过滤方法,使用空间层次数据索引节省计算均值的开销;第三种方法利用微聚类的思想,首先把邻近的对象划分到一些"微簇"(micro-cluster)中,然后对这些微簇使用 K-means 算法进行聚类[223]。

7.4.2 K-medoids(中心点)算法

K-means 算法对离群点敏感,因为这种对象远离大多数数据,因此分配到一个簇时,它们可能严重扭曲簇的均值,这不经意间影响了其他对象到簇的分配。正如在例 7-3 中所观察到的,平方误差函数的使用更是严重恶化了这一影响。

例 7-3 K-means 算法的缺点。考虑一维空间的 7 个点,它们的值分别为 1、2、3、8、9、10 和 25。直观地,通过视觉观察,我们猜想这些点划分成簇{1,2,3}和{8,9,10},其中点 25 被排除,因为它看上去是一个离群点。K-均值如何划分这些值?如果我们以 $k=2$ 和图 7-1 使用 K-均值,划分{{1,2,3},{8,9,10,25}}具有簇内变差$(1-2)^2+(2-2)^2+(3-2)^2+(8-13)^2+(9-13)^2+(10-13)^2+(25-13)^2=196$。其中,簇{1,2,3}的均值为 2,簇{8,9,10,25}的均值为 13。把这一划分与划分{{1,2,3,8},{9,10,25}}比较,后者的簇内变差为$(1-3.5)^2+(2-3.5)^2+(3-3.5)^2+(8-3.5)^2+(9-14.67)^2+(10-14.67)^2+(25-14.67)^2=189.67$。其中,簇{1,2,3,8}的均值为 3.5,簇{9,10,25}的均值为 14.67。后一个划分具有最小簇内变差,因此,由于离群点 25 的缘故,K-均值方法把 8 分配到不同于 9 和 10 所在的簇。此外,第二个簇中心为 14.67,显著地偏离簇中的所有成员。

"如何修改 K-means 算法,降低它对离群点的敏感性?"我们可以不采用簇中对象的均值作为参照点,而是挑选实际对象来代表簇,每个簇使用一个代表对象。其余的每个对象被分配到与其最为相似的代表性对象所在的簇中。于是,划分方法基于最小化所有对象 p 与其对应的代表对象之间的相异度之和的原则来进行划分[223]。确切地说,使用了一个绝对误差标准(absolute-error criterion),其定义如下:

$$E = \sum_{i=1}^{k} \sum_{p \in C_j} \text{dist}(p, o_i) \qquad (7-10)$$

式中:E 是数据集中所有对象 p 与 C_i 的代表对象 o_i 的绝对误差之和。这是 K-中心点算法的基础。K-中心点聚类通过最小化该绝对误差(式(7-10)),把 n 个对象划分到 k 个簇中。

当 $k=1$ 时,我们可以在 $O(n^2)$ 时间内找出准确的中位数。然而,当 k 是一般的正整数时,K-中心点问题是 NP-困难的。围绕中心点划分(Partitioning Around Medoids,PAM)算法(图 7-4)是 K-中心点聚类的一种流行的实现[223],它用迭代、贪心的方法处理该问题。与 K-means 算法一样,初始代表对象称为种子)任意选取。我们考虑用一个非代表对象替换一个代表对象是否能够提高聚类质量,尝试所有可能的替换,继续用其他对象替换代表对象的迭代过程,直到结果聚类的质量不可能被任何替换提高。质量用对象与其簇中代表对象的平均相异度的代价函数度量。

具体地说,设 $o_1,\cdots,o_n$ 是当前代表对象(即中心点)的集合。为了决定一个非代表对象 o_{random} 是否是一个当前中心点 $o_j,(1 \leq j \leq k)$ 的好的替代,我们计算每个对象 p 到集合 $\{o_1,\cdots,o_{j-1},o_{random},o_{j+1},\cdots,o_k\}$ 中最近对象的距离,并使用该距离更新代价函数。对象重新分配到 $\{o_1,\cdots,o_{j-1},o_{random},o_{j+1},\cdots,o_k\}$ 中是简单的。假设对象 p 当前被分配到中心点 o_j 代表的簇中,在 o_j 被 o_{random} 置换后,我们需要把 p 重新分配到不同的簇,被分配到 o_{random} 或者其他 $o_i(i \neq j)$ 代表的簇,取决于哪个最近[223]。在图 7-3(a)中,p 离 o_i 最近,因此它被重新分配到 o_i。然而,在图 7-3(b)中,p 离 o_{random} 最近,因此它被重新分配到 o_{random}。要是 p 当前被分配到其他对象 $o_i(i \neq j)$ 代表的簇中又该怎么办?只要对象 p 离 o_i 还比离 o_{random} 更近,那么它就仍然被分配到 o_i 代表的簇(见图 7-3(c))。否则,p 被重新分配到 o_{random}(见图 7-3(d))。

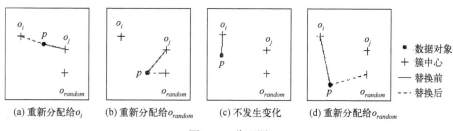

图 7-3 分配图

每当重新分配发生时,绝对误差 E 的差对代价函数有影响。因此,如果一个当前的代表对象被非代表对象所取代,则代价函数就计算绝对误差值的差[225]。交换的总代价是所有非代表对象所产生的代价之和[226]。如果总代价为负,则实际的绝对误差 E 将会减小,o_j 可以被 o_{random} 取代或交换。如果总代价为正,则认为当前的代表对象 o_j 是可接受的,在本次迭代中没有变化发生。

"哪种方法更鲁棒,K-均值还是 K-中心点?"当存在噪声和离群点时,K-中心点比 K-均值更鲁棒,这是因为中心点不像均值那样容易受离群点或其他极端值影响。然而,K-中心点算法的每次迭代的复杂度是 $O(k(n-k)^2)$。当 n 和 k 的值较大时,这种计算开销变得相当大,远高于 K-means 算法。这两种算法都要求用户指定簇数 k。

"如何缩放 K-中心点算法?"像 PAM(图 7-4)这样的典型的 K-medoids 算法

在小型数据集上运行良好,但是不能很好地用于大数据集。为了处理大数据集,可以使用一种称为大型应用聚类(Clustering LARge Applications,CLARA)的基于抽样的方法。CLARA并不考虑整个数据集合,而是使用数据集的一个随机样本,然后使用PAM方法由样本计算最佳中心点。理论上,样本应该近似地代表原数据集[227]。在许多情况下,大样本都很有效,如果每个对象都以相同的概率被选到样本中的话。被选中的代表对象(中心点)非常类似于从整个数据集选取的中心点。CLARA由多个随机样本建立聚类,并返回最佳的聚类作为输出。在一个随机样本上计算中心点的复杂度为 $O(ks^2+k(n-k))$,其中 s 是样本的大小,k 是簇数,而 n 是对象的总数[228]。CLARA能够处理的数据集比PAM更大。

算法:K-中心点。PAM,一种基于中心点或中心对象进行划分的K-中心点算法。

输入:
- k:结果簇的个数。
- D:包含 n 个对象的数据集合。

输出:k 个簇的集合。

方法:
(1) 从 D 中随机选择 k 个对象作为初始的代表对象或种子;
(2) **repeat**
(3)   将每个剩余的对象分配到最近的代表对象所代表的簇;
(4)   随机地选择一个非代表对象 o_{random};
(5)   计算用 o_{random} 代替代表对象 o_j 的总代价 S;
(6)   **if** $S<0$, **then** o_{random} 替换 o_j,形成新的 k 个代表对象的集合;
(7) **until** 不发生变化

图 7-4 PAM 聚类算法

CLARA的有效性依赖于样本的大小。注意,PAM在给定的数据集上搜索几个最佳中心点,而CLARA在数据集选取的样本上搜索 k 个最佳中心点。如果最佳的抽样中心点都远离最佳的 k 个中心点,则CLARA不可能发现好的聚类。如果一个对象是 k 个最佳中心点之一,但它在抽样时没有被选中,则CLARA将永远不能找到最佳聚类[228]。

"如何改进CLARA的聚类质量和可伸缩性?"回忆一下,在搜索最佳中心点时,PAM针对每个当前中心点考察数据集的每个对象,而CLARA把候选中心点仅局限在数据集的一个随机样本上。一种称为基于随机搜索的聚类大型应用(Clustering Large Application based upon RANdomized Search,CLARANS)的随机算法可以在使用样本得到聚类的开销和有效性之间权衡[228]。

首先,它在数据集中随机选择 k 个对象作为当前中心点。然后,它随机地选择一个当前中心点 x 和一个不是当前中心点的对象 y。用 y 替换 x 能够改善绝对误差吗? 如果能,则进行替换。CLARANS 进行这种随机搜索 1 次。1 步之后的中心点的集合被看做一个局部最优解 CLARANS 重复以上随机过程 m 次,并返回局部最优解作为最终的结果。

7.5 其余各类方法

7.5.1 层次聚类方法

尽管划分方法满足把对象划分成一些互斥组群的基本聚类要求,但是在某些情况下,我们想把数据划分成不同层上的组群,如层次[229]。层次聚类方法(Hierarchical Clustering Method)将数据对象组成层次结构或簇的"树"。

对于数据汇总和可视化,用层次结构的形式表示数据对象是有用的。例如,作为人力资源部经理,你可以把你的雇员组织成较大的组群,如主管、经理和职员。你可以把这些组进一步划分为较小的子组群。例如,一般的职员组可以进一步划分成子组群:高级职员、职员和实习人员。所有这些组群形成了一个层次结构。我们可以很容易地对组织在层次结构中的数据进行汇总或特征化。这样的数据组织可以用来发现诸如经理的平均工资和职员的平均工资。

作为另一个例子,考虑手写字符识别。手写字符样本集可以先划分成一般的组群,其中每个群组对应于一个唯一的字符。某些组群可以进一步划分成子组群,因为一个字符可能有多种显著不同的写法。如果需要,层次划分可以递归继续,直到达到期望的粒度。

在前面的例子中,尽管我们层次地划分数据,但是我们并未假定数据具有层次结构。这里,我们使用层次结构只是以压缩的形式汇总和提供底层数据。这种层次结构对于数据可视化特别有用。

另外,在某些应用中,我们也可能相信数据具有一个我们想要发现的基本层次结构。例如,层次聚类可能揭示雇员在收入上的分层结构。在进化研究中,层次聚类可以按动物的生物学特征对它们分组,发现进化路径,即物种的分层结构。再如,用层次方法对战略游戏(如国际象棋和西洋跳棋)进行布局聚类可以帮助开发用于训练棋手的游戏战略。

本节将从凝聚和分裂层次聚类的讨论开始学习层次聚类方法。凝和分裂层次聚类分别使用自底向上和自顶向下策略把对象组织到层次结构中。

凝聚方法从每个对象都作为一个簇开始,迭代地合并,形成更大的簇。与此相反,分裂方法开始令所有给定的对象形成一个簇,迭代地分裂,形成较小的簇。层次聚类方法可能在合并或分裂点的选择方法上遇到困难。这种决定是至关重要的,因为一旦对象的组群被合并或被分裂,则下一步处理将在新产生的簇上进行。它既不会撤销之前所做工作,也不会在簇之间进行对象交换。因此,如果合并或分裂选择不当,则可能导致低质量的簇。此外,这些方法不具有很好的可伸缩性,因为每次合并或分裂的决定都需要观察和评估许多对象或簇[34]。

一种提高层次方法聚类质量的有希望的方向是集成层次聚类与其他聚类技术,形成多段聚类。我们介绍两种这样的方法,即 BIRCH 和 Chameleon。BIRCH 从使用树结构分层划分对象开始,其中树叶和低层结点可以视为"微簇",依赖于分辨率的尺度,然后,使用其他聚类算法,在这些微簇上进行宏聚类并探索层聚类中的动态建模[34]。

存在多种方法对层次聚类方法进行分类。例如,它们可分为算法方法、概率方法和贝斯方法。凝聚、分裂和多阶段方法都是算法的,即它们都将数据对象看做确定性的,并且根据对象之间确定性的距离计算簇。概率方法使用概率模型捕获簇,并且根据模型的拟合度量簇的质量。贝叶斯方法计算可能的聚类分布即它们返回给定数据上的一组聚类结构和它们的概率、条件,而不是输出数据集上的单个定性的聚类[34]。

7.5.2 基于密度的方法

划分和层次方法旨在发现球状簇,但很难发现任意形状的簇,如图 7-5 中"S"形和椭圆形簇。给定这种数据,它们很可能不正确地识别凸区域,其中噪声或离群点被包含在簇中。

为了发现任意形状的簇,作为选择,我们可以把簇看做数据空间中被稀疏区域分开的稠密区域。这是基于密度的聚类方法的主要策略,该方法可以发现非球状的簇。本节将介绍基于密度聚类的 3 种代表性的基本技术——即 DBSCAN、OPTICS 和 DENCLUE。

7.5.3 基于网格的方法

迄今为止所讨论的方法都是数据驱动的——它们划分对象集并且自动适应嵌入空间中的数据分布。另外,基于网格的聚类算法采用空间驱动的方法,把嵌入空间划分成独立与输入对象分布的单元[230]。

图 7-5 "S"形和椭圆形簇

基于网格的聚类算法使用一种多分辨率的网格数据结构。它将对象空间量化成有限数目的单元,这些单元形成了网格结构,所有的聚类操作都在该结构上进行。这种方法的主要优点是处理速度快,其处理时间独立于数据对象数,而仅依赖于量化的空间中每一维上的单元数。

本节,我们使用两个典型的例子解释基于网格的聚类。STING 考察存储在网格单元的统计信息。CLQUE 是基于网格和密度的聚类方法,用于高维数据空间中的子空间聚类。

7.5.4 当前聚类研究方向

没有任何一种聚类技术(聚类算法)可以普遍适用于揭示各种多维数据集所呈现出来的多种多样的结构。根据数据在聚类中的积聚规则以及应用这些规则的方法,有多种聚类算法。聚类算法体系结构如图 7-6 所示[231]。但是由于每一种方法都有缺陷,再加上实际问题的复杂性和数据的多样性,使得无论哪一种方法都只能解决某一类问题[232]。近年来,随着人工智能、机器学习、模式识别和数据挖掘等领域中传统方法的不断发展以及各种新方法和新技术的涌现,数据挖掘中的聚类分析方法得到了长足的发展。整体来看,主要围绕样本的相似性度量、样本归属关系、样本数据的前期处理、高维样本聚类、增量样本聚类等几个方面展开研究。

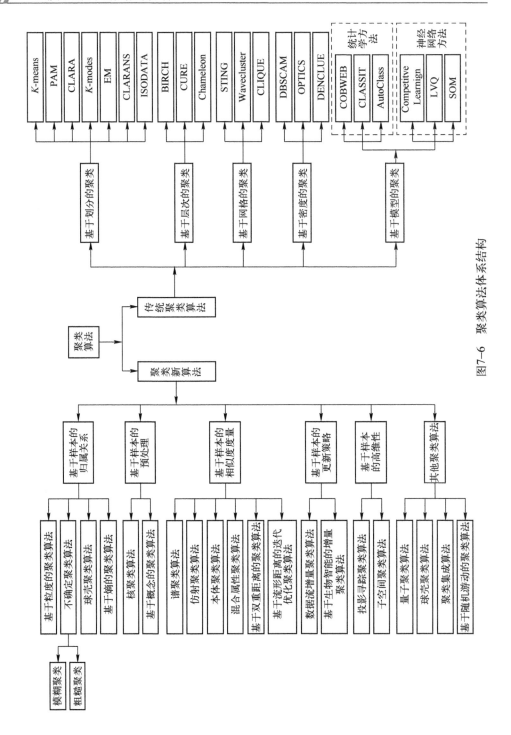

图7-6 聚类算法体系结构

7.6 模糊聚类分析

7.6.1 模糊距离关系

定义 7.6.1 一个基于距离关系的模糊关系模型 R 是下述笛卡儿积的子集：

$2^{D_1} \times 2^{D_2} \times \cdots \times 2^{D_m}$，其中 $2^{D_j} = 2^{D_j} - \phi$。

对于 R 中的任一成员，即一个模糊记录(Tuples) $t \in R, t = (t_1, t_2, \cdots, t_m)$，$t$ 中的每个元素都表述为 $t_j = [\alpha_{j1} d_{j1}, \alpha_{j2} d_{j2}, \cdots, \alpha_{jC^j} d_{jC^j}]$。其中：$d_{jk}$ 是值域 D_j 中的标量值(Scalar)；C^j 是值域 D_j 标量值的个数；α_{jk} 是描述 t_j 对 d_{jk} 的隶属系数，并且满足 $\sum_{k=1}^{C^j} \alpha_{jk} = 1$。

与 Buckles 和 Petry 对模糊关系数据模型定义不同的是，定义 7.6.1 中的对属性值的描述采用模糊值集合的方式，并且模糊记录的各个属性值由属性域中所有域值及其隶属系数来描述，即一个模糊值不同程度的属于值域中的全部属性值。这种模型兼容了 Buckles 和 Petry 的定义，隶属系数的增加将有利于我们下面的数学推导。

根据定义 7.6.1，传统的确定性关系结构的数据库都可以通过模糊的方式描述与存储数据。例如：

设 $U = [X^1, X^2, \cdots, X^n]$ 是一个数据对象集合，$A = [A_1, A_2, \cdots, A_m]$ 为其属性集，$D = [D_1, D_2, \cdots, D_m]$ 为属性值域集。向量 V^j 为值域向量，由值域 D_j 所有不同的值组成，也就是 V^j 中的所有元素都是属于 D_j，并且刚好包括全部值域 D_j 中的全部值。这样，我们可以用下述定义来描述所有的属性值。

定义 7.6.2 对于任意 $v \in Dom(D_j)$，可以描述为 $v = \boldsymbol{\alpha} \cdot V^j = \sum_{k=1}^{C^j} \alpha_k v_k^j$。其中 V^j 是 D_j 的值域向量，C^j 是 V^j 的长度，并且 $|\boldsymbol{\alpha}| = 1$。

定义 7.6.2 意味着属性 A_j 任何的值都可以由其值域向量 V^j 与隶属系数向量 $\boldsymbol{\alpha}$ 的点乘来表示。一方面，属性值不再是某单一值，整个值域集体都不同程度的为属性值的准确描述做了贡献，它是一种模糊的状态；另一方面，这种表示方式意味着分类型属性值之间的距离可以不再是间断的，它可以在离散的值域上连续的取值，甚至可以说，数值型属性和分类型属性通过定义 7.6.2 无缝统一起来。

举例来说，对于人的描述，年龄属性(数值型)和皮肤颜色属性(分类型)的值域可定义为年龄：[10,20,30,40]，肤色：[Black, Brown, Yellow, Red, White]，那么,某一实例数据:年龄18,肤色Yellow可以表示为:年龄$[0.2,0.8,0,0]\cdot[10,20,30,40]$,肤色$[0,0,1,0,0]\cdot[Bl,Br,Y,R,W]$。可以看出,肤色属性由以前的离散取值转变为连续方式,如界于黄色和白色之间可以由$[0,0,0.5,0,0.5]\cdot[Bl,Br,Y,R,W]$来表示,对值域中的某个离散值的不同程度的倾向可以由隶属系数来连续调整。这里的数值属性的值域可离散为一些具有代表性的离散点,也可以通过这种隶属系数的方式实现对不确定的、模糊状态的数据进行描述。所有的连续值需要无量纲化到$[0,1]$区间。

下面,我们定义这种数据的模糊描述方式中的距离关系(Distance relation),并通过它定义相似关系,使之与传统的Shenoi和Melton的定义相兼容。

定义7.6.3 值域D_j上的距离关系定义为一种一一映射$d:V^j\times V^j\to[0,1]$,并且对任意$v_1,v_2,v_3\in Dom(D_j)$都有

$d(v_1,v_1)=0$ (自反性)

$d(v_1,v_2)=v_1-v_2=-(v_2-v_1)=-d(v_2,v_1)$ (反对称性)

$|d(v_1,v_2)|+|d(v_2,v_3)|\geq|d(v_1,v_3)|\geq||d(v_1,v_2)|-|d(v_2,v_3)||$ (三角关系)

在这里,需要值得注意的是,距离的定义是有方向的,即反对称性,这与我们习惯上的无方向距离观念有些不同。三角关系本身就是距离概念中的一部分,其实是一种可选择的约束,它可使这种模型下模糊关系数据库的聚类、函数依赖关系等数据分析结果具有更好的稳定性。这种稳定性的意义实际上就是整个聚类结果对单个的数据项扰动的敏感程度。

下面我们根据距离关系定义相似关系。

定义7.6.4 值域D_j上的相似关系定义是一种一一映射$s:V^j\times V^j\to[0,1]$,对于任意$v_1,v_2\in\text{dom}(D_j)$,都有$s(v_1,v_2)=1-|d(v_1,v_2)|$。

根据定义7.6.4,下述推论引导出了相似关系的一些特点,实际上就是在Shenoi和Melton的相似(临近)关系定义上增加了三角关系的约束。

推论7.1 D_j是一个定义了相似关系的值域,那么对于任意$v_1,v_2,v_3\in Dom(D_j)$,我们都有

$s(v_1,v_1)=1$ (自反性)

$s(v_1,v_2)=s(v_2,v_1)$ (对称性)

$1-|s(v_1,v_2)-s(v_2,v_3)|\geq s(v_1,v_3)\geq s(v_1,v_2)+s(v_2,v_3)-1$ (三角性)

证明

自反性:

$s(v_1,v_1)=1-d(v_1,v_1)=1$。得证。

对称性：

$s(v_1,v_2) = 1 - |d(v_1,v_2)| = 1 - |d(v_2,v_1)| = s(v_2,v_1)$。得证。

三角性：

$|d(v_1,v_2)| + |d(v_2,v_3)| \geq |d(v_1,v_3)| \geq \||d(v_1,v_2)| - |d(v_2,v_3)|\|$

$|1-s(v_1,v_2)| + |1-s(v_2,v_3)| \geq |1-s(v_1,v_3)| \geq \||1-s(v_1,v_2)| - |1-s(v_2,v_3)|\|$

$1 - |s(v_1,v_2) - s(v_2,v_3)| \geq s(v_1,v_3) \geq s(v_1,v_2) + s(v_2,v_3) - 1$。得证。

尽管相似关系是按照距离关系来定义的，在某些时候往往却需要先定义相似关系，再根据相似关系反向定义距离关系。也就是相似关系和距离关系是一致的，它们互为条件和结果。

下述的定理是本章节中的一个重要定理，它给出了基于距离关系的模糊关系数据模型中模糊数据间的距离的计算公式。

定理 7.1 对于一个定义了距离关系的属性值域 D_j，对于 $x, y \in D_j$，$x = \boldsymbol{\alpha}_x \cdot \boldsymbol{V}^j$，$y = \boldsymbol{\alpha}_y \cdot \boldsymbol{V}^j$，那么 x, y 之间的距离可以按照下式来计算：

$$d(x,y) = x - y = \boldsymbol{\alpha}_x \cdot \boldsymbol{V}^j - \boldsymbol{\alpha}_y \cdot \boldsymbol{V}^j = \sum_{k,l=1}^{C^j} \alpha_{xk}\alpha_{yl}(v_k^j - v_l^j) = \sum_{k,l=1}^{C^j} \alpha_{xk}\alpha_{yl}d_{kl}(v_k^j, v_l^j)$$

证明公式的右端：

$$\sum_{k,l=1}^{C^j} \alpha_{xk}\alpha_{yl}d_{kl}(v_k^j, v_l^j) = \sum_{k,l=1}^{C^j} \alpha_{xk}\alpha_{yl}(v_k^j - v_l^j) = \sum_{k,l=1}^{C^j} \alpha_{xk}\alpha_{yl}v_k^j - \sum_{k,l=1}^{C^j} \alpha_{xk}\alpha_{yl}v_l^j$$

$$= \sum_{k=1}^{C^j} \left[\sum_{l=1}^{C^j} (\alpha_{yl})\alpha_{xk}v_k^j\right] - \sum_{l=1}^{C^j} \left[\sum_{k=1}^{C^j} (\alpha_{xk})\alpha_{yl}v_l^j\right]$$

$$= \sum_{k=1}^{C^j} (\alpha_{xk}v_k^j) - \sum_{l=1}^{C^j} (\alpha_{yl}v_l^j) = \boldsymbol{\alpha}_x v^j - \boldsymbol{\alpha}_y v^j = d(x,y)$$

得证。

其中 $\sum_{l=1}^{C^j} (\alpha_{yl}) = \sum_{k=1}^{C^j} (\alpha_{xk}) = 1$

如果把非数值型属性划分为两种类型：可排序类型(sortable)和不可排序类型(non-sortable)，那么这种距离公式还可以得到进一步的简化。对于可排序类型的非数值型属性，属性值之间没有任何意义的先后或大小的排序关系，任何两个数据值之间相似性都是相对独立的，不受其他数据间的相似性关系变化的影响。而对于可排序非数值属性，属性值可以按照某种物理意义进行排序，它们之间的相似关系实际上反映了这种排序结果，并且相似性的大小与其排序的位置有关。例如，年龄，分类型[baby, child, youth. adult, senior]。对于这种可排序的非数值型属性，没有必要定义全部数据之间一一对应的相似关系，我们可以简化为仅仅定义与其最接近的属性值之间的相似关系，即临近关系，并以之导出更简洁的距离公式。

定义 7.6.5 可排序非数值型属性值域 $D_j = \text{dom}(A_j)$ 的相似关系可简化定义为如下临近关系：

$$p_k^j = 1 - s(v_k, v_{k+1}) \quad (k=1, 2, \cdots, C^j - 1)$$

$$p_{C^j}^i = d(v_{C^j}, v_1) = -\sum_{k=1}^{C^j-1} p_k^i$$

式中：C^j 是值域向量 V^j 的长度。

定理 7.2 在一个定义了临近关系的可排序非数值型属性的值域 D^j 上，任意 $x, y \in \text{dom}(D^j)$ 的距离可按下式来计算：

$$d(x,y) = x - y = (\boldsymbol{\alpha}_x - \boldsymbol{\alpha}_y) \cdot \boldsymbol{V}^j = \sum_{k=1}^{C^j} e_k p_k^j = \boldsymbol{e} \cdot \boldsymbol{p}^j$$

式中：e 是临时变量，并且 $e_k = \sum_{i=1}^{k} \alpha_{xi} - \sum_{i=1}^{k} \alpha_{yi}, 1 \leq k \leq C^i$。

证明：令 $d(x,y) = \sum_{k,l=1}^{C^j} \alpha_{xk}\alpha_{yl}(v_k^j - v_l^j) = \sum_{k=1}^{C^j-1} e_k(v_k^j - v_{k+1}^j) + e_{C^j}(v_1^j - v_{C^j}^j)$

那么 e 是方程两边唯一的未知变量。展开方程的两边，我们可以得到下面的表达式：

$$\sum_{k=1}^{C^j} [(\alpha_{xk} - \alpha_{yk})v_k^j] = (e_1 - e_{C^j})v_1^j + \sum_{k=2}^{C^j} [(e_k - e_{k-1})v_k]$$

然后，对于 $k=1, 2, \cdots, C^j$ 时，令方程两边 v_k^j 的系数分别相等，这样，可以得到如下求解 e 的方程组：

$$\begin{vmatrix} 1 & 0 & \cdots & 0 & -1 \\ -1 & 1 & 0 & & 0 \\ 0 & -1 & 1 & & \vdots \\ \vdots & & -1 & 1 & 0 \\ 0 & \cdots & & -1 & 1 \end{vmatrix} \begin{bmatrix} e_1 \\ e_2 \\ \vdots \\ \\ e_{C^j} \end{bmatrix} = \begin{bmatrix} \alpha_{x1} - \beta_{y1} \\ \alpha_{x2} - \beta_{y2} \\ \vdots \\ \\ \alpha_{xC^j} - \beta_{yC^j} \end{bmatrix}$$

求解上面的线性方程组可以得到如下结果：

$$e_k = \sum_{i=1}^{k} \alpha_{xi} - \sum_{i=1}^{k} \alpha_{yi} + e_{C^j}$$

其中：$1 \leq k \leq C^j - 1$；e_{C^j} 是求解不满秩线性方程组产生的常量，可取任意值，一般地可令 $e_{C^j} = 0$ 来简化表达式。这样，我们就得到：

$$e_k = \sum_{i=1}^{k} \alpha_{xi} - \sum_{i=1}^{k} \alpha_{yi}, \quad 1 \leq k \leq C^j$$

得证。

定理7.1和定理7.2给出的距离公式可直接应用于任何基于距离关系的数据对象类别划分算法,从而使许多传统的聚类算法可以应用到模糊关系数据库上。并且,基于距离关系的模糊关系数据模型统一了两种基本的数据类型的表达方式:数值型属性和分类型属性。而且,数值实验表明,当数值型属性被当作可排序分类型属性来考虑,并且其值域的相似关系或临近关系按照数值距离来定义时,定理7.1和定理7.2计算出来的距离与实际数值距离完全一致。这样,数值型和非数值型的混合类型属性就可以转化为单一类型来处理。

7.6.2 模糊相似关系

除了基于模糊集理论的模糊关系数据库外,Buckles 和 Petry[1-4]等人提出的基于相似关系(Similarity-relation-based)的模糊关系数据模型也同样得到了广泛的研究。它是另外一种较好的描述分类型属性模糊信息的方式,并且可以较好地应用于传统关系结构数据库中[111]。在这种模型中,分类型属性的值域中所有离散值间都定义了一一对应的相似性关系,并且这些相似性关系必须满足对称性、自反性和最大—最小传递性(Max-min transitivity)的约束。

定义 7.6.6 一个模糊关系模型 R 是下述笛卡儿积的子集:
$2^{D_1} \times 2^{D_2} \times \cdots \times 2^{D_m}$,其中 $2^{D_j} = 2^{D_j} - \phi$。

对于 R 中的任一成员,即一个模糊记录(Tuples) $t_i = (d_{i1}, d_{i2}, \cdots, d_{im})$,$t_i$ 中的每一个元素 d_{ij} 都不是值域 D_j 中的某一个单个值,而是其中的一个子集,即 $d_{ij} \subseteq D_j$。

定义 7.6.7 在值域 D_j 上定义的相似关系是一个映射 $s_j: D_j \times D_j \to [0,1]$,并且,对于任意 $v_1, v_2, v_3 \in \mathrm{dom}(D_j)$ 都满足:

$s(v_1, v_1) = 1$ (自反性)

$s(v_1, v_2) = s(v_2, v_1)$ (对称性)

$s(v_1, v_3) \geq \max\limits_{v_2 \in D_j} [\min[s(v_1, v_2), s(v_2, v_3)]]$ (最大—最小传递性)

对于最大—最小传递性的要求,不少人认为这种约束在很多情况下起到了负面的作用,尽管它能保证数据聚类的便利性。如 A 和 B 相似性为 0.8,B 和 C 相似性为 0.8,那么最大—最小传递性要求 A 和 C 的相似性也应该至少大于等于 0.8。这会对相似性关系的设定造成过多的约束。Shenoi 和 Melton 则认为应该去掉这种最大—最小约束条件,从而提出了基于临近关系(Proximity-relation-based)的模糊关系数据模型。并讨论了在这种情况下如何实现不相交的数据聚类问题。

定义 7.6.8 在值域 D_j 上定义的临近关系是一个映射 $s_j: D_j \times D_j \to [0,1]$,

并且,对于任意 $v_1, v_2, v_3 \in \text{dom}(D_j)$ 都满足:

$s(v_1, v_1) = 1$ （自反性）

$s(v_1, v_2) = s(v_2, v_1)$ （对称性）

定义 7.6.9 在关系 s 中临近关系的最大—最小传递性表示为

$$s(v_1, v_3)^2 = \max_{v_2 \in D}[\min[s(v_1, v_2), s(v_2, v_3)]]$$

临近关系在算例中可以不再考虑相似性较小的相似关系,而主要考虑相似程度较大属性值之间的相似关系。

7.6.3 模糊 K-均值聚类

Bezdeck,Ehrlich 和 Full 提出了模糊 K-均值算法。该算法将每个聚类看做是一个模糊集合,用隶属度函数度量每个数据属于某个聚类的可能性。每个数据依据最大隶属度原则被分配到隶属度最大的聚类中[233]。

算法基本思想:将输入空间中的数据分为 k 个聚类(为类别数),使得聚类内部的相似性高,聚类间的相似性低[234]。模糊 K-均值算法是基于最小化以下目标函数:

$$J(U,V) = \sum_{i=1}^{K} \sum_{j=1}^{N} (u_{ij})^w d^2(x_j, v_i) \quad (2 \leq K \leq N)$$

式中:参数 w 是 u_{ij} 的加权指数,是任意一个大于 1 的正数;x_j 是第 j 个数据点;v_i 是第 i 个聚类中心;u_{ij} 是 x_j 对于聚类 i 的隶属度,它控制聚类的模糊性,并且 $\forall j, \sum_{i=1}^{k} u_{ij} = 1$;$N$ 是聚类数据的数目;K 是聚类数目;$d^2(x_j, v_i)$ 是 x_j 与 v_i 之间的距离,一般常用的距离为欧几里得距离:$d^2(x_j, v_i) = \|x_j - v_i\|^2$。

模糊 K-均值算法描述如下:

(1) 给定类别数 K,参数 m,允许误差 $e \in (0,1)$;

(2) 初始化聚类中心 $v_i(i = 1, 2, \cdots, K)$,一般是从 N 个数据点中任意选择 K 个数据点作为初始聚类中心;

(3) 根据公式

$$u_{ij} = \frac{(1/d^2(x_j, v_i))^{1/(w-1)}}{\sum_{i=1}^{k} (1/d^2(x_j, v_i))^{1/(w-1)}} \tag{7-11}$$

计算所有聚类数据点对于每一个聚类中心的隶属度;

(4) 根据公式

$$\hat{v}_r = \frac{\sum_{j=1}^{N}(u_{ij})^w x_j}{\sum_{j=1}^{N}(u_{ij})^w} \quad (7-12)$$

修改聚类中心,并且根据公式更新隶属度 u_{ij} 为 $\hat{u}_{ij}$;

(5) 如果 $\max_{ij} |u_{ij} - \hat{u}_{ij}| < e$,则停止,否则转第(4)步。

模糊 K-均值聚类算法适用于凸形状的数据聚类,不适于非凸形状数据的聚类。对于非凸形状数据,可以利用核函数将其映射到一个新的高维特征空间,以获得正确的聚类结果。于是采用基于核的模糊 K-均值聚类算法[233]。

7.7 混合属性对象的聚类分析

7.7.1 聚类对象的属性类型

前面介绍了聚类的基本定义:聚类是一个将数据集划分成若干组或类的过程,使得同一类内的数据对象具有较高的相似度,而不同类之间的数据对象相似度较低。要衡量数据相似性的问题就需要给出对象之间相似性度量的函数,下面给出了常用的几种数据对象类型和相似度度量方法,以及如何对其进行预处理[235]。

1. 聚类分析中的数据结构

假设要聚类的数据集合包含有 n 个数据对象。许多聚类算法选择下面两种代表性的数据结构:数据矩阵和相异度矩阵。

1) 数据矩阵(data matrix 或称为对象与属性结构)

数据矩阵是用 p 个属性(或特征)来表示 n 个对象,例如:数量为 n 的汽车的销售数据,它有制造商、模型、经销商、价格、颜色、消费者、销售时间等 p 个属性来表示它的特性。也可以说这种数据结构是关系表的形式,可以看成是矩阵。结构表达形式如下所示:

$$\begin{pmatrix} x_{11} & \cdots & a_{1p} \\ \vdots & \ddots & \vdots \\ x_{n1} & \cdots & a_{np} \end{pmatrix}$$

2) 相异度矩阵(dissimilarity matrix 或称为对象—对象结构)

相异度矩阵有的也称它为相似度矩阵,它存储 n 个对象两两之间的近似性,表现形式是一个 $n \times n$ 维的矩阵。

通常的 $d(i,j)$ 是一个非负的数值,当对象 i 和对象 j 越相似或"接近",$d(i,$

j)值越接近 0;两个对象越不同,其值越大,相异矩阵满足 $d(i,j)=d(j,i)$,$d(i,i)=0$。结构表达形式如下所示:

$$\begin{bmatrix} 0 & & & & & & \\ d(2,1) & 0 & & & & & \\ \vdots & \vdots & \vdots & \vdots & & & \\ d(i,j) & d(i,2) & \cdots & d(i,j) & \cdots & 0 & \\ \vdots & \vdots & \vdots & \vdots & \cdots & \vdots & \\ d(n,1) & d(n,2) & \cdots & d(n,j) & \cdots & \cdots & 0 \end{bmatrix}_{m \times n}$$

数据矩阵经常被称为二模(two-mode)矩阵,而相异矩阵被称为单模(one-mode)矩阵。这是因为前者的行和列,分别代表不同的实体;而后者的行和列,代表相同的实体。许多聚类算法以相异度矩阵为基础。如果数据是用数据矩阵的形式表现的,在使用该类算法之前要将其转化为相异度矩阵。

2. 聚类分析中的数据类型

在现实问题中,数据的对象形式是复杂多样的,聚类分析不仅要能够对属性为数值型的数据进行聚类,而且要适应数据类型的变化,能够对多种类型数据聚类。一般说来,由于分类对象或目的不同,对象属性经常出现的数据类型经过特征数值化后,有以下几种类型:区间标度型、二元型、名义型、序数型和比例标度型。数据类型的划分,有时把对称的二元型数据和名义型数据统称为分类属性数据,离散的序数型数据有时也可以看作是分类属性数据[235]。

有了这些表示对象的特征属性,就可以对数据对象进行运算,从而可以估算数据对象之间的相异度 $d(i,j)$,下面我们分别讨论。

1) 区间标度型

区间标度型,也就是数值型,直接反映特征的实际物理或几何意义,是一个粗略线性标度的连续度量。典型的例子包括重量、速度、长度、经度和纬度坐标,如聚类房屋,以及大气温度等,多使用实数来表示的数量信息。例如一个长方形可以用它的长、宽、高来表示。

下面讨论区间标度型数据和它们的标准化,然后描述距离度量和它通常用于计算该类数据描述的对象的相异性。距离的度量通常包括欧几里得距离、曼哈顿距离以及明考斯基距离[236]。

选用的度量单位将直接影响聚类分析的结果。例如,将高度的度量单位由"米"改为"英寸",或者将重量的单位由"千克"改为"磅",可能产生非常不同的聚类结果[237]。一般而言,所用的度量单位越小,数据的可能值域就越大,这样对聚类结果的影响也越大。为了避免对度量单位选择的信赖,数据应当标准化[235]。标准化度量值试图给所有的数据相等的权重。当没有关于数据先验知识时,这样做是十分有用的。但是,在一些应用中,用户可能想给某些数据较大的权重。例如,当对篮球运动员的挑选进行聚类时,我们可能更愿意赋予高度这个属性较大的权重。

2) 二元型

一个二元(Binary)型数据只有两个状态。一般用 0 表示空,1 表示存在。例如,给出一个描述病人的数据 smoker,1 表示病人抽烟,而 0 表示病人不抽烟。像处理区间标度型数据一样来对待二元型数据会误导聚类结果,所以要采用特定方法来计算其相异度。

3) 名义型

有些特征本身是非数值的,如男性与女性、事物的状态、种类等,为便于分析而将它们数值化。这些特征的数值指标既无数量上的含义,也无次序关系,只是用数字代表各种状态[235]。名义型(Norminal)是二元型的推广,它可以具有多于两个的状态值。例如,"地图颜色"是一个名义型数据,它可能有 5 个状态:红色、黄色、绿色、粉红色和蓝色。

4) 序数型

特征在数值化时,按某种规则确定特征的等级,其只反映次序关系。此为离散量,如产品的等级、人的学识,技能的等级、病症的级别等。比如成绩分为优、良、中、及格和不及格等,一个学生的语文、数学、外语三门成绩可以用下面的形式来表示:优,及格。

5) 比例标度型

比例标度型(Ratio-Scaled)——数据在非线性的标度取正的度量值,例如指数标度,近似地遵循如下的公式:

$$Ae^{Bt} 或 Ae^{-Bt}$$

这里的 A 和 B 是正的常数。典型的例子包括细菌数目的增长,或者放射性元素的衰变。

6) 混合型

在前面讨论了计算由同种类型数据描述的对象之间的相异度的方法,数据的类型可能是区间标度型、对称二元型、不对称二元型、名义型、序数型和比例标度型,但是在许多真实的数据库中,对象是被混合类型的数据描述的。一般来说,一个数据库可能包含上面所列出的所有数据类型[235]。

7.7.2 分类型属性的相似定义

数据类型的划分,有时把对称的二元型数据和名义型数据统称为分类属性数据(categorical data),离散的序数型数据有时也可以看作是分类属性数据[235]。

1. 二元型

一个方法是涉及对给定的数据计算相异度矩阵。如果假设所有的二元型数据有相同的权重,我们得到一个两行两列的可能性表。在表7-6中,q是对于对象i和对象j值都为1的二元型数据数目[238];r是对于对象i值为1而对象j值为0的二元型数据数目;s是对于对象i值为0,而对象j值为1的二元型数据数目;t是对于对象i和对象j值都为0的二元型数据数目,二元型数据的总数$p=q+r+s+t$。

表7-6 二次型

		对象j		求和
		1	0	
对象i	1	Q	r	q+r
	0	S	t	s+t
	求和	q+s	r+t	P

二元型数据分为对称的和非对称的两种。如果它的两个状态是同等价值的,并有相同的权重,那么该二元型数据是对称的,也就是两个取值0或1没有优先权。例如,属性"性别"就是这样的一个例子,它有两个值"女性"和"男性"。基于对称二元型数据的相似度称为恒定的相似度,即当一些或者全部二元型数据编码改变时,计算结果不会发生变化[235]。对恒定的相似度来说,评价两个对象和之间相异度的最著名的系数是简单匹配系数,其定义如下:

$$d(i,j)=\frac{r+s}{q+r+s+t} \quad (7-13)$$

如果两个状态的输出不是同等重要的,那么该二元型数据是不对称的。比如一个疾病检查的肯定和否定的结果。根据惯例,我们将比较重要的输出结果,通常也是出现几率较小的结果编码为阳性,而将另一种结果编码为阴性。给定两个不对称的二元型数据,两个都取的情况正匹配被认为比两个都取的情况负匹配更有意义。因此,这样的二元型数据经常被认为只有一个状态。基于这样类型数据的相似度称为非恒定的相似度。对非恒定的相似度,最著名的评价系数是系数,在它的计算中,负匹配的数目被认为是不重要的,因此被忽略[43]。

$$d(i,j)=\frac{r+s}{q+r+s} \quad (7-14)$$

2. 名义型

有些特征本身是非数值的,如男性与女性、事物的状态、种类等,为便于分析而将它们数值化。这些特征的数值指标既无数量上的含义,也无次序关系,只是用数字代表各种状态。名义型(Nominal)是二元型的推广,它可以具有多于两个的状态值。例如,map-color 是一个名义型数据,它可能有 5 个状态:红色、黄色、绿色、粉红色和蓝色[239]。

对于名义型数据,由于欧氏距离等不能直接应用于名义型数据的特点,Ralambondramy 提出一种将该类型转换成二进制属性的方法,用 0 或 1 表示一个名义属性值存在或不存在,并在算法中,把这些二进制属性当成数值来处理[235]。

通过这种方法很容易描述分类属性的海明距离公式:x 和 y 是具有名义型的两个数据,则它们之间的相异度可以用简单匹配方法来计算:

$$d(x,y) = \sum_{i=1}^{d} \delta(x_i, y_i) \tag{7-15}$$

式中: $\delta(x_i, y_i) = \begin{cases} 0^{x_i = y_i} \\ 1_{x_i \neq y_i} \end{cases}$,这里 i 是样本数据的分类属性特征维数。

3. 序数型

特征在数值化时,按某种规则确定特征的等级,其只反映次序关系。此为离散量,如产品的等级、人的学识,技能的等级、病症的级别等。比如成绩分为优、良、中、及格和不及格等,一个学生的语文、数学、外语三门成绩可以用下面的形式来表示:优,及格。

一个离散的序数型(Ordinal)类似于名义型,除了序数型的 M 个状态是以有意义的序列排序的。序数型对记录那些难以客观度量的主观评价是非常有用的。例如,职业经常按某个顺序排列,例如助理、副手、正职。一个连续的序数型数据看起来像一个未知标度的连续数据的集合,也就是说,值的相对顺序是必要的,而其实际的大小则不重要。例如,在某个比赛中的相对排名(金牌、银牌和铜牌)经常比事实的度量值更为必需。将区间标度数据的值域划分为有限个区间,从而将其值离散化,也可以得到序数型数据。一个序数型数据的值可以映射为秩[235]。例如,假设一个数据 f 有 M_f 个状态,这些有序的状态定义了一个排列 $1, \cdots, M_f$[240]。

7.7.3 混合属性的对象聚算法

在前面讨论了计算由同种类型数据描述的对象之间的相异度的方法,数据的类型可能是区间标度型、对称二元型、不对称二元型、名义型、序数型和比例尺标度型,但是在许多真实的数据库中,对象是被混合类型的数据描述的。一般来说,一个数据库可能包含上面所列出的所有数据类型[235]。

计算用混合类型数据描述的对象之间的相异度的一种方法就是将数据按

类型分组,对每种类型的数据进行单独的聚类分析[235]。如果这些分析得到兼容的结果,这种方法是可行的。但是,在实际的应用中,这种情况是不大可能的。

一个更可取的方法是将所有的数据一起处理,只进行一次聚类分析。一种技术将不同类型的数据组合在单个相异度矩阵中,所有有意义的数据转换到共同的值域区间$[0,1]$上[241]。

K-prototypes算法是将K-means算法和K-modes算法结合起来,引入参数γ来控制数值属性数据和分类属性数据对聚类过程的作用[242]。当所分析的样本具有数值型和分类型两种混合属性特征时,假设样本用$X_i = (x_{i1}^r, \cdots, x_{im_r}^r, x_{i(m_r+1)}^c, \cdots, x_{i(m_r+m_c)}^c)$表示,则相异性测度可由式(7-16)计算:

$$d(X_i, V_l) = \sum_{j=1}^{m_r} \|x_{ij}^r - v_{lj}^r\|^2 + \gamma_l \sum_{j=1}^{m_c} \delta(x_{ij}^c, v_{ij}^c) \qquad (7-16)$$

式中:x_{ij}^r和v_{lj}^r分别是数据对象X_i和聚类C_l的原型V_l的数值属性的取值;x_{ij}^c和v_{ij}^c分别是分类属性的取值;m_r和m_c分别是数值属性和分类属性的个数;γ_l为聚类C_l的分类属性的权值,用来调节两种特征在目标函数中的比例,以避免偏向任何一方特征。如果对所有聚类,γ_l取同一值,则用γ表示。对数值属性用欧几里得距离平方,对类属性用简单的相异匹配测度$\delta(\cdot)$定义,则目标函数定义为

$$J_i = \sum_{i=1}^{n} u_{il} \sum_{j=1}^{m_r} \|x_{ij}^r - v_{lj}^r\|^2 + \gamma_l \sum_{i=1}^{n} u_{il} \sum_{j=1}^{m_c} \delta(x_{ij}^c, v_{ij}^c) \qquad (7-17)$$

式中:J_l^r是基于聚类C_l中所有数据对象数值属性的代价。设$C_l = \mathrm{dom}(A_j)$是分类属性j上的所有取值集合,类似于K-modes算法,对一个指定的聚类C_l,其原型的分类属性只有取聚类中数据对象的分类属性中出现最频繁的值才能使目标函数代价最小[235]。

对于数值属性,当

$$v_{lj}^r = \frac{1}{n_l} \sum_{i=1}^{n} u_{il} x_{ij}^r \quad (j = 1, 2, \cdots, m)$$

时,J_l^r达到最小,其中$n_l = \sum_{i=1}^{n} u_{il}$是聚类$C_l$中的数据对象个数。这里使用了K-means聚类算法。

聚类一个具有数值属性和分类属性的数据集的代价函数可写作:

$$J = \sum_{l=1}^{k} (J_l^r + J_l^c) = \sum_{l=1}^{k} J_l^r + \sum_{l=1}^{k} J_l^c$$

综上所述,即聚类算法步骤描述如下:

第1步,确定类的个数k,并为每个类选择k个初始的聚类原型prototypes;

第 2 步,根据 7.7.1 和 7.7.2 给出的定义确定每个数据对象的类型,并根据 prototypes 间距离的差异度最小原则将数据集中的对象划分到离它最近的聚类原型所代表的聚类中;

第 3 步,对于每个聚类,重新计算聚类原型;

第 4 步,计算每个数据对象对于新的聚类原型的差异度,如果发现离一个数据对象"最近"的聚类原型不是当前数据对象所属聚类的原型 prototypes,则重新分配这两个聚类的对象到离它最近的原型所在的类中,并更新所有类的原型 prototypes;

第 5 步,重复第 3,4 步直到各个聚类中不再有数据对象发生变化,结束。

对于混合类型的目标函数,我们可以通过修正 K-means 式中的相异性测量或是 K-modes 中的相异度测量来得到新的目标函数,使得聚类的结果更有效。

7.8 故障信息聚类分析案例

7.8.1 数据准备

在现实生活中数据采集极易受一些突发因素的影响,比如设备某个部位的传感器出现周期性的异常,这就导致采集到数据的某个属性出现周期性的异常现象。另外,用于存储数据的数据库也极易受到噪声数据、空缺数据和不一致数据的侵扰,由于数据库存储的数据量相当庞大,因此就需要用适当的预处理方法对这些数据进行统一的处理。数据预处理技术可以提高数据的质量,从而有助于提高其后的故障诊断的精度和性能。由于高质量的决策必然依赖于高质量的数据,所以数据预处理是故障诊断中非常关键的一步,它直接影响到故障诊断结果的准确性。数据预处理的目的就是把从传感器、仪表采集到的数据中包含的噪音、空值以及与故障类型无关的属性去掉。所以数据预处理就是一个数据的存精华去糟粕的过程[243]。

故障诊断中的预处理部分由信号的预处理、数据变换和维数约简三个主要部分组成。在故障诊断中,传感器采集的信号称为原始信号,其中一部分是可以直接利用的,如温度、位移等,但是大部分很难直接利用,如振动信号,由于其含有噪声,所以从时域波形上很难反映问题。所以必须使用信号分析与处理的方法去除噪声并把信号转化在不同的域内进行分析,才能得到更能敏感反映机器状态的属性[243]。

根据故障诊断系统所使用的数据挖掘算法的不同,对数据形式的要求也会相应的不同,所以采用的预处理的方法也会相应的不同。因为本书中使用的是基于神经网络的聚类方法,众所周知,这是一种基于距离的挖掘算法,所以数据必须按比例映射到一个特定的区间,这样才能得到较好的结果。维数约简的目的是将故障诊断中对故障的决策影响不大或没有影响的属性去掉,以缩减数据集,提高故障诊断算法的效率[243]。数据预处理的优点主要有以下几个方面:

(1) 确保数据的完整性。
(2) 确保数据的准确性。
(3) 确保数据的一致性。
(4) 减小数据的冗余度。
(5) 为数据挖掘算法提供高质量的数据。

7.8.2 故障对象的聚类分析

1. 实例样本的获取与准备工作

1) 获取聚类分析样本数据及样本预处理

以故障点检测的历史数据作为聚类分析数据样本(已对数据进行预处理),将样本数据分割成两部分:聚类分析源数据和结果验证数据。其中聚类分析源数据是聚类分析的基础数据,以这部分数据对象全体构成聚类对象论域$\{X\}=\{x_1,x_2,\cdots,x_{NK}\}$(其中 NK 为这部分数据的个数);结果验证数据用来验证聚类分析结果的准确率,并以此作为故障特征模式提取的依据[244]。

2) 确定故障诊断的参数类

以状态检测设备检测的参数作为设备故障模式识别的参数。设有 NS 个参数,则参数向量 SD 表示为

$$SD = \{sd_1, sd_2, \cdots, sd_{NS}\}$$

3) 样本实例表达

将每个实例 x_{nk}(nk 为实例编号)以 NS 维表达$\{x_{nk}\} = \{x_{nk1}, x_{nk2}, \cdots\}$

2. 对实例样本进行大致分类

1) 计算实例样本间的相似度并构造相似矩阵

选定一种标定方法,在 X 上建立一个相似模糊关系。为了进一步构造相似关系矩阵,采用相似度来刻画各个样本之间的关系,由此得到相似矩阵 D[245]。

$$D = (d_{ij})_{NK}$$

常用的标定方法有很多,本书采用皮(尔生)氏积矩相关系数法对 X 进行标定,标定公式如下:

$$d_{ij} = \frac{\sum_{k=1}^{NS} |x_{ik} - \bar{x}_1| \times |x_k - \bar{x}|}{\sqrt{\sum_{k=1}^{NS} (x_{ik} - \bar{x}_1)^2 \times (x_k - \bar{x}_1)^2}} \quad (7-18)$$

2)求等价关系矩阵 D(D 的传递闭包 D^*)

在上一步得到关系矩阵 D 一般只满足自反性和对称性,不具有传递性。通常需要进一步求矩阵 D 的传递闭包 D^*,使矩阵满足传递性,将其改造为等价模糊矩阵,我们可以用平方法求出矩阵 D 的传递闭包 D^*[245]。

3)采用 γ 截矩阵法进行聚类计算

进行精确聚类分析,使用 K-means 算法计算聚类中心 V。

定义 7.8.1 两个数据对象间的欧几里得距离为

$$d(x_i s_j) = \sqrt{(x,x)^T (x_i x_j)}$$

定义 7.8.2 属于同一类别的数据对象的算术平均为

$$z_j = \frac{1}{N} \sum_{x \in w_j} x$$

定义 7.8.3 目标函数

$$J = \sum_{i=1}^{k} \sum_{j=1}^{n_j} d(x_i, z_i)$$

计算流程:

(1)从 C 个聚类中各取一个数据作为初始聚类中心,循环下述流程(2)和(3),直到目标函数取值不再变化;

(2)根据每个聚类对象的均值(中心对象),计算每个对象与这些中心对象的距离,并且根据最小距离重新对相应对象进行划分;

(3)重新计算每个聚类的均值(中心对象)。

由此得到聚类中心可以看作是一些标准样本,事实上以上数据分别是在设备处于各种不同的状态下得到的。

7.8.3 基于故障描述信息的文本聚类分析

故障诊断是随着生产过程的复杂化而产生的一种技术,而在一些设计复杂的产品领域中,并不可以精确测到每个过程的每个参数的精确值,所以当出现故障时找其原因是一件很难的事情。例如降落伞空投试验中经常会出现一些故障,这时需要依靠该领域的专家凭借丰富的知识和经验进行故障的诊断与排除工作。运用专家系统中基于案例推理的思想,在此类特殊领域中的故障诊断可以把以前使用过的与当前问题类似的案例联系起来,通过访问过去相似问题的解决方法而获得当前问题求解方法;当接受一个求解新问题的要求后,利用相似度知识从案例库中找出与当前问题最相关的案例。考虑到从专业领域专家那得到的一般都是自然语言形式的知识,特别是像降落伞等领域的知识很难用形式化的规则描述,故尝试寻求一种可以对此类"一手"知识进行处理和分析的方法,而文本聚类分析技术可以很好地运用到此类"原始"知识上,用以发现一些有用的信息并应用到生产实际中[246]。

聚类分析(Clustering Analysis)是文本挖掘中的重要技术之一,针对没有预先定义主题类别的文本来说,采用聚类分析是个良策。具体来讲,它是指将文档集合分成若干个簇,要求同一簇内文档内容的相似度尽可能的大,而不同簇间的相似度尽可能的小,从而发现整个文本集合的整体分布特点[247]。

文本聚类分析一般流程

文本聚类分析的一般流程为:文本原文—预处理—分词—特征项表示——模式或知识的提取——模式或知识的运用。

(1) 选取待处理和分析的文本;

(2) 对得到的文本进行预处理:利用切分标记(标点、数字等)和隐式切分标记(出现在停用词表中的那些频率高、构词能力差的词,如的、了)将文本切分成短串序列;

(3) 对预处理后的文本进行分词处理;

(4) 把文本切分成特征词条,建立挖掘对象的特征表示,一般采用文本特征向量,若维数过大还需进行降维处理;

(5) 利用聚类分析相关技术来提取潜在的模式或知识;

(6) 运用提取的模式或知识。

第8章

基于粗糙集理论的故障因素分析

粗糙集理论是一种处理模糊和不确定知识的工具,可以简化决策规则,提取有效的信息,消除知识冗余的问题。但是其容错能力不够理想,当越来越多的数据类型应用于数据挖掘时,仅应用不可分辨关系经常无法解决数据类型论域划分的问题。为此,本章介绍了基于近似不可分辨关系的粗糙集模型,从对等价类的划分角度对粗糙集模型进行扩展。针对粗糙集模型对数据集中噪声的敏感性,在可变精度粗糙集理论之后,本章又介绍了应用线性规划模型对粗糙集模型进行优化,以提高基于粗糙集的决策系统精度的方法。

8.1 经典粗糙集理论

粗糙集理论由波兰数学家 Pawlak 于 1982 年提出,它是一种处理含糊和不确定信息的新型数学工具[248]。运用粗糙集理论研究的主要方法是:首先根据建立在给定问题的信息系统和决策系统上的不可分辨关系,对问题的论域进行划分;然后,对于论域上的任何概念,判断划分后的基类对该概念的支持。这种支持有三种情况:肯定、否定和不确定。粗糙集理论的上近似和下近似集合即以此为依据进行定义。Pawlak 针对模糊逻辑的创始人 Frege 的"边界线区域"(boundary region)思想,提出了粗糙集理论,他将无法确定的个体都归属于边界区域,而这种边界区域被定义为上近似集和下近似集的差集,关于粗糙集的上近似与下近似的具体概念将在本节的第二小节中介绍[249]。粗糙集体现了集合中对象的不可区分性,即由于知识的粒度而导致的粗糙性。1991 年,Pawlak 发表了专著 *Rough sets:Theoretical Aspects of Reasoning about Data*,奠定了粗糙集理论的基础,从而掀起了粗糙集理论的研究热潮。1992 年,在波兰召开第一届国际粗糙集研讨会,这次会议着重讨论了集合近似的基本思想及其应用,其中粗糙集环境下机器学习的基础研究是这次会议的四个专题之一,以后每年都召开以粗糙集理论为主题的国际研讨会。2001 年 5 月在重庆召开了中国第一届粗糙集与软件计算学术研讨会。目前,几乎所有重要的计算机、信息处理及控制决策类学术期刊均登有粗糙集理论的学术论文,对粗糙集理论的知识表示与其他处理不确定性问题数学方法的关系,国内外有很多综述报告和著作[251]。

标准的粗糙集理论是一门研究不确定性问题的新学科。主要思想是按照数据对象条件属性的不可辨识的关系(indiscernibly Relation)或者是相容关系(tolerance Relation)将论域中的数据对象划分为若干等价子集,同样也将论域中的数据对象按照结论属性划分为若干集合。再针对后者的每一个集合,判断前者所有子集与之相互包含关系,从而将后者表示成上近似(Upper Approximation)子集和下近似(Low Approximation)子集,前者则引出数据集中正域、负域和边界的概念。进而通过粗糙度、粗糙隶属函数、品质因数等系数分析由条件属性和结论属性组成的决策系统的模型。

在标准粗糙集模型上,发展了由 W. Ziarko 提出的可变精度的粗糙集模型,它通过一个精度因子使上近似集和下近似集的划分可以有更好的抗噪声特点。后来的广义粗糙集模型,它通过增加数据对象的权值函数和属性的特性函数使不可分辨对象集的划分更贴近用户的偏好。其他关于粗糙集理论模型的研究还有很多。其中的一些研究还概括总结了粗糙集理论的发展与现状。

粗糙集理论的发展同样与模糊理论结合了起来,一些学者的研究证明,二者不是相互对立的,而是可以相互补充,以达到更好的解决问题,因此又形成了目前的粗糙模糊集(Rough Fuzzy Sets)以及模糊粗糙集(Fuzzy Rough Sets)的概念。

粗糙集理论和方法在实际中是很实用的。概括起来讲,粗糙集理论可以比较有效地解决以下几类问题:数据归约(Data Reduction)、数据因果关系的发现、数据依赖关系的发现、数据的重要性分类、数据间的相似与区别特性辨识、模式识别、数据的重要性估计等。除近似集合外,粗糙集理论还使用少量几个参数来描述近似集合的基本特征,如精确度、粗糙度、粗糙隶属度、覆盖度和决策系统品质因数等参数。粗糙集理论的研究由于其历史较短,所以到目前为止,对粗糙集理论的研究主要集中在:粗糙集模型的推广;问题的不确定性研究;与其他处理不确定性、模糊性问题的数学理论的关系和互补[250];纯数学理论的研究;粗糙集的算法研究和人工智能与其他方向关系的研究等。这些研究有的是经应用的推动而产生的,有的是纯理论的[251]。就应用而言,目前,粗糙集理论已经在医疗、制药、商务、市场研究、工程设计、决策分析、图像处理、声音识别、并行系统分析等许多领域取得了很成功的应用。

8.1.1 决策系统

粗糙集理论是建立在一个信息系统(Information System):

$$IS = (U, A) \tag{8-1}$$

之上的。式中:U 为论域,从统计学的角度上即所研究的样本总体;A 为属性集合,同时 U 和 A 均为非空有限集合。在粗糙集理论中,信息系统中的属性集合是必不可少的,因为对论域的划分往往是以一个或者若干个属性集合中的属性为依据的。

若信息系统满足以下两个条件:
(1) $A = C \cup D$;
(2) $C \cap D \neq \phi$。

我们就称这样的信息系统为决策系统(Decision System),表示为

$$DS = (U, C \cup D) \tag{8-2}$$

式中:U 为论域;C 为条件属性集合;D 为决策属性集合。决策系统实际上就是那些可将属性集合进一步划分为条件属性集和决策属性集的特殊信息系统,这样的划分是基于粗糙集和函数依赖关系的决策算法的基础,关于决策算法将在本节的最后一部分进行介绍。

8.1.2 不可分辨关系

在粗糙集理论中,知识是关于论域的划分,是一种对对象进行分类的能力。粗糙集理论以不可分辨关系为基础建立知识库,进而利用知识库中清晰的知识——下近似和上近似(Lower and Upper Approximations),来描述任一"含糊"的概念,因此,粗糙集的 3 个核心概念是信息系统(决策系统)、不可分辨关系和上/下近似[251]。

在 8.1.1 节中已经对信息系统和决策系统的概念进行了介绍,这一节主要介绍不可分辨关系和依据不可分辨关系划分的等价类。

定义 8.1.1 不可分辨关系:对于信息系统 $IS = (U, A)$,$B \subseteq A$ 是属性集合的一个子集,二元关系 $IND(B) = \{(x, y) \in U \times U : \forall a \in B, a(x) = a(y)\}$ 称为 IS 的不可分辨关系,记为 $IND(B)$,其中 x, y 为论域 U 中的元素。

通俗地解释,不可分辨关系就是,对于论域中的两个元素 x 和 y,如果它们在属性子集 B 中的每个属性上取值都相等,那么,我们称 x 和 y 在属性集 B 上为不可分辨关系,也就是通过有限的属性特点无法辨别两个元素的不同。

对于不可分辨关系的概念,可以举个简单的例子进行说明,以一家服装店里的某品牌所有 T 恤为研究对象,那么所建立的信息系统的论域就是该服装店中该品牌的所有 T 恤,根据我们的研究对象选择{颜色、尺码、款式}作为其属性集合,假定该服装店中该品牌的所有 T 恤衫都是红色的,那么在颜色这一属性上对于任意两件 T 恤就存在着不可分辨关系,同样相同款式的任意两件 T 恤在

款式这一属性上也同样存在着不可分辨关系。

在粗糙集理论中,与不可分辨关系紧密相关的是等价类,等价类的形成是不可分辨关系对论域进行划分的结果。

定义 8.1.2 等价类:对于信息系统 $IS=(U,A)$,$B\subseteq A$ 是属性集合的一个子集,不可分辨关系 $IND(B)$ 对论域划分后的各个数据子集形成等价类。用 $U/IND(B)$ 表示所有等价类的集合,用 $[x]_{IND(B)}$ 表示包含 x 的等价类。

8.1.3 上近似与下近似

在等价类的定义的基础上,下面是某给定数据集合的上近似和下近似定义,是粗糙集理论的核心内容。

定义 8.1.3 下近似和上近似:对于信息系统 $IS=(U,A)$,$B\subseteq A$,$X\subseteq U$。我们称:

$$\underline{B}X=\{x\in U \mid [x]_{IND(B)}\subseteq X\} \tag{8-3}$$

$$\overline{B}X=\{x\in U \mid [x]_{IND(B)}\cap X\neq \phi\} \tag{8-4}$$

分别为 X 的 B-下近似(B-lower approximation)和 B-上近似(B-upper approximation)。

与上近似和下近似密切相关的还有粗糙集的正域、负域和边界 3 个概念。

定义 8.1.4 正域、负域和边界:

$$POS_B(X)=\underline{B}X \tag{8-5}$$

$$NEG_B(X)=U-\overline{B}X \tag{8-6}$$

$$BN_B(X)=\overline{B}X-\underline{B}X \tag{8-7}$$

分别称为 X 在 B 下的正域、负域和边界。若 $\overline{B}X\neq \underline{B}X$,即边界域非空,则称 X 为 B 的粗糙集;否则,称 X 为 B 的可定义集。常用上、下近似构成的偶对 $(\underline{B}X,\overline{B}X)$ 称为 X 的粗糙集。上、下近似是粗糙集理论刻画不确定性的基础。

从上述定义可以看出,X 的 B-下近似是包含在 X 中的最大可定义集;X 的 B-上近似是包含 X 的最小可定义集;若给定一个集对 (S_1,S_2),且 S_1 和 S_2 都是可定义的,即都是由等价类组成的,但不一定存在 $S\subseteq U$ 粗糙集就是 (S_1,S_2)。例如,当 $S_1=S_2\cup\{x_0\}$,$\{x_0\}$ 是个等价类,那么 (S_1,S_2) 就没有对应的 S,即找不到一个集合 S,使得 S 的上、下近似是 (S_1,S_2)。所以,若有 $S\subseteq U$,则肯定有 $(\underline{B}X,\overline{B}X)$;但有 $S_1\subseteq S_2$ 且 S_1,S_2 均在信息系统 (U,A) 中可定义,但 (S_1,S_2) 不一定能找到对应的 $S\subseteq U$ 使得 $(S_1,S_2)=(\underline{B}X,\overline{B}X)$。

以上是经典粗糙集的概念。本章对粗糙集理论模型推广的讨论,实际上集中在上、下近似的定义内容、方式的推广,下式给出了上、下近似的等价定义:

$$\underline{B}X=\cup\{[x]_{IND(B)} \mid [x]_{IND(B)}\subseteq X\} \tag{8-8}$$

$$\overline{B}X = \cup\{[x]_{IND(B)} \mid [x]_{IND(B)} \cap X \neq \phi\} \tag{8-9}$$

对上式进行修正,可以给出上、下近似更为简洁的定义。

定义 8.1.5 简化表示的上、下近似:对于信息系统 $IS=(U,A)$,$B\subseteq A$,$X\subseteq U$。X 的 B-下近似集 $\underline{B}X$ 和 X 的 B-上近似集 $\overline{B}X$ 分别为 U 上的一个普通集合,

$$\underline{B}X = \cup_{x\in X\wedge[x]_{IND(B)}\subseteq X}[x]_{IND(B)} \tag{8-10}$$

$$\overline{B}X = \cup_{x\in X}[x]_{IND(B)} \tag{8-11}$$

8.1.4 粗糙集的精确度与隶属度

定义 8.1.6 粗糙集的精确度和隶属度:粗糙集 X 的精确度和隶属度分别表示为

$$\alpha_B(X) = \frac{|\underline{B}X|}{|\overline{B}X|} \tag{8-12}$$

$$\rho_B(X) = 1 - \alpha_B(X) \tag{8-13}$$

定义 8.1.7 隶属函数:

$$\mu(x,X) = \frac{|[x]_{IND(B)}\cap X|}{|[x]_{IND(B)}|} \tag{8-14}$$

隶属函数描述了数据 x 对粗糙集 X 的隶属情况,很显然:

当 $\mu(x,X)=1$ 时,$x\in POS_B(X)$

当 $\mu(x,X)=0$ 时,$x\in NEG_B(X)$

当 $0<\mu(x,X)<1$ 时,$x\in BN_B(X)$

8.1.5 决策算法

在决策规则定义的基础上,Pawlak 首次提出了决策系统的决策算法的概念,并给出了相应的定义和约束。

定义 8.1.8 决策算法:对于一个决策系统,$DS=(U,C\cup D)$,如果决策规则集合

$$Des(S) = \{\varphi_i \to \phi_i\}_{i=1}^m \tag{8-15}$$

$m\geq 2$ 满足下面的(1)、(2)、(3)、(4)条件,则 $Des(S)$ 被称为决策算法:

(1) 独立性(排他性):

如果对于所有的 $\varphi\to\phi,\varphi'\to\phi'\in Des(S)$,都有 $\varphi=\varphi'$ 或 $|\varphi\wedge\varphi'|_s=\rho$ 及 $\phi=\phi'$ 或 $|\phi\wedge\phi'|_s=\rho$;

(2) 完全覆盖性:

$$\left|\bigcup_{i=1}^m \varphi_i\right|_s = U$$

和

$$\left| \bigcup_{i=1}^{m} \phi_i \right|_s = U$$

(3) 包容性：

任意 $\varphi \rightarrow \phi \in Des(S)$，都有 $card(\left| \phi \Lambda \varphi \right|_s) \neq 0$；

(4) 连续性：

$$\bigcup_{x \in U/D} C.(X) = \left| \bigcup_{\varphi \rightarrow \phi \in Des'(S)} \varphi_i \right|_s$$

式中：$C.(X)$ 为 X 的下近似对象集合；X 为按照决策属性 D 的不可分辨关系划分论域 U 形成的队形集合之一。$Des'(S) \subseteq Des(S)$。

如果 $\varphi \rightarrow \phi$ 是 S 上的决策规则，则 $\phi \rightarrow \varphi$ 称为反向决策规则。$Des(S)$ 中所有决策规则的反向决策规则的集合称为反向决策算法。反向决策算法同样需要满足决策算法定义中的 4 个条件，也是一种决策算法，它实际上是为决策提供了决策的原因。

8.2　可变精度的粗糙集理论

8.1 节介绍了 Pawlak 的经典粗糙集理论，它是描述和处理不确定性问题的重要工具之一，它的优势是无需提供所需的数据集合之外的任何先验信息。目前已经被成功地应用于机器学习、决策分析、过程控制、模式识别与数据挖掘等领域。然而，单纯地使用粗糙集理论不能完全有效地描述不确定性问题，等价关系、数据离散化、数据噪声、数据缺失及数据的模糊性都成为制约经典粗糙集理论发展的瓶颈。

（1）经典粗糙集理论的基础是等价关系，强调的是对象间的不可分辨性，而等价关系在显示中很难获取，且忽略了数据噪声、数据缺失和数据错误等数据污染的存在，因此，采用传统粗糙集不能区分出两个属性值是否相似以及相似到何种程度。

（2）在数据资源日新月异、大数据蓬勃发展的今天，越来越多的数据类型应用到知识发现的领域。而作为数据挖掘技术的重要组成部分的粗糙集理论，仅仅依靠传统粗糙集理论的等价关系无法处理目前应用更为广泛的数值型数据，需要对传统粗糙集理论对等价类的划分方式进行扩展和延伸。

（3）经典粗糙集理论是面向离散型数据的，面对连续性离散化会导致信息丢失，这会大大影响分类结果的质量。

（4）粗糙集理论对于不确定知识的处理是有效的，但是对原始数据本身的模糊性缺乏相应的处理能力。

针对经典粗糙集理论的局限性,国内外学者从各个方面对经典粗糙集模型进行了推广,在本节中主要介绍粗糙集理论针对克服数据污染的扩展——引入可变精度。

8.2.1 数据噪声、缺失与错误

在粗糙集理论中引入可变精度这一扩展是为了克服数据中存在的噪声数据、缺失数据和错误数据对建立的决策系统的品质因数的影响。

对于给定的一个数据集合,其中的某些对象在属性值上可能与数据集整体的分布行为不一致,这些少量的区别于其他大多数的对象,一般就称为噪声点。噪声点,又被称为异常点、离群点或孤立点。Hawkinsl 最早给出了噪声点的本质性定义:噪声点如此不同于数据集中的其他数据,以至于使人怀疑这些数据并非随机偏差,而是产生于完全不同的机制。噪声数据检测是数据挖掘的一个重要方面,对于数据处理结果的准确性和精度有着重要的影响[252]。

缺失值是收集数据中存在的未记录的空数据。这种情形在现实问题中非常普遍,但是这会使对等价类划分严格的经典粗糙集无法获取在一定程度上相似的属性。在数据挖掘技术中,对于缺失数据的处理往往是在数据预处理过程中实现的。常用的方法有以下几种:

(1) 将含有缺失值的案例剔除;
(2) 根据变量之间的相关关系填补缺失值;
(3) 根据案例之间的相似性填补缺失值;
(4) 使用能够处理缺失数据的工具。

在应用粗糙集理论建立模型时,往往可以先使用上述方法对数据集中的原始数据进行预处理,以消除缺失值对模型精度的影响。

同缺失值一样,噪声数据和错误数据也可以在建立基于粗糙集的模型之前通过数据预处理的手段进行清洗,但是数据预处理往往很难完全消除数据中的噪声和错误的数据对粗糙集模型的影响,而对缺失值的处理也很难做到完全与实际情况相符合,所以需要在经典粗糙集理论的基础上引入可变精度以使粗糙集模型能够对数据集中的错误信息、噪声信息和缺失信息有一定的抵抗能力。

8.2.2 可变精度的定义

可变精度的粗糙集模型是由 W. Ziarko 提出来的,主要是为了使粗糙集模型能够对论域中的错误信息、噪声信息等具有一定的抵抗能力。具体思想就是增加一个近似精度变量 $0.5<\beta\leqslant 1$,用以表示对错误的、噪声的信息的容忍程度。这种变量主要体现在粗糙集中的上近似集和下近似集的划分上。

8.2.3 可变精度的上近似和下近似

定义 8.2.1 可变精度的粗糙集的近似集：对于信息系统 $IS=(U,A)$，$B\subseteq A$，$X\subseteq U$，$0.5<\beta\leq 1$ 为精度变量。称：

$$\underline{B}X_\beta = \left\{ x\in U \;\middle|\; \frac{|[x]_{IND(B)}\cap X|}{|[x]_{IND(B)}|} \geq \beta \right\} \tag{8-16}$$

$$\overline{B}X_\beta = \left\{ x\in U \;\middle|\; \frac{|[x]_{IND(B)}\cap X|}{|[x]_{IND(B)}|} > 1-\beta \right\} \tag{8-17}$$

分别为 X 在精度 β 下的 B-下近似(B-lower approximation)和 B-上近似(B-upper approximation)。

同样，与上、下近似集相关的其他一些概念也会相应的发生变化。

定义 8.2.2 可变精度粗糙集的正域、负域和边界：

$$POS_B(X) = \underline{B}X_\beta \tag{8-18}$$
$$NEG_B(X) = U - \overline{B}X_\beta \tag{8-19}$$
$$BN_B(X) = \overline{B}X_\beta - \underline{B}X_\beta \tag{8-20}$$

分别称为 X 在精度 β 下的 B 的正域、负域和边界。

定义 8.2.3 可变精度粗糙集的精确度和隶属度：粗糙集 X 在可变精度 β 下的精确度和隶属度分别表示为

$$\alpha_B(X) = \frac{|\underline{B}X_\beta|}{|\overline{B}X_\beta|} \tag{8-21}$$

$$\rho_B(X) = 1-\alpha_B(X) \tag{8-22}$$

由可变精度的粗糙集的上、下近似定义及其相关概念的定义可以看出，在经典粗糙集的基础上引入可变精度实际上就是对经典粗糙集中上、下近似的严格划分进行一定程度上的放宽。由于在实际应用中的数据往往存在着噪声数据、缺失数据和错误数据，而传统粗糙集对这些信息的抵抗能力很差，引入可变精度，对上、下近似的划分进行适当程度的放宽，可以有效地提升粗糙集对数据集中的噪声、缺失和错误数据的抵抗能力和容忍程度。

8.2.4 粗糙集的品质评价

粗糙集的品质评价是对基于粗糙集的决策系统的精度的衡量，决策系统就是那些可将属性集合进一步划分为条件属性集和决策属性集的特殊信息系统，当对决策属性集 D 按不可分辨关系进行等价类划分时，我们同样可以得到如下等价类：

$U/IND(D) = \{X_1, X_2, \cdots, X_r\}$，其中 r 为等价类的个数，对于决策系统有一

个衡量其精确度的重要参数——决策系统的品质因数。

定义 8.2.4 决策系统的品质因数：

$$\gamma_B = \frac{\left|\sum_{i=1}^{r} \underline{B}X_i\right|}{|U|} \quad (8-23)$$

对于决策系统我们还需要定义其确定型区域和非确定型区域。在确定型区域中，决策是确定的，而在非确定型区域中，决策是不确定的。

定义 8.2.5 对于决策系统 $DS=(U,C\cup D)$，$A=C\cup D$，$C\cap D\neq\phi$，$X_i\subseteq\pi_D$，我们称

$$\prod = \cup_{i=1}^{|\pi_D|} \underline{C}X_i \quad (8-24)$$

$$\overline{\prod} = U - \prod \quad (8-25)$$

分别为决策系统的确定型区域和非确定型区域，其中 π_D 是决策系统在决策属性集上的等价类。

确定型区域的含义就是，对于一个数据对象 $t\in\prod$，它的决策属性值和条件属性值之间存在着依赖关系，对于决策支持是非常有实际意义的。

引入确定型区域的概念之后，就可以对决策系统品质因数的定义进行简化。

定义 8.2.6 对于决策系统的品质因数可以定义为确定型区域所占整个区域的比率：

$$\gamma_B = \frac{|\prod|}{|U|} \quad (8-26)$$

称为决策系统 $DS=(U,C\cup D)$ 的品质因数。

粗糙集的品质评价是粗糙集理论在实际应用中的重要部分，因为在实际应用中往往需要定性或定量的去评价一个模型的好坏，粗糙集的品质评价就为基于粗糙集的决策系统提供了这样一个可以衡量决策系统好坏的参数，即决策系统的品质因数。

8.3 基于近似不可分辨关系的粗糙集理论

无论是经典粗糙集理论还是可变精度的粗糙集理论对等价类的划分都是根据传统的不可分辨关系，但是在大数据技术日新月异的今天，越来越多的数据类型应用于数据挖掘领域，仅仅应用不可分辨关系无法对很多数据类型的论域进行划分。例如，目前应用比较广泛的数值型数据就无法在基于粗糙集的模型中使用不可分辨关系将其论域划分为若干个等价类，这大大影响了粗糙集理论的发展和应用。本节介绍的基于近似不可分辨关系的粗糙集理论，通过对经

典粗糙集理论的不可分辨关系的扩展使得粗糙集理论可以应用到更多数据类型构成的论域中,极大地扩展了粗糙理论的应用范围[253]。

8.3.1 相似度定义及基于相似关系的数据模型

这里相似度的概念同聚类算法中相似度的概念一致,首先介绍一下聚类算法的基本定义以方便读者对相似度的理解。聚类是将数据库中的数据进行分组,使得同一类内的数据相似性尽量大,不同聚类之间的数据相似性尽量小,也就是"物以类聚"。现有的聚类算法一般可分为分割和分层两种。分割聚类算法一般是建立一个评价函数,把数据集分割为 K 部分;分层聚类算法将数据集按照不同层次,逐层分割[254]。

相似度是用来判断两个数据之间的差异程度,常常使用"距离"来描述数据之间的相似程度。

定义 8.3.1 如果 N 维样本空间 S 中的任意两个数据 X_i 和 X_j,它们之间存在函数 $d_{ij} = d(X_i, X_j)$ 满足如下条件:

(1) $d_{ij} \geq 0$,对一切 X_i 和 X_j,当且仅当 $X_i = X_j$ 时,$d_{ij} = 0$;

(2) $d_{ij} = d_{ji}$;

(3) 对于数据 X_i, X_j 和 X_k,满足 $d_{ij} \leq d_{ik} + d_{jk}$;

则称 d_{ij} 为数据 X_i 和 X_j 之间的距离。

定义 8.3.2 相似度便是两数据或样本之间相似程度或相近程度,用距离的倒数来表示,相似度表示为 $sim(X_i, X_j)$:

$$sim(X_i, X_j) = \frac{1}{d_{ij}} \quad (8-27)$$

式中:d_{ij} 为数据 X_i 和 X_j 之间的距离。由此可以看出距离越小的数据越相似,反之则越不相似。

8.3.2 完全依赖与近似依赖

这一部分我们首先介绍函数依赖关系的一些基本定义,然后与粗糙集理论对比。尽管近似依赖关系和粗糙集理论是两个不同的领域,但是很多的依赖关系的概念甚至算法都可以从粗糙集理论的角度得到充分的解释和求解。

下面是函数依赖关系和近似依赖关系的一般定义:

定义 8.3.3 一般来说,对于关系 $R(x)$,一个函数依赖是:如果 $x \rightarrow R(x)$ 是有效的,当且仅当 $\forall t_1, t_2 \in R$,总有满足 $(t_1.X = t_2.X) \Rightarrow (t_1.Y = t_2.Y)$。式中:$X, Y \subseteq A$;$A$ 是 R 的属性集合。

Intan 和 Mukaidono 等人引入了部分函数依赖以及模糊部分函数依赖的概念,用以描述这样的事实,即给定一个属性集 U,X 和 Y 是 U 的子集,如果 $X \rightarrow Y$

是一个函数依赖,且对 X 的任何一个真子集 X' 都使 $X' \to Y$ 成立,则称 $X \to Y$ 是部分函数依赖。并且,这种函数依赖有可能由于数据的不准确性导致部分函数依赖的区域也有可能出现一些例外的情况,这就需要由模糊部分函数依赖的概念来支持。

而在模糊关系数据库中,函数依赖的概念与上述确定型关系数据库中的有所不同。首先,在模糊关系数据库中,数据对象相等的概念被替换为等价类的概念。因此不再称两个数据对象是否相等,而是称它们是否属于同一个等价类。其次,模糊关系数据库中的函数依赖更多地被称之为近似依赖,而且往往有表示近似程度的参变量。

同样,模糊关系数据库中的部分函数依赖往往也被称为部分近似依赖。相应地,它描述这样一个事实,即一个属性子集仅仅在某些值域范围内与另一个属性子集存在依赖关系,而不是在整个值域中全部相互依赖。

下面是近似依赖关系和部分近似依赖关系的一般定义:

定义 8.3.4 近似依赖:在模糊关系数据库 R 及属性集 A 上的近似依赖表述为

$$C \to_a d \tag{8-28}$$

式中:$C \subseteq A; d \in A$。

严格地解释,如果对于任意两个数据对象 $t_i, t_j \in R$,都有:如果 $[t_i]_C^\phi = [t_j]_C^\phi$,那么 $[t_i]_d^{a_d} = [t_j]_d^{a_d}$,那么我们说近似依赖关系 $C \to_a d$ 在模糊关系数据库 R 和属性集 A 上存在或者有效。其中:ϕ 是属性集 C 中各个属性的相似度级别,a_d 是在属性 d 上的相似度级别。通俗地解释,如果在属性集 C 上近似一致的所有数据对象都在属性 d 上近似一致,那么近似依赖关系 $C \to_a d$ 存在或有效。

定义 8.3.5 部分近似依赖:在模糊关系数据库 R 及属性集 A 上的近似依赖关系表述为

$$C \to_{ap} d \tag{8-29}$$

式中:$C \subseteq A; d \in A$。

严格地解释,如果存在那么一个近似等价类 $[t]_C^\phi \in \pi_C^\phi$,对任意两个数据对象 $t_i, t_j \in [t]_C^\phi$ 都有 $[t_i]_d^{a_d} = [t_j]_d^{a_d}$,那么我们说部分近似依赖关系 $C \to_{ap} d$ 在模糊关系数据库 R 及属性集 A 上存在或者有效。其中:ϕ 是属性集 C 中各个属性的相似度级别;a_d 是在属性 d 上的相似度级别。通俗地解释,如果在属性集 C 上的某个值域区域上近似一致的所有数据对象都在属性 d 上近似一致,那么部分近似依赖关系 $C \to_{ap} d$ 存在或有效。

介绍函数依赖理论的目的还是要与粗糙集理论相结合。粗糙集理论考虑的是两个不相交属性集之间的条件与决策关系,函数依赖理论则是关心单个属性对另外一个属性集合之间是否存在函数关系。因此,下面的定理和推论可以衔接起二者的关系。

定理 8.1 对于一个决策系统 $DS=(U,C\cup D)$,近似依赖 $C\rightarrow_a d$ 存在或者有效当且仅当对于所有 $d\in D$ 都有近似依赖关系 $C\rightarrow_a d$ 存在或者有效。

下面我们对定理 8.1 进行证明:

充分性:显然,当对于所有 $d\in D$ 都有 $C\rightarrow_a d$ 时,对于任意两个数据对象 $t_i,t_j\in U$,都有:如果 $t_i.C\approx t_j.C$,那么 $t_i.D\approx t_j.D$。因此,$C\rightarrow_a d$ 成立。

必要性:当 $C\rightarrow_a d$ 成立时,对于任意两个数据对象 $t_i,t_j\in U$ 都有:如果 $t_i.C\approx t_j.C$,那么 $t_i.D\approx t_j.D$。而由 $t_i.D\approx t_j.D$ 可以得出对于所有 $d\in D$ 都有近似依赖关系 $C\rightarrow_a d$ 成立。

推论 8.1 对于一个决策系统 $DS=(U,C\cup D)$,近似依赖 $C\rightarrow_a D$ 存在或有效当且仅当对于所有 $D'\subseteq D$ 都有 $C\rightarrow_a D'$ 存在或者有效。

以上就是函数依赖理论的基本概念和其与粗糙集理论相结合的结果,在一个决策系统中这样的结合有着十分重要的实际意义,通过建立基于粗糙集理论的决策模型可以挖掘出条件属性集和决策属性集之间的依赖关系,在实际应用中,由于数据噪声等因素的影响无法被完全消除,所以实际应用中得到的大部分是部分近似依赖关系,以下部分就会介绍由基于不可分辨关系的粗糙集理论建立的模糊决策系统及品质因数。

8.3.3 模糊粗糙集理论

M. Quafafou 将传统的确定型粗糙集理论拓展到了模糊领域,给出了一种基于模糊值及模糊关系数据库的粗糙集模型。在该模型中,粗糙集建立在一种数据属性取值模糊的数据库之上,标准粗糙集理论的不可分辨关系得到了松弛,取而代之的是参数化的不可分辨关系。其中的参数就是 α,因而命名为 α-粗糙集,即 α-RST。在 α-粗糙集中,信息系统得到了重新的定义,要求各个属性的取值由两个元素来描述,一个是属性的"名义"值,也就是属性值的普通物理意义;另一个是"坐标"值,取值于[0,1]之间,描述属性在多大概率的程度上拥有给定的"名义"值。

令论域 $U=\{x_1,x_2,\cdots,x_n\}$ 为一有限集的数据对象集合,$Q=\{q_1,q_2,\cdots,q_m\}$ 为其有限属性集合,V_q 是属性 q 的值域,$V=\cup V_q$。

定义 8.3.6 信息函数(information function):

ρ 为名义信息函数:$\rho \begin{bmatrix} U\times Q\rightarrow V, \\ (x,q)\rightarrow v_{qi}, \end{bmatrix}$

δ 为坐标信息函数:$\rho \begin{bmatrix} U\times Q\rightarrow [0,1], \\ (x,q)\rightarrow \mu_{qi}(q(x)), \end{bmatrix}$

定义 8.3.7 α-信息系统:定义了名义信息函数和坐标信息函数的信息系统即被称为 α-信息系统:即 $IS=\{U,Q,a:U\times Q\rightarrow V\times[0,1]\}$,其中:$a$ 表示一种映射关系,任意在 $U\times Q$ 上定义的数据对象 x 在 V 和 $[0,1]$ 上都有其对应的映射值。

在对数据对象的属性值的坐标信息函数定义的基础上,对数据对象增加一项描述其准确程度的函数:

$$\Phi_R \begin{bmatrix} U \rightarrow [0,1] \\ x \rightarrow \min\{\delta(x,q) \ \forall \ q \in Q\} \end{bmatrix}$$

其意义是表示 Φ_R 的函数功能是将 U 中的元素一一映射到 $[0,1]$ 区间;每个元素 x 的映射值为其所有属性的最小坐标值。这样,U 及其元素 x 都有了新的表示方法:$\widetilde{U}=\{(x,\Phi_R(x)):x\in U\}$;$\widetilde{x}=(x,\Phi_R(x))$。

实际上,这样定义的信息系统是基于模糊值模糊关系的模糊关系数据模型。

在 α-信息系统中,数据对象的不可分辨关系得到了延伸,不仅仅要求对象的名义属性值不可分辨,同时还要求名义属性值的坐标值大于某一阈值,即两个数据对象的属性值取一样的名义值,且取该名义值的概率程度大于某一阈值,记为 α。这样,我们可以得到参数化的不可分辨关系 $IND(R,\alpha)$,简写为 R_a。

定义 8.3.8 参数化的不可分辨关系 R_a:

$$\forall x,y \in U, xR_ay \Leftrightarrow yR_ax, \min(\Phi_R(x),\Phi_R(y)>a)$$

$[\widetilde{x}]_{R_a}$ 表示建立在 R_a 上的、包含数据对象 $\widetilde{x}$ 的等价类。

这样,在参数化的不可分辨关系下,近似集合的定义就可相应的得出。

定义 8.3.9 模糊粗糙集的上近似集和下近似集:

$\underline{R_a}X=\{\widetilde{x}\in U\times[0,1] \mid [\widetilde{x}]_{R_a} \subseteq X \text{ and } \Phi_R(\widetilde{x})=\min(\Phi_R([\widetilde{x}]_{R_a}),\Phi_R(\widetilde{x}))\}$

$\overline{R_a}X=\{\widetilde{x}\in U\times[0,1] \mid [\widetilde{x}]_{R_a} \subseteq X \text{ and } \Phi_R(\widetilde{x})=\max(\Phi_R([\widetilde{x}]_{R_a}),\Phi_R(\widetilde{x}))\}$

这样,描述粗糙集理论的其他各种参数都可按照标准粗糙集理论的定义方法给出一致的定义,这里不再重复给出。

一个模糊关系数据库 R 是笛卡儿积

$$2^{D_1} \times 2^{D_2} \times \cdots \times 2^{D_m}$$

的一个子集,可以看作为一个决策系统:$DS=(R,A)$。其中 R 是数据对象的有限集合,$R=\{t_1,t_2,\cdots,t_n\}$。A 是属性集合且 $A=D\cup C$,C 为条件属性子集,D 是决策属性子集,$D\cap C \neq \phi$。

首先,我们需要定义单个属性的 α-近似等价关系。

定义 8.3.10 α-近似等价关系:对于一个模糊关系数据库 R,$t_i,t_j \in R$,如果 t_i 和 t_j 在属性 c 上彼此相似的程度不低于 α,那么我们认为 t_i 和 t_j 在属性 c

上是等价的,等价的程度为 α,记为:$t_i \approx_c^a t_j$。

令 $[t_i]_c^a$ 表示 t_i 的所有等价数据对象集合,即 $[t_i]_c^a$ 中的所有成员相互间在属性 c 上相似程度不低于 α。再令 $|[t_i]_c^a|$ 表示 $[t_i]_c^a$ 中成员的个数。令 $\pi_c^a = \{[t_i]_c^a | t_i \in R\}$ 表示 R 中关于属性 c 的所有 α 等价类集合,$|\pi_c^a|$ 是集合中元素的个数。如果不特别声明,符号 $|.|$ 总是表示集合中元素的个数。

将传统粗糙集扩展为模糊粗糙集,其决策算法也会发生相应的改变,下面介绍模糊粗糙集的决策算法——我们称之为 α-决策算法。

对于一个基于模糊关系数据库的决策系统 $DS=(R, C \cup D)$,$A=C \cup D, C \cap D \neq \phi$,其中 C 是条件属性集,D 为决策属性集,我们可以根据属性集 C 和属性集 D 分别计算出各自的不相交的 α-等价类集合。假设分别为 $\pi_c^a = \{E_1, E_2, \cdots, E_l\}$ 和 $\pi_D^a = \{X_1, X_2, \cdots, X_k\}$。

对于每一个 $E_i \in \pi_c^a$,我们用 Φ_i 来表示 E_i 在属性集 C 上的值域表达式,即 $E_i = |\Phi_i|_S$。同样地,对于每一个 $X_j \in \pi_D^a$,我们用 Ψ_j 来表示 X_j 在属性集 D 上的值域表达式,即 $X_j = |\Psi_j|_S$。如果令聚类中心 t_i 表示 α——等价类 E_i 的代表,Φ_i 的意义就可以进一步的解释为:与 t_i 的距离小于等于 $\alpha/2$ 的所有的 R 中的数据对象的集合。$|\Phi_i|_S$ 表示所有根据属性集 C 落在 Φ_i 描述范围之内的值域中,且 $E_i = |\Phi_i|_S$。通过简单的证明可以获得下面一些性质:

(1) $|(a,v)|_S = \{x \in U | \|a(v), x\|_C \leq \frac{\alpha}{2}\} \quad \forall a \in C, v \in V_a$;

(2) $|\Phi \cup \Psi|_S = |\Phi|_S \cup |\Psi|_S$;

(3) $|\Phi \cap \Psi|_S = |\Phi|_S \cap |\Psi|_S$;

(4) $|\widetilde{\Phi}|_S = R - |\Phi|_S$;

(5) $\cup_{i=1}^{I} |\Phi_i|_S = R$;

(6) $\cup_{j=1}^{k} |\Psi_j|_S = R$。

定义 8.3.11 α-决策规则:在基于模糊关系数据库的决策系统 DS 上的决策规则是这样的表达式:$\Phi \xrightarrow{a} \Psi$,读作:$S$ 中的数据对象如果 Φ 满足,则同时满足 Ψ。Φ 和 Ψ 分别是在条件属性 C 和决策属性 D 上的属性—属性值配对 (a,v) 的表达式,Φ 和 Ψ 也就相应地称为条件和决策。其中,属性—属性值配对 (a,v) 表示属性 a 取值与属性值 v 距离要小于 α 值。

其中,仅支持度大于 0 的决策规则才有意义。当置信度等于 1 时,我们称这样一个决策规则为强规则;反之,则称之为弱规则。覆盖度则给出了决策规则的可推理性,当覆盖度等于 1 时,我们称这样的规则为强可推理规则,反之则为弱可推理规则。

不难看出,基于模糊关系数据库的决策系统 $DS=(R,C\cup D)$ 共有这样的 α-决策规则 $l\times k$ 个,组成了 α-决策算法:

$$Des(S)=\{\Phi\stackrel{a}{\rightarrow}\Psi\}_{i,j=1}^{l,k},\text{其中}:I=|\pi_C^a|,k=|\pi_D^a|。 \quad (8-31)$$

如果加上支持度必须大于 0 的约束条件,可以证明,当 α-等价类满足不相交最优化划分式,α-决策规则满足 Pawlak 的决策算法所要求的独立性、完全覆盖性、包容性三个性质。

(1) 独立性(排他性):由于 α-等价类的最优划分可以保证一个数据对象按照其所属的值域表达式划分仅仅归属为一个聚类,因而对于所有 $\Phi\rightarrow\Psi$,$\Phi'\stackrel{a}{\rightarrow}\Psi'\in Des(S)$,都有 $\Phi=\Phi'$ 或 $|\Phi\Lambda\Phi'|_S=\phi$ 及 $\Psi=\Psi'$ 或 $|\Psi\Lambda\Psi'|_S=\phi$。

(2) 完全覆盖性:$|\cup_{i=1}^m\Phi_i|_S=R$ 和 $\cup_{i=1}^m\Psi_i|_S=R$。

(3) 包容性:由于构成决策算法的决策规则的支持度都大于 0,因而满足 $\Phi\rightarrow\Psi\in Des(S)$,都有 $card(|\Phi\Lambda\Psi|_S)\neq 0$。

对于决策算法的连续性涉及粗糙集理论(Rough Set Theory)的不可辨识关系及下近似集等诸多概念,由于在模糊关系数据库中,不可辨识关系已经被替换为了等价类的概念,Pawlak 的连续性表达已经没有意义。但是上述 α-决策规则在本书的模糊关系数据模型中仍不失为一种决策算法的定义。

8.3.4 基于 Φ-近似等价关系的粗糙集理论

在介绍模糊粗糙集模型后,我们介绍基于 Φ-近似等价关系的粗糙集理论。首先定义在一个属性集合上的近似等价关系:Φ-近似等价关系。

定义 8.3.12 Φ-近似等价关系:如果对于所有的 $c_k\in C,a_k\in\Phi$ 都有 $t_k\approx_{c_k}^{a_k} t_j$,那么我们就认为 t_i 与 t_j 在属性集合 C 上是等价的,各属性等价的级别由集合 Φ 中对应给出,记为:$t_i\approx_C^\Phi t_j$。其中 $C=\{c_1,c_2,\cdots,c_m\}$,$\Phi=\{a_1,a_2,\cdots,a_m\}$,$m$ 是属性集 C 中的成员个数。

Φ-近似等价类同样有以下的自反性、对称性和传递性特点:

推论 8.2 对于任意 $t_1,t_2,t_3\in R$ 有

$t_1\approx_C^\Phi t_1$ (自反性)

$t_1\approx_C^\Phi t_2\Leftrightarrow t_2\approx_C^\Phi t_1$ (对称性)

$t_1\approx_C^\Phi t_2,t_2\approx_C^\Phi t_3\Leftrightarrow t_1\approx_C^\Phi t_3$ (传递性)

令 $[t_i]_C^\Phi$ 表示 t_i 在属性集 C 上的近似等价数据对象集合,各个属性的等价级分别为 Φ 中各元素描述,$|[t_i]_C^\Phi|$ 是集合中的成员个数。令 $\pi_C^\Phi=\{[t_i]_C^\Phi|t_i\in R\}$ 表示 R 中所有的在属性集合 C 上、等价级别为 Φ 的近似等价类,称作 Φ-近似等价类,$|\pi_C^\Phi|$ 为类成员的个数。下面是 Φ-近似等价类的一些性质:

(1) $[t_i]_C^\Phi \neq \theta$;

(2) $R = \cup [t_i]_C^\Phi$;

(3) If $[t_i]_C^\Phi \neq [t_j]_C^\Phi$ then $[t_i]_C^\Phi \cap [t_j]_C^\Phi = \phi$;

(4) If $\alpha > \beta$ then $|\pi_C^\alpha| \geq |\pi_C^\beta|$。

这个性质在 Shenoi 和 Melton 的基于相邻关系的模糊关系数据模型中并不存在,因为其取消了最大—最小传递性的约束条件。

同样对于模糊粗糙集模型上、下近似的定义仍然是其核心内容。令 $X \in \pi_D^\Omega$,π_D^Ω 是模糊关系数据库 R 在属性集 D 及相似度阈值 Ω 上的近似等价类,D 是决策属性集,$|\pi_D^\Omega|$ 表示等价类的个数。下面给出了相应的 X 的下近似、上近似及边界的定义:

定义 8.3.13 模糊粗糙集的上近似集、下近似集:对于建立在模糊关系数据库上的信息系统 $IS = (R, A)$,$C \subseteq A$,$X \subseteq R$。我们称

$$\underline{CX} = \{t_i \in R \mid [t_i]_C^\Phi \subseteq X\}$$
$$\overline{CX} = \{t_i \in R \mid [t_i]_C^\Phi \cap X \neq \phi\}$$

为 X 的 C—下近似集合和 C—上近似集合。

定义 8.3.14 模糊粗糙集的正域、负域和边界:

$$POS_B(X) = \underline{BX}$$
$$NEG_B(X) = U - \overline{BX}$$
$$BN_B(X) = \overline{BX}_\beta - \underline{BX}$$

分别称为 X 在 C 下的正域、负域和边界。

在有了上述的上近似和下近似的定义之后,X 就被称为一个粗糙集。如果在属性集 C 及相似度阈值集合 Φ 上定义的每一个近似等价类都被称为一个"颗粒"的话,也就是数据对象集合 $[t_i]_C^\Phi$ 是一个颗粒,π_C^Φ 是所有颗粒的集合,那么 X 的下近似集由这样的颗粒中的元素组成,即这些颗粒的元素都包含于 X 之中;X 的上近似集由这样的颗粒中的元素组成,即这些颗粒的元素至少有一个包含于 X 之中;X 的边界集由这样的颗粒中的元素组成,即这些颗粒的元素至少有一个但不全部包含于 X 之中。

上述的下近似集 $\underline{CX}$ 和上近似集 $\overline{CX}$ 是根据包含关系严格定义的。但是,在现实的数据库中,数据往往包含错误的、噪声的信息。因此,一个颗粒,当它的元素大部分都包含于 X 中而少部分(这部分可能是噪声或错误信息)例外时,仍然应当划分于下近似集 $\underline{CX}$ 而不应该划分到边界 $BN_B(X)$ 中。另一方面,一个颗粒,当它的元素大部分都不包含于 X 中而少部分(这部分可能是噪声或错误信息)包含于 X 中时,它则不应该划分到上近似 $\overline{CX}$ 中。因此,在粗糙集理论的对 $\underline{CX}$ 和 $\overline{CX}$ 的计算中,需要增加一种表示对这种错误的、噪声的信息的容忍程度的

变量,从而改变粗糙集模型的精度,称为 Φ-粗糙集理论的精度变量。这种理念最初是由 Ziarko 提出来的。实际上,在模糊关系数据库中同样需要这种表示粗糙集精度的变量。因为,模糊的数据模型在一定程度上都能较好地处理不准确的信息,但是对错误信息或噪声信息的处理能力仍然较弱。因此,根据这样的一个精度变量 $\beta \in (0,5,1]$,需要重新给出新的下近似集和上近似集的定义:

定义 8.3.15 对于建立在模糊关系数据库上的信息系统 $IS=(R,A)$,$C \subseteq A, X \subseteq R$ 以及可变精度 $\beta \in (0,5,1]$。我们称

$$\underline{C}X_\beta = \left\{ t_k \in R \mid \frac{|[t_i]_C^\Phi \cap X|}{|[t_i]_C^\Phi|} \geq \beta \right\}$$

$$\overline{C}X_\beta = \left\{ t_k \in R \mid \frac{|[t_i]_C^\Phi \cap X|}{|[t_i]_C^\Phi|} > 1-\beta \right\}$$

为 X 在精度 β 下的 C—下近似集合和 C—上近似集合。

定义 8.3.16 正域、负域和边界:

$$POS_B(X) = \underline{B}X_\beta$$
$$NEG_B(X) = U - \overline{B}X_\beta$$
$$BN_B(X) = \overline{B}X_\beta - \underline{B}X_\beta$$

分别称为 X 在精度 β 下的正域、负域和边界。

实际上,β 是一个比率阈值,即一个颗粒中包含于 X 中的元素的个数与不包含于 X 中的元素的个数之间的比率。也就是,当颗粒的这种比率大于 β 时,它的所有元素都分配给 $\underline{C}X_\beta$,否则,则都不分配。另一方面,如果比率小于 $1-\beta$,那么该颗粒就不分配给 $\overline{C}X_\beta$。

显然,当 $\beta=1$ 时,有 $\underline{C}X_\beta = \underline{C}X, \overline{C}X_\beta = \overline{C}X$,这种条件下的粗糙集理论的决策规则一般被称为强规则。

在 8.3.5 小节中我们介绍了决策系统的品质评价,当粗糙集扩展为模糊粗糙集时,其决策系统和品质的定义也会发生相应的改变。

定义 8.3.17 对于建立在模糊关系数据库上的决策系统 $DS=(R, C \cup D)$,$A = C \cup D, C \cap D \neq \phi, X_i \subseteq \pi_D$,我们称

$$\underline{\Pi} = \cup_{i=1}^{|\pi_D|} \underline{C}X_i$$
$$\overline{\Pi} = U - \underline{\Pi}$$

分别为决策系统的确定性区域和非确定性区域。

确定性区域的涵义就是,对于一个数据对象 $t \in \underline{\Pi}$,它的决策属性值与条件属性值之间存在着依赖关系,这对于决策支持是非常有实际意义的。

定义 8.3.18 模糊决策系统的品质因数:我们将确定性区域所占整个区域的比率: $\lambda = \dfrac{|\underline{\Pi}|}{|U|}$

称为模糊决策系统 $DS=(R,C\cup D)$ 的品质因数。

同时,Φ-粗糙集理论可以给出一个非常全面的表达式来描述模糊关系数据库上的近似依赖关系,如下面的定义:

定义 8.3.19 从 Φ-粗糙集的角度解释近似依赖:在模糊关系数据库 R 及属性集 A 上的一个近似依赖可以表示为:$C\xrightarrow{\Phi,\Omega,\beta,\lambda,\Pi}D$,其中:$C$ 是条件属性集;D 是决策属性集;$A=C\cup D$;Φ 和 Ω 分别是 C 和 D 中的属性的相似度阈值集;β 是 Φ-粗糙集的精度变量;λ 决策系统的精度;Π 是确定性决策区域。

从上述的定义中,5 个 Φ-粗糙集理论的参数,即 $\Phi,\Omega,\beta,\lambda,\Pi$,可以系统地描述模糊关系数据库属性集之间的近似依赖关系。详细的描述如下:

(1) 参变量 Φ 和 Ω 用于描述近似等价类的数据对象之间的相似程度。Φ 给出了条件属性集中的各个属性的最低相似度阈值;Ω 则是决策属性集中的各个属性的最低相似度阈值。如果 Φ 和 Ω 中的各个元素都等于 1,那么 Φ(或者 Ω)近似等价关系蜕变为不可分辨关系,而 Φ-粗糙集理论则蜕变为确定的粗糙集理论。

(2) β 可以松弛上近似集和下近似集的严格定义,使得在模糊关系数据库中,对部分近似依赖的确定性区域的划分具有更好地抵制错误信息和噪声信息的能力。如果令 $\beta=1$,则称发现的近似依赖为强近似依赖;反之,则称为弱近似依赖,依赖的强弱度量程度恰好由 β 来描述。

(3) λ 则用于判断条件属性集 C 和 D 之间是存在近似依赖关系,还是部分近似依赖关系,还是不存在任何依赖关系。当 $\lambda=1$ 时,近似依赖 $C\to_a D$ 存在;当 $0<\lambda<1$ 时,部分近似依赖 $C\to_{pa}D$ 存在;当 $\lambda=0$ 时,则 C 和 D 之间不存在任何依赖关系。

(4) Π 提供了 $C\to_{pa}D$ 存在的区域。

因此,下面的推论可以得出:

推论 8.3 对于一个基于模糊关系数据库的决策系统 $DS=(R,C\cup D)$,近似依赖 $C\to_a D$ 存在或者有效当且仅当 $\lambda=1$ 时,其中 λ 是决策系统的决策精度。

推论 8.4 对于一个基于模糊关系数据库的决策系统 $DS=(R,C\cup D)$,部分近似依赖 $C\to_{pa}D$ 存在或者有效当且仅当 $0<\lambda<1$ 时,其中 λ 是决策系统的决策精度。

推论 8.5 对于一个基于模糊关系数据库的决策系统 $DS=(R,C\cup D)$,部分近似依赖 $C\to_{pa}D$ 存在的区域是 Π。

当这个区域是整个条件属性的值域时,部分近似依赖也就是近似依赖;而当这个区域为空时,则不存在任何依赖关系。严格地解释,对于任意两个数据对象 $t_i,t_j\in\Pi$,都有:如果 $[t_i]_C^{\Phi}=[t_j]_C^{\Phi}$,那么 $[t_i]_C^{\Omega}=[t_j]_C^{\Omega}$。通俗地解释,任意两

个 Ⅱ 中的数据对象,如果它们在 C 上是近似一致的,那么它们在 D 上也是近似一致的。

8.4 基于线性规划的粗糙集优化模型

本章的之前几节介绍了经典粗糙集、可变精度的粗糙集和基于相似不可分辨关系的粗糙集。可变精度粗糙集理论是针对数据集中存在的缺失数据、错误数据和噪声数据在经典粗糙集中引入可变精度,放宽粗糙集对上、下近似定义中的严格要求,以提升粗糙集模型对噪声数据等的抵抗能力。基于近似不可辨关系的粗糙集模型,是从对等价类的划分角度对粗糙集模型进行扩展,经典粗糙集对等价类的划分是基于不可分辨关系。

虽然引入了可变精度的粗糙集模型,但是仍然无法消除噪声数据对粗糙集模型精度的影响,针对粗糙集模型对数据集中噪声的敏感性,在提出可变精度粗糙集理论之后,国内外有很多相应的研究以提高粗糙集模型对噪声的抵抗能力。本节介绍的是基于线性规划模型对粗糙集模型进行优化,以提高基于粗糙集的决策系统的精度。

8.4.1 线性规划理论

线性规划概念是在 1947 年产生的,而相关问题在 1823 年 Fourier 和 1911 年 Poussin 就已经提出过,发展至今已有 100 多年的历史了。现在已成为生产制造、市场营销、银行贷款、股票行情、出租车费、统筹运输、电话资费、电脑上网等热点现实问题决策的依据。线性规划就是在满足线性约束下,求线性函数的极值。

线性规划(LP)问题就是在一组线性等式和不等式的约束条件下,求一个线性函数最大值或最小值的问题。一般的线性规划模型由以下几个部分组成:参数及变量、目标函数、约束条件。很多优化的问题都运用到线性规划的方法,本研究中运用线性规划的方法对基于粗糙集和聚类算法建立的柴油机间隙参数组合与质量等级的决策系统进行优化。

作为各种优化方法的共同背景,LP 通过最优化一个拥有多个变量的线性函数来解决问题,而各个变量又用一组特定的线性函数限定。非线性规划(NLP)则是与一些相应的非线性函数的实例最优化相关的。混合整数线性规划法(MILP)和混合整数非线性规划法(MINLP)在线性规划和非线性规划的基础上引入混合整数的概念以适应更为复杂的数据集。混合整数指仅有一些变量取离散值,而其他的则是连续的。这样,混合整数非线性规划主要指用目标函数和约束中连续的、离散的变量及非线性特性的数学规划模型,而混合整数线性规划主要指用目标函数和约束中的连续、离散的变量及线性的数学规划模型。

我们将要介绍的是基于混合整数线性规划的粗糙集优化模型。

8.4.2 基于混合整数线性规划的粗糙集优化模型

粗糙集模型在现实应用中的最大问题就是其对数据集中噪声数据的敏感性,即使引入了可变精度,然而粗糙集模型仍然对数据集中的噪声抵抗能力很弱。国内外学者也针对这一弱点对粗糙集模型进行了很多扩展和改进,尽量降低粗糙集模型对数据集中噪声的敏感程度以提高模型对数据集中噪声数据的抵抗能力。

本书介绍一种将混合整数线性规划模型和粗糙集模型相结合的方法,在线性规划模型中对粗糙集理论进行描述,通过最优解的求解可以求得使粗糙集模型精度达到最优的属性集划分方案,有效地提高了粗糙集模型对数据集中噪声数据的抵抗能力,建立了品质因数更优的决策系统。

下面对基于混合整数线性规划的粗糙集通用优化模型进行介绍,对于一个完整的线性规划系统,在形式上要由参数、集合、变量、目标函数及限制条件组成。我们会按照上述几个部分对该优化模型进行详细的介绍。

1. 集合和参数

I:粗糙集模型的论域;

c:条件属性集;

d:决策属性集;

K_c:条件属性集对论域的划分结果;

K_d:决策属性集对论域的划分结果;

N:对于一个下近似集的最小支持数;

β:粗糙集的可变精度;

M:任意大数;

$p_{ik'}$:如果样本 i 在由决策属性集划分的聚类 k' 中,则该参数值为 1,否则为 0。

2. 优化模型中的变量

q_{ik}:如果论域中的一个样本 i 在由条件属性集划分的聚类 k 中,则该参数值为 1,否则为 0;

w_{cij}:如果论域中两个样本 i 和 j 属于由条件属性集划分的同一个聚类,则该参数值为 1,否则为 0;

w_{dij}:如果论域中两个样本 i 和 j 属于由决策属性集划分的同一个聚类,则该参数值为 1,否则为 0;

$e_{ikk'}$:样本 i 既在由条件属性集划分的聚类 k 中,又在由决策属性集划分的聚类 k' 中,则该参数值为 1,否则为 0;

Q_k:由条件属性划分的聚类 k 中的样本个数;

P_k:由决策属性划分的聚类 k 中的样本个数;

$E_{kk'}$:既在由条件属性集划分的聚类 k 中,又在由决策属性集划分的聚类 k' 中的样本的个数;

f_k:如果在由条件属性集划分的聚类 k 中的样本个数超过 N,则该参数值为 1,否则为 0;

$L_{kk'}$:如果由条件属性集划分的聚类 k 是由决策属性集划分的聚类 k' 下近似,则该参数值为 1,否则为 0;

Y_k:确定区域中样本的个数。

3. 优化模型的目标函数

最大化粗糙集模型确定区域的样本个数:

$$\sum_{k=1}^{K_c} Y_k$$

4. 优化模型的约束条件

(1) $q_{11} = 1$;

(2) $\sum_{k=1}^{K_c} q_{ik} = 1$;

(3) $2 \cdot e_{ikk'} \leq q_{ik} + p_{ik'}$;

(4) $q_{ik} + q_{jk} \leq 1 + w_{cij}$;

(5) $q_{ik'} + q_{jk'} \leq 1 + w_{dij}$;

(6) $Q_k = \sum_{i=1}^{I} q_{ik}$;

(7) $P_k = \sum_{i=1}^{I} p_{ik'}$;

(8) $E_{kk'} = \sum_{i=1}^{I} e_{ikk'}$;

(9) $N \cdot f_k \leq N + (Q_k - N)$;

(10) $\mathrm{card}(I) \cdot L_{kk'} \leq \mathrm{card}(I) + (E_{kk'} - Q_k \cdot \beta)$;

(11) $L_{kk'} \leq f_k$;

(12) $Y_k \leq Q_k$;

(13) $Y_k \leq M * \sum_{k'=1}^{K_d} L_{kk'}$。

以上即是基于混合整数线性规划的粗糙集通用优化模型,在 8.5 节的应用案例分析中将结合实际案例对该模型进行更为具体和详细的介绍,并且通过结果的对比体现出该优化模型的优越性。

8.5 基于粗糙集的柴油机故障诊断应用案例

8.5.1 故障原因的偶然性、综合性和隐蔽性及传统故障机理分析的不足

故障是指设备在工作过程中,因某种原因"丧失规定功能"或危害安全的现象。通俗地来讲故障定义中使设备"丧失规定功能"或危害安全的现象的原因就是故障原因。在实际应用中,挖掘故障原因有着非常重要的实际意义。可以通过发现故障发生的原因,定位故障问题的所在,进而通过维修排除故障;同时也可以通过引发该故障原因的各种表象进行故障预测。但是随着科学技术的不断发展,越来越多的设备有着更为复杂的结构和工作机理,这就使故障原因呈现出越来越复杂的特点,这些特点主要表现为故障原因的偶然性、综合性和隐蔽性。

1. 故障原因的偶然性

传统的故障原因,如机械老化等是随着设备的使用时间的增加而体现出来的,呈现出一种必然的结果,这些故障原因的定位往往是通过思维定势和以前积累的经验来完成的。而有些故障仅仅在特定条件下很小概率才能发生,例如有些故障只有在特定的温度和湿度等环境因素的影响下才会发生,还有些故障是设备在特定载荷下才会发生,这样的故障原因具有偶然性,对于这样的故障由于出现的历史次数较少,所以在这样的故障发生时,人们往往不能根据现有的技术和方法准确地说明故障发生的原因和部位,同时因为偶然性故障案例个数的局限性,通过传统的统计分析方法也往往很难得到理想的结果。

2. 故障原因的综合性

故障原因的综合性既包含故障原因的相关性和相对性,也包含故障原因的耦合性。故障原因的相关性和相对性是指对于那些复杂的设备,其整个系统是由若干个子系统组成的,同时各个子系统之间又相互关联共同构成了一个有机整体,因此某一个子系统发生故障很可能会对另外一个子系统的性能造成或多或少的影响,同时多个子系统的故障可能触发设备更多的故障,这就使故障原因的定位变得异常复杂;故障原因的耦合性是指,由于某一特定原因并不会使设备发生故障,但是如果多个因素同时发生相互影响将会触发设备的故障,耦合性表现了故障可能是多因素综合触发的。

3. 故障原因的隐蔽性

隐蔽性故障的定义是:在正常情况下,操作者不能直接发现的故障,而必须

在装备停机时作检查或测试后才能发现。例如某厂的应急备用柴油发电机,通常情况下该柴油发电机是不运行的,当正常电力供应丧失后,应急柴油发电机自动启动并带载,避免因电力丧失带来的损失。在此例中,正常电力丧失情况下要求应急柴油机能够迅速启动,如果该柴油发电机不启动,那么该故障即为隐蔽性故障。

以上是对复杂设备的故障原因的特点进行简单的概括,但具体的故障原因的特点还是要根据具体的研究对象进行确定,因为只有确定了研究对象才能根据其结构特点、使用特性等进行故障原因特点的分析,下面以船舶柴油机为例分析其故障原因的特点及故障诊断的难点。

从系统论的角度来看,船舶柴油机可以被视为包含了多个子系统的一个大系统,并且各个子系统相互之间存在着一些不同程度的影响,这使得它们的关系变得十分复杂。在工作的过程中,由于船舶柴油机系统的零部件存在的磨损、疲劳、老化等因素都会或多或少的引起系统在结构上的失效与劣化以及各子系统之间的因果关系的变化,这使得在传播过程中系统故障特征信息会受到某种程度的扭曲,同时因为传播路径往往也不止一条等因素,从而多个子系统的故障可能都是由同一个故障源导致的。因此,故障源与故障的表现形式之间并不是一对一的简单映射关系,也就是说有可能表现为一个故障源多个故障的形式(一因多果),也可能表现为多个故障源一个故障的形式(多因一果),还可能表现为多个故障源多个故障表现形式相互交叉耦合的现象(多因多果)。总而言之,船舶柴油机的故障诊断是非常困难的,其难点主要表现在以下几个方面:

1. 故障的复杂性

极其复杂的结构直接导致了船舶柴油机故障诊断的复杂性。从表面上看来,通常船舶柴油机都是按照一定的周期来进行工作的,具有一定的规律性。然而在每个工作循环中,船舶柴油机的内部压力和温度值都是不尽相同的,这种情况同时也导致了即使在完全的相同工况下参数值也是不同的。同时对于有些故障还具有相同故障特征,这就要求轮机管理人员和相关的学者对此进行多方面和多层次的分析。

2. 故障的模糊性

作为一种十分复杂的往复式动力机械,船舶柴油机从无故障到轻微故障再到严重故障,是一个具有模糊性的渐变过程,而同时人们在状态监测的过程中也存在着各种模糊概念,因此造成了船舶柴油机的故障具有模糊性,使得故障分析变得困难。

3. 故障的未确知性

根据前文的介绍,虽然船舶柴油机的故障诊断技术发展较为迅速,但是该技术并不完善，这在一定程度上限制了人们的主观认识。尤其是当船舶柴油机系统发生了未知故障之后，人们往往不能根据现有的技术和方法准确地说明故障发生的原因和部位，而只能依靠思维定势或者以前积累的经验来进行分析和判断。

4. 故障的相对性和相关性

船舶柴油机的系统故障是由一定的条件和环境决定的。然而在不同的条件和环境之下，不一致性在柴油机的故障表现形式中是存在的，例如相同故障的程度经由不同的故障诊断方法来进行描述会表现出一定程度的不同。此外，因为组成船舶柴油机系统的各子系统之间是相互关联的，从而形成一个有机的整体，因此某一子系统的故障又可能对其他相关子系统的工作状态造成影响。

5. 多故障并发性

由于结构复杂并且零部件繁多，在船舶柴油机的工作过程中，多个故障同时发生的可能性将会不可避免地存在。各个故障特征的准确表达成为当前柴油机故障诊断技术研究领域中的一个"瓶颈"。并且在遇到多故障模式的故障诊断问题时，由于故障类型的多样性、故障特征向量的复杂性，所以多种故障模式下的判别原则和判断标准需要被建立起来，并且多个故障模式之间的相关关系也是需要掌握的。然后通过对多故障模式下的各种征兆和状态进行综合分析，从而查明故障程度、故障性质、故障类别、故障部位及导致故障产生的主要原因。由于故障诊断对象多而复杂，而且存在于船舶柴油机的各个诊断对象间的故障特征信息有可能会有着相互干扰、彼此耦合的关系。这就要求轮机管理人员和相关研究人员不但要努力研究和探索出适用于柴油机的故障诊断的方法，还需要在正确地选择测点的位置和状态信号收集时的测试方法与手段等方面进行充分深入的研究，这样才能使尽可能多的故障源的信息包含在收集到的状态信号中。

传统的设备故障诊断多以研究已有故障的信号特征为基础，但对于新的设备故障预警便因没有故障案例可循而不免漏诊。故障机理分析就是针对从未监测过的装备做出其可能发生的故障模式及信息特征的推理，为自动化主动诊断提供理性指导，以期在故障出现时，立即捕获信息并预警，还能为维修、制造、设计部门提供解除或延缓装备故障的合理化建议。

传统故障机理分析方法主要有基于失效物理的故障机理分析方法和基于统计的故障机理分析方法。失效物理一词出现于20世纪50年代后期。可靠性工程，特别是电子可靠性，在20世纪60年代初期得到美国政府的大力支持而飞速发展，因而失效物理技术最早是被用来分析电子元器件的失效机理。以可靠性理论为基础，配合物理和化学方面的分析，说明构成产品的零件或材料发生失效的本质原因,并以此作为改进设计和消除失效的依据,最终提高产品的可靠度。通过分析相关试验的结果,有助于发现与零件、材料失效相关的特性参数、数学模型、退化模式等失效机理信息,进而建立寿命与各参数间关系的数学模型。由于产品的失效行为与失效物理有着极为密切的关系,而失效分析又是可靠性技术的重要工作,因而又有人将失效物理称为可靠性物理。基于统计的故障机理分析方法往往是辅助基于失效物理的故障机理分析方法。

但是基于传统的故障机理分析方法的模型往往存在一些局限性,对于复杂机械设备所采集的数据信息往往具有不确定性、模糊性和噪声数据,这会大大降低基于传统故障机理分析方法的模型的精度。

8.5.2 基于粗糙集的柴油机故障诊断模型

对于柴油机而言,影响柴油机整机质量的因素有许多,对于一个批次出厂的柴油机,如何定位那些性能指标较差的柴油机的故障原因是在后续生产过程中提高柴油机出厂质量的重要前提。随着信息技术的不断发展,人工智能和数据挖掘技术应用到越来越多的领域,传统的故障机理分析方法存在很多的局限性,因此应用数据挖掘的方法定位故障原因成为这方面发展的前沿技术。

在本案例中,筛选了几个影响柴油机整机质量的重要因素,通过建立基于粗糙集的数据挖掘模型,可以分析出这几个因素和柴油机整机质量之间的部分近似依赖关系的程度,从而筛选出同整机质量关联最强的因素。本案例中选取柴油机的装配间隙参数、柴油机的转速、柴油机的进气和排气温度、柴油机的循环水温度4个影响柴油机整机质量的参数,通过本节的案例可以挖掘出同柴油机整机质量相关程度最大的参数,进而可以分析那些质量等级较低的柴油机的故障原因。

本案例中挖掘模型的建立是基于粗糙集理论的,那么就要对决策系统的属性进行确定,对于柴油机的整机质量等级这一属性是我们已知的,该厂将出厂的柴油机划分为优等品、合格品和不合格品三个质量等级,目的就是挖掘出影响质量等级最重要因素,从而确定不合格品的故障原因。首先将柴油机的装配间隙参数作为条件属性集,将柴油机的整机质量等级设置为决策属性集,即条件属性集 $C=\{$柴油机的装配间隙参数$\}$和决策属性集 $D=\{$柴油机的整机质量等级$\}$。下面是在包含上述属性的决策系统中建立粗糙集模型及求解的过程。

我们选取31台国产某型号6缸柴油机作为我们的数据集,选择柴油机间隙参数数据作为粗糙集模型的条件属性集,选择柴油机的整机质量等级作为粗糙集模型的决策属性集,那么结合前面的理论知识,实际上就是找出条件属性集 C 和决策属性集 D 之间的依赖关系来确定柴油机间隙参数和整机质量等级之间是否具有相关关系。

按照数据挖掘的思路首先要对数据进行预处理,因为原始数据中可能含有缺失值,参数之间可能存在着强相关性。经过相关性分析能够得知同一部件的径向间隙参数之间有着很强的相关性,这一点从我们对柴油机的直观认知中也能够得到,这样就可以应用主成分分析的方法对原始数据进行降维处理,以简化数据集。

降维处理后的结果如表 8-1 所列:

表 8-1 降维处理后的结果

柴油机编号	PC1	PC2	PC3	PC4
1	-0.16561	-0.97608	-0.52186	0.68529
2	-0.40529	-1.16312	0.58971	-0.56322
3	-0.44976	-1.09933	-1.21529	0.18547
4	0.04081	-1.04334	1.29311	-0.27766
5	-0.96322	-0.90946	1.02197	0.05384
6	-0.71199	0.68641	-0.96471	-0.74914
7	-0.87443	0.25717	-1.00147	-1.31869
8	-0.99395	0.29818	0.37387	-1.77446
9	-0.73475	-1.30035	-0.19376	1.67365
10	-0.07966	-0.62515	-1.60839	2.64653
11	-0.29180	0.36770	-0.80400	0.63656
12	-0.93378	0.08271	1.85823	1.04636
13	-0.65263	0.07622	0.62208	0.51463
14	0.52022	0.09064	1.31988	1.14587
15	-0.18544	-0.55239	0.49672	1.05733
16	-1.29953	-0.73203	0.01134	-0.55858
17	0.00818	-0.80481	-1.49651	0.00045
18	-0.11574	-0.04305	0.48435	-1.82626
19	0.79025	0.64723	-0.44308	0.24250
20	0.29686	3.45523	0.17723	1.16204
21	0.07658	-0.97151	0.92212	0.98531
22	0.39469	1.95878	0.87031	-0.90156
23	1.55574	0.55730	0.25965	-0.39511
24	0.06234	-0.06656	0.55351	-0.30346

(续)

柴油机编号	PC1	PC2	PC3	PC4
25	1.27676	0.16225	-2.46165	-0.81769
26	-0.89708	0.25563	-0.48860	-0.26638
27	-0.25353	-0.27720	-0.28591	-1.23772
28	-1.14595	1.00773	0.45717	-0.57906
29	0.50541	0.75005	-1.41225	0.13172
30	-0.19927	0.83435	0.84775	-0.93718
31	1.18469	0.20682	-0.24511	0.17885

进行降维处理后,将原有的 33 个柴油机间隙参数用 4 个成分参数 PC1、PC2、PC3、PC4 进行代替,在保持发现知识能力的基础上极大地降低了原始数据集的复杂性,关于主成分分析方法的具体介绍可以参照本书的其他章节。

对于粗糙集模型的重要一环是对等价类的划分,但是在相关案例中无论是经典的粗糙集模型还是可变精度的粗糙集模型都无法实现对数据型数据集的等价类划分。在本章的第 4 节中介绍了基于近似不可分辨关系的粗糙集理论,由于相似关系的引入和与基于相似关系的颗粒聚类的结合,使粗糙集模型可以对数值型数据集进行近似等价类的划分。

与相似关系密切相关的另一个数据挖掘方法就是聚类算法,这里我们大可以使用经典的聚类算法根据条件属性集(柴油机间隙参数)中的属性将论域(柴油机样本)划分为若干个近似等价类。对于聚类算法的相关理论和应用,参见本书第 7 章。这里只给出聚类分析的结果,如表 8-2 所列。

表 8-2 聚类分析结果

柴油机编号	条件属性集划分结果	整机质量等级
1	1	优等品
2	5	不合格品
3	1	优等品
4	5	不合格品
5	5	不合格品
6	3	合格品
7	3	合格品
8	3	合格品

(续)

柴油机编号	条件属性集划分结果	整机质量等级
9	1	优等品
10	1	优等品
11	1	优等品
12	5	不合格品
13	5	不合格品
14	5	合格品
15	5	不合格品
16	3	合格品
17	1	优等品
18	3	合格品
19	2	优等品
20	4	合格品
21	5	不合格品
22	4	合格品
23	2	优等品
24	5	不合格品
25	2	合格品
26	3	合格品
27	3	合格品
28	3	合格品
29	2	合格品
30	3	合格品
31	2	合格品

下面介绍基于粗糙集的决策模型,以及根据已建立的粗糙集模型挖掘柴油机间隙参数和整机质量等级之间相关关系的过程。

在本案例的粗糙集模型中,条件属性集(柴油机装配间隙参数)对论域(柴油机样本总体)的划分结果即是我们之前聚类的结果,而决策属性(柴油机整机质量)对论域的划分结果在本节的案例中作为一个已知条件存在,也就是说不需要再根据决策属性进行对论域的划分操作了。

本案例中决策属性,即柴油机整机质量等级有优等品、一等品和合格品 3 个等级。因此,可据此划分以下等价类:$U/D = \{X_1, X_2, X_3\}$。

$X_1 = \{1,3,9,10,11,17,19,23\}$ 表示质量等级为优等品的样本的集合;

$X_2 = \{6,7,8,14,16,18,20,22,25,26,27,28,29,30,31\}$ 表示质量等级为一等品的样本的集合;

$X_3 = \{2,4,5,12,13,15,21,24\}$ 表示质量等级为合格品的样本的集合。

本案例中的条件属性集,即柴油机装配间隙参数,应用 K-means 算法将样本总体聚为以下 5 类,即划分为以下近似等价类:$U/C = \{E_1, E_2, E_3, E_4, E_5\}$。

$E_1 = \{1,3,9,10,11,17\}$;

$E_2 = \{19,23,25,29,31\}$;

$E_3 = \{6,7,8,16,18,26,27,28,30\}$;

$E_4 = \{20,22\}$;

$E_5 = \{2,4,5,12,13,14,15,21,24\}$。

在实际应用中,数据源中往往存在一些错误信息和噪声信息,在本章的第三节中介绍了带可变精度的粗糙集,对于本案例的柴油机间隙参数数据集,同样存在着错误信息和噪声信息,所以在我们的模型中同样需要引入可变精度,以提升粗糙集模型对数据集中错误信息和噪声信息的容忍程度。

本案例中设置精度 $\beta = 0.8$,在该精度下求解得到 X_1, X_2, X_3 的条件属性 C 下的下近似集和上近似集分别为

$$\underline{C}X_1 = \{E_1\}, \overline{C}X_1 = \{E_1, E_2\};$$
$$\underline{C}X_2 = \{E_3, E_4\}, \overline{C}X_2 = \{E_2, E_3, E_4\};$$
$$\underline{C}X_3 = \{E_5\}, \overline{C}X_3 = \{E_5\}。$$

确定性决策区域为

$$\prod = \{\underline{C}X_1, \underline{C}X_2, \underline{C}X_3\} = \{E_1, E_3, E_4, E_5\}。$$

决策系统的精度为

$$\lambda = \frac{|\prod|}{|U|} = \frac{26}{31} = 0.84$$

由于 $0 < \lambda < 1$,因此部分近似依赖关系{柴油机装配间隙参数}→{柴油机整机质量等级}存在,且部分近似依赖程度为 0.84,数据集中依赖的区域柴油机样本编号为{1,2,3,4,5,6,7,8,9,10,11,12,13,14,15,16,17,18,20,21,22,24,26,27,28,30}。

根据上面的粗糙集模型,可以建立柴油机装配间隙参数和整机质量之间的部分近似依赖关系,并且可以得出该部分近似依赖的程度为 0.84。同样可以依

据上面的模型建立基于粗糙集的决策系统的过程,分别挖掘柴油机的转速、柴油机的进气和排气温度、柴油机的循环水温度同柴油机整机质量之间的部分近似依赖关系,具体过程,不再重复,直接给出求解结果。

由表 8-3 可知,与柴油机整机质量等级相关程度最大的是装配间隙参数,也就是说,在本案例的数据集(论域)中,对柴油机整机质量影响最大的因素是柴油机的装配间隙参数,也就是说那些不合格产品的故障原因是装配间隙不当。

表 8-3 相关参数

参　　数	装配间隙	转速	进气排气温度	循环水温度
决策精度	0.84	0.21	0.35	0.41

8.5.3 基于混合整数线性规划的决策系统优化建模

对于基于混合整数线性规划的粗糙集优化模型,我们结合具体的研究对象进行介绍,因为线性规划方法虽然是一种通用的数学方法,但是对于不同的研究对象而言其对应的参数、变量、目标函数和约束条件是大不相同的,结合实际的算例进行介绍可以更加细致地对整个优化建模过程进行介绍和分析,同时线性优化的目的是提升粗糙集模型的精度。结合案例并且与上一节的应用案例的结果进行对比可以直观地比较出优化建模的结果。

8.5.2 小节的应用案例中,我们分析了各个影响柴油机整机质量的因素和柴油机整机质量之间的部分近似依赖关系,通过比较结果将质量等级较差的柴油机样本的故障因素定位到柴油机装配间隙选取不当上,因为在所有影响柴油机质量的因素中柴油机装配间隙参数和整机质量之间的部分近似依赖关系的影响程度是最大的,换句话说在上节的案例中论域中的柴油机样本影响其整机质量的最主要因素是柴油机的装配间隙参数。

这里选择 8.5.2 小节的柴油机样本组成论域,{柴油机装配间隙参数,柴油机整机质量等级}为属性集,其中条件属性为{柴油机装配间隙参数},决策属性为{柴油机整机质量等级},本节我们要在上一节所建立的决策系统的基础上建立一个基于 MILP 的优化模型以提高决策系统的精度。

1. MILP 优化模型的集合和参数

I:柴油机样本的集合,即粗糙集模型的论域;

K_c:条件属性集(即柴油机的装配间隙参数)对论域的划分结果;

K_d:决策属性集(即柴油机的整机质量等级)对论域的划分结果;

$Xs_i(s=1,\cdots,n)$:柴油机的各个装配间隙参数,n 是装配间隙参数的个数;

a:在依据条件属性集对论域第一次聚类划分过程中,可以将两个样本划分在一个聚类中的最大的阈值;

b:在依据条件属性集对论域第二次聚类划分过程中,可以将两个样本划分在一个聚类中的最大的阈值;

d_{ij}:两个柴油机样本根据装配间隙参数计算的欧几里得距离;

w_{ij}:如果两个柴油机样本i和j属于同一个聚类,则该参数值为1,否则为0;

N:对于一个下近似集的最小支持数;

β:可变精度;

M:任意大数;

$p_{ik'}$:如果柴油机样本i在由决策属性集划分的聚类k'中,则该参数值为1,否则为0。

2. MILP 优化模型中的变量

c_{ij}:如果两个柴油机样本i和j在同一个聚类中,则该参数值为1,否则为0;

q_{ik}:如果一个柴油机样本在由条件属性集划分的聚类k中,则该参数值为1,否则为0;

$e_{ikk'}$:如果一个柴油机样本i既在由条件属性集划分的聚类k中,又在由决策属性集划分的聚类k'中,则该参数值为1,否则为0;

Q_k:由条件属性划分的聚类k中的样本个数;

$E_{kk'}$:既在由条件属性集划分的聚类k中,又在由决策属性集划分的聚类k'中的样本的个数;

f_k:如果在由条件属性集划分的聚类k中的样本个数超过N,则该参数值为1,否则为0;

$L_{kk'}$:如果由条件属性集划分的聚类k是由决策属性集划分的聚类k'下近似,则该参数值为1,否则为0;

Y_k:确定区域中样本的个数。

3. MILP 优化模型的求解逻辑

(1) $d_{ij} = \sqrt{\sum_{1}^{s}(Xs_i - Xs_j)^2}$:计算两个柴油机样本$i$和$j$的欧几里得距离;

(2) $w_{ij} = \begin{cases} 1 & Xs_i - Xs_j < b(s=1,\cdots,n) \\ 0 & 其他 \end{cases}$

(1)与(2)为两个样本i和j可以划分到一个聚类中的条件,即第一次聚类划分的算法。

线性规划模型的目标函数体现了我们对原始模型进行优化的目的,对于粗糙集模型而言我们需要优化的是决策系统的精度,决策系统精度实际上就是确定区域中样本的个数除以整个论域中样本的个数,而整个论域中样本个数是固定的,即优化决策系统精度就是对确定区域中样本个数进行优化。

4. MILP 优化模型的目标函数

最大化粗糙集模型确定区域的样本个数:

$$\sum_{k=1}^{K_c} Y_k$$

式中:K_c 是条件属性集对论域的划分结果;若聚类 k 是下近似,Y_k 表示该下近似中样本的个数。

5. MILP 优化模型的约束条件:

(1) $q_{11} = 1$;

(2) $c_{ij} \leqslant w_{ij}$;

(3) $\sum_{k=1}^{K_c} q_{ik} = 1$;

(4) $2 \cdot e_{ikk'} \leqslant q_{ik} + p_{ik'}$;

(5) $q_{ik} + q_{jk} \leqslant 1 + c_{ij}$;

(6) $Q_k = \sum_{i=1}^{I} q_{ik}$;

(7) $E_{kk'} = \sum_{i=1}^{I} e_{ikk'}$;

(8) $N \cdot f_k \leqslant N + (Q_k - N)$;

(9) $\mathrm{card}(I) \cdot L_{kk'} \leqslant \mathrm{card}(I) + (E_{kk'} - Q_k \cdot \beta)$;

(10) $L_{kk'} \leqslant f_k$;

(11) $Y_k \leqslant Q_k$;

(12) $Y_k \leqslant M \cdot \sum_{k'=1}^{K_d} L_{kk'}$。

下面是对上述约束条件的解释:

(1) 在依据条件属性集,即柴油机的装配间隙参数对论域进行聚类划分的过程中,由于我们将聚类算法的实现也融合到了线性规划建模的过程中,因此无法使用上一节案例中使用的 K-means 聚类算法,因为 K-means 等经典聚类算法大多是含有中心点的聚类方法,这样的聚类算法是非线性的,如果引入到线性规划模型中会使模型不可解,所以需要提出基于两两样本之间距离的线性聚类方法以适应该优化模型。对于这样的聚类方法需要设定一个初始值,约束条件(1)就是将编号为 1 的柴油机样本放置在编号为 1 的聚类中,完成了初始条件的设定。

(2) 在解释约束条件(2)之前,要先对该优化模型中的聚类算法进行简单的介绍。这一聚类算法实际上是一个两步聚类的过程,第一步聚类将两个样本每一个间隙参数之间的距离进行比较,只有所有的距离都小于阈值时才能将两者聚为一类,在第一步聚类可以聚为一类的样本中选择那些欧氏距离小于阈值的样本划分到一个聚类中。约束条件(2)就代表了两次聚类结果之间的关系。

(3) 约束条件(3)代表了一个样本必须属于一个由条件属性集对论域划分的聚类中。

(4) 对一个样本既在由条件属性集划分的聚类 k 中,又在由决策属性集划分的聚类 k' 中的条件进行限定。

(5) 如果样本 i 在聚类 k 中,同时样本 j 也在聚类 k 中,那么样本 i 和 j 在同一个聚类中。

(6) 计算在聚类 k 中样本的个数。

(7) 计算既在聚类 k 又在聚类 k' 中的样本的个数。

(8) 如果变量 $f_k=1$,那么在聚类 k 中的样本个数必须大于等于最小支持数 N。

(9) 限制了聚类 k 为聚类 k' 的下近似集的条件。

(10) 作为下近似集的聚类中的样本个数必须大于等于最小支持数 N。

(11) 一个确定区域中的样本个数一定不大于该确定区域对应的聚类中的样本个数。

(12) 如果在该优化模型中没有下近似集存在,那么确定区域中的样本个数为0。

上述是以柴油机为研究对象的基于 MILP 的粗糙集优化模型,模型中包含了设定的集合、参数、变量、求解逻辑、目标函数及限制条件。从另一个角度来讲,我们利用 MILP 模型对粗糙集模型进行了解释,这样的方法在粗糙集理论的发展领域是前沿的。对于其他的适合粗糙集模型的研究对象,也可以套用上述优化模型对基于粗糙集的决策系统的精度进行优化。

基于 MILP 的粗糙集优化模型已经建立了,那么具体的优化结果是怎样的呢?我们在 AMPL/CPLEX 软件中实现该优化模型,软件的使用和具体编程过程就不在这里介绍了,我们只给出求解的结果并与上一节的案例分析结果进行对比。

在求解之前要对几个参数进行设定,在这一算例中我们设定如下参数:

(1) $a=2.7767$;

(2) $b=1.7$;

(3) $\beta=0.8$;

(4) $N=2$;

(5) $M=999$;

(6) $q_{11}=1$。

对于求解结果,我们需要进一步进行分析的是聚类结果、上下近似集和确定区域。

$$Q_k = \begin{cases} 4 & k=1 \\ 7 & k=2 \\ 2 & k=3 \\ 8 & k=4 \\ 2 & k=5 \\ 2 & k=6 \\ 0 & k=7 \\ 2 & k=8 \\ 2 & k=9 \\ 2 & k=10 \end{cases}$$

该结果代表了根据条件属性集对论域划分的每一个聚类中柴油机样本的个数,总的聚类数目是初始设定的 10。但是,可以发现在第 7 个聚类中并没有样本存在,所以实际的聚类个数为 9 个。Q_k 代表了每一个聚类中的样本的个数。实际上我们从 q_{ij} 矩阵中可以得出每一个样本具体属于哪个聚类,由于篇幅太大,这里就不做展示了。

$$E = \begin{bmatrix} 4 & 1.77636e-15 & 2.22045e-15 \\ 3.10862e-15 & 7 & 3.10862e-15 \\ 2 & 6.66134e-15 & 3.10862e-15 \\ 3.10862e-15 & 6.66134e-15 & 7 \\ 3.10862e-15 & 2 & 3.10862e-15 \\ 3.10862e-15 & 2 & 3.10862e-15 \\ 3.10862e-15 & 6.66134e-15 & 3.10862e-15 \\ 3.10862e-15 & 2 & 3.10862e-15 \\ 3.10862e-15 & 2 & 3.10862e-15 \\ 2 & 6.66134e-15 & 3.10862e-15 \end{bmatrix}$$

E 矩阵是求解结果的最重要部分,它代表了既在聚类 k 又在聚类 k' 中的样本的个数,是求解下近似集的重要依据。本算例中的 E 矩阵共 10 行代表了条件属性集对论域划分的聚类个数,共 3 列代表了决策属性集对论域划分的聚类个数。

$$Y_k = \begin{cases} 4 & k=1 \\ 7 & k=2 \\ 2 & k=3 \\ 7 & k=4 \\ 2 & k=5 \\ 2 & k=6 \\ 0 & k=7 \\ 2 & k=8 \\ 2 & k=9 \\ 2 & k=10 \end{cases}$$

Y_k 是确定区域的一个结果,根据我们设定的最小支持数和可变精度,依据条件属性集对论域划分的 9 个聚类都满足成为确定区域的条件,也就是对于整个论域而言其确定区域中样本的个数为

$$\sum_{k=1}^{10} Y_k = 30$$

根据决策系统精度的定义,可以计算出该决策系统的精度为

$$\lambda = \frac{\sum_{k=1}^{10} Y_k}{|I|} = 0.97$$

对比之前模型的精度 0.84,优化模型对基于粗糙集的决策系统的精度有着一定程度的提升。

第 9 章

因子分析及回归分析

基于影响因素建立故障预测与健康评估模型,是开展产品故障预测与健康评估的基础,本章将介绍经典因子分析与多元线性回归分析、自变量的选择与逐步回归、非线性回归等建模方法。

9.1 样本因子分析及参数估计

9.1.1 样本数据因子分析

当有容量为 n 的样本观测数据 $(x_{i1},x_{i2},\cdots,x_{ip})(i=1,2,\cdots,n)$,计算均值向量 x、协方差矩阵 S 和相关系数矩阵 R。把 x,S,R 分别作为总体 $\mu,\sum,\rho$ 的估计,就可算出相应的因子分析模型。一般地,先对数据进行标准化处理,标准化后为 $(x_{i1}^*,x_{i2}^*,\cdots,x_{ip}^*)(i=1,2,\cdots,n)$,样本协方差矩阵 S 就是相关系数矩阵 R。从 $S=R$ 出发作因子分析。设 R 的特征值为 $\hat{\lambda}_1 \geq \hat{\lambda}_2 \geq \cdots \geq \hat{\lambda}_k > 0(k \leq p)$,对应的正交单位化特征向量为 $\hat{e}_1,\hat{e}_2,\cdots,\hat{e}_k$,则提取 $m(m \leq k)$ 个公因子的因子模型为

$$\begin{cases} X_1 = \hat{a}_{11}f_1 + \hat{a}_{12}f_2 + \cdots + \hat{a}_{1m}f_m + \varepsilon_1 \\ X_2 = \hat{a}_{21}f_1 + \hat{a}_{22}f_2 + \cdots + \hat{a}_{2m}f_m + \varepsilon_2 \\ \cdots \\ X_p = \hat{a}_{p1}f_1 + \hat{a}_{p2}f_2 + \cdots + \hat{a}_{pm}f_m + \varepsilon_p \end{cases} \quad (9-1)$$

因子载荷阵:

$$\hat{A} = (\hat{a}_{ij})_{p \times m} = (\sqrt{\hat{\lambda}_1}\hat{e}_1, \sqrt{\hat{\lambda}_2}\hat{e}_2, \cdots, \sqrt{\hat{\lambda}_m}\hat{e}_m)$$

$$= \begin{bmatrix} \sqrt{\hat{\lambda}_1}\hat{e}_{11} & \sqrt{\hat{\lambda}_2}\hat{e}_{12} & \cdots & \sqrt{\hat{\lambda}_m}\hat{e}_{1m} \\ \sqrt{\hat{\lambda}_1}\hat{e}_{21} & \sqrt{\hat{\lambda}_2}\hat{e}_{22} & \cdots & \sqrt{\hat{\lambda}_m}\hat{e}_{2m} \\ \vdots & \vdots & & \vdots \\ \sqrt{\hat{\lambda}_1}\hat{e}_{p1} & \sqrt{\hat{\lambda}_2}\hat{e}_{p2} & \cdots & \sqrt{\hat{\lambda}_m}\hat{e}_{pm} \end{bmatrix} \quad (9\text{-}2)$$

公因子个数 m 的确定通常有两种方法,一是根据具体的专业知识来确定,二是采取主成分分析中选取主成分的方法,要求所选公因子对样本方差的累计贡献率:

$$\frac{\hat{\lambda}_1+\hat{\lambda}_2+\cdots\hat{\lambda}_m}{\hat{\lambda}_1+\hat{\lambda}_2+\cdots\hat{\lambda}_k}\times 100\% \quad (9\text{-}3)$$

达到一定的比例,如 85%,75% 等。

9.1.2 参数的统计意义

1. 因子载荷 a_{ij} 的统计意义

因为

$$X_i=\mu_i+a_{i1}f_1+a_{i2}f_2+\cdots+a_{im}f_m+\varepsilon_i \quad (9\text{-}4)$$

所以 X_i 与 f_j 的协方差

$$\begin{aligned} Cov(X_i,f_j) &= Cov(\mu_i+a_{i1}f_1+a_{i2}f_2+\cdots+a_{im}f_m+\varepsilon_i,f_j) \\ &= Cov(\mu_i+a_{i1}f_1+a_{i2}f_2+\cdots+a_{im}f_m,f_j)+Cov(\varepsilon_i,f_j) \\ &= a_{ij} \end{aligned}$$

所以,a_{ij} 是 X_i 与 f_j 的协方差,它表示 X_i 依赖 f_j 的程度,也就是变量 X_i 与公因子 f_j 间的密切程度,称为变量 X_i 在第 j 个公因子上的权(载荷)。

2. 变量共同度的统计意义

令

$$h_i^2 = \sum_{j=1}^m a_{ij}^2 \quad (i=1,2,\cdots,p) \quad (9\text{-}5)$$

h_i^2 是因子载荷矩阵 A 的第 i 行元素的平方和,反映的是变量 X_i 对公因子 $f=(f_1,f_2,\cdots,f_m)^T$ 的共同依赖程度,称为变量 X_i 的共同度。

由于 $Cov(f)=I_m$,有

$$\begin{aligned} \sigma_{ii} = Var(X_i) &= Var(\mu_i+a_{i1}f_1+a_{i2}f_2+\cdots+a_{im}f_m+\varepsilon_i) \\ &= \sum_{j=1}^m a_{ij}^2 + \psi_{ii} \\ &= h_i^2 + \psi_{ii} \end{aligned} \quad (9\text{-}6)$$

式(9-6)表明变量 X_i 的方差由两部分组成,第一部分是 h_i^2,它反映了全部公因子对 X_i 的影响,即全部公因子对 X_i 方差的贡献。h_i^2 越大,表明公因子解释原变量的信息越多。第二部分是特殊因子 ε_i 的方差,称为剩余方差,是由公因子解释后剩下的部分,即不能由公因子解释的部分。由 $\sigma_{ii}=h_i^2+\psi_{ii}$ 可知,h_i^2 增大,ψ_{ii} 必减小。所以变量 X_i 对公因子 $f=(f_1,f_2,\cdots,f_m)^T$ 的共同依赖程度(h_i^2)越大,模型效果越好。

3. 公因子 f_j 方差贡献的统计意义

令

$$g_j^2 = \sum_{i=1}^{p} a_{ij}^2 \quad (j=1,2,\cdots,m) \tag{9-7}$$

g_j^2 是因子载荷矩阵 A 的第 j 列元素的平方和,是公因子 f_j 对每个变量 X_1, $X_2,\cdots,X_p$ 提供方差的总和,称为公因子 f_j 对变量 $X=(X_1,X_2,\cdots,X_p)^T$ 的方差贡献。它是衡量公因子相对重要性的指标。g_j^2 越大,表明公因子 f_j 对 $X=(X_1,X_2,\cdots,X_p)^T$ 的贡献越大。一般按 g_j^2 从大到小的顺序来选择公因子。

9.1.3 因子载荷矩阵的估计

因子载荷矩阵 A 的估计方法有多种,常用的方法有极大似然法、主因子法和主成分法等,首先介绍主成分法。

1. 主成分法

对模型 $X=\mu+Af+\varepsilon$,有

$$Cov(X) = \sum = AA^T + \Psi_\varepsilon \tag{9-8}$$

假定特殊因子是不重要的,首先考虑忽略掉特殊因子的情况。式(9-8)化为

$$Cov(X) = \sum = AA^T \tag{9-9}$$

设随机变量 $X=(X_1,X_2,\cdots,X_p)^T$ 的均值向量为 μ,协方差矩阵为 $\sum$。先设 $\sum$ 为正定矩阵,$\sum$ 的特征值为 $\lambda_1 \geq \lambda_2 \geq \cdots \geq \lambda_p > 0$,对应的正交单位化特征向量为 $e_1,e_2,\cdots,e_p$,且 $e_i=(e_{1i},e_{2i},\cdots,e_{pi})^T (i=1,2,\cdots,p)$,令 $P=(e_1,e_2,\cdots,e_p)$,则 P 为正交阵,满足 $P^TP=I$,且有

$$\sum = P\mathrm{diag}(\lambda_1,\lambda_2,\cdots,\lambda_p)P^T$$

$$= (e_1,e_2,\cdots,e_p)\begin{pmatrix}\sqrt{\lambda_1} & \cdots & 0 \\ \vdots & & \vdots \\ 0 & \cdots & \sqrt{\lambda_p}\end{pmatrix}\begin{pmatrix}\sqrt{\lambda_1} & \cdots & 0 \\ \vdots & & \vdots \\ 0 & \cdots & \sqrt{\lambda_p}\end{pmatrix}\begin{pmatrix}e_1^T \\ e_2^T \\ \vdots \\ e_p^T\end{pmatrix}$$

$$= (\sqrt{\lambda_1}e_1, \sqrt{\lambda_2}e_2, \cdots, \sqrt{\lambda_p}e_p) \begin{pmatrix} \sqrt{\lambda_1}e_1^T \\ \sqrt{\lambda_2}e_2^T \\ \vdots \\ \sqrt{\lambda_p}e_p^T \end{pmatrix}$$

取 $A = (\sqrt{\lambda_1}e_1, \sqrt{\lambda_2}e_2, \cdots, \sqrt{\lambda_p}e_p)$，便得到因子载荷矩阵 A 的一个估计：

$$\hat{A} = (a_{ij})_{(p \times p)}$$
$$= (\sqrt{\lambda_1}e_1, \sqrt{\lambda_2}e_2, \cdots, \sqrt{\lambda_p}e_p)$$
$$= \begin{pmatrix} \sqrt{\lambda_1}e_{11} & \cdots & \sqrt{\lambda_p}e_{1p} \\ \sqrt{\lambda_1}e_{21} & \cdots & \sqrt{\lambda_p}e_{2p} \\ \vdots & & \vdots \\ \sqrt{\lambda_1}e_{p1} & & \sqrt{\lambda_p}e_{pp} \end{pmatrix} \quad (9\text{-}10)$$

式(9-10)中 $\hat{A}$ 满足 $\sum = \hat{A}\hat{A}^T$，且表达式是精确的。但它并无实用价值。因为公因子个数与变量个数相同，没有达到降维的目的。通常略去后面方差贡献相对较小的 $p-m$ 个公因子，取前 m 个公因子，即 A 的估计为

$$\hat{A} = (\sqrt{\lambda_1}e_1, \sqrt{\lambda_2}e_2, \cdots, \sqrt{\lambda_m}e_m) \quad (9\text{-}11)$$

这时，有

$$\sum \approx \hat{A}\hat{A}^T$$

且

$$g_j^2 = \sum_{i=1}^{p} (\sqrt{\lambda_j}e_{ij})^2 = \lambda_j \quad (j = 1, 2, \cdots, m)$$

上式说明公因子 f_j 方差贡献就是对应的特征值 λ_j。

最后需要说明一点，如果协方差矩阵 $\sum$ 为非负定矩阵，只要求非零特征根所对应的特征向量，然后再取前 m 个公因子即可。

若考虑特殊因子，$\hat{A}$ 是取前 $m(m<p)$ 个公因子的因子载荷矩阵，有

$$\sum \approx \hat{A}\hat{A}^T + \Psi_\varepsilon$$

$$= (\sqrt{\lambda_1}e_1, \sqrt{\lambda_2}e_2, \cdots, \sqrt{\lambda_m}e_m) \begin{pmatrix} \sqrt{\lambda_1}e_1^T \\ \sqrt{\lambda_2}e_2^T \\ \vdots \\ \sqrt{\lambda_m}e_m^T \end{pmatrix} + \begin{pmatrix} \psi_{11} & & & 0 \\ & \psi_{22} & & \\ & & \ddots & \\ 0 & & & \Psi_{pp} \end{pmatrix}$$

由式(9-6)可知 Ψ_{ii} 的一个估计为

$$\hat{\psi}_{ii} = \sigma_{ii} - \hat{h}_i^2 \quad (i=1,2,\cdots,p)$$

其中,$\hat{h}_i^2 = \lambda_1 e_{i1}^2 + \lambda_2 e_{i2}^2 + \cdots + \lambda_p e_{ip}^2$,从而 Ψ_ε 的估计为

$$\hat{\Psi}_\varepsilon = \mathrm{diag}(\hat{\psi}_{11}, \hat{\psi}_{22}, \cdots, \hat{\psi}_{pp})$$

若进一步假设随机变量 $X = (X_1, X_2, \cdots, X_p)^\mathrm{T}$ 已经标准化,即 $\mu = 0, Cov(X) = \sum = \rho$,在上述假定下,模型 $X = \mu + Af + \varepsilon$ 可写为

$$X = Af + \varepsilon \tag{9-12}$$

且有以下结论:

$$\begin{cases} \rho = A^\mathrm{T} A + \Psi_\varepsilon \\ X_i = a_{i1} f_1 + a_{i2} f_2 + \cdots + a_{im} f_m + \varepsilon_i \quad (i=1,2,\cdots,p) \\ \rho(X_i, f_j) = a_{ij} \end{cases} \tag{9-13}$$

也就是说,因子载荷 a_{ij} 是变量 X_i 与公因子 f_j 的相关系数。

因子载荷矩阵的估计可由相关矩阵的特征值及相应的特征向量求得,这里不再赘述。

2. 主因子法

主因子法是主成分法的修正,假定对变量已进行标准化变换,则对相关矩阵 ρ 有

$$\rho = AA^\mathrm{T} + \Psi_\varepsilon$$

则

$$\rho - \Psi_\varepsilon = AA^\mathrm{T} \triangleq \rho^*$$

称 ρ^* 为简约相关阵,ρ^* 中对角线元素是 h_i^2,而不是1,非对角线元素与 ρ 中元素完全一样,且 ρ^* 也是非负定矩阵。假设已知 ψ_{ii} 是一个合适的初始估计为 $\hat{\psi}_{ii}(i=1,2,\cdots,p)$,令 $\hat{h}_i^2 = 1 - \hat{\psi}_{ii}$,则简约相关矩阵可估计为

$$\rho^* = \rho - \Psi_\varepsilon = \begin{pmatrix} \hat{h}_1^2 & r_{12} & \cdots & r_{1p} \\ r_{21} & \hat{h}_2^2 & \cdots & r_{2p} \\ \vdots & \vdots & & \vdots \\ r_{p1} & r_{p2} & \cdots & \hat{h}_p^2 \end{pmatrix}$$

设 ρ^* 的非零特征值为 $\lambda_1^* \geq \lambda_2^* \geq \cdots \geq \lambda_k^* > 0 (k \leq p)$,对应的正交单位化特征向量为 $e_1^*, e_2^*, \cdots, e_k^*$,$e_i^* = (e_{1i}^*, e_{2i}^*, \cdots, e_{pi}^*)^\mathrm{T} (i=1,2,\cdots,k)$ 则因子载荷矩阵 A 的一个估计为

$$\hat{A}^* = (a_{ij}^*)_{p\times m}$$
$$= (\sqrt{\lambda_1^*}\,e_1^*, \sqrt{\lambda_2^*}\,e_2^*, \cdots, \sqrt{\lambda_m^*}\,e_m^*)$$
$$= \begin{pmatrix} \sqrt{\lambda_1^*}\,e_{11}^* & \sqrt{\lambda_2^*}\,e_{12}^* & \cdots & \sqrt{\lambda_m^*}\,e_{1m}^* \\ \sqrt{\lambda_1^*}\,e_{21}^* & \sqrt{\lambda_2^*}\,e_{22}^* & \cdots & \sqrt{\lambda_m^*}\,e_{2m}^* \\ \vdots & \vdots & & \vdots \\ \sqrt{\lambda_1^*}\,e_{p1}^* & \sqrt{\lambda_2^*}\,e_{p2}^* & \cdots & \sqrt{\lambda_m^*}\,e_{pm}^* \end{pmatrix} \quad (9\text{-}14)$$

其中,公因子个数 $m \leq k$。

从而得到 ψ_{ii} 的一个估计为

$$\hat{\psi}_{ii}^* = 1 - \hat{h}_i^{*2} = 1 - \sum_{j=1}^m a_{ij}^{*2} \quad (i=1,2,\cdots,p) \quad (9\text{-}15)$$

所以,Ψ_ε 的估计为

$$\hat{\Psi}_\varepsilon^* = \text{diag}(\hat{\psi}_{11}^*, \hat{\psi}_{22}^*, \cdots, \hat{\psi}_{pp}^*) \quad (9\text{-}16)$$

如果希望求得拟合程度更好的解,可以采用迭代的方法,即把式(9-15)中 $\hat{\psi}_{ii}^*$ 再作特殊方差的初始估计,重复上述步骤,直至解稳定为止。

在实际应用中,特殊因子的方差矩阵都是未知的,可以通过样本来估计,从而得到简约相关阵主对角线元素 $\hat{h}_i^2$,一般地,$\hat{h}_i^2$ 有以下几种取值方法。

(1) 取 $\hat{h}_i^2 = 1$,即 $\hat{\psi}_{ii} = 0 (i=1,2,\cdots,p)$,则主因子解与主成分解等价。

(2) 取 $\hat{h}_i^2 = R_i^2$,R_i^2 是变量 X_i 与其他所有变量的复相关系数的平方,即 X_i 作为因变量,其余的 $p-1$ 个变量 $X_j(j \neq i)$ 作为自变量的回归方程的决定系数,这是因为 X_i 与公共因子的关系是通过其余 $p-1$ 个变量 $X_j(j \neq i)$ 线性组合联系起来的。

(3) 取 $\hat{h}_i^2 = \max_{j \neq i} |r_{ij}|$ $(i=1,2,\cdots,p)$,即取 X_i 与其余变量的简单相关系数的绝对值的最大者。

(4) 取 $\hat{h}_i^2 = \dfrac{1}{p-1} \sum_{j=1,j\neq i}^p r_{ij}$,要求为正数。

(5) 取 $\hat{h}_i^2 = \dfrac{1}{r^{ii}}$,其中 r^{ii} 是 ρ 逆矩阵的主对角线元素。

3. 极大似然法

如果假定公因子向量 f 和特殊因子 ε 都服从正态分布且相互独立,则可以得到因子载荷矩阵的极大似然估计。设 $x_{(1)}, x_{(2)}, \cdots, x_{(n)}$ 为来自正态总体 $N_p(\mu, \sum)$ 的随机样本,由似然函数的理论知

$$L(\mu, \Sigma) = \frac{1}{(2\pi)^{\frac{np}{2}}|\Sigma|^{\frac{n}{2}}}\exp\left\{\frac{1}{2}tr\left[\Sigma^{-1}\left(\sum_{j=1}^{n}(x_{(j)}-\overline{x})(x_{(j)}-\overline{x})^{T}+n(\overline{x}-\mu)(\overline{x}-\mu)^{T}\right)\right]\right\}$$
(9-17)

通过 $\Sigma = AA^T + \Psi_\varepsilon$，取 $\mu = \overline{x}$，则似然函数 $L(\mu, \Sigma)$ 化为 A 和 Ψ_ε 的函数 $\varphi(A, \Psi_\varepsilon)$，假设 $\hat{A}$ 和 $\hat{\Psi}_\varepsilon$ 为 A 和 Ψ_ε 的极大似然估计，即有

$$\varphi(\hat{A}, \hat{\Psi}_\varepsilon) = \max \varphi(A, \Psi_\varepsilon)$$

则 $\hat{A}$ 和 $\hat{\Psi}_\varepsilon$ 满足方程组

$$\begin{cases} \hat{\Sigma}\hat{\Psi}_\varepsilon^{-1}\hat{A} = \hat{A}(I + \hat{A}^T \hat{\Psi}_\varepsilon^{-1}\hat{A}) \\ \hat{\Psi}_\varepsilon = \mathrm{diag}(\hat{\Sigma} - \hat{A}\hat{A}^T) \end{cases}$$

其中

$$\hat{\Sigma} = \frac{1}{n}\sum_{j=1}^{n}(x_{(j)}-\overline{x})(x_{(j)}-\overline{x})^{T}$$

为了保证上述方程组有唯一解，添加唯一条件

$$\hat{A}^T \hat{\Psi}_\varepsilon^{-1} \hat{A} = \Lambda$$

这里 Λ 是一个对角阵。

9.1.4 因子旋转和因子得分

1. 因子旋转

公因子(因子载荷矩阵)不是唯一的，设 $f = (f_1, f_2, \cdots, f_m)^T$ 是公因子向量，$A = (a_{ij})_{p \times m}$ 是因子载荷矩阵，Γ 是一个 m 阶正交矩阵，则对 f 实施正交变换，即左乘一个正交矩阵 Γ^T，旋转后记为 F。$F = \Gamma^T f$，记 $B = A\Gamma$。

$$\begin{aligned} X &= \mu + Af + \varepsilon \\ &= \mu + A\Gamma\Gamma^T f + \varepsilon \\ &= \mu + BF + \varepsilon \end{aligned}$$

且

$E(F) = E(\Gamma^T f) = 0,$
$\mathrm{Cov}(F) = \mathrm{Cov}(\Gamma^T f) = \Gamma^T I_m \Gamma = I_m,$
$\mathrm{Cov}(F, \varepsilon) = \mathrm{Cov}(\Gamma^T f, \varepsilon) = \Gamma^T \mathrm{Cov}(f, \varepsilon) = 0,$
$\mathrm{Cov}(X) = \mathrm{Cov}(BF) + \mathrm{Cov}(\varepsilon) = B\mathrm{Cov}(F)B^T + \Psi_\varepsilon = BB^T + \Psi_\varepsilon$ (9-18)

式(9-18)说明 $F = \Gamma^T f$ 也是公因子向量，$B = A\Gamma$ 是相应的公因子 F 的因子载荷

矩阵。

对因子载荷矩阵做正交旋转后,变量共同度不发生改变。

事实上,设 $\Gamma = (\gamma_{ij})_{m \times m}$ 是一个 m 阶正交阵,做正交变换 $B = A\Gamma$,则

$$B = (b_{ij})_{p \times m} = \Big(\sum_{k=1}^{m} a_{ik}\gamma_{kj}\Big)_{p \times m}$$

$$\begin{aligned}h_i^2(B) &= \sum_{j=1}^{m} b_{ij}^2 = \sum_{j=1}^{m} \Big(\sum_{k=1}^{m} a_{ik}\gamma_{kj}\Big)^2 \\ &= \sum_{j=1}^{m}\sum_{k=1}^{m} a_{ik}^2 \gamma_{kj}^2 + \sum_{j=1}^{m}\sum_{k=1}^{m}\sum_{t=1}^{m} a_{ik}a_{it}\gamma_{kj}\gamma_{tj} \\ &= \sum_{k=1}^{m} a_{ik}^2 \sum_{j=1}^{m} \gamma_{kj}^2 + 0 \\ &= \sum_{k=1}^{m} a_{ik}^2 \\ &= h_i^2(A) = h_i^2(A)\end{aligned}$$

利用此性质,在因子分析的实际计算中,在求得最初的因子载荷矩阵 A 后,继续对因子载荷矩阵进行正交旋转(右乘正交阵 Γ),使得旋转后的因子载荷矩阵具有更明显的实际意义,公因子也更容易解释。常用的旋转方法是方差极大正交旋转。

首先定义因子载荷矩阵 $A = (a_{ij})_{p \times m}$ 的方差,因子载荷矩阵 A 的方差指的是 A 的各列元素方差的总和。为了避免正负抵消,以及各个变量对公因子依赖程度 $h_i^2 = \sum_{j=1}^{m} a_{ij}^2 (i=1,2,\cdots,p)$ 的不同造成的影响,令

$$d_{ij}^2 = \frac{a_{ij}^2}{h_i^2}, \overline{d}_j = \frac{1}{p}\sum_{i=1}^{p} d_{ij}^2$$

A 的第 j 列元素方差的定义为

$$\begin{aligned}V_j &= \frac{1}{p}\sum_{i=1}^{p} (d_{ij}^2 - \overline{d}_j)^2 \\ &= \frac{1}{p}\sum_{i=1}^{p}\left[\left(\frac{a_{ij}^2}{h_i^2}\right) - \left(\frac{1}{p}\sum_{i=1}^{p}\frac{a_{ij}^2}{h_i^2}\right)\right] \\ &= \frac{1}{p}\sum_{i=1}^{p}\left(\frac{a_{ij}^2}{h_i^2}\right) - \left(\frac{1}{p}\sum_{i=1}^{p}\frac{a_{ij}^2}{h_i^2}\right) \\ &= \frac{1}{p^2}\left[p\sum_{i=1}^{p}\left(\frac{a_{ij}^2}{h_i^2}\right) - \left(\frac{1}{p}\sum_{i=1}^{p}\frac{a_{ij}^2}{h_i^2}\right)\right] \quad (j=1,2,\cdots,m)\end{aligned}$$

从而因子载荷矩阵 A 的方差是各列元素方差的总和。

$$V = \sum_{j=1}^{m} V_j \qquad (9-19)$$

若 V_j 值越大,则 A 的第 j 列元素的绝对值 $|a_{ij}|$ ($i=1,2,\cdots,p$)越向 0,1 分散,相应的公因子 f 的结构越简单。因此希望因子载荷矩阵 A 的方差尽可能大。

先考虑两个因子的平面正交旋转,设 $m=2$,因子载荷矩阵为

$$A = \begin{pmatrix} a_{11} & a_{12} \\ a_{21} & a_{11} \\ \vdots & \vdots \\ a_{p1} & a_{p1} \end{pmatrix}$$

取正交矩阵

$$\Gamma = \begin{pmatrix} \cos\varphi & -\sin\varphi \\ \sin\varphi & \cos\varphi \end{pmatrix}$$

则对 A 进行正交旋转(右乘正交矩阵 Γ)后,记为矩阵 B:

$$B = A\Gamma = \begin{pmatrix} a_{11}\cos\varphi + a_{12}\sin\varphi & -a_{11}\sin\varphi + a_{12}\cos\varphi \\ \vdots & \vdots \\ a_{p1}\cos\varphi + a_{p2}\sin\varphi & -a_{p1}\sin\varphi + a_{p2}\cos\varphi \end{pmatrix} = \begin{pmatrix} b_{11}(\varphi) & b_{12}(\varphi) \\ \vdots & \vdots \\ b_{p1}(\varphi) & b_{p2}(\varphi) \end{pmatrix}$$

因子载荷矩阵 B 的方差为

$$V(\varphi) = V_1(\varphi) + V_2(\varphi)$$

$$= \sum_{j=1}^{2} \frac{1}{p^2} \left[p \sum_{i=1}^{p} \left(\frac{b_{ij}^2(\varphi)}{h_i^2} \right)^2 - \left(\sum_{i=1}^{p} \frac{b_{ij}^2(\varphi)}{h_i^2} \right)^2 \right]$$

确定角度 φ,使 $V(\varphi)$ 达到最大,求偏导数并令其为零:

$$\frac{\partial V(\varphi)}{\partial \varphi} = 0$$

解得 φ 应满足

$$\tan(4\varphi) = \frac{D - \dfrac{2AB}{p}}{C - \dfrac{A^2 - B^2}{p}}$$

其中

$$A = \sum_{i=1}^{p} u_i, B = \sum_{i=1}^{p} v_i, C = \sum_{i=1}^{p} (u_i^2 - v_i^2), D = 2\sum_{i=1}^{p} u_i v_i,$$

$$u_i = \left(\frac{a_{i1}}{h_i}\right)^2 - \left(\frac{a_{i2}}{h_i}\right)^2, v_i = \frac{2a_{i1}a_{i2}}{h_i^2}$$

当公因子个数 $m>2$ 时,可以每次取两列进行旋转,不妨选取 i,j 列进行旋转,即右乘正交矩阵 Γ_{ij}。

$$\Gamma_{ij} = \begin{pmatrix} 1 & & & & & & & & & \\ & \ddots & & & & & & & & \\ & & 1 & & & & & & & \\ & & & \cos\varphi & & & -\sin\varphi & & & \\ & & & & 1 & & & & & \\ & & & & & \ddots & & & & \\ & & & & & & 1 & & & \\ & & & \sin\varphi & & & \cos\varphi & & & \\ & & & & & & & 1 & & \\ & & & & & & & & \ddots & \\ & & & & & & & & & 1 \end{pmatrix} \begin{matrix} \\ \\ \\ i \\ \\ \\ \\ j \\ \\ \\ \\ \end{matrix}$$

$$\qquad\qquad\qquad\quad i \qquad\quad j$$

其余位置的元素全为 0。

共需要进行 C_m^2 次旋转,即右乘 C_m^2 个正交矩阵 $\Gamma_{12}\Gamma_{13}\cdots\Gamma_{(m-1)m}$,旋转后矩阵记为 $A^{(1)}$,若没有达到目的,进行第二轮 C_m^2 次配对旋转,得到旋转后矩阵 $A^{(2)}$。旋转 n 轮后,得到一系列旋转矩阵

$$A^{(1)}, A^{(2)}, \cdots, A^{(n)}$$

各矩阵对应的方差记为 $V^{(j)}(j=1,2,\cdots,n)$,则有

$$V^{(1)} \leqslant V^{(2)} \leqslant \cdots \leqslant V^{(n)}$$

这是一个单调上升序列,且有界,故一定收敛。

实际应用中,经过若干次旋转后,若方差的增加变化不大,就可以停止旋转,或指定旋转次数。

2. 因子得分

因子模型

$$X = Af + \varepsilon$$

建立后,可将原来研究对象的 p 个变量 $X_1, X_2, \cdots, X_p$ 简化成 m 个因子 $f_1, f_2, \cdots, f_m(m \leqslant p)$,如何将原来的一个样本的 p 个指标 $x_{i1}, x_{i2}, \cdots, x_{ip}$ 转化为 m 个因子的取值。我们希望将 $f_j(j=1,2,\cdots,m)$ 表示为 $X_1, X_2, \cdots, X_p$ 的线性组合

$$f_j = b_{j0} + b_{j1}X_1 + b_{j2}X_2 + \cdots + b_{jp}X_p \quad (j=1,2,\cdots,m)$$

由于 f_j 与 X_i 已经标准化,故 $b_{j0}=0$,称

$$f_j = b_{j1}X_1 + b_{j2}X_2 + \cdots + b_{jp}X_p \quad (j=1,2,\cdots,m) \qquad (9\text{-}20)$$

为因子得分函数,写成矩阵形式为

$$f = BX \tag{9-21}$$

其中 $f = (f_1, f_2, \cdots, f_m)^T$，$B = (b_{jk})_{m \times p}$。

为了计算一个样本的因子得分，必须确定因子得分函数的系统 b_{jk}，当 $m < p$ 时，不能得到精确解，只能估计得到。常用的方法有加权最小二乘法和回归方法。

1) 加权最小二乘法

在因子模型 $X = Af + \varepsilon$ 中，若将因子载荷矩阵 A 看成自变量的数据矩阵，将 X 看成因变量的数据向量，将 f 看成未知的回归系数，将 ε 看成随机误差项，那么因子分析模型是一个回归模型。但 $Var(\varepsilon) = \Psi_\varepsilon = \mathrm{diag}(\psi_{11}, \psi_{12}, \cdots, \psi_{pp})$ 不满足同方差的性质 $Var(\varepsilon) = \sigma^2 I$，为此做变换

$$\Psi_\varepsilon^{\frac{1}{2}} X = \Psi_\varepsilon^{\frac{1}{2}} A f + \Psi_\varepsilon^{\frac{1}{2}} \varepsilon$$

令 $\widetilde{X} = \Psi_\varepsilon^{\frac{1}{2}} X$，$\widetilde{A} = \Psi_\varepsilon^{\frac{1}{2}} A$，$\widetilde{\varepsilon} = \Psi_\varepsilon^{\frac{1}{2}} \varepsilon$。回归模型

$$\widetilde{X} = \widetilde{A} f + \widetilde{\varepsilon}$$

满足多元线性回归模型的条件，由此得到 f 的估计为

$$\tilde{f} = (\widetilde{A}^T \widetilde{A})^{-1} \widetilde{A}^T \widetilde{X} = (A^T \Psi_\varepsilon^{-1} A)^{-1} A^T \Psi_\varepsilon^{-1} X \tag{9-22}$$

如果假定 $X \sim N_p(Af, \Psi_\varepsilon)$，则式(9-21)得到 f 的估计，也是极大似然估计。此方法估计的因子得分称为 Bartlett(巴特莱特)因子得分。

2) 回归法

假设变量 $X = (X_1, X_2, \cdots, X_p)^T$ 和公因子 f 已经标准化，因子得分函数为

$$f_j = b_{j1} X_1 + b_{j2} X_2 + \cdots + b_{jp} X_p \quad (j = 1, 2, \cdots, m) \tag{9-23}$$

设 f 和变量 X 的回归方程为

$$f_j = b_{j1} X_1 + b_{j2} X_2 + \cdots + b_{jp} X_p + \varepsilon_j \quad (j = 1, 2, \cdots, m) \tag{9-24}$$

由因子载荷矩阵 A 的统计意义，有

$$\begin{aligned} Cov(X_i, f_j) = a_{ij} &= Cov(X_i, b_{j1} X_1 + b_{j2} X_2 + \cdots + b_{jp} X_p + \varepsilon_j) \\ &= b_{j1} r_{i1} + b_{j2} r_{i2} + \cdots + b_{jp} r_{ip} \\ &= \sum_{k=1}^{p} r_{ik} b_{jk} \end{aligned} \tag{9-25}$$

写成矩阵形式为

$$A = R B^T \tag{9-26}$$

其中，$R = (r_{ij})_{p \times p}$ 为相关矩阵，$B = (b_{ij})_{m \times p}$，因此 B 的一个估计为

$$\hat{B} = A^T R^{-1} \tag{9-27}$$

代入式(9-21)得到

$$\hat{f} = A^T R^{-1} X \tag{9-28}$$

9.2　多元线性回归分析

9.2.1　多元线性回归模型

设变量 Y 与 $X_1, X_2, \cdots, X_p$ 之间有关系

$$Y_i = \beta_0 + \beta_1 X_1 + \beta_2 X_2 + \cdots + \beta_k X_k + \varepsilon \tag{9-29}$$

式中：$\varepsilon \sim N(0, \sigma^2)$；$\beta_0, \beta_1, \beta_2, \cdots, \beta_p$ 和 σ^2 是未知参数，$p \geq 2$，称模型(9-28)为多元线性回归模型。

为了估计未知参数 $\beta_0, \beta_1, \beta_2, \cdots, \beta_p$，进行 n 次独立观测，得到 n 次独立观测值

$$x_{i1}, x_{i2}, \cdots, x_{ip}, y_i \quad (i = 1, 2, \cdots, n)$$

满足式(9-29)，即有

$$\begin{cases} y_1 = \beta_0 + \beta_1 x_{11} + \beta_2 x_{12} + \cdots + \beta_p x_{1p} + \varepsilon_1 \\ y_2 = \beta_0 + \beta_1 x_{21} + \beta_2 x_{22} + \cdots + \beta_p x_{2p} + \varepsilon_2 \\ \cdots \\ y_n = \beta_0 + \beta_1 x_{n1} + \beta_2 x_{n2} + \cdots + \beta_p x_{np} + \varepsilon_n \end{cases} \tag{9-30}$$

其中，$\varepsilon_1, \varepsilon_2, \cdots, \varepsilon_n$ 相互独立且均服从正态分布 $N(0, \sigma^2)$。

为了简化记号，常用矩阵形式来表示，记 $Y = \begin{bmatrix} y_1 \\ y_2 \\ \vdots \\ y_n \end{bmatrix}$ 为随机变量 Y 的观测向量，$X = \begin{bmatrix} 1 & x_{11} & x_{12} & \cdots & x_{1p} \\ 1 & x_{21} & x_{22} & \cdots & x_{2p} \\ \vdots & \vdots & \vdots & & \vdots \\ 1 & x_{n1} & x_{n2} & \cdots & x_{np} \end{bmatrix}$ 为 $n \times (p+1)$ 维的结构矩阵，$\beta = \begin{bmatrix} \beta_0 \\ \beta_1 \\ \vdots \\ \beta_p \end{bmatrix}$ 为 $(p+1)$ 维未知参数向量，$\varepsilon = \begin{bmatrix} \varepsilon_1 \\ \varepsilon_2 \\ \vdots \\ \varepsilon_n \end{bmatrix}$ 为 n 维随机误差向量。

式(9-30)可简写为如下矩阵形式：

$$\begin{cases} Y = X\beta + \varepsilon \\ E(\varepsilon) = 0, Var(\varepsilon) = \sigma^2 I_n \end{cases} \tag{9-31}$$

或进一步假设随机误差向量服从 n 元正态分布:

$$\begin{cases} Y = X\beta + \varepsilon \\ \varepsilon \sim N_n(0, \sigma^2 I_n) \end{cases} \quad (9-32)$$

也可简记为

$$Y \sim N_n(X\beta, \sigma^2 I_n) \quad (9-33)$$

观测向量 Y 和结构矩阵 X 由观测数据得到,是已知的。假设 X 为列满秩的,即 $r(X) = p+1$。ε 是不可观测的随机误差向量。$\beta = (\beta_0, \beta_1, \cdots, \beta_p)^T$ 和 σ^2 是待估计的未知参数。β_0 为常数项,$\beta_i (i=1,2,\cdots,p)$ 称为偏回归系数。当其他自变量对因变量的影响固定时,β_i 反映了第 i 个自变量 X_i 对因变量 Y 线性影响的大小。

9.2.2 参数估计

回归系数 β 的最小二乘估计。

如果 Y 与 $X_1, X_2, \cdots, X_p$ 满足线性回归模型(9-29),则误差 ε 应是比较小的。因此,选择 β 使误差项的平方和

$$S(\beta) = \sum_{i=1}^{n} \varepsilon_i^2 = \varepsilon^T \varepsilon = (Y - X\beta)^T (Y - X\beta) = \sum_{i=1}^{n} \left(y_i - \sum_{j=0}^{p} x_{ij} \beta_j \right)^2$$

达到最小,其中 $x_{i0} = 1 (i=1, 2, \cdots, n)$。

分别对 $\beta_0, \beta_1, \cdots, \beta_p$ 求偏导并令其等于零,得

$$\frac{\partial S(\beta)}{\partial \beta_k} = -2 \sum_{i=1}^{n} \left(y_i - \sum_{j=0}^{p} x_{ij} \beta_j \right) x_{ik} = 0 \quad (k=0,1,2,\cdots,p) \quad (9-34)$$

即

$$\sum_{i=1}^{n} y_i x_{ik} = \sum_{i=1}^{n} \sum_{j=0}^{p} x_{ij} x_{ik} \beta_j = \sum_{j=0}^{p} \left(\sum_{i=1}^{n} x_{ij} x_{ik} \right) \beta_j \quad (k=0,1,2,\cdots,p)$$

进一步可写成矩阵形式

$$X^T X \beta = X^T Y$$

称此方程为正规方程。

因为 $rank(X^T X) = rank(X) = p+1$,故 $(X^T X)^{-1}$ 存在。解正规方程,即得 β 的最小二乘估计 $\hat{\beta}$ 为

$$\hat{\beta} = (X^T X)^{-1} X^T Y \quad (9-35)$$

将 β 的估计值 $\hat{\beta} = (\hat{\beta}_0, \hat{\beta}_1, \cdots, \hat{\beta}_p)^T$ 代入模型(9-29),并略去误差项 ε,就得到回归方程

$$\hat{Y} = \hat{\beta}_0 + \hat{\beta}_1 X_1 + \hat{\beta}_2 X_2 + \cdots + \hat{\beta}_p X_p \quad (9-36)$$

把 n 次独立观测值 $x_{i1}, x_{i2}, \cdots, x_{ip} (i=1,2,\cdots,n)$ 代入回归方程(9-36),得到 Y 的

估计值 $\hat{Y}=(\hat{y}_1,\hat{y}_2,\cdots,\hat{y}_n)^T$。其中,$\hat{y}_i=\hat{\beta}_0+\hat{\beta}_1x_{i1}+\hat{\beta}_2x_{i2}+\cdots+\hat{\beta}_px_{ip}(i=1,2,\cdots,n)$。

在模型(9-32)下,有如下性质。

性质9.1 $\hat{\beta}$ 为 β 的一个无偏估计,且 $Var(\hat{\beta})=\sigma^2(X^TX)^{-1}$。事实上,由式(9-23)知,$E(Y)=X\beta,Var(Y)=\sigma^2I$,故

$$E(\hat{\beta})=(X^TX)^{-1}X^TE(Y)=(X^TX)^{-1}X^TX\beta=\beta,$$

$$\begin{aligned}Var(\hat{\beta})&=Var((X^TX)^{-1}X^TY)\\&=(X^TX)^{-1}X^TVar(Y)X(X^TX)^{-1}\\&=\sigma^2(X^TX)^{-1}\end{aligned}$$

性质9.2 称 $e=(e_1,e_2,\cdots,e_n)^T=Y-\hat{Y}$ 为残差向量。其中,$\hat{Y}=(\hat{y}_1,\hat{y}_2,\cdots,\hat{y}_n)^T$。则 $E(e)=0,Var(e)=\sigma^2(I-H)$,其中 $H=X(X^TX)^{-1}X^T$ 是对称幂等矩阵,称为投影矩阵或帽子矩阵。

因为

$$e=Y-\hat{Y}=Y-X\hat{\beta}=Y-X(X^TX)^{-1}X^TY=(I-H)Y$$

显然有

$$E(e)=0,Var(e)=\sigma^2(I-H)$$

性质9.3 记残差平方和 $\sum_{i=1}^n e_i^2=e^Te$ 为 SSE,则 $E(SSE)=(n-p-1)\sigma^2$,得到 σ^2 一个无偏估计为 $\hat{\sigma}^2=\dfrac{SSE}{n-p-1}=\dfrac{e^Te}{n-p-1}$。

性质9.4 $Cov(e,\hat{\beta})=0$。

性质9.5 当 $Y\sim N(X\beta,\sigma^2I_n)$,有以下结论:

(1) $\hat{\beta}\sim N(\beta,\sigma^2(X^TX)^{-1})$;

(2) $\dfrac{SSE}{\sigma^2}\sim\chi^2(n-p-1)$;

(3) SSE 与 $\hat{\beta}$ 独立。

9.2.3 回归模型的检验

1. 对单个总体参数的假设检验:t 检验

在这种检验中,我们需要对模型中的某个(总体)参数是否满足虚拟假设 $H_0:\beta_j=a_j$,做出具有统计意义(即带有一定的置信度)的检验,其中 a_j 为某个给定的已知数。特别是,当 $a_j=0$ 时,称为参数的显著性检验。如果拒绝 H_0,说明解释变量 X_j 对被解释变量 Y 具有显著的线性影响,估计值 $\hat{\beta}_j$ 才敢使用;反之,

说明解释变量 X_j 对被解释变量 Y 不具有显著的线性影响,估计值 $\hat{\beta}_j$ 对我们就没有意义[255]。具体检验方法如下:

(1) 给定虚拟假设 $H_0:\beta_j=a_j$;

(2) 计算统计量 $t=\dfrac{\hat{\beta}_j-\beta_j}{Se(\hat{\beta}_j)}=\dfrac{\hat{\beta}_j-a_j}{Se(\hat{\beta}_j)}$ 的数值;

(3) 在给定的显著水平 α 下(α 不能大于 0.1 即 10%,也即我们不能在置信度小于 90% 以下的前提下做结论),查出双尾 $t(n-k-1)$ 分布的临界值 $t_{\alpha/2}$;

(4) 如果出现 $|t|>t_{\alpha/2}$ 的情况,检验结论为拒绝 H_0;反之,无法拒绝 H_0。

t 检验方法的关键是统计量 $t=\dfrac{\hat{\beta}_j-\beta_j}{Se(\hat{\beta}_j)}$ 必须服从已知的 t 分布函数。什么情况或条件下才会这样呢? 这需要我们建立的模型满足如下的条件(或假定):

(1) 随机抽样性。我们有一个含 n 次观测的随机样本 $\{(X_{i1},X_{i2},\cdots,X_{ik},Y_i):i=1,2,\cdots,n\}$。这保证了误差 u 自身的随机性,即无自相关性,$Cov(u_i-E(u_i))(u_j-E(u_j))=0$。

(2) 条件期望值为 0。给定解释变量的任何值,误差 u 的期望值为零。即有 $E(u|X_1,X_2,\cdots,X_k)=0$。这也保证了误差 u 独立于解释变量 $X_1,X_2,\cdots,X$,即模型中的解释变量是外生性的,也使得 $E(u)=0$。

(3) 不存在完全共线性。由于样本本身是总体的一部分,没有一个解释变量是常数,解释变量之间也不存在严格的线性关系。

(4) 同方差性。$Var(u|X_1,X_2,\cdots,X_k)=\sigma^2=$ 常数。

(5) 正态性。误差 u 满足 $u\sim Normal(0,\sigma^2)$。

在以上 5 个前提下,才可以推导出:

$$\hat{\beta}_j \sim N[\beta_j, Var(\hat{\beta}_j)]$$

$$(\hat{\beta}_j-\beta_j)/Sd(\hat{\beta}_j) \sim N(0,1)$$

$$(\hat{\beta}_j-\beta_j)/Se(\hat{\beta}_j) \sim t_{n-k-1}$$

由此可见,t 检验方法所要求的条件是极为苛刻的。

2. 对参数的一个线性组合的假设的检验

需要检验的虚拟假设为 $H_0:\beta_{j_1}=\beta_{j_2}$。比如 $\beta_1=\beta_2$,无法直接检验。设立新参数 $\theta_1=\beta_1-\beta_2$。原虚拟假设等价于 $H_0:\theta_1=0$。将 $\beta_1=\theta_1+\beta_2$ 代入原模型后得出新模型:

$$Y=\beta_0+\theta_1 X_1+\beta_2(X_1+X_2)+\cdots+\beta_k X_k+\varepsilon \qquad (9\text{-}37)$$

在模型(9-37)中再利用 t 检验方法检验虚拟假设 $H_0:\theta_1=0$。

我们甚至还可以检验这样一个更一般的假设

$$H_0:\boldsymbol{\lambda\beta}=\lambda_0\beta_0+\lambda_1\beta_1+\cdots+\lambda_k\beta_k=C$$

t 统计量为

$$t=\frac{\boldsymbol{\lambda\hat\beta}-\boldsymbol{\lambda\beta}}{\sqrt{Se^2\boldsymbol{\lambda}(X^TX)^{-1}\boldsymbol{\lambda}^T}}\sim t(n-k-1)$$

3. 对参数多个线性约束的假设检验：F 检验

需要检验的虚拟假设为 $H_0:\beta_{k-q+1}=0,\beta_{k-q+2}=0,\cdots,\beta_k=0$。该假设对式(9-29)施加了 q 个排除性约束，在该约束下转变为如下的新模型：

$$Y=\beta_0+\beta_1X_1+\beta_2X_2+\cdots+\beta_{k-q}X_{k-q}+\varepsilon \tag{9-38}$$

式(9-29)称为不受约束(ur)的模型，而式(9-37)称为受约束(r)的模型[29]。式(9-37)也称为模型(9-29)的嵌套模型，或子模型。分别用 OLS 方法估计式(9-29)和式(9-37)后，可以计算出如下的统计量：

$$F=\frac{(RSS_r-RSS_{ur})/q}{RSS_{ur}/(n-k-1)}$$

关键在于，不需要满足 t 检验所需要的假定(9-38)，F 统计量就满足：$F\sim F_{q,n-k-1}$。

利用已知的 F 分布函数，我们就可以拒绝或接受虚拟假设 $H_0:\beta_{k-q+1}=0, \beta_{k-q+2}=0,\cdots,\beta_k=0$ 了。所以，一般来讲，F 检验比 t 检验更先使用，用的更普遍，可信度更高。利用关系式 $RSS_r=TSS(1-R_r^2)$，$RSS_{ur}=TSS(1-R_{ur}^2)$，F 统计量还可以写成：

$$F=\frac{(R_{ur}^2-R_r^2)/q}{(1-R_{ur}^2)/(n-k-1)}$$

4. 对回归模型整体显著性的检验：F 检验

需要检验的虚拟假设为 $H_0:\beta_1=0,\beta_2=0,\cdots,\beta_k=0$。相当于前一个检验问题的特例，$q=k$。嵌套模型变为 $Y=\beta_0+u$。$R_r^2=0$，$RSS_r=TSS$，$R_{ur}^2=R^2$。F 统计量变为

$$F=\frac{R^2/k}{(1-R^2)/(n-k-1)}$$

$$=\frac{ESS/k}{RSS/(n-k-1)}$$

5. 检验一般的线性约束

需要检验的虚拟假设比如为 $H_0:\beta_1=0,\beta_2=0,\cdots,\beta_k=0$。受约束模型变为

$$Y=\beta_0+X_1+u$$

再变形为 $Y-X_1=\beta_0+u$。F 统计量只可用：

$$F=\frac{(RSS_r-RSS_{ur})/q}{RSS_{ur}/(n-k-1)}$$

其中，$RSS_r=TSS_{Y-X_1}=\sum[(Y_i-X_{i1})-(\overline{Y}-\overline{X}_1)]^2=\sum[(\overline{Y}_i-\overline{Y})-(X_{i1}-\overline{X}_1)]^2$。

6. 非正态假定下多个线性约束的大样本假设检验：LM（拉格朗日乘数）检验

F 检验方法需要模型（9-29）中的 u 满足正态性假定。在不满足正态性假定时，在大样本条件下，可以使用 LM 统计量[256]。虚拟假设依然是 $H_0:\beta_{k-q+1}=0,\beta_{k-q+2}=0,\cdots,\beta_k=0$。LM 统计量仅要求对受约束模型的估计。具体步骤如下：

（1）将 Y 对施加限制后的解释变量进行回归，并保留残差 $\tilde{u}$，即我们要进行如下的回归估计：

$$Y=\tilde{\beta}_0+\tilde{\beta}_1X_1+\tilde{\beta}_2X_2+\cdots+\tilde{\beta}_{k-q}X_{k-q}+\tilde{\varepsilon}$$

（2）将 $\tilde{u}$ 对所有解释变量进行辅助回归，即进行如下回归估计：

$$\tilde{u}=\hat{\alpha}_0+\hat{\alpha}_1X_1+\hat{\alpha}_2X_2+\cdots+\hat{\alpha}_kX_k+\tilde{\mu}$$

并得到 R-平方，记为 R_u^2。

（3）计算统计量 $LM=nR_u^2$。

（4）将 LM 与 χ_q^2 分布中适当的临界值 c 比较。如果 $LM>c$，就拒绝虚拟假设 H_0；否则，就不能拒绝虚拟假设 H_0。

7. 对模型函数形式误设问题的一般检验：RESET

如果一个多元回归模型没有正确地解释被解释变量与所观察到的解释变量之间的关系，那它就存在函数形式误设的问题。误设可以表现为两种形式：模型中遗漏了对被解释变量有系统性影响的解释变量；错误地设定了一个模型的函数形式[30]。在侦察一般的函数形式误设方面，拉姆齐（Ramsey, 1969）的回归设定误差检验（regression specilfication error test，RESET）是一种常用的方法。RESET 背后的思想相当简单。如果式（9-29）满足经典假定（3），那么在式（9-30）中添加解释变量的非线性关系应该是不显著的。尽管这样做通常能侦察出函数形式误设，但如果原模型中有许多解释变量，它又有使用掉大量自由度的缺陷。另外，非线性关系的形式也是多种多样的[30]。RESET 则是在式（9-29）中添加式（9-29）的 OLS 拟合值的多项式，以侦察函数形式误设的一般形式。

为了实施 RESET，我们必须决定在一个扩大的回归模型中包括多少个拟合值的函数。虽然对这个问题没有正确的答案，但在大多数应用研究中，都表明平方项和三次项很有用[30]。令 $\hat{Y}$ 表示从式（9-29）所得到的 OLS 估计值。考虑扩大的模型

$$Y=\beta_0+\beta_1X_1+\beta_2X_2+\cdots+\beta_kX_k+\delta_1\hat{Y}^2+\delta_2\hat{Y}^3+\varepsilon \tag{9-39}$$

这个模型看起来有些奇怪,因为原估计的拟合值的函数现在却作为解释变量出现。实际上,我们对式(9-39)的参数估计并不感兴趣,我们只是利用这个模型来检验式(9-29)是否遗漏掉了重要的非线性关系[30]。记住,$\hat{Y}^2$ 和 $\hat{Y}^3$ 都只是 X_j 的非线性函数。

对式(9-39),我们检验虚拟假设 $H_0:\delta_1=0,\delta_2=0$。这时,式(9-39)是无约束模型,式(9-29)是受约束模型。计算 F 统计量,需要查 $F_2,n-k-3$ 分布表。拒绝 H_0,式(9-29)存在误设,否则,不存在误设。

8. 利用非嵌套模型检验函数形式误设

寻求对函数形式误设的其他类型(比如,试图决定某一解释变量究竟应以水平值形式还是对数形式出现)作出检验,需要离开经典假设检验的辖域[29]。有可能要相对模型

$$Y=\beta_0+\beta_1\log(X_1)+\beta_2\log(X_2)+\cdots+\beta_k\log(X_k)+\varepsilon \quad (9\text{-}40)$$

检验模型(9-28),或者把两个模型反过来。然而,它们是非嵌套的,所以我们不能仅使用标准的 F 检验。有两种不同的检验方法。

一种方法由 Mizon and Richard (1986) 提出,构造一个综合模型,将每个模型作为一个特殊情形而包含其中,然后检验导致每个模型的约束。对于模型(9-29)和模型(9-40)而言,综合模型就是

$$Y=\gamma_0+\gamma_1X_1+\cdots+\gamma_kX_k+\gamma_{k+1}\log(X_1)+\cdots+\gamma_{k+k}\log(X_k)+\mu \quad (9\text{-}41)$$

可以先检验 $H_0:\gamma_{k+1}=0,\cdots,\delta_{k+k}=0$,作为对模型(9-29)的检验。也可以通过检验 $H_0:\gamma_1=0,\cdots,\delta_k=0$,作为对模型(9-40)的检验。

另一种方法由 Davison and MacKinnon (1981) 提出。他们认为,如果模型(9-29)是正确的,那么从模型(9-40)得到的拟合值在模型(9-29)中应该是不显著的。因此,为了检验模型(9-29)的正确性,首先用 OLS 估计模型(9-40)以得到拟合值[29],并记为 $\hat{\hat{Y}}$。在新模型

$$Y=\beta_0+\beta_1X_1+\beta_2X_2+\cdots+\beta_kX_k+\theta_1\hat{\hat{Y}}+\mu \quad (9\text{-}42)$$

中计算 $\hat{\hat{Y}}$ 的 t 统计量,利用 t 检验拒绝或接受假定 $H_0:\theta_1=0$。显著的 t 统计量就是拒绝模型(9-29)的证据。类似地,为了检验模型(9-40)的正确性,首先用 OLS 估计模型(9-29)以得到拟合值,并记为 $\hat{\hat{Y}}$。在新模型

$$Y=\beta_0+\beta_1\log(X_1)+\beta_2\log(X_2)+\cdots+\beta_k\log(X_k)+\theta_1\hat{\hat{Y}}+\mu \quad (9\text{-}43)$$

中计算 $\hat{\hat{Y}}$ 的 t 统计量,利用 t 检验拒绝或接受假定 $H_0:\theta_1=0$。

以上两种检验方法可以用于检验任意两个具有相同的被解释变量的非嵌

套模型。非嵌套检验存在一些问题。首先,不一定会出现一个明显好的模型。两个模型可能都被拒绝,也可能没有一个被拒绝。在后一种情形中,我们可以使用调整的 R-平方进行选择。如果两个模型都被拒绝,则有更多的工作要做。不过,重要的是知道使用这种或那种函数形式的后果,如果关键性解释变量对被解释变量的影响没有多大差异,那么使用那个模型实际上并不要紧[30]。

第二个问题是,比如说使用 Davison and MacKinnon 检验拒绝了模型(9-40),这并不意味着模型(9-29)就是正确的模型。模型(9-40)可能会因为多种误设的函数形式而被拒绝。

一个更为可能的问题是,在解释变量不同的模型之间进行比较时,如何实施非嵌套检验。一个典型的情况是,一个解释变量是 Y,一个解释变量是 $\log(Y)$。使用调整的 R-平方进行比较,需要小心从事。

9.2.4 回归诊断

在前面讨论回归模型的时候,对模型的随机误差项作了独立分布的正态性假定,在实际问题中,这样假设是否成立呢?如果不成立,那么以上的假设检验、模型选择的结果都不可靠,因此必须对上述假定进行诊断。我们将残差向量定义为因变量的观测值和预测值的差,它是进行模型诊断的重要工具。残差图是一种直观的工具,它以残差为纵坐标,任何其他的量(因变量的拟合值、某个自变量或观测的时间和序号)为横坐标的散点图。当模型的假定为真的时候,残差图上的点应该是无规则的。此外我们也可以运用构造统计量的方法检验误差的方差齐性、误差的独立性和正态性。

建立好回归模型之后,人们喜欢用决定系数 R^2 来表示回归方程对原有数据拟合的好坏。R^2 定义为

$$R^2 = SSR/SST = SSR/(SSR+SSE)$$

式中:$SSR = \sum (\hat{Y}_i - \bar{Y})^2$ 为回归平方和;$SST = \sum (Y_i - \bar{Y}_i)^2$ 为总的偏差平方和;SSE 为残差平方和。我们可以将 R^2 理解成

$$R^2 = 回归所能说明的平方和/总平方和$$

当我们以百分比表示 R^2 时,R^2 可解释为在 SST 中可用估计回归方程式说明的百分比。统计学家通常用 R^2 作为回归适合度的度量,因为其有随着变量数目增加而增大的缺点,目前通常使用修正的 R^2。

$$\begin{cases} Y_1 = l_1^T X = l_{11}X_1 + l_{21}X_2 + \cdots + l_{p1}X_p \\ Y_2 = l_2^T X = l_{12}X_1 + l_{22}X_2 + \cdots + l_{p2}X_p \\ \quad \cdots \\ Y_p = l_p^T X = l_{1p}X_1 + l_{2p}X_2 + \cdots + l_{pp}X_p \end{cases}$$

9.3 自变量的选择与逐步回归

9.3.1 穷举法

穷举法(Exhaustive Method)就是从所有可能的回归方程中按一定的准则选取最优的一个或几个回归方程。Y 关于 m 个自变量 $X_1, X_2, \cdots, X_m$ 的一切可能的线性回归方程共有 $2^m - 1$ 个,其中有 $\binom{m}{1}$ 个一元线性回归方程,有 $\binom{m}{2}$ 个二元线性回归方程,……,有 $\binom{m}{m}$ 个 m 元线性回归方程。较常用的选择回归方程的准则有 7 个,本节介绍最常用的 4 个准则。

准则 9-1 修正复相关系数达到最大准则

假定已建立 p 个自变量 $X_1, X_2, \cdots, X_p$ 的线性回归方程,修正复相关系数 R_p^* 越接近于 1,方程的拟合程度越好,所以选取使 R_p^* 达到最大的回归方程。

由于 $\dfrac{SST}{n-1}$ 并不随 p 的变化而变化,因此 R_p^* 达到最大与 $MSE = \dfrac{SSE}{n-p-1}$ 达到最小等价。在实际应用中,在一定精度要求下,也可选使 MSE 接近于最小,且包含较少数目的自变量的回归方程作为最优方程[257]。

准则 9-2 预测平方和达到最小准则

假定建立 p 个自变量 $X_1, X_2, \cdots, X_p$ 的线性回归方程,共有 n 组独立观测数据 $x_{i1}, x_{i2}, \cdots, x_{ip}, y_i (i = 1, 2, \cdots, n)$。

每次删除第 $i(i=1,2,\cdots,n)$ 组数据,用其余 $n-1$ 组数据建立回归方程,然后利用所有的回归方程对第 i 组数据 $x_{i1}, x_{i2}, \cdots, x_{ip}$ 做预测,记预测值为 $\hat{y}_{(i)}$,则预测误差为 $d_i = y_i - \hat{y}_{(i)}$。预测平方和定义为这 n 个误差的平方和,记为 $PRESS_p$,即

$$PRESS_p = \sum_{i=1}^{n}(y_i - \hat{y}_{(i)})^2 \tag{9-44}$$

选取使 $PRESS_p$ 达到最小或接近最小的回归方程为最优回归方程。

显然对指定的 p 个自变量,要拟合 n 次回归模型才能得到 $PRESS_p$ 的值,而要拟合所有的回归模型并计算出 $PRESS_p$ 值,计算量非常大,实际计算时,用已经证明的结果:

$$d_i = \frac{e_i}{1-h_{ii}} \quad (i=1,2,\cdots,n)$$

式中:e_i 是用全部 n 组数据拟合的包含 p 个自变量的线性模型而得到的第 i 个残差 $e_i = y_i - \hat{y}_i$；h_{ii} 是 $X(X^TX)^{-1}X$ 主对角线的第 i 个元素。所以有

$$PRESS_p = \sum_{i=1}^{n}\left(\frac{e_i}{1-h_{ii}}\right)^2 \tag{9-45}$$

准则 9-3 C_p 准则

C_p 统计量的定义为

$$C_p = \frac{SSE_p}{MSE(x_1, x_2, \cdots, x_m)} - (n-2p-2) \tag{9-46}$$

式中:SSE_p 是包含 p 个自变量的回归方程的残差平方和；$MSE(x_1, x_2, \cdots, x_m)$ 表示包含全部 m 个自变量的回归方程的均方残差。如果仅含 p 个自变量的线性模型已经能很好地拟合所给数据,则可以证明

$$E(C_p) = (n-p-1) - (n-2p-2) = p+1 \tag{9-47}$$

C_p 准则要求选择 C_p 值小,且 $|C_p - p - 1|$ 小的回归方程。

所以,利用 C_p 准则选择最优回归方程的方法如下:

(1) 对每个可能的回归方程计算其 C_p 值,固定 p,有 $\binom{m}{p}$ 个 C_p 与之对应；

(2) 作出 C_p 图,即将所有可能的 $(p+1, C_p)$ 描在以 C_p 为纵坐标,p 为横坐标的直角坐标系中；

(3) 在图中最靠近直线 $C_p = p+1$ 的点所对应的回归方程被认为是最优的回归方程。

准则 9-4 信息量 AIC 达到最小准则

AIC(akaike information criterion)准则是由日本统计学家赤池(Akaike)提出的,AIC 作为回归模型选择的准则是:选取使 AIC 最小的自变量对应的回归方程。含有 p 个自变量的回归方程的 AIC 计算公式为

$$AIC = n\ln(MSE_p) + 2(p+1) \tag{9-48}$$

式中:MSE_p 是含有 p 个自变量的回归方程的均方残差。

穷举法是按照某种准则从所有回归方程中寻找最优回归方程,当自变量数目较少时是可行的。但当自变量数目较大时,求出所有回归方程的计算量非常大,有时甚至难以实现。在这种情况下,逐步回归是一种简便实用的快速选择最优方程的方法。

9.3.2 逐步回归法

逐步回归(stepwise regression)法是选择变量子集的另一种方法,这种方法是通过偏 F 统计量的检验,当偏 F 统计量显著时在原有的变量子集中加入新的

变量,且一旦有新的变量加入时,就需要对原有变量的回归平方和进行检验,若有不显著的变量要立即剔除,直到没有变量剔除也没有变量加入为止。增加或剔除某个自变量的准则是用残差平方和的增加或减少量来衡量,一般采用偏F检验统计量[258]。最后用所选的变量子集建立回归方程。

假设模型中已有 $l-1(l \geqslant 2)$ 个自变量,记 $l-1$ 个自变量组成的集合为 A,若自变量 X_k 不在 A 中,X_k 进入模型的偏F检验统计量的一般形式是

$$F_k = \frac{SSE(A) - SSE(A, X_k)}{\dfrac{SSE(A, X_k)}{n-l-1}} = \frac{SSR(X_k | A)}{MSE(A, X_k)} \qquad (9\text{-}49)$$

式中:$SSR(X_k | A) = SSE(A) - SSE(A, X_k)$ 称为额外回归平方和,它描述了将 X_k 加入模型时,误差平方和的改变量。可以证明,当含变量 A 中各变量的线性回归模型为真时,误差平方和的改变量满足 $F_k \sim F(1, n-l-1)$。偏F检验统计量是逐步回归法中增加或剔除一个变量时所用的基本统计量。

下面详细介绍逐步回归法的具体步骤。

首先,给定两个显著性水平,一个用作选取自变量,记为 α_E;另一个用作提出自变量,记为 α_D,要求 $\alpha_E \leqslant \alpha_D$。然后按下列步骤进行。

第一步,设 $A = \phi$,考察每一个自变量 $X_i(1 \leqslant i \leqslant m)$ 对 Y 的影响是否显著,对每个 i 计算偏F统计量

$$F_i^{(1)} = \frac{SSR(X_i | A)}{MSE(A, X_i)} = \frac{SSR(X_i)}{MSE(X_i)} \quad (i = 1, 2, \cdots, m)$$

它度量了将 X_i 引入模型后,残差平方和的相对减少量。设

$$F_{i_1}^{(1)} = \max_{1 \leqslant i \leqslant m} \{F_i^{(1)}\}$$

若 $F_{i_1}^{(1)} > F_{\alpha_E}(1, n-2)$,则选择含 X_{i_1} 的回归模型为当前模型,建立一元线性回归模型

$$Y = \beta_0 + \beta_1 X_{i_1} + \varepsilon$$

否则,没有自变量进入模型,选择过程结束。认为所有自变量对 Y 的影响都不显著。

第二步,在第一步模型的基础上 $(A = \{X_{i_1}\})$,考察其余的 $m-1$ 个自变量对 Y 的影响是否显著,计算相应的偏F统计量

$$F_i^{(2)} = \frac{SSR(X_i | A)}{MSE(A, X_i)} = \frac{SSR(X_i | X_{i_1})}{MSE(X_{i_1}, X_i)} \quad (i = 1, 2, \cdots, m; i \neq i_1)$$

设

$$F_{i_2}^{(2)} = \max_{i \neq i_1} \{F_i^{(2)}\}$$

如果 $F_{i_2}^{(2)} > F_{\alpha_E}(1, n-3)$,则将 X_{i_2} 加入第一步的回归模型中,即有
$$Y = \beta_0 + \beta_1 X_{i_1} + \beta_2 X_{i_2} + \varepsilon \tag{9-50}$$

进一步考察当 X_{i_2} 进入回归模型后,X_{i_1} 对 Y 的影响是否仍然显著。为此计算
$$F_{i_1}^{(2)} = \frac{SSR(X_{i_1} \mid X_{i_2})}{MSE(X_{i_1}, X_{i_2})} \tag{9-51}$$

相当于已经含有变量 X_{i_2} 的模型中,变量 X_{i_1} 是否能够进入模型的显著性检验。若 $F_{i_1}^{(2)} \leqslant F_{\alpha_D}(1, n-3)$,则剔除 X_{i_1},这时仅含有 X_{i_2} 的回归模型为当前回归模型。

第三步,在第二步所选模型的基础上,进一步考察其余的自变量对 Y 的影响是否显著。计算相应的偏F统计量并选取其中最大者,与相应分步的上侧 α_E 分位数比较,决定是否有新变量可进入模型。若有新变量进入模型,再检验原模型中的自变量是否因为新变量的进入而被剔除。

假设第二步中选择的模型是式(9-50),计算
$$F_i^{(3)} = \frac{SSR(X_i \mid A)}{MSE(A, X_i)} = \frac{SSR(X_i \mid X_{i_1}, X_{i_2})}{MSE(X_{i_1}, X_{i_2}, X_i)} \quad (i = 1, 2, \cdots, m; i \neq i_1; i \neq i_2)$$

设
$$F_{i_3}^{(3)} = \max_{i \neq i_1, i \neq i_2} \{F_i^{(3)}\}$$

若 $F_{i_3}^{(3)} > F_{\alpha_E}(1, n-4)$,则将 X_{i_3} 加入第二步的回归模型中,有
$$Y = \beta_0 + \beta_1 X_{i_1} + \beta_2 X_{i_2} + \beta_3 X_{i_3} + \varepsilon \tag{9-52}$$

进一步考察,X_{i_1} 和 X_{i_2} 是否因 X_{i_3} 进入而被剔除。计算
$$F_{i_1}^{(3)} = \frac{SSR(X_{i_1} \mid X_{i_2}, X_{i_3})}{MSE(X_{i_1}, X_{i_2}, X_{i_3})}$$

$$F_{i_2}^{(3)} = \frac{SSR(X_{i_2} \mid X_{i_1}, X_{i_3})}{MSE(X_{i_1}, X_{i_2}, X_{i_3})}$$

若 $\min\{F_{i_1}^{(3)}, F_{i_2}^{(3)}\} < F_{\alpha_D}(1, n-4)$,则首先剔除 $\min\{F_{i_3}^{(3)}, F_{i_2}^{(3)}\}$ 所对应的自变量,接着再检验另一个自变量是否可被剔除。若 X_{i_1} 和 X_{i_2} 均不被剔除,则式(9-52)作为当前模型。

重复以上步骤,直到没有自变量能进入模型,同时模型中已有的自变量均不能被剔除,则选择过程结束,最后得到的模型认为是最优的[33]。

9.4 非线性回归模型

在许多实际情况下,线性模型是不合适的,考虑非线性模型。例如,二次多

项式
$$Y=\beta_1 X+\beta_1 X^2+\varepsilon \tag{9-53}$$
指数形式
$$Y=\exp(\beta_1 X+\beta_1 X^2+\varepsilon) \tag{9-54}$$
及非线性函数
$$Y=\frac{\beta_1}{\beta_1+\beta_2}(e^{-\beta_2 X}-e^{-\beta_1 X})+\varepsilon \tag{9-55}$$

以上3个模型都是包含参数 β_1,β_2 的非线性形式。但模型(9-54)可通过模型两边取对数,并令 $Y^*=\ln Y$ 转化为二次多项式
$$Y^*=\beta_1 X+\beta_2 X^2+\varepsilon$$
而多项式回归模型可以转化为线性回归模型,如模型(9-53),把这种可以通过适当的变换转化为线性模型的非线性模型称为内在线性的,而不能通过变换转化为线性模型的非线性模型称为内在非线性的,如模型(9-55)。首先讨论内在线性模型。

9.4.1 内在线性回归模型

一元多项式回归模型:

假设因变量 Y 是自变量 X 的 p 次多项式
$$Y=\beta_0+\beta_1 X+\beta_2 X^2+\cdots+\beta_p X^p+\varepsilon \tag{9-56}$$
式中: $\varepsilon \sim N(0,\sigma^2)$, $\beta_0,\beta_1,\beta_2,\cdots,\beta_p$ 和 σ^2 是未知参数。通过 n 组观测数据 $(x_i,y_i)(i=1,2,\cdots,n)$ 估计未知参数。

令
$$z_{i1}=x_i, z_{i2}=x_i^2, z_{i3}=x_i^3,\cdots,z_{ip}=x_i^p \tag{9-57}$$
则多项式回归模型式(9-56)就转化为 p 元线性回归模型。
$$Y=\beta_0+\beta_1 Z_1+\beta_2 Z_2+\cdots+\beta_p Z_p+\varepsilon \tag{9-58}$$
这样,用线性模型的参数估计方法即可。

9.4.2 内在非线性回归模型

设非线性回归模型具有以下形式:
$$Y=f(X_1,X_2,\cdots,X_p,\beta_1,\beta_2,\cdots,\beta_k)+\varepsilon \tag{9-59}$$
式中: $\varepsilon \sim N(\mu,\sigma^2)$。

设 n 组独立观测数据 $(x_{i1},x_{i2},\cdots,x_{ip},y_i)(i=1,2,\cdots,n)$,代入模型有
$$y_i=f(x_{i1},x_{i2},\cdots,x_{ip},\beta_1,\beta_2,\cdots,\beta_k)+\varepsilon_i \quad (i=1,2,\cdots,n) \tag{9-60}$$
式中: ε_i 独立同分布 $N(\mu,\sigma^2)$。

为求参数 $\beta_1,\beta_2,\cdots,\beta_k$ 的估计值,求解最小二乘问题:

$$\min Q(\beta_1,\beta_2,\cdots,\beta_k)=\sum_{i=1}^{n}(y_i-f(x_{i1},x_{i2},\cdots,x_{ip},\beta_1,\beta_2,\cdots,\beta_k))^2 \quad (9\text{-}61)$$

可以证明,如果 $\varepsilon_i \sim N(\mu,\sigma^2)$,则 $\beta_1,\beta_2,\cdots,\beta_k$ 的最小二乘估计也是极大似然估计,所以求 $\beta_1,\beta_2,\cdots,\beta_k$ 的极大似然估计也是式(9-61)的求解问题。上述求解问题的实质是无约束问题的求解,属于最优化方法。在此不作介绍。R 软件中的 $nls(\ )$ 函数可以求解非线性最小二乘问题。

9.5 Logistic 回归模型

在一般的线性模型中,因变量 Y 具有实际意义,取值一般是连续型的,并假定 $Y \sim N(\mu,\sigma^2)$。当 Y 是二值变量,假定它只取 0、1 两个值(如发生故障与不发生故障;产品的正品与次品等)。在工程实际中,人们常常关心事件 A 发生的概率 P 与某些影响因素之间的关系。只要令

$$Y=\begin{cases}1,\text{事件 }A\text{ 发生}\\0,\text{事件 }A\text{ 不发生}\end{cases} \quad (9\text{-}62)$$

则 Y 也是二值变量。且有 $P=P(Y=1)$ 是事件 A 发生的概率,则 $1-P=P(Y=0)$ 是事件 A 不发生的概率。设 $X_1,X_2,\cdots,X_p$ 是影响事件 A 发生概率的因素。我们希望建立 P 与影响因素 $X_1,X_2,\cdots,X_p$ 之间的函数关系:

$$P=f(X_1,X_2,\cdots,X_p) \quad (9\text{-}63)$$

Logistic 回归模型可以解决这类问题。

因为 P 取值在 0 与 1 之间,所以需要对函数 $f(X_1,X_2,\cdots,X_p)$ 加以限制,使其取值在 0 与 1 之间。或等价的对 P 进行变化,变换后取值范围在 $(-\infty,+\infty)$。通常对 P 进行如下的 Logistic 变换:

$$\theta(P)=\ln\frac{P}{1-P}$$

显然,$-\infty<\theta(P)<+\infty$。这时,可以建立回归模型:

$$\ln\frac{P}{1-P}=f(X_1,X_2,\cdots,X_p)$$

9.5.1 线性 Logistic 回归模型

在 Logistic 模型中,有很多建立 $f(X_1,X_2,\cdots,X_p)$ 函数关系的选择,其中应用最广泛的一种形式是关于 $X_1,X_2,\cdots,X_p$ 的线性函数,即

$$\ln\frac{P}{1-P}=\beta_0+\beta_1X_1+\beta_2X_2+\cdots+\beta_pX_p \quad (9\text{-}64)$$

或

$$P = \frac{\exp(\beta_0 + \beta_1 X_1 + \beta_2 X_2 + \cdots + \beta_p X_p)}{1 + \exp(\beta_0 + \beta_1 X_1 + \beta_2 X_2 + \cdots + \beta_p X_p)} \quad (9\text{-}65)$$

记 $\beta = (\beta_0, \beta_1, \beta_2, \cdots, \beta_p)^T$, $X = (1, X_1, X_2, \cdots, X_p)^T$, 又因为 Y 是 $0 \sim 1$ 的随机变量,且 $E(Y) = 1 \times P(Y=1) + 0 \times P(Y=0) = P$。则有

$$E(Y) = P = P(Y=1 \mid X) = \frac{e^{\beta^T X}}{1 + e^{\beta^T X}} \quad (9\text{-}66)$$

称式(9-64)或式(9-65)为线性 Logistic 回归模型,或简称 Logistic 模型。称(Y, X)服从 Logistic 回归模型。显然有

$$1 - P = P(Y=0 \mid X) = \frac{1}{1 + e^{\beta^T X}} \quad (9\text{-}67)$$

在 Logistic 回归模型中,并不要求 $X_1, X_2, \cdots, X_p$ 均为连续变量,一些甚至可以全部是取几个值的变量,也可以是一些数值化的定性变量。如 X_1 表示性别,X_2 表示产品质量,令

$$X_1 = \begin{cases} 1, \text{男} \\ 0, \text{女} \end{cases}$$

$$X_2 = \begin{cases} 4, \text{优} \\ 3, \text{良好} \\ 1, \text{合格} \\ 0, \text{不合格} \end{cases}$$

X_1, X_2 可以作为 Logistic 模型中的自变量来分析它们与 P 的关系。

9.5.2 参数的最大似然估计

(Y, X) 服从 Logistic 回归模型,从总体(Y, X)中抽取一个容量为 $n_1 + n_2$ 的随机样本 $(1, X_{(1)}^T), (1, X_{(2)}^T), \cdots, (1, X_{(n_1)}^T), (0, X_{(n_1+1)}^T), (0, X_{(n_1+n_2)}^T)$。

其中 $X_{(i)}^T = (x_{i1}, x_{i2}, \cdots, x_{ip})(i = 1, 2, \cdots, n_1 + n_2)$。$Y$ 是 $0 \sim 1$ 随机变量,进行 n 次独立观测得到样本 $y_i(y_i + 0, 1)$,似然函数为

$$l(\beta) = \prod_{i=1}^{n_1+n_2} P(Y = y_i)$$

$$= \prod_{i=1}^{n_1} P(Y=1) \prod_{i=1}^{n_2} P(Y=0)$$

$$= \prod_{i=1}^{n_1} \frac{\exp(\beta_0 + \beta_1 X_1 + \cdots + \beta_p X_p)}{1 + \exp(\beta_0 + \beta_1 X_1 + \cdots + \beta_p X_p)} \prod_{i=1}^{n_2} \frac{1}{1 + \exp(\beta_0 + \beta_1 X_1 + \cdots + \beta_p X_p)}$$

则对数似然函数为

$$\ln l(\beta) = \sum_{i=1}^{n_1}(\beta_0 + \beta_1 x_{i1} + \beta_2 x_{i2} + \cdots + \beta_p x_{ip}) - \sum_{i=1}^{n_1+n_2}\ln(1 + \exp(\beta_0 + \beta_1 x_{i1} + \beta_2 x_{i2} + \cdots + \beta_p x_{ip}))$$

式中:$\beta_0, \beta_1, \cdots, \beta_p$ 是待估计的未知参数。使得 $\ln l(\beta)$ 达到最大值的 $\hat{\beta}_0, \hat{\beta}_1, \cdots, \hat{\beta}_p$ 就是 $\beta_0, \beta_1, \cdots, \beta_p$ 的极大似然估计。

$$\frac{\partial l(\beta)}{\partial \beta_0} = n_1 - \sum_{i=1}^{n_1+n_2}\frac{\exp(\beta_0 + \beta_1 x_1 + \beta_2 x_2 + \cdots + \beta_p x_p)}{1 + \exp(\beta_0 + \beta_1 x_1 + \beta_2 x_2 + \cdots + \beta_p x_p)}$$

$$= n_1 - \sum_{i=1}^{n_1+n_2}\frac{1}{1 + \exp(-\beta_0 - \beta_1 x_1 - \beta_2 x_2 - \cdots - \beta_p x_p)}$$

$$\frac{\partial l(\beta)}{\partial \beta_k} = \sum_{i=1}^{n_1} x_{ik} - \sum_{i=1}^{n_1+n_2}\frac{x_{ik}}{1 + \exp(-\beta_0 - \beta_1 x_1 - \beta_2 x_2 - \cdots - \beta_p x_p)}$$

$$\frac{\partial^2 l(\beta)}{\partial \beta_0^2} = -\sum_{i=1}^{n_1+n_2}\frac{\exp(-\beta_0 - \beta_1 x_{i1} - \beta_2 x_{i2} - \cdots - \beta_p x_{ip})}{[1 + \exp(-\beta_0 - \beta_1 x_{i1} - \beta_2 x_{i2} - \cdots - \beta_p x_{ip})]^2}$$

$$\frac{\partial^2 l(\beta)}{\partial \beta_0 \partial \beta_k} = -\sum_{i=1}^{n_1+n_2}\frac{x_{ik}\exp(-\beta_0 - \beta_1 x_{i1} - \beta_2 x_{i2} - \cdots - \beta_p x_{ip})}{[1 + \exp(-\beta_0 - \beta_1 x_{i1} - \beta_2 x_{i2} - \cdots - \beta_p x_{ip})]^2}$$

$$\frac{\partial^2 l(\beta)}{\partial \beta_k \partial \beta_l} = -\sum_{i=1}^{n_1+n_2}\frac{x_{ik} x_{il}\exp(-\beta_0 - \beta_1 x_{i1} - \beta_2 x_{i2} - \cdots - \beta_p x_{ip})}{[1 + \exp(-\beta_0 - \beta_1 x_{i1} - \beta_2 x_{i2} - \cdots - \beta_p x_{ip})]^2}$$

用 Newton-Raphson 迭代法对 $l(\beta)$ 求最大值,可得到 β 的最大似然估计 $\hat{\beta}_{mle}$。同时得到 Fisher 信息阵 I:

$$I = \left(-\frac{\partial^2 l(\beta)}{\partial \beta_k \partial \beta_l}\right)_{(p+1)\times(p+1)}$$

I 是一个非负定矩阵。I 的逆矩阵 I^{-1} 是回归参数估计量 $(\hat{\beta}_0, \hat{\beta}_1, \hat{\beta}_2, \cdots, \hat{\beta}_p)^T$ 的协方差矩阵。I^{-1} 的第 i 个对角线元素是 $\hat{\beta}_i$ 的方差。

9.6 基于 Logistic 回归的机械健康状态评估

在设备运行过程中,机械的状态会由于零件老化、磨损而逐渐退化,降低了设备运行的可靠性,增加了设备故障发生的可能。应用 Logistic 回归模型算法分析设备运行状态与历史数据概率分布之间的关系,用设备当前数据与设备历史状态数据之间的差异相似性来评估机械设备状态的健康程度[259]。

9.6.1 设备状态健康评估 Logistic 回归模型的建立

用 Logistic 回归算法在对设备状态进行健康评估时,先根据具体设备可能失效的原因选取在时域和频域中提取关键零件对应的特征参数作为 Logistic 回归模型中的自变量,选取先前的设备运行的历史数据对 Logistic 回归模型进行训练,通常采用极大似然估计法或牛顿下山法来求解参数 α 和 $\beta_1,\cdots,\beta_k$ 的数值解,从而建立起用于评价设备状态健康与否的 Logistic 回归模型。那么对于现有的每一时刻的信号都可以求出与之对应的故障发生概率值 P,如果将这些 P 值在坐标轴中以时间序列连起来,就可以得到每一时刻设备发生故障的概率[34]。应用 Logistic 回归模型的设备状态健康评估的具体过程如图 9-1 所示。

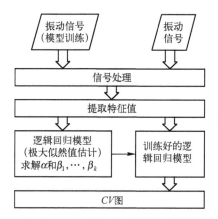

图 9-1 应用 Logistic 回归模型的设备状态健康评估

然而,将设备发生故障的概率作为对机械状态健康的评估标准显然是不形象的,因此,设备状态的健康程度与设备发生故障的概率之间需要建立一个明确的联系。设备发生故障的概率与设备的健康程度显然不可能是线性关系。因此,只能将设备的状态设置为正常和非正常两个状态。为了较好地描述某台设备的健康状态,引入归一化参数 CV(ConfidenceValue)作为最终描述设备状态健康程度的指标,其中 CV 值等于 1~0 值,即 $CV=1$ 表示数据样本对应的设备处于健康状态,$CV=0$ 表示数据样本对应的设备状态较差[34]。

9.6.2 Logistic 回归模型参数的选择

在设备状态健康评估中,特征参数的选取是非常关键的。在 Logistic 回归模型中,选择什么样的特征参数训练模型,将直接影响 Logistic 回归模型对设备状态评估的优劣。在机械设备状态监测与故障诊断的工程信号中,振动信号是表征机器运行状态最敏感的征兆参数,能够从时域和频域反映机器的故障信息。目前,在机械设备故障诊断领域振动信号特征提取的方法主要包括:时域分析(波形分析、相关分析、统计分析等)、时序分析、基于 FFT 变换的频域分析(幅值谱、功率谱、高精度内插谱、包络谱、倒谱等)、时频分析(短时 Fourier 变换、Wigner 时频谱等)、小波分析、瞬时分析(波德图、Nyquist 图、瀑布图、阶次图等)。然而针对不同的设备进行设备健康评估时,要根据设备本身的固有性质来选择最佳的特征参数作为 Logistic 回归模型的自变量。值得注意的是,应用于设备状态健康评估中的 Logistic 回归模型,其特征参数的选择以小于 5 个为最佳,反之将有过多的参数需要求解,降低了回归模型的效率和可靠度[34]。

第 10 章

高维数据回归预测分析

在传统的线性回归模型中,最小二乘估计(LS)应用最为广泛,这是因为在所有线性无偏估计中,LS 估计方差最小。而随着数据收集技术的提高,数据的自变量也在不断增加,高维数据频繁地出现在诸多领域。对于此类问题,预测变量之间常常存在某种线性关系,这使得设计矩阵的列变量近似的线性相关,导致设计矩阵成病态。传统的统计推断方法已经不再适用这种高维数据。本章分别介绍了广义线性模型、高维回归系数压缩、面板数据回归等方法,以解决实际中高维数据处理的问题。

10.1 模型选择

10.1.1 偏差—方差分解

假设模型为 $Y=f(X)+\varepsilon$,且 $\hat{f}(x_0)$ 为拟合的模型,则模型在 $X=x_0$ 的误差可以分解。首先 $E[(f(x_0)-E\hat{f}(x_0))(Y-f(x_0))|X=x_0]=(f(x_0)-E\hat{f}(x_0))E[(Y-f(x_0))|X=x_0]=0$,假设在 $X=x_0$ 点 ε 与 $\hat{f}(x_0)$ 独立,则

$$E[(Y-f(x_0))(E\hat{f}(x_0)-f(x_0))|X=x_0]$$
$$=E[(f(x_0)+\varepsilon)(E\hat{f}(x_0)-\hat{f}(x_0))|X=x_0]+f(x_0)E[E\hat{f}(x_0)-\hat{f}(x_0)|X=x_0]$$
$$=E[\varepsilon(E\hat{f}(x_0)-\hat{f}(x_0))|X=x_0]$$
$$=E\hat{f}(x_0)E[\varepsilon|X=x_0]-E[\varepsilon\hat{f}(x_0)|X=x_0]$$
$$=0$$

综合以上公式,可得到均方误差分解式

$$E[(Y-\hat{f}(x_0))^2|X=x_0]=E[(Y-f(x_0)+f(x_0)-E\hat{f}(x_0)+E\hat{f}(x_0)-\hat{f}(x_0))^2|X=x_0]$$
$$=\sigma_\varepsilon^2+[E\hat{f}(x_0)-f(x_0)]^2+E[E\hat{f}(x_0)-\hat{f}(x_0)]^2$$

由上式得出,均方误差由三部分组成。第一部分 σ_ε^2 是固定误差,任何模型都不能将它减小;第二部分是模型的均值与 x_0 点数据均值的差距;第三部分是拟合模型的内在方差。由于固定误差不可减小,提高模型拟合精度只能通过降低模型偏差和拟合模型的方差的方式来实现。但通常情况下,当模型偏差增大时,模型方差却减小,反之亦如此。

10.1.2 模型选择准则

1973 年,著名的统计学家 Akaike 提出了模型选择信息准则,AIC 准则是目前常用的模型选择准则,在经济、交通、建筑等领域应用较多[260]。AIC 信息准则基于最大熵原理,可检验出不同模型间差异显著性,而且能在模型使用性和参数个数之间进行综合权衡,计算相对简单、客观。AIC 准则的表达式是:

$$AIC = -2l(\hat{\theta}) + 2k \tag{10-1}$$

式中:$l(\hat{\theta})$ 是极大似然函数的对数;k 是参数个数。AIC 准则推导过程如下:

假设随机变量 Y 有概率密度 $f(y|\theta)$,θ 为参数向量,取 Y 的一组独立观测值 $y_1, y_2, \cdots y_N$,则 θ 的似然函数为 $L(\theta) = f(y_1|\theta)f(y_2|\theta)\cdots f(y_N|\theta)$,其对数似然函数 $l(\theta) = \ln L(\theta) = \sum_{i=1}^{N} \ln f(y_i|\theta)$,而 $\hat{\theta}$ 是使对数似然函数达到最大值时 θ 的估计值。当 $N \to \infty$ 时,$\frac{1}{N} \sum_{i=1}^{N} \ln f(y_i|\theta) \to E(\ln f(y_i|\theta))$,其中 E 表示 Y 的分布的数学期望,而 $\hat{\theta}$ 是使 $E(\ln f(Y|\theta))$ 为最大的 θ 估计值。由 $E(\ln f(Y|\theta)) = \int g(Y) \ln f(y|\theta) dy$ 和 K-L 信息量法得

$$I(g, f(Y|\theta)) = E(\ln g(Y)) - E(\ln f(Y|\theta)) = \int g(y) \ln \frac{g(y)}{f(y|\theta)} dy \tag{10-2}$$

由此,当 $f(y|\theta)$ 和 $g(y)$ 的分布相一致时才等于零。只有估计概率接近于真实概率时,K-L 距离(相对熵)才等于零;同时,$E(\ln f(Y|\theta))$ 最大化问题就是要求与真实概率 $g(y)$ 最接近的估计概率 $f(y|\hat{\theta})$。这样,就可以把似然估计和 K-L 距离联系起来。由式(10-2)看出对 θ 估计转换为对 $E_1(I(g, f(Y|\hat{\theta})))$ 最小化问题的处理。其中 $\hat{\theta}$ 是观测值 $x_1, x_2, \cdots, x_N$ 的函数,用极大似然原理得到参数估计;E_1 表示样本观测值分布的数学期望,同时假定,样本观测值和真实数值是独立分布,此时 $E(\ln g(Y))$ 在真实分布一直固定时,最小化问题便成为 $E_1(\ln f(Y|\theta))$ 最大化时 θ 的估计值 $\hat{\theta}$。

假设从总体 Y 中抽出的样本相互独立,而且 $g(y) = f(y|\theta_0)$,当 $\lambda =$

$\max l(\theta_0)/\max l(\hat{\theta})$ 时，$-2\lim_{N\to\infty}\ln\lambda \sim \chi^2(k)$，$k$ 是参数个数，其中 $l(\hat{\theta})=\sum \ln f(y_i|\hat{\theta}_0)$，$l(\theta_0)=\sum \ln f(y_i|\theta_0)$，因此，$(2E_1(l(\theta)))_{\theta=\hat{\theta}}-2E_1(l(\theta_0))=k$，同时，由 $E\{(2E_1(l(\theta)))_{\theta=\hat{\theta}}\}=2NE_1(\ln f(Y|\hat{\theta}))$ 的估计值进行无偏修正，因而得到 $2l(\hat{\theta})-2k$。而对应于 K-L 距离最小化，在前面取负号得到 AIC 公式。

不过 AIC 值的大小受样本容量的影响较大，当样本容量相对模型参数的个数较少时，Hurvich 等在前人的研究基础上提出了改进的 AICc 准则来降低误差，AICc 的表达式为

$$AICc = -2\ln(\hat{\theta}) + 2k\left(\frac{N}{N-k-1}\right) \quad (N/k<40) \tag{10-3}$$

但当 AIC 信息准则在样本容量区域无穷大时，由 AIC 信息准则选择的模型不收敛于真实模型，它所含的未知参数通常比真实模型未知参数要多[35]。为了克服 AIC 信息准则理论的不足和减少 AIC 准则的不收敛性，Schwarz 在 1978 年提出 BIC 信息准则，BIC 与 AIC 相似，BIC 准则的表达式为

$$BIC = -2\ln(\hat{\theta}) + k\ln N \tag{10-4}$$

式中：N 为样本数目。但 BIC 基于 Bayes 理论，用 $\ln N$ 取代了 2，即对增加的模型参数加上更大的惩罚项。

近年来，Laio 等提出了基于 Anderson-Darling 统计检验理论的 ADC 准则。ADC 准则的表达式为

$$ADC = \begin{cases} 0.0403 + 0.116\left(\dfrac{\Delta_{AD}-\xi}{\beta}\right)^{\frac{\eta}{0.861}} & (1.2\xi \leq \Delta_{AD}) \\ \left[0.0403 + 0.116\left(\dfrac{0.2\xi}{\beta}\right)^{\frac{\eta}{0.861}}\right]\left(\dfrac{\Delta_{AD}-0.2\xi}{\xi}\right) & (1.2\xi > \Delta_{AD}) \end{cases} \tag{10-5}$$

式中：$\Delta_{AD} = -N - \dfrac{1}{N}\sum_{I=1}^{N}\{(2i-1)\ln[G(x_i,\hat{\theta})] + (2N+1-2i)\ln(1-G(x_i,\hat{\theta}))\}$；$G(x_i,\hat{\theta})$ 为累计频率分布函数；ξ、β 和 η 可根据文献的列表查到极端事件频率分析常用的 7 种频率分布模型的相应值。

Calenda 等综合以上的模型选择准则，认为：对于小样本和不对称样本，ADC 与 AIC 和 BIC 的计算结果相似，当样本的不对称程度增加时，ADC 更加适用。而且当根据不同的样本资料估计模型参数时，ADC 在模型选择时会表现更好[35]。

10.1.3 回归变量选择

回归变量的选择问题，最先以 AIC 准则作为衡量标准，一直也是统计学中

的热门研究对象,随着研究的不断深入,各种方法相继被提出。

线性回归模型的一般形式是

$$y = x_1\beta_1 + x_2\beta_2 + \cdots + x_p\beta_p + \varepsilon = X\beta + \varepsilon$$

变量选择的传统经典方法是以子集选择法为代表的选择方法,其将 p 维变量的 2^p-1 个非空子集以某一准则进行比较,找到最优子集,这里的准则包括 AIC 准则、基于 Bayes 理论的 BIC 准则和基于误差预测的 C_p 和交叉验证准则。

1. AIC 准则

依据 AIC 准则,线性回归模型的变量选择需要使 $AIC = -2\ln(\hat{\theta}) + 2k$ 达到最小值的变量子集。对于正态线性模型 $AIC = n\ln RSS_k + 2k$,其中 $RSS_k = \parallel y - X_k\hat{\beta}_k \parallel^2$,$X_k$ 是由备选模型的 k 个自变量构成的设计阵,$\hat{\beta}_k$ 是对应系数向量的最小二乘估计,从而 RSS_k 为 X_k 所对应的模型的残差平方和。

AIC 准则有选择过多协变量的倾向,被称为过拟合(overfitting)。AICc 准则对 AIC 准则进行了修正,当样本量小时,AICc 对于变量个数的惩罚项增加,从而更趋向于选择变量个数少的子集;当样本量大时,AICc 准则与 AIC 准则没有太大区别。但是该准则的推导需要假设备选模型组包含真模型,且误差服从正态分布。

2. BIC 准则

依据 BIC 准则,线性回归模型的变量选择需要使 $BIC = -2\ln(\hat{\theta}) + k\ln N$ 值达到最小。而对于正态线性模型,BIC 准则成为 $BIC = n\ln RSS_k + k\ln N$。这里的惩罚项的系数随样本量的增大而无限增大。

与 AIC 相比,BIC 只是第二项中的惩罚加强了,所以在选择变量时更加确切。关于 Bayes 变量选择的研究,模型平均和基于多个模型的加权平均估计也是其中的重要研究成果。一般情况下,统计推断是在某个给定的模型的基础上展开研究的,但是模型的不确定性会被忽略。Bayes 模型平均方法是对各个潜在的模型及其参数给出先验分布,然后导出有用的参数的后验分布。当然后续的研究还有待深入。

3. 基于误差预测的准则

变量选择不仅仅是为了找到影响因变量的重要解释变量,还需要对因变量可能出现的情况进行准确预测。当预测成为研究重点时,预测误差(平方和) PE(Prediction Error)

$$PE(\hat{y}) = E \parallel y - \hat{y} \parallel^2$$

作为衡量预测优劣的指标,其值越小预测精度越高。式中:y 是实际观测值;$\hat{y}$ 是通过已有数据得到的预测值。Mallows 提出的 C_p 准则是其代表

$$C_p = \frac{RSS_k}{\hat{\sigma}^2} - (N-2k)$$

$\hat{\sigma}^2 = \frac{\|y - X\hat{\beta}_{full}\|}{N-p}$ 是全模型下误差方差估计,这里的 β_{full} 是对应全模型的系数向量,而 $\hat{\beta}_{full}$ 是其最小二乘估计,选择使 C_p 达到最小的变量子集。

子集选择法的一个共性是先根据已有样本用某个准则选择出变量子集 ($x_1, x_2, \cdots, x_k$),然后再根据同一个样本估计系数 $\beta_1, \beta_2, \cdots, \beta_k$,这两个阶段被称为 S/E(Selection/Estimation)。变量选择的评价需要从渐进有效性、相和性两个方面进行研究。在典型的情况下,AIC 准则对于平均预测误差平方和损失是渐进有效的,也是过拟合的,即只要样本量足够大,不论备选模型中是否包含真实模型,从预测角度看 AIC 准则都能选择出备选模型族中最好的变量子集。BIC 准则具有相和性质,但一般不具有渐进有效性。

但是随着数据的不断演变,传统的数据形式不断被高维数据所替代,高维数据的变量选择方法也成为了统计学家的研究重点。高维数据的变量选择方法,当前研究较多的是系数压缩法,其中包含有以 Lasso 为代表的惩罚似然方法等。这里介绍一下 LASSO(Least Absolute Shrinkage and Selection Operator)方法:

$$\|y - X\beta\|^2 + \lambda \sum_{j=1}^{p} |\beta_j|, \lambda \in [0, \infty)$$

变量选择需要找出使该式达到最小的 β。Lasso 方法是一种连续的、有序的过程,方差较小,不过估计是有偏的,其优势在于快速计算能力。Lasso 方法的关键在于 λ 的选取。而最小角回归算法的提出对 LASSO 方法提供了强有力的支持。当然,对于高维数据的变量选择方法还有弹性网(elastic net)方法、Dantizing 选择器(Dantizing selector)等,有关研究仍在迅速发展。

10.2 广义线性模型

线性模型描述了自变量与因变量潜在的线性关系,易于解释、理解和操作,有着极其广泛的应用。但是线性模型不能适用于属性数据和计数数据,不能有效描述自变量与因变量之间是非线性结构的情形等。而广义线性模型是常见正态线性模型的直接推广,包括正态线性回归模型、泊松回归模型等。广义线性模型既可适用于连续型数据又可适用于离散型数据,适用范围更为广泛[261]。

10.2.1 二点分布回归

假设因变量 Y 是二元的,取值为 0 和 1,在给定协变量 $X_1,X_2,\cdots,X_p$ 的情况下进行建模。考虑两个非负概率 $P(Y=0|X_1,X_2,\cdots,X_p)$,$P(Y=1|X_1,X_2,\cdots,X_p)$,和为 1。考虑前者与线性函数 $\overline{Y}=\varepsilon+\beta X$ 的关系。假设 $P(Y=1|\overline{Y})=\varepsilon+\beta X$,式中等号右边的取值不能限制在区间 $[0,1]$ 内。假设 $\Phi(\overline{y})$ 是标准正态分布的累积量分布函数,则令 $P(Y=1|\overline{Y})=\Phi(\overline{y})$,或者利用 $\Psi(\overline{y})=\dfrac{e^{\overline{y}}}{1+e^{\overline{y}}}$ 表示 Logistic 分布的累积量分布函数,则 $P(Y=1|\overline{Y})=\Psi(\overline{y})$ 可以描述 Y 的概率分布。这两种表达式都是严格单调的函数,与线性模型是类似的。前者被称为 Probit 模型,后者则是 Logistic 回归模型。

参数的估计一般使用极大似然估计,对于观测值 $(x_i,y_i)(i=1,2,\cdots,n)$,似然函数可表示为

$$\prod_{i=1}^{n}[P(Y=1|x_i^T\beta)]^{y_i}[1-P(Y=1|x_i^T\beta)]^{1-y_i}$$

对于 Logistic 回归,为

$$\prod_{i=1}^{n}\left[\frac{e^{x_i^T\beta}}{1+e^{x_i^T\beta}}\right]^{y_i}\left[\frac{1}{1+e^{x_i^T\beta}}\right]^{1-y_i}=\prod_{i=1}^{n}[e^{x_i^T\beta}]^{y_i}\left[\frac{1}{1+e^{x_i^T\beta}}\right]$$

对数似然为

$$l(\beta)=\sum_{i=1}^{n}y_ix_i^T\beta-\log(1+e^{x_i^T\beta})$$

至于 Logistic 的回归系数,事件发生的概率与不发生的概率之比称为优势比(odds),即

$$Odds=\frac{P(y=1|\overline{Y})}{1-P(y=1|\overline{Y})}$$

它相对描述了事件发生的可能性的大小。对于 Logistic 回归模型,优势比为

$$Odds=\exp(\varepsilon+\beta X)=e^{\varepsilon}e^{\beta_1 X_1}\cdots e^{\beta_p X_p}$$

可以看出,对于变量 $X_j,(j=1,2,\cdots,p)$,取值增大一个单位,优势比就增大 $\exp(\beta_i)$ 倍。

研究对象为飞机的重着陆问题,即可以划分为二分状态(正常着陆,值为 0 或者重着陆,值为 1),重着陆的概率为 $P(Y=1)$,需要建立重着陆与其他变量之间的回归模型,转换为 Logistic 函数,为 $L(P(Y=1))=f(x_1,x_2,\cdots,x_n)$。

10.2.2 指数族概率分布

若随机变量 Y 的密度函数为

$$f(y;\theta,\phi) = \exp\left(\frac{y\theta - b(\theta)}{a(\phi)} + c(y,\phi)\right)$$

则随机变量 Y 来自指数型分布族。$a(\phi)$ 是连续的且函数值为正的已知函数，$b(\theta)$ 是二阶可导且二阶导函数的函数值为正的已知函数，$c(y,\phi)$ 是与参数 θ 无关的已知函数，θ 为与均值有关的自然参数，ϕ 为与方差有关的离散参数，Y 的均值和方差分别为 $E(Y) = b'(\theta)$ 和 $Var(Y) = b''(\theta)a(\phi)$。一些常见的指数型分布及主要参数如表 10-1 所列，其中 $\log(\cdot)$ 表示自然对数函数。

表 10-1 一些常见的指数型分布及其主要参数

指数型分布	θ	$b(\theta)$	$a(\phi)$	$b'(\theta)$	$b''(\theta)a(\phi)$
正态分布	μ	$\theta^2/2$	σ^2	μ	σ^2
泊松分布	$\log(\mu)$	e^θ	1	μ	μ
二项分布	$\log(p/(1-p))$	$\log(1+e^\theta)$	$1/m$	p	$p(1-p)/m$
伽玛分布	$-1/\mu$	$-\log(-\theta)$	$1/v$	μ	μ^2/v
负二项分布	$\log(1-p)$	$-r\log(p)$	1	$r(1-p)/p$	$r(1-p)/p^2$

广义线性模型通常包含 3 个要素：

（1）随机要素：y 的分量 $y_i(i=1,2,\cdots,n)$ 相互独立且来自指数型分布族中的某统一分布，密度函数同上。

（2）系统要素：因变量的线性组合，记为 $\eta = X\beta$，η 为线性预测量。

（3）联系函数：$\mu = E(y) = g^{-1}(\eta) = g^{-1}(X\beta)$，称函数 g 为联系函数，严格单调且充分光滑，它建立了随机要素与系统要素之间的联系。当 $\eta = \theta$ 时，称联系函数 g 为典型联系函数，当 $\eta = g(\mu) = \mu$ 时，称 g 为恒等函数。

指数型分布族中一些常见的联系函数如表 10-2 所列，其中 $\Phi(\cdot)$ 表示标准正态分布的分布函数。

表 10-2 指数型分布族中一些常见的联系函数

联系函数	对数联系	倒数联系	Logistic 联系	Probit 联系	余对数—对数联系
$g(\mu)=$	$\log(\mu)$	$1/\mu$	$\log(\mu/(1-\mu))$	$\Phi^{-1}(\mu)$	$\log(-\log(1-\mu))$

常见的指数型分布及其典型联系函数如表 10-3 所列。

表 10-3 一些常见的指数型分布及其典型联系函数

指数型分布	函数	典型联系函数
正态分布	$N(\mu,\sigma^2)$	$\eta = g(\mu) = \theta = \mu$
泊松分布	$P(\mu)$	$\eta = g(\mu) = \theta = \log(\mu)$

(续)

指数型分布	函数	典型联系函数
二项分布	$B(m,p)/m$	$\eta=g(\mu)=\theta=\log(\mu/1-\mu)$
伽玛分布	$G(\mu,v)$	$\eta=g(\mu)=\theta=-1/\mu$
负二项分布	$NB(y,\theta,r)$	$\eta=g(\mu)=\theta=\log(\mu/\mu+r)$

广义线性模型的表达式可写成:

$$\mu=E(y), g(y)=X\beta+\varepsilon$$

当 ε 服从正态分布时,广义线性模型就简化为正态线性模型。

10.2.3 广义线性回归

1. 一维广义线性回归模型

对于一维线性回归模型,因变量 y 为一维,自变量 x 为多维。通常具有以下性质:

(1) $E(y)=\mu=Z^{T}(x)\beta$,β 是线性形式,$Z(x)$ 为 x 的已知函数。

(2) $x, Z(x), y$ 都是取连续值的变量。

(3) y 的分布为正态,或接近正态分布。

广义线性回归的推广包含以下几个方面:

(1) $E(y)=\mu=h(Z^{T}(x)\beta)$,$h$ 是严格单调、充分光滑的函数,h 已知,$g=h^{-1}$ 称为联系函数。

(2) $x, Z(x), y$ 可取连续或离散值,但在应用时多见于离散值。

(3) y 的分布属于指数型,正态是特例。一维指数型的形式为 $C(y)\exp(\theta y-b(\theta))\mathrm{d}\mu(y)$,$\theta\in\Theta$(参数空间),$\mu$ 为测度(不一定是概率测度),常见的可能是:

① 当 y 为连续变量时,$\mathrm{d}\mu(y)$ 为 Lebesgue 测度;$\mathrm{d}\mu(y)=\mathrm{d}y$。

② 当 y 为离散变量时,y 取有限个值 $a_1,a_2,\cdots,a_m$,即 $\mu(\{a_i\})=1(i=1,2,\cdots,m)$,则

$$\int_c^d C(y)\exp(\theta y-b(\theta))\mathrm{d}\mu(y)=1, 一切\ \theta\in\Theta(连续情况)$$

$[c,d]$ 为 y 的取值空间;或为

$$\sum_i C(a_i)\exp(\theta a_i-b(\theta))=1, 一切\ \theta\in\Theta(离散情况)$$

$C(a_i)\exp(\theta a_i-b(\theta))$ 为 y 取 a_i 的概率。

2. 哑变量

假设一个因素(自变量之一)有 k 个"状态",虽然可以用 $1,2,\cdots,k$ 来表示,

但却不可以用来计算,因为没有数量的意义。例如在评价过程中,等级划分有 k 个。解决办法是引进哑变量 $x_1,x_2,\cdots,x_q(q=k-1)$。

$$x_j = \begin{cases} 1, 若专家评价处在等级 j \\ 0, 其他 \end{cases} \quad (j=1,2,\cdots,q)$$

即,当专家评价处在等级 k 时,$x_1 = \cdots = x_q = 0$。设评价过程只包含等级划分这一个因素,模型为 $E(y) = \beta_0 + \beta_1 x_1 + \cdots + \beta_n x_n$,$y$ 为最终得分,则 $E(y | 等级 j) = \beta_0 + \beta_j (j=1,2,\cdots,q)$,$E(y | 等级 k) = \beta_0$。这种方法是以等级 k 作为标准,而 β_j 是鉴定等级 j 不在等级 k 的值。

另外一种表现形式是:

$$x_j = \begin{cases} 1, 若专家评价处在等级 j \\ -1, 若专家评价处在等级 k \\ 0, 其他 \end{cases}$$

这时,当专家评价处在等级 k 时,$x_1 = \cdots = x_q = -1$,则 $E(y | 等级 j) = \beta_0 + \beta_j$ $(j=1,2,\cdots,q)$,$E(y | 等级 k) = \beta_0 - (\beta_1 + \cdots + \beta_q)$,而

$$\frac{1}{k}\sum_{i=1}^{k} E(y | 等级 j) = \beta_0$$

式中:β_0 是平均效应;而 $\beta_j (j \leq q)$ 是鉴定等级 j 是否超出平均之值。

3. 多维广义线性回归

多维广义线性回归模型,顾名思义,即因变量不再是单一的某个因素,而是多个。广义线性模型的指数型分布为 $C(y)\exp(\theta' y - b(\theta))\mathrm{d}\mu(y)$,$\theta' = (\theta_1,\theta_2,\cdots,\theta_q)$ 为 q 维参数向量,均值向量为

$$\mu \triangleq Ey = \tilde{b}(\theta) \triangleq \frac{\partial b(\theta)}{\partial \theta} = \left(\frac{\partial b(\theta)}{\partial \theta_1}, \cdots, \frac{\partial b(\theta)}{\partial \theta_q}\right)$$

协方差阵为

$$Cov(y) = \tilde{\tilde{b}}(\theta) \triangleq \frac{\partial b^2(\theta)}{\partial \theta \partial \theta'} = \left(\frac{\partial b^2}{\partial \theta_i \partial \theta_j}\right)_{i,j=1,\cdots,q}$$

联系函数 $g: g(\mu) = \eta = Z\beta, \mu = Ey$。样本 $(x_i, y_i), 1 \leq i \leq n$,相应的 $Z_i \triangleq Z(x_i), \eta_i = Z_i\beta, \theta_i = \tilde{b}^{-1}(\mu_i) = \tilde{b}^{-1}(h(Z_i\beta))$,得 $(y_1, y_2, \cdots, y_n)$ 的联合密度为

$$\prod_{i=1}^{n} C(y_i)\exp\left(\sum_{i=1}^{n} y_i' \tilde{b}^{-1}(h(Z_i\beta)) - \sum_{i=1}^{n} b(\tilde{b}^{-1}(h(Z_i\beta)))\right)$$

其可对未知参数 β 进行统计推断。

1) 多项分布的情形

目标变量取 $a_1,\cdots,a_k$ 这 k 个值,其取 a_j 的概率为 π_j,$\pi = (\pi_1,\cdots,\pi_q)$,则取 a_k 的概率为 $1-(\pi_1+\cdots+\pi_q)$。由于 π 受自变量 x 的影响,故 π 可记为 $\pi(x)$。

若 $(y_1,\cdots,y_q)'$ 为 $a_1,\cdots,a_k$ 之一,则

$$P(Y=(y_1,\cdots,y_q)')=(1-\pi_1-\cdots-\pi_q)^{1-(y_1+\cdots+y_q)}\prod_{j=1}^{q}\pi_j^{y_j}$$

令 $\theta=(\ln(\widetilde{\theta}_1),\cdots,\ln(\widetilde{\theta}_q))'=(\theta_1,\cdots,\theta_q)'$,其中 $\widetilde{\theta}_j=\dfrac{\pi_j}{1-(\pi_1+\cdots+\pi_q)}$,

$\pi_j=\dfrac{\widetilde{\theta}_j}{1+\sum_{j=1}^{q}\widetilde{\theta}_j}=\dfrac{e^{\theta_j}}{1+\sum_{j=1}^{q}e^{\theta_j}}$,这样上式可简化为 $\exp(\theta'y-b(\theta))$

$(y=(y_1,\cdots,y_q)')$

对于 β 的统计推断可以基于 $\prod_{i=1}^{n}C(y_i)\exp\left(\sum_{i=1}^{n}y_i'\widetilde{b}^{-1}(h(Z_i\beta))-\sum_{i=1}^{n}b(\widetilde{b}^{-1}(h(Z_i\beta)))\right)$,构造出 $Z(x)$ 和参数 β,使得 $Z^T\beta=g(\mu)=g(\widetilde{b}(\theta))=\theta$ 即可。

2) 状态有序的情形

大多数有序模型的产生过程是类似的,在一个或几个明显的或潜在的变量 U 及门限 $-\infty=\theta_0<\theta_1<\cdots<\theta_k=\infty$,令 $Y=r$,当且仅当 $\theta_{r-1}<U<\theta_r(r=1,\cdots,k)$,这里 Y 是序值,U 是测量值。

设 $U=-x'\beta+e$,e 为随机误差,其分布函数记为 F,也称累积分布。累积线性模型为

$$P(Y\leq r\mid x)=P(U\leq\theta_r\mid x)=P(e\leq\theta_r+x'\beta)=F(\theta_r+x'\beta)$$

对 F 有不同的选择,会出现不同的模型。这里以 Logistic 模型为例。Logistic 模型:

$$F(t)=\dfrac{e^t}{1+e^t}\Rightarrow P(Y\leq r\mid x)=\dfrac{\exp(\theta_r+x'\beta)}{1+\exp(\theta_r+x'\beta)}$$

Logistic 回归属于概率性非线性回归,要求因变量为二分变量的属性变量,这使其成为了处理二分类反应数据的常用方法。二分类 Logistic 回归的基本模型为

$$P=\dfrac{\exp\left(\alpha+\sum_{k=1}^{p}\beta_kX_k\right)}{1+\exp\left(\alpha+\sum_{k=1}^{p}\beta_kX_k\right)}$$

当然,在实际工作中,反应变量往往也不单纯是二分类,而是呈现多分类的情况。多分类反应变量分为无序的名义变量和有序变量。对于无序的名义变量,其对应的 Logistic 模型为

$$\log\left(\dfrac{\pi_j}{\pi_J}\right)=\alpha_j+\beta_jX\quad(j=1,2,\cdots,J-1)$$

该式是以最后一类 (J) 为分界线(分界线是任意选择的),每个反映类别 (j)

与分界线类别(J)相比得到的。

对于有序的反应变量,上述模型并不适用,而要用多分类的有序反应变量 Logistic 模型。

(1) 有序多分类 Logistic 回归模型的种类。

常用的有序多分类 Logistic 回归模型有:累积 Logit 模型,相邻类别 Logit 模型和立体模型。其中累积 Logit 模型应用最为广泛。

(2) 累积 Logit 模型的结构。

将有序反应变量 Y 划分为 J 个等级,分别用 $1,2,\cdots,J$ 进行表示,$X^\mathrm{T}=(x_1,\cdots,x_p)$ 为自变量。设第 j 等级($j=1,2,\cdots,J$)的概率为 P_j,且满足 $\sum_{j=1}^{J} P_j = 1$。则累积 Logit 模型为

$$\mathrm{Logit}[P(Y \leqslant j)] = \alpha_j + \beta X \quad (j=1,2,\cdots,J-1)$$

对于每个可能的等级,反应变量 $Y \leqslant j$ 的概率就是累积概率,则第 j 等级的累积概率为 $P(Y \leqslant j) = P_1 + \cdots + P_j (j=1,2,\cdots,J)$,用累积概率可将累积 Logit 模型表示为[262]

$$P(Y \leqslant j) = \frac{\exp\left(\alpha_j + \sum_{k=1}^{p} \beta_k X_k\right)}{1 + \exp\left(\alpha_j + \sum_{k=1}^{p} \beta_k X_k\right)} \quad (j=1,2,\cdots,J-1)$$

累积概率具有 $P(Y \leqslant 1) \leqslant P(Y \leqslant 2) \leqslant \cdots \leqslant P(Y \leqslant J) = 1$ 的顺序。累积概率模型实际上将 J 人为地分成了两类,其中第 1 类至第 j 类合并成一类,将 $j+1$ 类至第 J 类合并成为另一类,也就是将多项分类反应通过合并转化变成一般的二项分类反应,即

$$\mathrm{Logit}[P(Y \leqslant j)] = \ln\left(\frac{P(Y \leqslant j)}{1 - P(Y \leqslant j)}\right) = \ln\left(\frac{P_1 + \cdots + P_j}{P_{j+1} + \cdots + P_J}\right)$$

该式表示后 $J-j$ 个等级的累积概率与前 j 个等级的累积概率的比的对数,所以该模型又被称为累积比模型[37]。但该模型没有考虑概率值可能包含的随机误差,若考虑,模型应为

$$P(Y \leqslant j) = \frac{\exp(\alpha_j + \beta X + \mathrm{e}_j)}{1 + \exp(\alpha_j + \beta X + \mathrm{e}_j)} \quad (j=1,2,\cdots,J)$$

其中增加了一个剩余项,这样的模型更加合理,但是随机误差 e_j 的加入,使模型更加复杂,甚至可能无法估计。

10.2.4 参数估计

广义线性模型的参数估计采用极大似然估计法。极大似然估计法的基本

思想是,如果在一次观察中一个事件出现了,那么,我们认为此事件出现的概率很大,也就是使似然函数取得最大值[263]。

设有独立样本$(x_i, y_i)(i=1,2,\cdots,n)$。$y_i$ 的分布写成指数标准型
$$C(y_i)\exp(\theta_i y_i - b(\theta_i))\mathrm{d}\mu(y_i) \quad (i=1,2,\cdots,n)$$
θ_i 与 x_i 和参数 β 都有关系。似然函数为
$$L = \prod_{i=1}^{n} C(y_i)\exp(y_i\theta_i - b(\theta_i))$$

即找到 $\beta=\hat{\beta}_n$,使似然函数 L 达到最大。这就是 β 的极大似然估计。上式两边同取对数,得到
$$\log L = \sum_{i=1}^{n}\ln(C(y_i)) + \sum_{i=1}^{n}(y_i\theta_i - b(\theta_i))$$

其中 $C(y_i)$ 不依赖于 β,对 β 的估计没有影响。记 $l_i(\theta_i) = y_i\theta_i - b(\theta_i)(i=1,2,\cdots,n)$,称 $l(\beta) \triangleq \sum_{i=1}^{n} l_i(\theta_i(\beta)) = \sum_{i=1}^{n}(y_i\theta_i(\beta) - b(\theta_i(\beta)))$ 为对数似然函数,将上式两边对 β 求导数,并令其等于零,得到似然方程 $\frac{\partial l(\beta)}{\partial \beta} = \sum_{i=1}^{n}[y_i - \widetilde{b}(\theta_i(\beta))]\frac{\partial \theta_i(\beta)}{\partial \beta} = 0$,似然方程的解就是 β 的极大似然估计值。

累积 Logit 模型的参数仍使用极大似然估计法求出。似然函数需要使用迭代法求解,可用的迭代法有 Newton-Raphson 迭代法和得分法。上述两种迭代法依赖于:初值的确定;迭代次数;人为给出的精度;可能不收敛,即找不到一组参数使得似然函数的取值达到最大,这可能是给出的处置不合理,也可能是模型不合适的结果[38]。

10.2.5 模型的假设检验

当得到 β 的估计值后,需要进行假设检验。在广义线性模型中,最常用的假设检验问题还是线性假设。
$$H_0: C\beta^0 = a \leftrightarrow H_1: C\beta^0 \neq a$$
而其中一个重要的特例是,β 的一个或几个分量是否为零。$\beta_{(1)}^0 = 0 \leftrightarrow \beta_{(1)}^0 \neq 0$

1. Wald χ^2 检验

该检验是通过比较 β 值来进行的,它基于 β 值服从正态分布的假设,首先求出 β 值的标准误差,然后基于正态分布原理求出 P 值[37]。

检验统计量为 $\hat{w}_n = (C\hat{\beta}_n - a)'(C\hat{\Lambda}_n^{-1})^{-1}(C\hat{\beta}_n - a)$
$$\Lambda_n^{-1/2}(\hat{\beta}_n - \beta^0) \triangleq \eta_n'\{B_n\}\eta_n$$

当 H_0 成立时,$\hat{w}_n \xrightarrow{d} \chi^2_{(r)}$,其中 r 为 B_n 的秩。则当 $\hat{w}_n > \chi^2_{a(r)}$,拒绝零假设。

2. 约束检验——利用约束下的 MLE

以 $\tilde{\beta}_n$ 记在原假设 $C\beta = a$ 这个约束条件下 β^0 的极大似然估计。检验统计量为

$$u_n = S'(\tilde{\beta}_n) \Lambda_n^{-1} S(\tilde{\beta}_n)$$

$\tilde{\beta}_n$ 为 β 在约束下的 MLE。

当零假设 H_0 成立时,$\hat{w}_n \xrightarrow{d} \chi^2_{(r)}$,其中 r 为 B_n 的秩。则当 $\hat{w}_n > \chi^2_{a(r)}$ 时,拒绝零假设。

3. 拟似然比检验

以 $\ln(\beta)$ 为对数似然函数,检验统计量为

$$\lambda_n = 2(\ln(\hat{\beta}_n) - n(\tilde{\beta}_n))$$

当零假设 H_0 成立时,$\hat{w}_n \xrightarrow{d} \chi^2_{(r)}$,其中 r 为 B_n 的秩。则当 $\hat{w}_n > \chi^2_{a(r)}$ 时,拒绝零假设。

累积 Logit 模型的估计采用极大似然法,即使模型的似然函数 L 达到最大值。$-2\text{Log}L$ 被称为 Deviance,记为 D。似然比检验就是通过比较是否包含某个或某几个参数 β 的两个模型的 D 值来进行,即 $G = D_p - D_K \approx \chi^2$,式中 D_p 为未包含某个或某几个参数模型的 D,D_k 为包含某个或某几个参数模型的 D,当样本量较大时,该统计量服从 χ^2 分布[37]。

4. 比分检验

以未包含一个或几个参数的模型为基础,保留模型中参数的估计值,并假设新增加的参数为0,计算似然函数的一阶偏导数(得分函数)及信息矩阵,两者相乘即为比分检验统计量 S。当样本量较大时,S 也服从 χ^2 分布。

似然比检验是基于整个模型的拟合情况进行的,最为常用,结果也较为可靠;在小样本时,比分检验统计量可能更接近于 χ^2 分布,所以用比分检验导致第Ⅰ类错误(当原假设 H_0 为真时而拒绝原假设的错误)的可能性要小些[38]。Wald χ^2 检验的计算和使用更容易一些,但结果偏于保守,且未考虑各自变量间的相关关系,对于自变量间存在共线性时,结果不如其他方法可靠。但在大样本时,三种方法的结果是一致的[37]。

10.3　高维回归系数压缩

在传统的线性回归模型中,最小二乘估计(LS)应用最为广泛,这是因为在所有线性无偏估计中,LS 估计方差最小。随着数据收集技术的提高,数据的自变量也在不断增加,数据预测的变量不再单一,而呈现多元性。对于此类回归

问题,预测变量之间常常存在某种线性关系,这使得设计矩阵的列变量近似的线性相关,导致设计矩阵成病态。此时,LS 估计虽然在现行无偏估计类中方差最小,但是方差值很大,从而使其估计精度交叉,呈现出不稳定性。近年来,基于最小二乘估计,有偏估计的提出对于此类问题的解决提供了一个研究方向,即以很小一部分偏倚为代价,大大降低估计值的方差,最终使总体的期望预测误差大幅度降低[264],从而提高了估计的精度及稳定性。

10.3.1 岭回归

岭回归包含了所有的预测变量,但是预测变量的估计系数要比通常情况下最小二乘回归的估计系数小。岭估计系数极小化了罚残差平方和[39],即

$$\hat{\beta}_{\text{ridge}} = \underset{\beta}{\text{argmin}}\left(\left(\|Y-X\beta\|^2 + \theta\sum_{j=1}^{p}\beta_j^2\right)\right)$$

θ 是一个正的标量,$\theta=0$ 对应于最普通的最小二乘估计。在实际运算过程中,对变量首先要进行标量化,这样原始数据的变化不会对罚系数 θ 造成影响[39]。将上式写成矩阵形式:

$$\hat{\beta}_{\text{ridge}} = \underset{\beta}{\text{argmin}}\left(\left((Y-X\beta)^{\text{T}}(Y-X\beta) + \theta\sum_{j=1}^{p}\beta_j^2\right)\right)$$

可以推断岭回归的解是:

$$\hat{\beta}_{\text{ridge}} = (X^{\text{T}}X+\lambda I)^{-1}X^{\text{T}}Y$$

其中 I 是单位矩阵,选取二次罚 $\beta^{\text{T}}\beta$,岭回归的解又是 Y 的线性函数。这个解在矩阵 $X^{\text{T}}X$ 求逆之前,将一个正常数加到矩阵 $X^{\text{T}}X$ 的对角线上,即使矩阵 $X^{\text{T}}X$ 是非满秩的,这也是非奇异问题。岭回归具有以下性质。

性质 1 $\hat{\beta}_{\text{ridge}}$ 是 β 的有偏估计。

证明

$$E[\hat{\beta}_{\text{ridge}}] = E[(X^{\text{T}}X+\lambda I)^{-1}X^{\text{T}}Y]$$
$$= (X^{\text{T}}X+\lambda I)^{-1}X^{\text{T}}E[Y]$$
$$= (X^{\text{T}}X+\lambda I)^{-1}X^{\text{T}}X\beta$$

当 $\lambda=0$ 时,$E[\hat{\beta}_{\text{ridge}}]=\beta$;当 $\lambda\neq 0$ 时,$\hat{\beta}_{\text{ridge}}$ 是 β 的有偏估计。有偏估计是岭回归的一个重要性质。

性质 2 $\hat{\beta}_{\text{ridge}} = (X^{\text{T}}X+\lambda I)^{-1}X^{\text{T}}Y$ 是最小二乘估计的一个线性变化。

由于

$$\hat{\beta}_{\text{ridge}} = (X^{\text{T}}X+\lambda I)^{-1}X^{\text{T}}Y$$
$$= (X^{\text{T}}X+\lambda I)^{-1}X^{\text{T}}X(X^{\text{T}}X)^{-1}X^{\text{T}}Y$$

$$= (X^TX+\lambda I)^{-1}X^TX\hat{\beta}$$

因此,岭回归估计$\hat{\beta}_{ridge}$是最小二乘估计$\hat{\beta}$的一个线性变换。当X为正交输入时,岭回归估计记为最小二乘估计的缩放版本,即$\hat{\beta}_{ridge} = (\lambda+1)X^TYX^TY$,其中最小二乘估计的系数为$X^TY$。

10.3.2 Lasso 回归

Tibshirani 提出了 Lasso 方法,由于该方法是对系数的绝对值而非系数的平方项进行惩罚,也叫 L1 惩罚,它是在回归系数的绝对值之和小于或者等于一个常数λ的约束条件下,使$\log L(\beta)$达到最大来产生某些严格等于 0 的回归系数,从而得到参数估计值[265]。即

$$\hat{\beta} = \arg\max l(\beta), subject\ to\ \sum_{j=1}^{p}|\beta_j| \leq \lambda$$

式中:$l(\beta) = \log L(\beta)$,$L(\beta) = \prod_{i=1}^{n}\frac{\exp(\beta'X_i)}{\sum_{j\in R_i}\exp(\beta'X_j)}$;$\lambda$是调整参数且满足$\lambda > 0$,交叉验证似然取最大值时对应为最优的$\lambda$。假定$\hat{\beta}_j^0$是$\log L(\beta)$取最大值时得到的系数估计值,如果$\sum_{j=1}^{p}|\beta_j| \leq \lambda$时,$\hat{\beta}$的取值就是普通的最大似然估计;如果$\sum_{j=1}^{p}|\beta_j| > \lambda$时,就必须将一部分自变量的系数压缩为零来满足$\sum_{j=1}^{p}|\beta_j| \leq \lambda$这个约束条件,所以$\hat{\beta}$的计算结果就是降维后得到的结果。Lasso 方法的优势在于加上$\sum_{j=1}^{p}|\beta_j| \leq \lambda$这个惩罚限制,通过把一些无意义或者意义极小的自变量的系数压缩至零,筛选出更有意义的自变量而且模型决定系数R^2更大[40]。Lasso 方法还可以用残差平方和的最小值加上一个对回归系数进行的惩罚函数表示:

$$\min_{\beta}\sum_{i=1}^{n}\left(y_i - \sum_{j=1}^{p}\beta_j x_{ij}\right)^2, subject\ to\ \sum_{j=1}^{p}|\beta_j| \leq \lambda$$

该方法估计系数:

$$\hat{\beta}_{Lasso} = \left\{\sum_{i=1}^{n}\left\|y_i - \sum_{j=1}^{p}x_{ij}\beta_j\right\|^2 + \lambda\sum_{j=1}^{p}|\beta_j|\right\}$$

式中:λ是调整参数,随着λ的增加,$\sum_{j=1}^{p}|\beta_j|$项就会减小。这时候就得逐渐把一些自变量的系数压缩为零来对高维数据进行降维。令$\hat{\beta}_j^0$是最小二乘得到的

估计值,且 $\lambda_0 = \sum |\hat{\beta}_j^0|$。如果 λ 大于 λ_0,相应得到的 $\hat{\beta}_j$ 就等价于最小二乘估计;如果 $\lambda = \lambda_0/2$,为了满足 $\sum_{j=1}^{p} |\beta_j| \leq \lambda$,那么最小二乘得到的估计值平均要被收缩掉 50%。这样连续的收缩通过权衡偏倚(变异)来提高预测的准确性。Lasso 方法是通过惩罚回归系数的数量来进行降维,可解决共线性问题,常被用于高位的、强相关的基因资料中[266]。

10.3.3 Shooting 算法

Shooting 算法是基于 Lasso 方法而提出的,该算法每次迭代更新 β 的一个分量,因此属于坐标下降算法。虽然需要反复迭代多次,但 Shooting 算法每次迭代所需运算量很小,因此整体有较高的计算效率。记

$$Q_\lambda(\beta) = \frac{1}{2} \| y - X\beta \|^2 + \lambda \sum_{j=1}^{p} |\beta_j|$$

Shooting 算法每次更新 β 的一个分量 $\beta_j (j = 1, 2, \cdots, p)$,其他分量固定。$Q_\lambda(\beta)$ 对 β_j 的下梯度为 $\frac{\partial}{\partial \beta_j} Q_\lambda(\beta) = -(y - X\beta)^T X_j + \lambda r_j$,其中 X_j 是回归矩阵 X 的第 j 个列项;若 $\beta_j > 0$,有 $r_j = -1$;若 $\beta_j = 0$,有 $r_j \in [-1, 1]$,即此时下梯度不唯一。当 β 的其他分量固定,β_j 达到最优解的必要条件是存在下梯度等于 0,即

$$\frac{\partial}{\partial \beta_j} Q_\lambda(\beta) = -(y - X_{-j}\beta_{-j} - X_j\beta_j)^T X_j + \lambda r_j = -\varepsilon_j^T X_j + \beta_j X_j^T X_j + \lambda r_j = 0$$

$\varepsilon_j = y - X_{-j}\beta_{-j}$ 为移除变量 j 后的残差,X_{-j} 是矩阵 X 移除第 j 列后所得矩阵。上式最后一个等式可改写为

$$-\lambda r_j = X_j^T X_j \beta_j - \varepsilon_{-j}^T X_j$$

可得

$$\beta_j = (|\varepsilon_{-j}^T X_j - \lambda|)_+ sign(\varepsilon_{-j}^T X_j) = \begin{cases} \lambda + \varepsilon_{-j}^T X_j & (-\varepsilon_{-j}^T X_j > \lambda) \\ -\lambda + \varepsilon_{-j}^T X_j & (\varepsilon_{-j}^T X_j > -\lambda) \\ 0 & 其他 \end{cases}$$

其中,如果 $x \geq 0$,那么 $(x)_+ = x$;如果 $x < 0$,那么 $(x)_+ = 0$。由于 $Q_\lambda(\beta)$ 的第一项是严格凸的,可以保证此算法收敛得到最优解。

10.3.4 路径算法

Lasso 方法的正则化估计路径是分段线性的,存在以下定理。

定理 10.1 存在 $0 = \lambda_0 < \lambda_1 < \cdots < \lambda_m = \infty$ 以及 $\gamma_0, \gamma_1, \cdots, \gamma_{m-1} \in \mathscr{R}^p$,使得 $\lambda_k \leq \lambda < \lambda_{k+1}, 0 \leq k \leq m-1$ 时,$\hat{\beta}_{Lasso}(\lambda) = \hat{\beta}_{Lasso}(\lambda_k) + (\lambda - \lambda_k)\gamma_k$。

首先，存在最大值 $\lambda_{\max} = \lambda_{m-1}$ 使得 $\lambda \geq \lambda_{\max}$ 时，$\hat{\beta}_{\text{Lasso}}(\lambda) = 0$，即各个分量为零；而当 $\lambda < \lambda_{\max}$ 时，存在某个分量非零。这个最大值 $\lambda_{\max}$ 可以算出：

$$\lambda_{\max} = \max_{1 \leq j \leq p}\{|X_j^T Y|/n\}$$

利用正则化估计路径是分段线性的特点，可以计算出不同的 λ 下的 $\hat{\beta}_{\text{Lasso}}(\lambda)$。

路径算法包含最小角回归算法、最小角的 Lasso 方法修正和最小角的分阶段回归等，这里简单介绍最小角回归算法。

最小角回归可以被看作是运用数学公式加速计算逐段回归的一种形式。最小角回归并不是像逐段回归那样，在第一个变量方向上前进很多步，模型前进的步数是由模型当前位置与目标点的连线与不同预测变量的夹角决定的，直到第二个变量进入模型当中。最小角回归不是像逐段回归那样在前两个变量之间不断变换前进方向直到第三个变量进入模型，最小角回归通过一步就能够达到合适的位置使下一个变量进入模型[39]。针对线性回归，图 10-1 描述了两个预测变量对于最小角回归模型变化的过程。

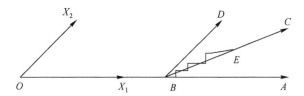

图 10-1　两个预测变量对于最小角回归模型变化的过程

O 点是基于常数项预测的模型，$C = \hat{Y} = \hat{\beta}_1 X_1 + \hat{\beta}_2 X_2$ 是普通的最小二乘回归拟合，Y 在子空间上的投影由向量 X_1 和 X_2 合成。A 点是前向逐步回归进行一步之后拟合的结果，第二步前进到 C 点，逐段回归经过若干步从 O 点到 B 点，之后在变量 X_1 和 X_2 之间不断变换方向前进，最终到达 E 点，如果继续走下去可到达 C 点。最小角回归方法一步即可从 O 点到达 B 点，BC 是角 ABD 的平分线，第二步从 B 点到 C 点。Lasso 方法也是从 O 点到 B 点，再从 B 点到 C 点。最小角回归和 Lasso 回归以及逐段回归在二维情况下大致相同（对于逐段回归，每一步步长趋近于零。）在高位数据的情况下，需要更多的条件来满足三种回归方法一致的结果。第一个变量按照预测变量与响应变量夹角最小的原则被选择出来[39]。图中角 COX_1 小于角 COX_2，说明变量 X_1 与相应变量的相关性更大，因此模型沿着变量 X_1 的方向前进，直到预测变量和残差 $Y - \gamma X_1$ 之间的夹角大于或等于其他预测变量和残差的夹角，最终其他变量和残差的夹角在某一点等于这个夹角，如图中的 B 点，角 ABC 等于角 DBC，此时模型在两个变量的基础上向最小二乘回归的 C 点前进。在高维的情况下,模型到达第三个变量与前两个变量和残差夹角相等的点,第三个变量加入模型,依次下去,不断地寻找与残差夹角相等,即为最小角回归[39]。

同时,模型可以用另一种形式表达出来,第一个变量与残差的相关系数大于其他变量与残差的相关系数,随着 λ 的不断增大,其他变量与残差的相关系数等于当前变量与残差的相关系数,第二个变量进入模型。在高维的情况下,其他变量与残差的相关性达到当前模型中变量与残差的相关性的时候,此变量即进入到模型中[39]。

以几何上角分线为基础的最小角回归算法,在高维的情况下进行某些改进,可以对 Lasso 回归、前向逐段回归等回归方法进行很好的求解,大大提高了 Lasso 回归的求解效率。

C_p 统计量在确定模型前进步数上起到了非常重要的作用,统计量表达式为

$$C_p = (1/\sigma^2) \sum_{i=1}^{n} (y_i - \hat{y}_i)^2 - n + 2k$$

式中:k 是步数;σ^2 是估计残差。最小角回归在进行 k 步之后,自由度 $\sum_{i=1}^{n} Cov(\hat{u}_i, Y_i)/\sigma^2$ 接近于 k,因此有了一个简单的步数停止标准,即 k 步之后模型停止运行使得 C_p 统计量达到最小。

通常高维的情况下,最小角回归、Lasso 回归和逐段回归虽然会出现相似的回归结果,但是它们的回归结果并不是完全一致的,最小角回归有计算速度上的优势,因为最小角回归在变量进入模型之后,不会将变量再移出模型。因此,最小角回归在进行 p 步之后,会把所有变量加入到模型中去,最终达到完全最小二乘解。然而对于 Lasso 回归和逐段回归,变量可以被移出模型,也可能再一次进入模型,所以这两种方法可能要用超过 p 步才能达到完全的模型,上述模型针对的是样本数量大于变量个数的情况来说的[39]。

10.3.5　算法的 R 语言实现

以上对于高维数据的回归方法,均可以在 R 软件中实现。岭回归可以用 R 软件中 MASS 包,里面存在着 lm.ridge 可以做相关分析。Lasso 回归可以用 R 软件的 Lasso 包进行实现。最小角回归可以用 R 软件中的 LAR 软件包实现。当然这里不在赘述。

10.4　面板数据回归模型

回归理论是常用的探索变量与解释变量映射关系的方法,但回归理论中多

数方法对数据的分析视角单一,不能充分利用数据信息。面板数据从多个维度上对数据进行分析,可以深入挖掘数据信息,以便于模型分析。

10.4.1 面板数据

按照数据的组织结构,可将数据划分为时序数据、截面数据和面板数据三大类。时序数据是指按照一定时间顺序记录的数据,如杭州市 2000—2014 年的 GDP 指标;截面数据是指在某一特定时刻下,不同个体数据的组合,如 2014 年杭州、成都、南京和西安各地的 GDP 指标;面板数据则同时具备时序数据和截面数据的双重特征,综合考虑了数据的时序属性和截面属性,即将数据的时序属性和截面属性作为一个整体看待数据,如 2000—2014 年间杭州、成都、南京和西安各地的 GDP 指标。时序数据、截面数据和面板数据的区别如表 10-4 所列。

表 10-4 时序数据、截面数据和面板数据的区别

数据形式	数据维度	数据视角
时序数据	一维	时间角度
截面数据	一维	空间角度
面板数据	二维	时间和空间的综合角度

面板数据常常采用双下标加以标识。如 $GDP_{it}(i=1,2,\cdots,N;t=1,2,\cdots,T)$ 表示在时点 t 下,个体 i 的 GDP 指标值。其中,N 代表面板数据中包含的个体数量,T 代表面板数据所跨的时间长度。若将 i 固定,$GDP_{i\cdot}(t=1,2,\cdots,T)$ 则为个体 i 的时间序列数据;若将 t 固定,$GDP_{\cdot t}(i=1,2,\cdots,N)$ 则为时刻 t 的个体截面数据。

10.4.2 面板回归模型

面板数据模型于 19 世纪 60 年代提出,现已成为计量经济研究领域的重要组成部分,并在诸多社会领域得到广泛应用。相比于截面数据和时间序列数据,面板数据可提供更多有价值的数据信息,降低模型共线性,透过数据表象发掘出更多的内在规律。

1. 面板数据回归模型分类

面板数据回归模型,建立在面板数据基础之上,最常用于计量经济模型分析。设 y_{it} 为被解释变量在时刻 t 和个体 i 上的测量值,x_{jit} 为第 j 个解释变量在时刻 t 和个体 i 上的测量值,b_{ji} 为第 j 个解释变量在个体 i 上的系数,表示第 j 个解释变量在个体 i 上对被解释变量的影响程度,u_{it} 为时刻 t 和个体 i 上的随机误差

项,a_i为常数项或截距项,表示不同个体i对模型的影响。其中,个体参数$i=1$,$2,\cdots,N$;时间参数$t=1,2,\cdots,T$;解释变量参数$j=1,2,\cdots,k$(N为个体总数,T为时间跨度总长度,k为解释变量总个数)。因此,面板数据模型通常可表示为

$$y_{it}=a_i+b_{1i}x_{1it}+b_{2i}x_{2it}+\cdots+b_{ki}x_{kit}+u_{it}$$

式中:$i=1,2,\cdots,N;t=1,2,\cdots,T$。

记解释变量系数$B_i=(b_{1i},b_{2i},\cdots,b_{ki})$,$B_i$为$k$维行向量;记解释变量$X_{it}=(x_{1it},x_{2it},\cdots,x_{kit})^T$,$X_{it}$为$k$维列向量;随机误差项$u_{it}$满足假设:相互独立、零均值且同方差。则上式等价为

$$y_{it}=a_i+B_iX_{it}+u_{it}$$

面板数据模型可分为3种:无个体影响的混合模型、存在个体影响的变截距模型和存在个体影响的变系数模型。

无个体影响的混合模型,是指面板数据模型不受个体的影响,且解释变量系数在不同个体均相同,即$a_i=a_j=a,B_i=B_j=B$,模型改写为

$$y_{it}=a+BX_{it}+u_{it} \quad (i=1,2,\cdots,N;t=1,2,\cdots,T)$$

存在个体影响的变截距模型,是指面板数据模型会受到个体的影响,且这种影响只体现在模型的截距上,可由a_i的差异在模型中体现;而解释变量系数在不同个体之间仍保持不变,即$a_i\neq a_j,B_i=B_j=B$。则模型可改写为

$$y_{it}=a_i+BX_{it}+u_{it} \quad (i=1,2,\cdots,N;t=1,2,\cdots,T)$$

对于变截距模型,根据个体影响是常数还是随机变量的不同,可分为固定影响模型和随机影响模型。

存在个体影响的变系数模型,是指面板数据模型会受到个体的影响,且这种影响不仅体现在模型的截距上,还体现在解释变量系数在不同个体之间各不相同;这两种不同可由a_i和B_i的差异在模型中得到体现,即$a_i\neq a_j,B_i\neq B_j$。则模型可表示为

$$y_{it}=a_i+B_iX_{it}+u_{it} \quad (i=1,2,\cdots,N;t=1,2,\cdots,T)$$

2. 变截距面板数据模型的参数估计

根据个体对模型影响方式的不同,面板数据回归模型可分为混合模型、变截距模型和变系数模型。对于变截距模型而言,根据个体影响(a_i)是常数还是随机变量的不同,又可分为固定效应影响模型和随机效应影响模型。针对不同的效应影响模型,模型参数的估计方法有所不同。

1)固定效应影响模型的参数估计

变截距固定效应影响模型通常表示为

$$y_{it}=a_i+BX_{it}+u_{it} \quad (i=1,2,\cdots,N;t=1,2,\cdots,T)$$

用向量表示上式,可得

$$Y = \begin{bmatrix} y_1 \\ y_2 \\ \vdots \\ y_N \end{bmatrix} + a_1 \begin{bmatrix} e \\ 0 \\ \vdots \\ 0 \end{bmatrix} + a_2 \begin{bmatrix} 0 \\ e \\ \vdots \\ 0 \end{bmatrix} + \cdots + a_N \begin{bmatrix} 0 \\ 0 \\ \vdots \\ e \end{bmatrix} + \begin{bmatrix} x_1 \\ x_2 \\ \vdots \\ x_N \end{bmatrix} B^{\mathrm{T}} + \begin{bmatrix} u_1 \\ u_2 \\ \vdots \\ u_N \end{bmatrix}$$

其中

$$y_i = \begin{bmatrix} y_{i1} \\ y_{i2} \\ \vdots \\ y_{iN} \end{bmatrix} \quad e = \begin{bmatrix} 1 \\ 1 \\ \vdots \\ 1 \end{bmatrix}_{T \times 1} \quad B = (b_1, b_2, \cdots, b_k)$$

$$x_i = \begin{bmatrix} x_{1i2} & x_{2i1} & \cdots & x_{ki1} \\ x_{1i2} & x_{2i2} & \cdots & x_{ki2} \\ \vdots & \vdots & \ddots & \vdots \\ x_{1iT} & x_{2iT} & \cdots & x_{kiT} \end{bmatrix} \quad u_1 = \begin{bmatrix} u_{i1} \\ u_{i2} \\ \vdots \\ u_{iT} \end{bmatrix}$$

假定残差项满足:

$$E(u_i) = 0, E(u_i u_i^{\mathrm{T}}) = \sigma_u^2 I_T, E(u_i u_j^{\mathrm{T}}) = 0 (i \neq j)$$

式中: I_T 是 $T \times T$ 的单位矩阵。

当残差项满足上述假定时,模型的普通最小二乘(OLS)估计为最优的线性无偏估计量。则有目标函数:

$$M = \sum_{i=1}^{N} u_i^{\mathrm{T}} u_i = \sum_{i=1}^{N} (y_i - ea_i - x_i B^{\mathrm{T}})^{\mathrm{T}} (y_i - ea_i - x_i B^{\mathrm{T}})$$

对 M 做关于 a_i 的偏导并令其为零,可得到

$$\hat{a}_i = \bar{y}_i - B\bar{x}_i \quad (i = 1, 2, \cdots, N)$$

式中: $\bar{y}_i = \frac{1}{T} \sum_{i=1}^{N} y_{it}$; $\bar{x}_i = \frac{1}{T} \sum_{i=1}^{T} x_{it}$。

将 a_i 的结果回代公式,对 B 进行求偏导,得

$$\hat{B}_{CV} = \left\{ \left[\sum_{i=1}^{N} \sum_{t=1}^{T} (x_{it} - \bar{x}_i)(x_{it} - \bar{x}_i)^{\mathrm{T}} \right]^{-1} \left[\sum_{i=1}^{N} \sum_{t=1}^{T} (x_{it} - \bar{x}_i)(y_{it} - \bar{y}_i)^{\mathrm{T}} \right] \right\}^{\mathrm{T}}$$

由于个体影响 a_i 对应的变量观测值采用虚拟变量的形式,因此 OLS 估计量 $\hat{B}_{CV}$ 也称为最小二乘虚拟变量(LSDV)估计量。

利用协方差估计量,可得到同样的参数估计量。就固定效应影响模型而言,第 i 个个体方程可表述为

$$y_i = ea_i + x_i B^{\mathrm{T}} + u_i$$

将上式左乘转换矩阵:

$$Q = I_T - \frac{1}{T}ee^T$$

便可消除截距项 a_i，则个体的观测值即可通过个体在时间上的均值离差加以表示：

$$Qy_i = Qea_i + Qx_i B^T + Qu_i \quad (Qea_i = 0)$$

则

$$Qy_i = Qx_i B^T + Qu_i \quad (i = 1, 2, \cdots, N)$$

将 OLS 运用到上式，得

$$\hat{B}_{CV} = \left\{ \left[\sum_{i=1}^N x_i^T Q x_i \right]^{-1} \left[\sum_{i=1}^N x_i^T Q y_i \right] \right\}^T$$

可以看出两项结果相同，因此 LSDV 有时也称为协方差估计量（CV）。$\hat{B}_{CV}$ 协方差矩阵为

$$Var(\hat{B}_{CV}) = \sigma_u^2 \left[\sum_{i=1}^N x_i^T Q x_i \right]^{-1}$$

2）随机效应影响模型的参数估计

在随机效应影响模型中，可将个体影响拆分为常数项和随机变量两个部分，随机变量可刻画出模型中被忽略的、反映个体差异的部分，模型可由下式表示：

$$y_{it} = a + v_i + bx_{it} + u_{it} \quad (i = 1, 2, \cdots, N; t = 1, 2, \cdots, T)$$

式中：a 为个体影响的常数项；v_i 为随机变量，v_i 与 u_{it}、x_{it} 均不相关。满足基本假定：$E(u_{it}^2) = \sigma_u^2$，$E(v_i^2) = \sigma_v^2$。

为便于分析，对上式进行重新组合，表示如下：

$$y_i = \widetilde{X}_i \delta + z_i \quad (i = 1, 2, \cdots, N)$$

式中：$\widetilde{X}_i = (e, x_i)$，$\delta^T = (a, b)$，$z_i^T = (z_{i1}, z_{i2}, \cdots, z_{iT})$，且 $z_{it} = v_i + u_{it}$。

z_i 的方差—协方差矩阵为

$$Z = E(z_i z_i^T) = \sigma_u^2 I_T + \sigma_v^2 ee^T$$

逆矩阵为

$$Z^{-1} = \frac{1}{\sigma_u^2} \left[I_T - \frac{\sigma_v^2}{\sigma_u^2 + \sigma_v^2} ee^T \right]$$

鉴于任意的 z_{it} 中均包含 v_i，因此固定影响的个体表示方程的残差项具有相关性。为得到有效估计参数 $\delta^T = (a, b)$，需采用广义最小二乘法（GLS）。GLS 估计量的正规方程组为

$$\left[\sum_{i=1}^N \widetilde{X}_i^T Z^{-1} \widetilde{X}_i \right] \delta_{GLS} = \sum_{i=1}^N \widetilde{X}_i^T Z^{-1} y_i$$

记
$$Z^{-1} = \frac{1}{\sigma_u^2}\left[\left(I_T - \frac{1}{T}ee^T\right) + \varphi\frac{1}{T}ee^T\right] = \frac{1}{\sigma_u^2}\left[Q + \varphi\frac{1}{T}ee^T\right]$$

式中：$\varphi = \dfrac{\sigma_u^2}{\sigma_u^2 + T\sigma_v^2}$

正规方程组可改写为
$$\left[W_{\widetilde{xx}} + \varphi B_{\widetilde{xx}}\right]\begin{bmatrix}\hat{a}\\\hat{b}^T\end{bmatrix} = W_{\hat{x}y} + \varphi B_{\hat{x}y}$$

式中：$T_{\widetilde{xx}} = \sum\limits_{i=1}^{N}\widetilde{X}_i^T\widetilde{X}_i$，$T_{\widetilde{xy}} = \sum\limits_{i=1}^{N}\widetilde{X}_i^T y_i$，$B_{\widetilde{xx}} = \dfrac{1}{T}\sum\limits_{i=1}^{N}\widetilde{X}_i^T ee^T \widetilde{X}_i$，$B_{\widetilde{xy}} = \dfrac{1}{T}\sum\limits_{i=1}^{N}\widetilde{X}_i^T ee^T y_i$，$W_{\widetilde{xx}} = T_{\widetilde{xx}} - B_{\widetilde{xx}}$，$W_{\widetilde{xy}} = T_{\widetilde{xy}} - B_{\widetilde{xy}}$。

对上式进行求解，得
$$\begin{bmatrix}\varphi NT & \varphi T\sum\limits_{i=1}^{N}\bar{x}^T \\ \varphi T\sum\limits_{i=1}^{N}\bar{x}_i & \sum\limits_{i=1}^{N}x_i^T Q x_i + \varphi T\sum\limits_{i=1}^{N}\bar{x}_i\bar{x}_i^T\end{bmatrix}\begin{bmatrix}\hat{a}\\\hat{b}^T\end{bmatrix} = \begin{bmatrix}\varphi NT \bar{y} \\ \sum\limits_{i=1}^{N}x_i^T Q y_i + \varphi T\sum\limits_{i=1}^{N}\bar{x}_i\bar{y}_i\end{bmatrix}$$

利用分块矩阵求逆公式，得
$$\hat{b}_{GLS} = \left[\Delta\hat{b}_b + (I_k - \Delta)\hat{b}_{CV}^T\right]^T$$
$$Var(\hat{b}_{GLS}) = \sigma_u^2\left[\sum\limits_{i=1}^{N}x_i^T Q x_i + \varphi T\sum\limits_{i=1}^{N}(\bar{x}_i - \bar{x})(\bar{x}_i - \bar{x})^T\right]^{-1}$$

其中
$$\Delta = \varphi T\left[\sum\limits_{i=1}^{N}x_i^T Q x_i + \varphi T\sum\limits_{i=1}^{N}(\bar{x}_i - \bar{x})(\bar{x}_i - \bar{x})^T\right]^{-1} \times \left[\sum\limits_{i=1}^{N}(\bar{x}_i - \bar{x})(\bar{x}_i - \bar{x})^T\right]$$
$$\hat{b}_b = \left[\sum\limits_{i=1}^{N}(\bar{x}_i - \bar{x})(\bar{x}_i - \bar{x})^T\right]^{-1}\left[\sum\limits_{i=1}^{N}(\bar{x}_i - \bar{x})(\bar{y}_i - \bar{y})^T\right]$$

而
$$\hat{a}_{GLS} = \bar{y} - \hat{b}_{GLS}\bar{X}$$

式中：$\bar{y} = \dfrac{1}{NT}\sum\limits_{i=1}^{N}\sum\limits_{t=1}^{T}y_{it}$，$\bar{x} = \dfrac{1}{NT}\sum\limits_{i=1}^{N}\sum\limits_{t=1}^{T}x_{it}$，$\bar{v}_i = \bar{y}_i - \hat{a}_{GLS} - \hat{b}_{GLS}\bar{x}_i$。

3. 面板数据回归模型的检验

为考察个体是否会对面板数据模型产生影响以及选取何种面板数据模型最为有效，需要对模型进行检验。通过模型的检验与优选，可以提高参数估计的有效性并减少模型的预测偏差。为筛选出能够刻画数据规律的最佳模型，常常采用协方差检验用于混合模型、变截距模型和变系数模型三类模型的优选。

为检验个体是否对模型产生影响,即判定混合模型是否有效,提出假设 H_1:

$$H_1: a_1 = a_2 = \cdots = a_N; b_1 = b_2 = \cdots = b_N$$

若已经证实个体对模型具有影响,则需要进一步检验个体对模型产生何种影响,即判定变截距模型和变系数模型哪个模型更为有效,提出假设 H_2:

$$H_2: b_1 = b_2 = \cdots = b_N$$

假设检验采用 F 统计量。计算混合模型的残差平方和 S_1,计算变截距模型的残差平方和 S_2,计算变系数模型的残差平方和 S_3。给定显著性水平 F 下统计量的临界值为 F_α。

计算假设 H_1 的 F 统计量 F_1,F_1 服从自由度为 $[(N-1)(k+1), N(T-k-1)]$ 的 F 分布:

$$F_1 = \frac{(S_1 - S_3)/[(N-1)(k+1)]}{S_3/[NT - N(k+1)]} \sim F[(N-1)(k+1), N(N-k-1)]$$

若 F_1 小于给定显著性水平下统计量 F 的临界值,即 $F_1 < F_\alpha$,则接受原假设,即认为样本数据符合混合模型;反之,若 $F_1 > F_\alpha$,则拒绝原假设,还需对假设 H_2 做出进一步检验。

计算假设 H_2 的 F 统计量 F_2,F_2 服从自由度为 $[(N-1)(k+1), N(T-k-1)]$ 的 F 分布:

$$F_2 = \frac{(S_2 - S_3)/[(N-1)(k+1)]}{S_3/[NT - N(k+1)]} \sim F[(N-1)(k+1), N(N-k-1)]$$

若 F_2 小于给定显著性水平下统计量 F 的临界值,即 $F_2 < F_\alpha$,则接受原假设,即认为个体对模型的影响仅仅表现在模型的截距上,解释变量系数在不同个体上均相同,样本数据符合变截距模型,反之,若 $F_2 > F_\alpha$,则拒绝原假设,认为样本数据符合变系数模型。面板数据模型的选择参见表 10-5 所列。

表 10-5 面板数据模型选择

假设 H_1	假设 H_2	模型选择
接受	-	混合模型
拒绝	接受	变截距模型
拒绝	拒绝	变系数模型

在变截距面板回归模型中,固定效应影响模型和随机效应影响模型的选择,常采用豪斯曼(Hausman)检验方法。豪斯曼的原假设 H_0 与备择假设 H_1 分别为

H_0:个体影响与解释变量不存在相关性(随机效应影响模型)

H_1:个体影响与解释变量存在相关性(固定效应影响模型)

检验统计量：

$$W = (\hat{b}_{CV} - \hat{b}_{GLS})[var(\hat{b}_{CV}) - var(\hat{b}_{GLS})]^{-1}(\hat{b}_{CV} - \hat{b}_{GLS})^T$$

式中：$\hat{b}_{CV}$ 为固定效应影响的估计参数；$\hat{b}_{GLS}$ 为随机效应影响模型的估计参数。W 服从自由度为 k 的 χ^2 分布，其中 k 为解释变量的个数，利用 χ^2 分布临界值 $\chi^2_\alpha(k)$ 与统计量 W 比较，判断原假设是否成立。若接受原假设，认定为随机效应影响模型；若拒绝原假设，则认定为固定效应影响模型。

10.5 基于支持向量机的预测模型

支持向量机以统计学习理论的结构风险最小化原理为根基，通过数据训练和学习识别出数据依赖规律，具备良好的推广能力，在解决小样本、非线性与高维数据等问题方面极具理论优势。

10.5.1 支持向量机分类

支持向量机最初用于解决二分类问题，该方法的核心在于获取一个超平面，使得该超平面在划分两类数据时具有最大的分隔距离。

设一个线性可分的数据集 $\{x_i, y_i\}$ $(i=1,2,\cdots,N)$，$x_i \in R^d$ 为输入变量，$y_i \in \{-1,1\}$ 为相应的分类变量。假设数据满足：

$$y_i = +1 : w \cdot x_i + b \geqslant +1$$
$$y_i = -1 : w \cdot x_i + b \leqslant -1$$

等价于

$$y_i(w \cdot x_i + b) \geqslant +1$$

超平面可将数据集分割为两类，超平面可由下式得到：

$$w \cdot x + b = 0$$

式中：w 是与输入变量 x_i 具有相同维度的行向量；b 是标量。则样本点 x 到超平面 (w,b) 的距离 d 可表示为

$$d = \frac{|w \cdot x + b|}{\|w\|}$$

支持向量机获取的最优分割平面，不仅要将两类数据分隔开，而且要使分隔距离最大，如图 10-2 所示。

圆形和正方形分别代表两类数据，H 为最优分类超平面，H_1 和 H_2 分别为经过两类数据、平行于 H 且最靠近于 H 的超平面。H_1 和 H_2 之间的距离 d_{12} 可表示为

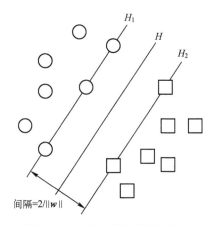

图 10-2 支持向量机分类超平面

$$d_{12} = \min_{\{x_i:y_i=+1\}} \frac{|w \cdot x_i + b|}{\|w\|} + \min_{\{x_j:y_j=+1\}} \frac{|w \cdot x_j + b|}{\|w\|}$$

即分类间隔为 $2/\|w\|$,当其取最大值时,得到的超平面则分为分隔数据集的最优超平面。

上述公式常用于解决线性可分的二分类问题,但在此条件下,线性不可分问题不能得到有效解决。在线性不可分的情况下,需引入取值非负的松弛变量 $\varepsilon_i \geq 0 (i=1,2,\cdots,N)$,表示分类错误的偏离程度,需要满足的条件变换为

$$y_i = +1 : w \cdot x_i + b + \varepsilon_i \geq +1$$
$$y_i = -1 : w \cdot x_i + b + \varepsilon_i \leq -1$$

等价于

$$y_i(w \cdot x_i + b) + \varepsilon_i \geq +1$$

此时,最优超平面需满足:

$$\min_{w,b} \frac{1}{2} \|w\|^2 + C \sum_{i=1}^{N} \varepsilon_i$$

式中:C 为模型惩罚参数。

为解决非线性可分问题,可将非线性问题转换为更高维空间的线性问题。此时,需要利用核函数 $K(x_i, x_j)$ 将输出变量映射至高维空间当中。核函数包括多项式核函数、Sigmoid 核函数、径向基(RBF)核函数等,各类函数表达式如下:

多项式函数:

$$K(x_i, x_j) = [(x_i, x_j) + 1]^q$$

式中:q 为多项式函数的参数。

Sigmoid 函数:

$$K(x_i, x_j) = \tanh \lfloor v(x_{i,j}) + a \rfloor$$

式中:tanh 是双曲正切函数;v、a 是 Sigmoid 函数的参数。

径向基函数:
$$K(x_i,x_j)=\exp(-\gamma\|x_i-x_j\|^2)$$
式中:γ 是径向基核函数的参数。

大量理论研究即应用实践发现,相比其他函数,径向基核函数通常可使 SVM 模型具有更高的预测精度,因此应用最为广泛。

10.5.2 支持向量机回归

支持向量机回归可划分为线性支持向量机回归和非线性支持向量机回归[267]。设有数据集 $\{x_i,y_i\}(i=1,2,\cdots,N)$,$x_i\in R^d$ 为向量,$y_i\in R$ 为标量,x_i 为输入变量,y_i 为输出变量,且两者均为数值型变量,N 为数据样本量。对于线性支持向量机回归,其目的在于构建线性回归模型:
$$f(x)=w\cdot x+b$$
式中:$f(x)$ 是预测结果;w 是系数向量;x 是输入向量;b 是截距项。

对于非线性支持向量机回归,通过映射将输入变量 x 转换至高维的线性空间中,并在该高维空间中建立线性回归模型,使样本数据满足:
$$f(x)=w\cdot\Phi(x)+b$$
式中:$\Phi(x)$ 是将 x 转换至高维特征空间的非线性映射。

在 $\varepsilon(\varepsilon>0)$ 精度下,可建立预测结果 $f(x)$ 与真实值 y_i 的线性关系:
$$\begin{cases}y_i-f(x)\leqslant\varepsilon\\f(x)-y_i\leqslant\varepsilon\end{cases}$$

事实上,并非所有数据样本均满足上述公式。为解决 $\varepsilon(\varepsilon>0)$ 精度之外的数据,引入松弛变量 $\theta_i(\theta_i>0)$ 和 $\theta_i^*(\theta_i^*>0)$,则上式变换为
$$\begin{cases}y_i-f(x)\leqslant\varepsilon+\theta_i\\f(x)-y_i\leqslant\varepsilon+\theta_i^*\end{cases}$$

在 ε 精度和松弛变量 θ_i、θ_i^* 约束下的支持向量机回归示意图如图 10-3 所示。

如图 10-3 所示,实线 f 为支持向量机回归的拟合曲线,虚线 $f+\varepsilon$ 和 $f-\varepsilon$ 表示 ε 精度下的回归约束,虚线 $f+\varepsilon+\theta_i$ 和 $f-\varepsilon-\theta_i^*$ 表示 ε 精度下和松弛变量 θ_i、θ_i^* 的共同约束。

为衡量支持向量机回归的拟合偏差,定义如下损失函数:
$$L(y,f(x))=\begin{cases}0 & (|y-f(x)|\leqslant\varepsilon)\\|y-f(x)|-|-\varepsilon & (|y-f(x)|>\varepsilon)\end{cases}$$

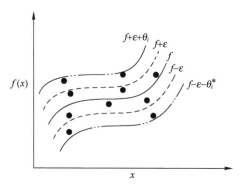

图 10-3　支持向量机回归拟合曲线图

损失函数 $L(y,f(x))$ 为分段函数,描述拟合偏差的代价。当拟合偏差在 ε 精度内时,认为未造成损失;当拟合偏差超出 ε 精度时,超出部分即为损失。如图 10-4 所示。

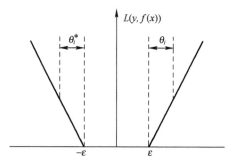

图 10-4　损失函数示意图

综合考虑约束条件,支持向量机回归等价于如下优化问题:

$$\min: C\sum_{i=1}^{N}(\theta_i+\theta_i^*)+\frac{1}{2}\|w\|^2$$

$$\begin{cases} y_i-w\cdot\Phi(x)-b\leq\varepsilon+\theta_i \\ w\cdot\Phi(x)+b-y_i\leq\varepsilon+\theta_i^* \\ \varepsilon,\theta_i,\theta_i^*\geq 0 \quad (i=1,2,\cdots,N) \end{cases}$$

与支持向量机分类类似,将输入变量映射至高维空间中同样需要核函数 $K(x_i,x_j)=\exp(-\gamma\|x_i-x_j\|^2)$。

10.5.3　支持向量机模型优化

为提高 SVM 模型在飞机重着陆的预测准确率,需要重点解决 SVM 模型中存在的两类问题:参数优化和特征选取。这两类问题对 SVM 模型的运行效率和预测准确率均具有较大影响。参数优化是指对惩罚参数 C 与径向基核函数参数 γ 在内的两个参数进行优化,特征选取则是指对 SVM 模型的输入变量做出优选。本章对支持向量机预测模型的优化,正是从参数优化和特征选取两个角度展开的。

1. 粒子群算法

粒子群算法由 Kennedy 和 Eberhart 提出,是一种解决最优化问题的工具。该算法属于一种仿生算法,在模拟鸟群飞行觅食的过程,通过信息共享以快速实现群体目标。在粒子群算法中,最优化问题的每个备选解被视为一个"粒子",多个粒子协作趋同,在一点处实现聚合,从而寻得最优解。

设目标搜索空间维度为 D,粒子群中共有粒子数为 n,第 i 个粒子位置表示为向量 $x_i = (x_{i1}, x_{i2}, \cdots, x_{iD})$,粒子的空间位置为最优化问题的一个可行解,第 i 个粒子的位置变化率为向量 $v_{i1}, v_{i2}, \cdots, v_{iD}$,第 i 个粒子搜索到的个体最优位置为 $pbest_i = (p_{i1}, p_{i2}, \cdots, p_{iD})$,整个粒子群搜索到的最优位置为 $gbest = (g_1, g_2, \cdots, g_D)$。粒子在每个维度上的速度和位置按下式变化:

$$v_{id}(t+1) = v_{id}(t) + c_1 * r_1(t) * (p_{id}(t) - x_{id}(t)) + c_2 * r_2(t) * (g_d(t) - x_{id}(t))$$
$$x_{id}(t+1) = x_{id}(t) + v_{id}(t+1) \quad (1 \leq i \leq n, 1 \leq d \leq D)$$

式中:i 表示粒子,d 表示维度,t 表示迭代次数;c_1,c_2 为正常数,称作加速因子,在区间 $(0,2)$ 中取值;c_1 为调节粒子飞向自身最好位置方向的步长;c_2 为调节粒子向全局最好位置飞行的步长;$r_1(t)$,$r_2(t)$ 为随机数,在区间 $(0,1)$ 中取值。为减少进化过程中,粒子离开探索空间的可能性,通常第 $d(1 \leq d \leq D)$ 维的位置变化范围限定在 $[-V_{mind}, V_{maxd}]$ 内,速度变化限定在 $[-V_{mind}, V_{maxd}]$ 内(在迭代中若 v_{id} 和 x_{id} 超出了边界值,将其设为边界值)。粒子群初始位置和飞行速度随机产生,将粒子的空间位置代入到适应度函数中求得相应的适应度值,设定适应度值为衡量粒子优劣的标准。按上面粒子在每个维度上的速度和位置变化的公式迭代,直到获得满意解。

基本粒子群算法的流程如下:

(1) 根据初始化步骤,设置粒子位置与速度的初始数值。

(2) 根据适用度函数,计算得到各粒子适应度值。

(3) 将各粒子适应度值与 $pbest_i$ 的适应度值做比较,如果更优,则将其设定为当前最好位置。

(4) 将各粒子适应度值与 $gbest$ 的适应度值做比较,如果更优,则将其设定为全局最好位置。

(5) 按上面粒子在每个维度上的速度和位置变化的公式对其速度和位置进行迭代。

(6) 若未达到运算结束条件(获得满意的适应度值或达到预设最大迭代次数),则返回步骤(2)。

2. 基于粒子群算法的 SVM 参数优化

SVM 模型的参数优化通常采用网格搜索算法(Grid-Search Algorithm)。首先,设定参数 C 和 γ 的最初取值范围;其次,在各取值条件下,对模型参数进行组合;再次,运用 k 重交叉验证法计算出每一组不同参数 C 和 γ 组合值对应下的目标函数值,目标函数为重着陆预测准确率;最后,选择重着陆预测准确率最高时所对应的参数值组合,即为最优的模型参数取值。实现流程如图 10-5 所示。

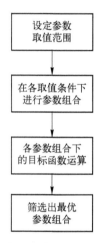

图 10-5 基于网络搜索算法的 SVM 参数优化流程图

粒子群算法具有记忆性,将所有粒子的自身最优解进行保存,通过粒子间的信息共享,实现整个粒子群向最优解方向移动。相比于遗传算法,粒子群算法所需参数更少,运算占用内存小,可实现更高的执行效率。因此,本书采用粒子群算法对 SVM 模型进行参数优化,将模型参数视为粒子,以重着陆预测准确率为适用度函数,实现流程图如图 10-6 所示。

3. 基于 RFE 的 SVM 模型特征选取

在建立 SVM 预测模型过程中,可通过优化模型中的已有参数以达到提升预测准确率的目的。但 SVM 模型中并未提供特征选取的功能,即选取哪些变量作为模型输入,SVM 本身并未提供解决方案。然而,输入变量的选择对模型预测准确率同样具有重要影响。面对众多变量,如何从中选择适当的输入变量,是 SVM 预测模型优化过程中需要解决的另一问题。本书提出基于因子分析和递归特征淘汰法(Recursive Feature Eliminations)相结合的特征选取方法,首先利用第 2 章中提到的因子分析方法对众多变量进行降维处理,提取关键数据信息;其次,采用递归特征淘汰法筛选出对预测准确率具有显著影响的变量作为输入变量。特征选取实现流程如图 10-7 所示。

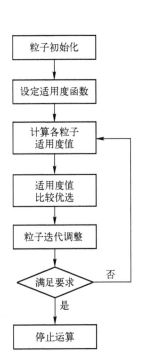

图 10-6 基于粒子群算法的 SVM 参数优化流程图

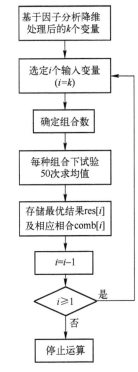

图 10-7 基于因子分析和递归特征淘汰法的特征选取流程图

在经降维处理后的 k 个变量中选取 $i(1 \leqslant i \leqslant k)$ 个作为模型输入变量,有 C_i^k 种组合,依次计算各变量组合下所对应的重着陆预测准确率,运算 50 次取平均值。经比较分析,筛选出输入变量个数为 i 时的最优重着陆预测结果及相应的变量组合,将其分别存储到 k 维向量 $res[i]$ 和 $com[i]$ 中,进而确定出最优的模型输入变量,完成 SVM 模型的特征选取。

10.6 无人机重着陆预测案例

以某型无人机为案例,简单展开各小节的内容。波音公司指出,飞机在着陆时其垂直于地面的加速度超过规定限值,即可判定为重着陆。空客则将重着陆规定为:飞机着陆时垂直于地面的加速度或速度超过规定阈值的现象。重着陆是飞机着陆安全的重要隐患,影响飞机着陆安全的因素有很多,主要可以分为人为因素、机体因素、气象因素三大类。人为因素包括操作不熟练、判断失误、由心理因素导致的操作错误等;机体因素包括飞机的维修保障情况、可靠性水平等;气象因素包括雨雪天气造成的能见度降低和侧风导致的飞行姿态偏移等。这3类因素对飞机着陆安全的影响可在飞参数据中得到集中体现。飞参数据中记录有大量的飞行数据,这些飞行数据实时反映了飞机的飞行状态和指标参量,为飞机飞行安全提供重要的监控依据。在飞机着陆阶段严重危及飞行安全的飞行数据主要有3类:飞行姿态类、操控动力类和环境影响类等共21个飞参变量。其中,飞行姿态类6个:俯仰角、俯仰角速率、滚转角、滚转角速率、偏航角、偏航角速率;操控动力类9个:副翼位移、方向舵位移、升降舵位移、升降速度、前向加速度、侧向加速度、法向加速度、无线电高度、发动机转速;环境影响类6个:大气机高度、空速、地速、航向角、侧偏距、航迹角。

对于重着陆研究,法向加速度的值可以作为研究对象,即一维多元线性回归模型,也可将着陆状态的划分等级作为研究对象,这时将哑变量纳入研究范围。而将研究对象增加为法向加速度、前向加速度、侧向加速度时,即为多元广义线性回归模型研究,这时线性模型是否适用,需要对模型进行假设检验。

这里结合面板数据模型和支持向量机对飞机的重着陆进行相关分析研究。

面板数据模型可用于实际生活中的预测,上文介绍了混合模型、变截距模型和变系数模型。在实际应用过程中,将因变量法向加速度作为预测变量,与因变量相关的自变量作为解释变量,这里将自变量作因子分析后降维为6个因子(F1、F2、F3、F4、F5、F6),建立面板数据模型,并对以上3种模型进行检验。

10.6.1 面板数据预测模型

1. 混合模型

(1)建立飞参面板数据混合模型,结果如表10-6所列。

表10-6 飞参面板数据混合模型

变　　量	系　　数	T统计量	P值
C	17.47	111.21	0.00
F1	−0.09	−0.60	0.55
F2	−2.07	−13.19	0.00
F3	−0.74	−4.71	0.00
F4	−0.84	−5.32	0.00
F5	0.77	4.90	0.00
F6	−0.03	0.20	0.84

(续)

变量	系数	T统计量	P值
拟合度			0.27
调整后的可决系数 R 平方			0.26
F 检验统计量的概率			0.00
DW 统计量			1.95

飞参混合模型结果显示,F 检验的 P 值几乎为零,拒绝原假设,F 检验得到通过;飞参因子 F_1 和飞参因子 F_2 未通过 t 检验,其余飞参因子均通过 t 检验; DW 统计量接近于2,说明模型干扰项不存在自相关性。

(2) 为区分飞参变截距模型属于固定影响还是随机影响,进行豪斯曼检验,结果如表 10-7 所列。

表 10-7 豪斯曼检验结果

Chi-Sq. Statistic	Chi-Sq. d.f.	P值
84.94	6	0.00

表 10-7 显示,豪斯曼统计量值为 84.94,相应 P 值几乎为零,故拒绝原假设,认为飞行高度与飞参因子变量相关,选择固定影响飞参面板数据变截距模型。

2. 变截距模型

建立固定影响的飞参面板数据变截距模型,结果如表 10-8 所列。

表 10-8 飞参面板数据变截距模型

变量	系数	T统计量	P值
C	17.47	116.97	0.00
F1	2.00	5.83	0.00
F2	-3.00	-16.00	0.00
F3	-1.52	-8.82	0.00
F4	-0.85	-4.72	0.00
F5	0.24	1.50	0.13
F6	-0.16	-0.97	0.33
H1-C	1.72		
H2-C	1.91		
H3-C	1.74		
H4-C	1.74		

(续)

变量	系数	T 统计量	P 值
H5-C	1.58		
H6-C	1.48		
H7-C	1.43		
H8-C	1.53		
H9-C	1.47		
H10-C	1.52		
H11-C	0.42		
H12-C	-0.77		
H13-C	-2.90		
H14-C	-5.51		
H15-C	-7.38		
拟合度		0.36	
调整后的可决系数 R 平方		0.34	
F 检验统计量的概率		0.00	
DW 统计量		2.00	

飞参变截距模型结果显示,F 检验的 F 值几乎为零,拒绝原假设,F 检验得到通过;飞参因子 F_5 和飞参因子 F_6 未通过 t 检验,其余飞参因子均通过 t 检验;相比混合模型,该模型 DW 统计量更接近于 2,模型总体效果更好。

3. 变系数模型

建立飞参面板数据变系数模型,结果如表 10-9 所列。

表 10-9 飞参面板数据变系数模型

变量	系数	T 统计量	P 值
C	19.56	41.28	0.00
H1-F1	2.28	1.19	0.23
H2-F1	4.81	2.40	0.02
H3-F1	3.61	1.76	0.08
H4-F1	4.35	1.96	0.05
H5-F1	2.80	1.38	0.17
H6-F1	5.18	2.11	0.04
H7- F1	3.13	1.55	0.12
H8- F1	4.19	1.99	0.04

(续)

变 量	系 数	T 统计量	P 值
H9-F1	5.19	2.57	0.01
H10-F1	4.12	1.87	0.06
H11-F1	2.46	2.43	0.02
H12-F1	1.86	1.91	0.06
H13-F1	0.28	0.20	0.84
H14-F1	-1.90	-1.31	0.19
H15-F1	-1.71	-1.09	0.28
H1-F2	-3.08	-3.81	0.00
H2-F2	-3.54	-4.39	0.00
…	…	…	…
H14-F6	0.41	0.51	0.61
H15-F6	-1.82	-1.79	0.05
H1-C	-0.32		
H2-C	1.18		
H3-C	0.77		
H4-C	1.11		
H5-C	0.00		
H6-C	1.16		
H7-C	0.11		
H8-C	0.47		
H9-C	1.36		
H10-C	0.62		
H11-C	-0.99		
H12-C	-1.77		
H13-C	-2.26		
H14-C	-0.12		
H15-C	-1.32		
拟合度		0.42	
调整后的可决系数 R 平方		0.32	
F 检验统计量的概率		0.00	
DW 统计量		1.93	

变系数模型结果显示，F 检验的 P 值几乎为零，拒绝原假设，F 检验得到通过；较多飞参因子未通过 t 检验；相比前两个模型，DW 统计量更偏离 2。

检验结果显示 3 类面板数据模型中，飞参面板数据变截距模型最优；结合豪斯曼检验结果，该变截距模型属于固定影响。

4. 飞参面板数据变截距模型的优化

在 6 个飞参因子的变截距模型当中，飞参因子 F_5 和飞参因子 F_6 未通过 t 检验。将飞参因子 F_5 和飞参因子 F_6 剔除，重新建立固定影响的变截距模型，结果如表 10-10 所列。

表 10-10 优化后的变截距模型

变量	系数	T 统计量	P 值
C	17.47	116.85	0.00
F1	2.06	6.31	0.00
F2	-3.03	-16.58	0.00
F3	-1.56	-9.22	0.00
F4	-0.87	-4.87	0.00
H1-C	1.79		
H2-C	1.95		
H3-C	1.76		
H4-C	1.79		
H5-C	1.59		
H6-C	1.50		
H7-C	1.42		
H8-C	1.54		
H9-C	1.53		
H10-C	1.56		
H11-C	0.65		
H12-C	-0.64		
H13-C	-2.98		
H14-C	-5.74		
H15-C	-7.71		
拟合度			0.35
调整后的可决系数 R 平方			0.33
F 检验统计量的概率			0.00
DW 统计量			2.01

以上即为线性回归结果,可写成预测模型公式。

10.6.2 支持向量机预测模型

以某型无人机的飞行参数为研究对象,飞参数据具有多指标性,现实中大量飞参变量之间并非简单地服从线性相关,这使得在非线性条件下的飞参数据建模变得十分复杂。另一方面,当飞机起落架次较少时,如何在少量飞参数据样本条件下建立较高质量的重着陆预测模型,同样是一难题。鉴于支持向量机在非线性数据和小样本数据等方面具有优良的学习性能,本节建立基于支持向量机的飞机重着陆预测模型。

1. 基于支持向量机分类的预测模型

鉴于飞参数据的多样性和复杂性,考虑线性不可分数据集 $\{f_i, L_i\}$ ($i=1,2,\cdots,N$),$f_i \in R^d$ 为由飞参输入变量组成的向量,N 表示训练量的样本集,$L_i \in \{-1,+1\}$ 为是否发生重着陆的分类变量,$+1$ 表示发生重着陆,-1 表示正常着陆;引入非负松弛变量 $\varepsilon_i \geq 0$ ($i=1,2,\cdots,N$)。假设飞参数据满足:

$$L_i = +1 : w \cdot f_1 + b + \varepsilon_i \geq +1$$
$$L_i = -1 : w \cdot f_1 + b + \varepsilon_i \leq -1$$

等价于:

$$L_i(w \cdot f_i + b) + \varepsilon_i - 1 \geq 0$$

最优超平面满足:

$$\min_{w,b} \frac{1}{2} \| w \|^2 + C \sum_{i=1}^{N} \varepsilon_i$$

2. 基于支持向量机回归的预测模型

设有飞参数据集 $\{f_i, Land_i\}$ ($i=1,2,\cdots,N$),$f_i \in R^d$ 为由飞参输入变量组成的向量,N 表示飞参数据样本量;$Land_i \in R$ 表示飞机第 i 次着陆的着陆载荷值,为输出变量;引入非负松弛变量 $\varepsilon_i \geq 0$ ($i=1,2,\cdots,N$)。鉴于飞参数据的复杂性,建立非线性支持向量机回归,飞参数据满足以下关系式:

$$f(f) = w \cdot \Phi(f) + b$$

式中:w 为模型系数向量;$\Phi(f)$ 为飞参变量 f 转换至高维空间的非线性映射;b 为截距项;$f(f)$ 为模型预测结果。

综合考虑 ε 精度和松弛变量 θ_i、θ_i^* 约束,支持向量机回归模型可转换为如下问题:

$$\min : C \sum_{i=1}^{N} (\theta_i + \theta_i^*) + \frac{1}{2} \| w \|^2$$

$$\begin{cases} y_i - w \cdot \Phi(x) - b \leq \varepsilon + \theta_i \\ w \cdot \Phi(x) + b - y_i \leq \varepsilon + \theta_i^* \\ \varepsilon, \theta_i, \theta_i^* \geq 0 \quad (i=1,2,\cdots,N) \end{cases}$$

3. 基于高度变化的重着陆动态预测模型

前述两种基于支持向量机的预测模型,可通过参数优化和特征选取得到较为满意的重着陆预测准确率。然而,该预测结果是静态的,即不能表现为随飞行高度变化而实现实时的动态预测。此外,在飞行安全管理实践中,只有在飞机着陆前不同飞行高度状态下,实现多次重着陆预测,对飞机着陆安全才更具预警意义。因此,本节开展构建基于高度变化的重着陆动态预测模型。实现流程图如图10-8所示。

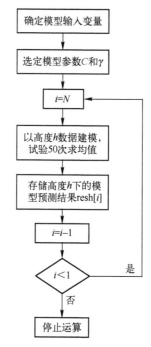

图10-8 基于高度变化的重着陆动态预测模型实现流程图

重着陆动态预测以支持向量机理论为基础,基于前述方法确定模型的输入变量和模型参数。其中高度 h 是切片后高度离散数据。建模过程中随机选取2/3飞参数据作为训练集,以剩余 1/3h 高度下的飞参数据为验证集,将预测结果储存至 N 维向量 resh[i]。运算结果后即可得到各个高度下的重着陆预测准确率分布情况。

对于重着陆分类预测,取参数 $C=45, \gamma=0.3$,预测模型的重着陆预测可测度和总体预测准确率均有较大提高,分别由 58.00% 提高到 69.36%,由 69.52% 提高到 73.23%。而通过 REF 方法筛选出最优的模型输入变量。模型输入组合如表 10-11 所列。

表 10-11　SVM 回归模型不同输入变量组合下的预测结果

输入变量个数	最佳组合	HR	NR	OR
6	F_1,F_2,F_3,F_4,F_5,F_6	69.36%	76.16%	73.23%
5	F_1,F_2,F_3,F_4,F_5	70.28%	80.24%	75.91%
4	F_1,F_2,F_3,F_4	71.83%	79.10%	76.00%
3	F_1,F_2,F_3	70.12%	81.22%	76.41%
2	F_2,F_3	62.39%	75.74%	70.04%
1	F_2	39.49%	80.86%	63.53%

当 SVM 分类预测模型输入变量个数为 4 时,重着陆预测的可测度将取得最大值,此时 F_1,F_2,F_3,F_4 为模型的最优输入变量组合。

10.6.3　模型评价

SVM 分类预测模型的预测结果为二分变量——重着陆或正常着陆,将预测结果与实际着陆效果进行差异性比较,计算得出模型的预测准确率。

SVM 回归预测模型的预测结果为着陆载荷值,因此需将着陆载荷的预测结果同判断重着陆发生与否的着陆载荷临界值比较,超过临界值的认为预测结果为重着陆,未超过临界值的认为预测结果为正常着陆。然后,将预测结果与实际着陆效果进行差异性比较,计算得出模型的预测准确率。

第 11 章

可靠性工程中的非参数统计

在统计学中,如果总体的统计分布是已知的,而只是其中的某些参数未知时,通常是从总体中随机取样本,根据样本信息对总体参数进行估计或假设检验,这就是一般所说的参数统计方法。然而,在许多实际问题中,我们对总体分布的具体形式往往是不了解,或知之甚少的,只知道总体为连续分布还是离散分布,也不能对总体的分布形式作进一步的假定,这时要对总体的某些性质进行统计估计或假设检验,就要采用非参数统计方法[268]。

与参数统计方法相比,非参数统计方法主要有以下优点:

(1) 适用范围广。由于非参数方法要求的假设条件比较少,因而它的适用范围比较广泛。不会因为总体分布的一些变化而导致结论发生大的错误,所以统计结果稳健性好。

(2) 计算简单。由于采用大样本定理,大部分非参数统计量都服从正态分布或由正态分布导出的分布,可以通过编写程序计算,因此可以较快地取得结果,比较节省时间,尤其是当要迅速取得结果和手头又没有高功能计算工具的情况下比较适用[269]。这些方法在直观上比较容易理解,并不需要太多的数学和统计理论。

(3) 适用一些比较低的计量水准。非参数统计方法可以用来处理所有类型的数据,包括定量数据和定性数据,而参数统计方法主要针对定量数据。

非参数方法的基础是样本数据本身提供的信息,而样本数据的大小次序是最基本的信息。若以 $X_1,X_2,\cdots,X_n$ 表示一组样本数据,由小到大排序后,$X_i(i=1,2,\cdots,n)$ 在第 R_i 位,称 $R_i(i=1,2,\cdots,n)$ 为秩统计量,而基于秩统计量所产生统计方法——非参数秩方法,是本章介绍的重点,同时还介绍其他常用的一些非参数统计方法。首先看非参数检验问题,在总体分布的分布类型未知或者不考虑总体分布的条件下,对总体分布进行检验,称为非参数检验。先看单样本推断问题。

11.1 单样本问题

设 $X_1, X_2, \cdots, X_n$ 为来自某个总体的样本,通过符号检验来推断总体的中心位置,通过趋势检验分析数据变化趋势,通过 Wilcoxon 符号检验考察其是否具有对称性。

11.1.1 符号检验

符号检验(sign test)是非参数统计中最古老的检验法,最早可追溯到 Arbuthnot 于 1710 年一项有关伦敦出生的男婴性别比是否超过 1/2。其原理简单,主要是通过数据中含有的"+"和"-"个数来进行统计推断。

符号检验虽然是简单的非参数方法,但是最经典的非参数统计,体现了非参数统计的基本思想。

符号检验主要包括两个问题:

(1) 中位数的符号检验;
(2) 分位数的符号检验。

这实际上是一个问题,即分位数检验。但是,把中位数单独拿出来讲有其独立的意义。这是因为:均值和中位数都可以表示数据的中心位置,在参数统计中,总体的中心位置常用总体的均值表示,所以检验中心位置就是检验均值,例如正态的 μ;而在非参数统计中,总体的中心位置常用总体的中位数表示,也就是检验总体中心位置就是检验其中位数[45]。

中位数的符号检验问题的一般提法:设 $X_1, X_2, \cdots, X_n$ 是来自总体 X 的样本, Z_0 表示样本中位数,则关于总体中位数 Z 检验假设如下:

$$H_0: Z = Z_0, H_1: Z \neq Z_0$$

考虑样本与 Z_0 之差 $X_i - Z_0 (i=1,2,\cdots,n)$,记 S^+ 为 $X_i - Z_0$ 中符号为正的数目,记 S^- 为 $X_i - Z_0$ 中符号为负的数目,若假定 $P(X > Z_0) = P(X < Z_0) = 1/2$,从而 $P(X = Z_0) = 0$。如果总体服从连续型分布,这个假设必定成立。即,S^+ 和 S^- 大体相等,都服从二项分布 $B(n, 1/2)$。当 S^+(或 S^-)过大或过小时,就有理由拒绝 H_0。因此,本质上来讲,这实际上是一个二项分布检验问题。

归纳起来,中位数符号检验的原假设和备择假设有以下 3 种情况:

(1) $H_0: Z = Z_0, H_1: Z \neq Z_0$
(2) $H_0: Z = Z_0, H_1: Z < Z_0$
(3) $H_0: Z = Z_0, H_1: Z > Z_0$

以 S^+ 作为检验统计量,则 $S^+ = \#\{X_i \mid X_i - Z_0 > 0 (i=1,2,\cdots,n)\}$ 等价于:

$$S^+ = \sum_{i=1}^n u_i, \quad u_i = \begin{cases} 1 & (X_i > Z_0) \\ 0 & (X_i < Z_0) \end{cases}$$

则当原假设成立时，S^+ 服从参数为 n 和 $1/2$ 的二项分布，即 $S^+ \sim B(n,1/2)$。

或者，检验统计量取为 $S^+ = \#\{X_i \mid X_i - Z_0 < 0 (i=1,2,\cdots,n)\}$ 等价于

$$S^- = \sum_{i=1}^n v_i, \quad v_i = \begin{cases} 1 & (X_i < Z_0) \\ 0 & (X_i > Z_0) \end{cases}$$

则当原假设成立时，S^- 服从参数为 n 和 $1/2$ 的二项分布，即 $S^- \sim B(n,1/2)$。所以 H_0 成立时，S^+ 和 S^- 同分布，可从中任选一个作为检验统计量[45]。注意到 $S^+ + S^- = n$，实际上是 $P(S^+ + S^- = n) = 1$，就是因为假设 $P(X=Z_0) = 0$。

以 S^+（或 S^-）作为检验统计量，即 $T = S^+$，则 T 过大或过小时有理由拒绝 H_0。拒绝域形式为 $\{T \mid T \leq c_1 \text{ 或 } T \geq c_2\}$，$c_1$ 和 c_2 为临界值且 $c_1 < c_2$，根据给定的显著性水平 α，c_1 和 c_2 由 $P(T \leq c_1) + P(T \geq c_2) = \alpha$ 确定。因为二项分布关于均值对称，通常取 $P(T \leq c_1) = P(T \geq c_2) = \alpha/2$。然后可以利用符号检验表得到结果。

以 $T = S^+$ 为统计量，若利用 p 值进行检验，则上述 3 个假设检验的检验 p 值为

(1) $p = 2\min\{P(T \geq T_0), 1 - P(T \leq T_0)\}$

(2) $p = P(T \leq T_0)$

(3) $p = P(T \geq T_0)$

当 $p < \alpha$，拒绝原假设，否则接受原假设。

需要注意的是：①当样本值中有一个或多个与 Z_0 相等时（设为 k 个），要把这些值去掉，相应地 n 修正为 $n' = S^+ + S^- = n - k$，即 S^+ 和 S^- 服从二项分布 $B(n,1/2)$。各种检验的拒绝域形式及检验算法相同。②样本 n 充分大时，可以用正态分布近似。假设选取的统计量为 T，T 依分布收敛于正态分布 $N(n'/2, n'/4)$，记为

$$T \xrightarrow{L} N(n'/2, n'/4)$$

所以

$$M = \frac{T - \dfrac{n'}{2}}{\sqrt{\dfrac{n'}{4}}} \xrightarrow{L} N(0,1) \quad (n \to \infty)$$

当 n 不够大时，可以采用 M 的正态修正，如下式：

$$M' = \frac{T - \dfrac{n'}{2} + C}{\sqrt{\dfrac{n'}{4}}} \xrightarrow{L} N(0,1) \quad (n \to \infty)$$

其中 C 取值为

$$C = \begin{cases} \dfrac{1}{2}, & T < \dfrac{n'}{2} \\ -\dfrac{1}{2}, & T > \dfrac{n'}{2} \end{cases}$$

若 Z'_0 为计算值，可以通过标准正态分布计算相应的检验均值。如双边检验 $H_0: Z = Z_0, H_1: Z \neq Z_0$，检验 p 值为 $p = 2P(Z' \geq |Z'_0|)$。

分位数检验又称为广义符号检验，其一般提法如下：样本 $X_1, X_2, \cdots, X_n$ 独立同分布，总体为 X。广义符号检验对于总体 X 的分布仅作这样的假设：设 Q_π 为总体的 π 分位数，且 $P(X > Q_\pi) = \pi, P(X < Q_\pi) = 1 - \pi$，由此可见，$P(X = Q_\pi) = 0$。如果总体服从连续型分布，这个假设必定成立[45]。由此不难看出，中位数检验实质上是分位数检验的一种特殊情况。

针对分位数检验，其原假设和备择假设有以下 3 种情况：

(1) $H_0: Q_\pi = q_0, H_1: Q_\pi \neq q_0$
(2) $H_0: Q_\pi = q_0, H_1: Q_\pi < q_0$
(3) $H_0: Q_\pi = q_0, H_1: Q_\pi > q_0$

以 S^+ 作为检验统计量，则 $S^+ = \#\{X_i | X_i - q_0 > 0 (i = 1, 2, \cdots, n)\}$，等价于

$$S^+ = \sum_{i=1}^{n} u_i, \quad u_i = \begin{cases} 1 & (X_i > q_0) \\ 0 & (X_i < q_0) \end{cases}$$

则 H_0 成立时，S^+ 服从参数为 n 和 $1 - \pi$ 的二项分布，即 $S^+ \sim B(n, 1 - \pi)$。

或者，$S^- = \#\{X_i | X_i - Z_0 < 0 (i = 1, 2, \cdots, n)\}$，等价于：

$$S^+ = \sum_{i=1}^{n} v_i, \quad v_i = \begin{cases} 1 & (X_i < q_0) \\ 0 & (X_i > q_0) \end{cases}$$

则在 H_0 成立时，S^- 服从参数为 n 和 π 的二项分布，即 $S^+ \sim B(n, \pi)$。

注意：在分位数检验中，两个检验统计量的分布是不同的，但仍有 $P(S^+ + S^- = n) = 1$，就是因为假设 $P(X = Q_\pi) = 0$。可从 S^+ 和 S^- 中任选一个作为检验统计量[45]。从分布来看，选择 S^- 比较方便些。

记 $T = S^+$，若利用 p 值进行检验，则对应于 3 条假设的检验 p 值为

(1) $p = 2\min\{P(T \geq T_0), P(T \leq T_0)\}$
(2) $p = P(T \leq T_0)$
(3) $p = P(T \geq T_0)$

当 $p < \alpha$，拒绝原假设，否则接受原假设。

11.1.2 趋势检验

在客观世界中会遇到各种各样的随机序列，我们通常想要知道这些随机序

列是否具有增长或是下降的变化规律,如判断 GDP 是否逐年增长,某地区的农产品的产量是增加了还是减少了等。下面介绍的趋势检验(trends test)方法可以解决这一类问题。

假设按照时间顺序抽取一组样本 $X_1, X_2, \cdots, X_n$,考察它的变化趋势,即是否有上升或下降趋势存在。可以通过比较先后数据大小来实现,如果数据有上升趋势,那么排在后面的样本的取值明显比排在前面数值大;反之,如果数据有下降趋势,那么排在后面的样本的取值明显比排在前面的数值小。为此,将样本按等距离进行配对。

$$(X_1, X_{1+c}), (X_2, X_{2+c}), \cdots, (X_{n-c}, X_n)$$

当 n 为偶数时,一般取 $c=n/2$,共有 c 对;当 n 为奇数时,一般取 $c=(n+1)/2$,共有 $c-1$ 对。这时,X_c 没有配上对。

记 $D_i = X_i - X_{i+c}$,令 S^+ 为 $\{D_i\}$ 中正号的数目,S^- 为 $\{D_i\}$ 中负号的数目。如果随下标变化无趋势时,S^+ 和 S^- 应大体相等。$S^+ + S^- = c'$(c' 小于或等于配对数目,没有结点时与配对数目相等),S^+ 和 S^- 都服从二项分布 $B(c', 0.5)$,如果 S^+ 明显大(或 S^- 明显小),则可能有下降趋势。如果 S^- 明显大(或 S^+ 明显小),则可能有上升趋势。

3 种检验问题:

(1) H_0:无趋势,H_1:有升或降趋势。

(2) H_0:无趋势,H_1:有升趋势。

(3) H_0:无趋势,H_1:有降趋势。

取检验统计量 $T=S^+$ 或 $T=S^-$,其检验过程与前边符号检验过程完全相同。

11.1.3 游程检验

考虑二值数据的观测值,如伯努利试验结果就是这样的观测值,通常用 0 和 1 表示。在一个随机的观测值序列中,0 或 1 的集中程度有一定的范围,如 0 和 1 序列

0 0 0 0 0 0 0 1 1 1 1 1 1 1

中,0 和 1 分别聚集在一起,数据不是随机的,而在序列

1 0 1 0 1 0 1 0 1 0 1 0 1 0

中,0 和 1 呈现出周期性变化,数据也不是随机的。

从上面例子可以看出,序列 0 和 1 过度集中或过度分散,数据都不是随机的。如何来描述数据的集中程度呢?可以用游程来描写。一个游程是指一段全由 0(或 1)构成的一个序列。游程中数字 0(或 1)的个数称为游程的长度。例如,序列

$$1\ 1\ 0\ 0\ 0\ 0\ 1\ 1\ 0\ 0\ 1\ 1\ 1\ 0$$

中有 6 个游程。序列中游程的个数能反映 0 和 1 轮换交替的频繁程度,记为 R。在序列长度 N 固定的时候,如果游程过少或者过多,说明序列的随机性不好。所以,当游程过多或者过少时,可以怀疑序列的随机性。游程检验(runs test)也称为连贯检验,是检验二值数据是否是随机出现的非参数方法。

设由 0 或 1 组成的序列 $X_1, X_2, \cdots, X_n$ 对检验问题 H_0:数据随机出现,H_1:数据不是随机出现。

通过以上分析,可以知道随机性假设的拒绝域应为

$$\{R \mid R \leq c_1\} \cup \{R \mid R \geq c_1\} \quad (c_1 < c_2)$$

R 为序列的游程个数,设 n_0 为 0 的个数,n_1 为 1 的个数,则 $n_0 + n_1 = n$。n_0、n_1 确定时,出现的 0 和 1 序列共有 $C_n^{n_1}$ 种可能,且 R 在 $2, 3, \cdots, n$ 中取值,取各个值的概率为

$$P(R = 2k+1) = \frac{C_{n_1-1}^{k-1} C_{n_0-1}^{k} + C_{n_1-1}^{k} C_{n_0-1}^{k-1}}{C_n^{n_1}}$$

$$P(R = 2k) = \frac{2 C_{n_1-1}^{k-1} C_{n_0-1}^{k-1}}{C_n^{n_1}} \quad (k = 1, 2, \cdots)$$

建立了抽样分布后,在零假设成立的情况下,若由样本值计算出 R_0,可计算相应的检验 p 值。1943 年 Swed 和 Eisenhart 构造可游程检验表,可以查表确定临界值。需要说明下面几点:

(1) 当样本数 n 充分大时,n_0 和 n_2 均增大,当 n_0 和 n_2 有一个大于 20 时,就不能查表做显著性检验。大样本时,R 的抽样分布可用正态分布近似。即当 $n \to \infty$,$\frac{n_1}{n} \to \gamma$(常数)时,

$$\frac{R - E_{H_0}(R)}{\sqrt{\text{Var}_{H_0}(R)}} \xrightarrow{L} N(0, 1) \quad (n \to \infty)$$

其中

$$E_{H_0}(R) = \frac{2 n_0 n_1}{n_0 + n_1} + 1$$

$$\text{Var}_{H_0}(R) = \frac{2 n_0 n_1 (2 n_0 n_1 - n_0 - n_1)}{(n_0 + n_1)^2 (n_0 + n_1 - 1)}$$

一般地,当 n_0(或 n_1)大于 20 时,可用正态分布近似计算。

(2) 游程检验可以检验非二值数据的序列 $X_1, X_2, \cdots, X_n$ 的随机性,需要转化为二值数据,转化方法为

$$Y_i = I(X_i - M) \quad (i=1,2,\cdots,n)$$

其中 $I(x)$ 为符号函数：

$$I(x) = \begin{cases} 1 & (x>0) \\ 0 & (x \leq 0) \end{cases}$$

式中：M 为中位数；$Y_1, Y_2, \cdots, Y_n$ 是二值序列。这样把 $X_1, X_2, \cdots, X_n$ 的随机性问题转化为二值序列 $Y_1, Y_2, \cdots, Y_n$ 的随机性问题。

11.1.4 对称中心的检验

首先看对称分布定义，设随机变量 X 有分布函数 $F(x)$，如果对于任意 $x \in R$，都有

$$P(X<-x) = P(X>x)$$

则称随机变量 X 或分布函数 $F(x)$ 关于原点对称。设 θ 为一实数，如果 $X-\theta$ 关于原点对称，则称随机变量 X 或分布函数 $F(x)$ 关于 θ 对称，并称 θ 为 X 或 $F(x)$ 的对称中心。这时，对于任意 $x \in R$，都有

$$P(X-\theta<-x) = P(X-\theta>x)$$

如果连续随机变量 X 有密度函数 $f(x)$：关于原点对称的条件为 $f(-x) = f(x)$，关于 θ 对称的条件为 $f(\theta-x) = f(\theta+x)$。

设随机变量 X 关于 θ 对称，且 $E(X)$ 存在，则 $\theta = E(x)$，对称中心必唯一。但对称分布的中位数不一定唯一，对称中心 θ 必为 X 的中位数之一。

关于 θ 对称的分布，常常需要考虑检验问题

$$H_0: \theta=0, H_1: \theta \neq 0$$

Wilcoxon 引入符号秩统计量作为检验统计量，此方法称为 Wilcoxon 符号秩检验统计量（Wilcoxon signed-rank test）。

先介绍符号秩的相关概念。设 $X_1, X_2, \cdots, X_n$ 为样本，取绝对值后从小到大排序，得到秩统计量 $R_1^+, R_2^+, \cdots, R_n^+$ 为 $|X_i|$ 的秩，对 $|X_i|$ 的秩 R_i^+ 赋予原来 X_i 符号，称为 X_i 的符号秩，记为 $\text{sign}(X_i)R_i^+$，其中 $\text{sign}(x)$ 为符号函数：

$$\text{sign}(x) = \begin{cases} 1 & (x>0) \\ 0 & (x=0) \\ -1 & (x<0) \end{cases}$$

称

$$\text{sign}(X_1)R_1^+, \text{sign}(X_2)R_2^+, \cdots, \text{sign}(X_n)R_n^+$$

为 $X_1, X_2, \cdots, X_n$ 的符号秩统计量。例如，观测值

$$-3, 2, -2, 9$$

符号秩观测值为

$$-3, 1.5, -1.5, 4$$

Wilcoxon 秩统计量定义为正符号秩的和,即

$$W_n^+ = \sum_{\text{sign}(X_i) > 0}^{n} \text{sign}(X_i) R_i^+$$

是正的样本点符号秩的和,对于双侧假设检验问题

$$H_0: \theta = 0, H_1: \theta \neq 0$$

设 $X_1, X_2, \cdots, X_n$ 为样本,选 W_n^+ 作为检验统计量。显然,W_n^+ 过大或过小时,有理由拒绝 H_0,因此拒绝域

$$\{W_n^+ < c_1\} \cup \{W_n^+ > c_2\} \quad (c_1 < c_2)$$

其中 c_1, c_2 为临界值,可由在零假设成立的情况下的分布及检验的显著性水平求得。

对于单侧检验:

$$H_0: \theta = 0, H_1: \theta > 0, \quad H_0: \theta = 0, H_1: \theta < 0$$

其 H_0 拒绝域分别为

$$\{W_n^+ > c_3\}, \{W_n^+ < c_4\}$$

其中 c_3, c_4 为临界值。在零假设成立的情况下,可以给出 W_n^+ 的精确分布,称为 W_n^+ 的零分布。举个简单的例子说明如何获得 W_n^+ 的零分布。先分析样本绝对值非零且互不相等(无结点)的情况。

当 $n=3$ 时,符号秩有 $2^3 = 8$ 种可能出现的情况,在 H_0 成立的情况下,每种情况出现的概率均为 $\frac{1}{8}$,将 8 种可能出现的情况,及相应的 W_n^+ 取值列表如下:

符号秩	(−1,−2,−3)	(−1,−2,3)	(−1,2,−3)	(−1,2,3)
W_n^+	0	3	2	5
符号秩	(1,−2,−3)	(1,−2,3)	(1,2,−3)	(1,2,3)
W_n^+	1	4	3	6

故得 W_n^+ 的概率分布函数为

W_n^+	0	1	2	3	4	5	6
$P(W_n^+ = k)$	$\frac{1}{8}$	$\frac{1}{8}$	$\frac{1}{8}$	$\frac{2}{8}$	$\frac{1}{8}$	$\frac{1}{8}$	$\frac{1}{8}$

一般情况下,先假设样本绝对值非零且互不相等,W_n^+ 的可能取值为 $0, 1, 2, \cdots, \frac{n(n+1)}{2}$,若以 $\#\{k, n\}$ 表示所有可能出现的 2^n 种符号秩的情形中,正号秩之

和为 k 的个数,则

$$P(W_n^+ = k) = \frac{\#\{k,n\}}{2^n} \quad \left(k = 0, 1, 2, \cdots, \frac{n(n+1)}{2}\right)$$

利用 W_n^+ 的分布和显著性水平 α 确定临界值 c_1, c_2。可以通过查 Wilcoxon 符号检验表得到($n \leq 30$)。当 n 充分大时,W_n^+ 的零分布可用正态分布 $N(0,1)$ 逼近。

可证,当 H_0 为真时,有

$$E_{H_0}(W_n^+) = \frac{n(n+1)}{4}$$

$$\text{Var}_{H_0}(W_n^+) = \frac{n(n+1)(2n+1)}{24}$$

并且有

$$\frac{W_n^+ - E_{H_0}(W_n^+)}{\sqrt{\text{Var}_{H_0}(W_n^+)}} \xrightarrow{L} N(0,1) \quad (n \to \infty)$$

由此结果,可在 n 较大时($n>30$),利用 $N(0,1)$ 求近似临界值或 p 值。为了提高近似程度,可以进行连续性修正,即采用下面更好的近似:

$$P(W_n^+ \leq k) \approx \Phi\left(\frac{k + 0.5 - \frac{n(n+1)}{4}}{\sqrt{\frac{n(n+1)(2n+1)}{24}}}\right)$$

若样本绝对值有结点出现,W_n^+ 的精确分布比较复杂,当 n 较大时,可用下面 W_n^{+*} 的渐近零分布确定近似临界值或 p 值。l 表示互不相同的样本绝对值的个数,$\tau_i (i=1,2,\cdots,l)$ 表示样本绝对值等于第 i 个最小值个数,样本绝对值的结统计量为 $(\tau_1, \tau_2, \cdots, \tau_l)$,$W_n^{+*}$ 是按上述方法确定的正号秩的和,则有如下结论:

在 H_0 为真条件下:

$$E_{H_0}(W_n^{+*}) = \frac{n(n+1)}{4}$$

$$\text{Var}_{H_0}(W_n^{+*}) = \frac{1}{24} n(n+1)(2n+1) - \frac{1}{48} \sum_{i=1}^{t} \tau_i(\tau_i^2 - 1),$$

且

$$\frac{W_n^{+*} - E_{H_0}(W_n^{+*})}{\sqrt{\text{Var}_{H_0}(W_n^{+*})}} \xrightarrow{L} N(0,1) \quad (n \to \infty)$$

11.2 两样本问题

实际问题中常常需要进行两个总体之间的比较,如比较两种处理方法的优劣,比较两种药物的疗效,比较两个农作物品种的产量等。在统计中比较两个总体是通过比较两个总体的样本来实现的,这就是两样本问题,本节分独立两样本和配对两样本介绍位置参数、尺度参数及分布的检验问题。

11.2.1 独立样本位置参数的检验

设两个总体 X,Y 相互独立,$X_1,X_2,\cdots,X_m$ 和 $Y_1,Y_2,\cdots,Y_n$ 是分别来自总体 X 和 Y 的样本,$X_1,X_2,\cdots,X_m$ 和 $Y_1,Y_2,\cdots,Y_n$ 相互独立,称为**独立样本**。实际问题中,两样本情形之一是试验者从可能不同的总体中得到的两个样本,通过两个样本判断两个总体是否相同。两样本情形之二是假设有 N 个试验个体,随机地抽取 n 个接受 A 方法处理,剩下的 $N-n$ 个接受 B 方法处理。希望比较两种处理方法的异同。

对于两样本问题,最直观的方法是将两样本合成一个混合样本,给混合样本编秩,如果一个样本的秩明显比另一个样本的秩偏大,则可以认为两个总体的位置参数有差异。下面先介绍位置参数的 Wilcoxon 秩和检验和 Mann-Whitney 检验。

1. Wilcoxon 秩和检验

假设总体 X 的分布为 $F(x)$,总体 Y 的分布较 X 的分布平移了一段距离,这表明两个分布的形状相似,如果 $\theta>0$,则

$$P(Y \leqslant x) = F(x-\theta) \leqslant F(x) = P(X \leqslant x)$$

由此看出,Y 的取值倾向于比 X 的取值大,基于这一特性 Wilcoxon 提出了下面的检验问题

$$H_0: \theta=0, H_1: \theta>0$$

的秩和检验统计量。

$X_1,X_2,\cdots,X_m$ 和 $Y_1,Y_2,\cdots,Y_n$ 是分别来自总体 X、Y 的样本,先假定它们是互不相同的。首先,将两个样本混合排序,用 S_i 表示 Y_i 在混合样本的秩,当 H_1 为真时,Y 的样本倾向于比 X 的样本大,因此 $W_Y = \sum S_i$ 偏大。当 $W_Y = \sum S_i$ 偏大时,有理由拒绝 H_0 接受 H_1,所以拒绝域形式为 $\{W_Y \geqslant c\}$。这里 c 为临界值,和其他检验方法一样,临界值 c 由显著性水平 α 和 W_Y 的零分布所确定,即选择 c 使其满足

$$P_{H_0}(W_Y \geqslant c) = \alpha$$

$W_Y = \sum S_i$ 称为 Wilcoxon 秩和统计量,按照上述统计量及检验准则的统计检验方法称为 Wilcoxon 秩和检验(Wilcoxon rank sum test)。

下面讨论 $(S_1, S_2, \cdots, S_n)$ 及 $W_Y = \sum S_i$ 的零分布。

基于 $W_Y = \sum S_i$ 构造统计量检验 H_0,首先要确定 W_Y 在 H_0 为真时的分布,称此分布为 W_Y 的零分布。

首先看 $(S_1, S_2, \cdots, S_n)$ 的零分布,在 H_0 为真时,两个总体的位置参数无差异,$S_i(i=1,2,\cdots,n)$ 在 $1,2,\cdots,N(N=m+n)$ 中随机取值,因为假定 $S_1<S_2<\cdots<S_n$,所以 $(S_1, S_2, \cdots, S_n)$ 的任一组取值 $(s_1, s_2, \cdots, s_n)$ $(1 \leq s_1 < s_2 < \cdots < s_n \leq N)$ 的概率为 $\dfrac{1}{C_N^n}$,即 $(S_1, S_2, \cdots, S_n)$ 的零分布为

$$P_{H_0}(S_1 = s_1, S_2 = s_2, \cdots, S_n = s_n) = \dfrac{1}{C_N^n}$$

下面分析 W_Y 的零分布

$W_Y = \sum S_i$ 是离散型随机变量,所有可能取值范围是介于 $\dfrac{n(n+1)}{2}$ 和 $\dfrac{n(2N-n+1)}{2}$ 之间的正整数,且 W_Y 是 $(S_1, S_2, \cdots, S_n)$ 的函数,理论上 W_Y 的分布是完全确定的,先举例说明如何由 $(S_1, S_2, \cdots, S_n)$ 的分布求 W_Y 的零分布。

例 11.2.1 对 $N=5, n=2$ 的情况,求出 W_Y 的零分布。

解:在 H_0 为真时,(S_1, S_2) 在 $(1,2,3,4,5)$ 中的取值,且每组取值的概率为

$$P_{H_0}(S_1 = s_1, S_2 = s_2) = \dfrac{1}{C_5^2} = \dfrac{1}{10}$$

(S_1, S_2) 取值情况及 W_Y 的取值列表如下:

(S_1, S_2)	(1,2)	(1,3)	(1,4)	(1,5)	(2,3)	(2,4)	(2,5)	(3,4)	(3,5)	(4,5)
W_Y	3	4	5	6	5	6	7	7	8	9

故得 W_Y 的零分布如下表:

W_Y	3	4	5	6	7	8	9
$P_{H_0}(W_Y = w)$	$\dfrac{1}{10}$	$\dfrac{1}{10}$	$\dfrac{2}{10}$	$\dfrac{2}{10}$	$\dfrac{2}{10}$	$\dfrac{1}{10}$	$\dfrac{1}{10}$

一般地,从 $\{1,2,\cdots,N\}$ 中随机抽取 n 个数为一组,剩下 $N-n=m$ 个数为一组,以 $\#\{w:n,m\}$ 表示 $W_Y = w$(即 n 个数之和为 w)所有可能取法的数目,则

$$P_{H_0}(W_Y = w) = \frac{\#\{w:n,m\}}{C_N^n}$$

其中, w 取 $\frac{n(n+1)}{2}$ 至 $\frac{n(2N-n+1)}{2}$ 之间的整数。

需要说明一下:

由于 W_Y 是离散随机变量,使得精确成立的 c 一般不存在,我们选择使 $P_{H_0}(W_Y \geq c)$ 最接近 α 的 c 作为临界值。

2. Mann-Whitney 检验

如果以 W_{XY} 表示混合样本中 Y 的观测值大于 X 的观测值的个数,即 $W_{XY} = \#\{X_i < Y_j, i=1,2,\cdots,m; j=1,2,\cdots,n;\}$,且满足

$$W_X = W_{XY} + \frac{n(n+1)}{2}$$

因此, W_{XY} 也可以作为上述检验问题的统计量,且 W_{XY} 与 W_Y 对上述检验问题来说是等价的,在实际问题中使用更加广泛。以后,一般采用 W_{XY} 作为上述检验问题的统计量,称为 Mann-Whitney 统计量,相应的检验方法称**为 Mann-Whitney 检验**。此时, H_0 的拒绝域形式为 $\{W_{XY} \geq C\}$, C 为相应检验水平 α 的临界值。

当 m,n 充分大时,考虑 W_{XY} 的渐近零分布,可以证明,当 H_0 为真时, W_{XY} 的方差和期望分别为

$$E_{H_0}(W_X) = \frac{mn}{2}, \mathrm{Var}_{H_0}(W_{XY}) = \frac{mn(N+1)}{12}$$

并且,当 $n \to \infty$ 时, W_{XY} 近似服从正态分布:

$$\frac{W_{XY} - E_{H0}(W_{XY})}{\sqrt{\mathrm{Var}_{H_0}(W_{XY})}} \xrightarrow{L} N(0,1) \quad (n \to \infty)$$

前面假设来自总体 X,Y 的样本 $X_1, X_2, \cdots, X_m$ 和 $Y_1, Y_2, \cdots, Y_n$ 互不相同(无结点),即假定了 $R_1 < R_2 < \cdots < R_m$ 及 $S_1 < S_2 < \cdots < S_n$,当有结点存在时,按有结点的情况重新编秩,以 $R_1^* \leq R_2^* \leq \cdots \leq R_m^*$ 和 $S_1^* \leq S_2^* \leq \cdots \leq S_n^*$ 分别表示总体 X,Y 在混合样本中的秩。 l 表示互不相同的样本的个数, $\tau_i(i=1,2,\cdots,l)$ 表示样本等于第 i 个最小值个数,即混合样本的结统计量为 $(\tau_1, \tau_2, \cdots, \tau_l)$, $d_i(i=1,2,\cdots,l)$ 为第 i 个结内的秩的平均值。此时,定义

$$W_{XY}^* = \#\{X_i < Y_j; i=1,2,\cdots,m; j=1,2,\cdots,n\}$$
$$+ \frac{1}{2}\#\{X_i = Y_j; i=1,2,\cdots,m; j=1,2,\cdots,n\}$$

可以证明,当 H_0 为真时

$$E_{H_0}(W_{XY}^*) = \frac{nm}{2}, \operatorname{Var}_{H_0}(W_{XY}^*) = \frac{mn(N+1)}{12} - \frac{mn\sum_{i=1}^{l}(\tau_i^3 - \tau_i)}{12N(N-1)}$$

且当 $m,n \to \infty$ 时,若存在常数 c_0 满足

$$\max_{i=1,2,\cdots,l}\left\{\frac{d_i}{N}\right\} \leqslant c_0 < 1$$

则有

$$\frac{W_{XY}^* - E_{H_0}(W_{XY}^*)}{\sqrt{\operatorname{Var}_{H_0}(W_{XY}^*)}} \xrightarrow{L} N(0,1) \quad (n \to \infty)$$

上述结论表明,只要 $\frac{d_1}{N}, \frac{d_2}{N}, \cdots, \frac{d_l}{N}$ 中最大者不是太接近1,则当 m,n 充分大时, $\frac{W_{XY}^* - E_{H_0}(W_{XY}^*)}{\sqrt{\operatorname{Var}_{H_0}(W_{XY}^*)}}$ 的零分布可以用标准正态分布来代替,可以对有结点情况进行大样本检验。

最后指出,以 W_X 表示总体 X 的样本在混合样本中秩的和,则有

$$W_X + W_Y = 1 + 2 + \cdots + N = \frac{N(N+1)}{2}$$

其零分布也确定,所以也可以作为检验统计量,对应的 Mann-Whitney 统计量,大样本的检验、节点处理等与 W_Y 类似,在此不再赘述。

11.2.2 独立样本刻度参数的检验

设总体 X,Y 相互独立, X 的分布函数为 $F(x)$, Y 的分布函数为 $F(x/\sigma)$。 $X_1, X_2, \cdots, X_m$ 和 $Y_1, Y_2, \cdots, Y_n$ 是分别来自总体 X,Y 的样本,姑且假定它们是互不相同的。由于 Y_i 的分布与 σX_i 相同,因此从分布角度看, X 的样本与 Y 的样本差别,相当于同一个量在不同刻度(单位)的坐标系下所产生的差别,故称 σ 为刻度参数,关于 σ 的检验,通常有

$$H_0: \sigma = \sigma_0, H_1: \sigma < \sigma_0(\sigma < \sigma_0, \sigma \neq \sigma_0)$$

不失一般性,假设 $\sigma_0 = 1$,因为可以通过 $\sigma_0 H_i$ 代替 X_i 来实现。先看检验问题

$$H_0: \sigma = 1, H_1: \sigma > 1$$

如何来选择统计量?如果 H_1 成立,由于 Y 的样本在分布上相当于 X 的样本乘以 σ,如果 X 的样本全在正轴一边,这时乘以 σ 的效果使 Y 的样本倾向于增大。反之,如果 X 的样本全在负轴一边,这时乘以 σ 的效果使 Y 的样本倾向于减小,如果 X 的样本既有正值又有负值,乘以 σ 的效果使正值更大,负值更小,因此, Y 的样本倾向于取两端的值。

本节总假定 $F(x)$ 连续，且中位数为 0，于是在 H_1 成立条件下，Y 的样本在合样本中的顺序统计量倾向于取两端的值。对此合样本，重新定义其秩。规定最大的与最小的顺序统计量相应的样本秩为 1，次最大与次最小的顺序统计量的样本的秩为 2，$\cdots$，最后，当 $N=m+n$ 为奇数时，定义合样本中位数的秩为 $\frac{N+1}{2}$，当 $N=m+n$ 为偶数时，定义相应于第 $\frac{N}{2}$ 大和第 $\frac{N}{2}$ 小的顺序统计量的秩为 $\frac{N}{2}$，记这样定义的 X_i 的秩为 R_i^*，其和为

$$T = \sum_{i=1}^{m} R_i^*$$

当 T 较大时，拒绝 H_0。因此 T 可以作为检验统计量，T 称为 Ansari-Bradley 检验统计量，H_0 的拒绝域为 $\{T \geq c_2\}$。

同样，单侧检验 $H_0: \sigma = 1$，$H_1: \sigma < 1$ 和双侧检验 $H_0: \sigma = 1$，$H_1: \sigma \neq 1$ 的 H_0 的拒绝域分别是 $\{T \leq c_2\}$ 和 $\{T \leq c_1\} \cup \{T \geq c_2\}$（$c_1 < c_2$）。上述拒绝域的临界值 c_1，c_2 可根据检验水平 α 查 Ansari-Bradley 表得到。

当 m, n 很大时，Ansari-Bradley 还证明：在 H_0 下，统计量 T 有如下极限分布：当 $m, n \to \infty$，且 $\frac{n}{N} \to$ 常数，则

$$\frac{T - E_{H_0}(T)}{\sqrt{\mathrm{Var}_{H_0}(T)}} \xrightarrow{L} N(0, 1)$$

其中，当 N 为偶数时，

$$E_{H_0}(T) = \frac{m(N+2)}{4}, \quad \mathrm{Var}_{H_0}(T) = \frac{mn(N^2 - 4)}{48(N-1)}$$

当 N 为奇数时，

$$E_{H_0}(T) = \frac{m(N+1)^2}{4}, \quad \mathrm{Var}_{H_0}(T) = \frac{mn(N+1)(N^2 + 3)}{48N^2}$$

当合样本有结点时，设 $(\tau_1, \tau_2, \cdots, \tau_l)$ 为结统计量，$d_i (i=1,2,\cdots,l)$ 为第 i 个结内的秩平均值，则上述极限分布的均值不变，而方差要变为

当 N 为偶数时，

$$\mathrm{Var}_{H_0}(T) = \left[\frac{mn\left(16 \sum \tau_i d_i - N(N+2)^2\right)}{16N(N-1)}\right]^2$$

当 N 为奇数时，

$$\mathrm{Var}_{H_0}(T) = \left[\frac{mn\left(16 \sum \tau_i d_i^2 - (N+1)^4\right)}{16N^2(N-1)}\right]^2$$

利用上述极限分布,可以进行大样本检验。

11.2.3 配对样本参数的检验

两种处理方法比较试验中,N 个实验个体,随机地抽取 n 个接受 A 方法处理,剩下 $N-n$ 个接受 B 方法处理。如果两组个体在接受处理前就存在较大差异,这种差异会掩盖不同方法处理效果,因而检验的有效性会减弱。解决这个问题的一个可行性方法是,将 N 个实验个体首先分为若干小组,使每小组的个体差异较小,这样的小组称为**齐性组**,再将齐性组的个体随机分为两部分,分别接受两种处理方法。以检验两种处理方法是否有差异,这样得到的样本被称为**配对样本**。如在有关双胞胎的研究中,可将一个双胞胎看成一个齐性组;农业生产中,可按相邻的、土质条件相近的田块作为齐性组,得到的试验样本都是配对样本。

对于配对样本 $\{X_1,Y_1\},\{X_2,Y_2\},\cdots,\{X_n,Y_n\}$,要比较两个总体 X,Y 分布位置,往往可以利用单个总体的检验方法来解决。令 $Z=X-Y$,如果要检验两个总体 X,Y 的分布位置是否相同,就转化为根据样本 $Z_i=X_i-Y_i(i=1,2,\cdots,n)$ 检验 Z 的中位数 θ 是否等于 0,即要检验

$$H_0:\theta=0;H_1:\theta\neq 0$$

单样本问题中介绍的符号检验及在 Z 是对称分布假设下 Wilcoxon 符号秩检验都适用。

11.3 多样本问题

假设有 k 个相互独立的总体 $X_i(i=1,2,\cdots,k)$,它们的分布除位置参数外,具有相同的形式,即 $X_i \sim F(x-\theta)$,其分布函数 $F(x)$ 只要求是连续函数,除此之外不做其他要求。本节只介绍未知参数的双向检测问题。

11.3.1 多个独立样本的检验

要检验

$$H_0:\theta_1=\theta_2=\cdots=\theta_k;H_1:\theta_1,\theta_2,\cdots,\theta_k$$

不全相等。

设 $X_{i1},X_{i2},\cdots,X_{ik}$ 是来自总体 X_i 的样本 $(i=1,2,\cdots,k)$,记 $N=\sum_{i=1}^{k}n_i$,R_{ij} 为 $X_{ij}(i=1,2,\cdots,k,j=1,2,\cdots,n_i)$ 在样本中的秩。

$R_{i+}=\sum_{j=1}^{n_i}R_{ij}$ 为 X_i 样本的秩和。

$$R_{i.} = \frac{R_{i+}}{n_i} = \frac{R_{i1}+R_{i2}+\cdots+R_{in_i}}{n_i}$$ 为 X_i 样本的秩平均。

$$R_{..} = \frac{1}{N}\sum_{i=1}^{k} R_{i+} = \frac{1}{N}\sum_{i=1}^{k}\sum_{j=1}^{n_i} R_{ij} = \frac{N+1}{2}$$ 为合样本的秩平均。

先假设所有样本观测值都不相同,先考虑 k 个总体只相差一个位置参数,那么,来自不同总体的样本也只相差一个平移量。当 H_0 成立时,k 个总体是相同的,总体的秩平均 $R_{i.}$ 与合样本的秩平均 $\frac{N+1}{2}$ 比较接近,而在 H_1 成立时,倾向于存在总体的秩平均与合样本的秩平均 $\frac{N+1}{2}$ 差别较大,即存在 i,使 $R_{i.} - \frac{N+1}{2}$ 倾向于较大。Kruska-Walls 于 1952 年引进下面的检验统计量:

$$H = \frac{12}{N(N+1)}\sum_{i=1}^{k} n_i\left(R_{i.} - \frac{N+1}{2}\right)^2$$

进一步可化为更利于实际计算的如下形式:

$$H = \frac{12}{N(N+1)}\sum_{i=1}^{k}\frac{R_{i+}^2}{n_i} - 3(N+1)$$

并且给出了 $k=3, n_i \leq 5 (i=1,2,3)$,检验水平 α 接近 $0.01, 0.05, 0.10$ 的临界值。当 $n_i > 5$ 时,无表可查。只能计算 H_0 成立时 H 的分布,从而确定出临界值。

求 H 的精确零分布相当复杂,且计算量大。实际应用中,通常利用 H 的渐进零分布进行近似。当 n_i 较大时,可利用下面的近似结果。

当 $\min(n_1, n_2, n_k) \to \infty, \frac{n_i}{N} \to \lambda_i \in (0,1)$ 时,在 H_0 下,有

$$H \xrightarrow{L} \chi^2(k-1)$$

有人研究过上面的近似效果,一般地,当每组的样本容量相近时,近似效果较好。当某组或某几组样本容量较小,而另一组或另几组样本容量过大时,近似效果不好。

当样本观测值有结点时,按平均秩法编秩后,各组的秩和为 $R_{i+}^*(i=1,2,\cdots,k)$,$\tau_1, \tau_2, \cdots, \tau_l$ 为结统计量,这时统计量 H 用 H_c 代替。

$$H = \frac{\frac{12}{N(N+1)}\sum_{i=1}^{k}\frac{R_{i+}^2}{n_i} - 3(N+1)}{1 - \sum_{j=1}^{l}\frac{\tau_j^3 - \tau_j}{N^3 - N}}$$

11.3.2 多个相关样本的检验

为了比较 s 种处理方法的效果有无显著差异,将给定的 s_N 个试验个体平均

分为 N 个齐性组,各组中的 s 个个体随机地指定给 s 个方法接受试验,并假定各组间的分配是相互独立的。经各个方法处理后,得到每组中 s 个个体的度量值(先假设互不相同),设为 $X_{1j}, X_{2j}, \cdots, X_{sj}(j=1,2,\cdots,N)$。其中 X_{ij} 表示第 j 组中接受第 i 种方法试验个体的度量值,得到 s 个相关样本。每个样本的容量为 N。这种用来检测 s 种处理方法差异的试验称为**随机化的完全区组设计**(randomized complete block design)。N 个齐性组称为 N 个区组,s 种处理方法称为 s 个处理。考虑位置参数的假设检验问题 $H_0:\theta_1=\theta_2=\cdots=\theta_s; H_1:\theta_1,\theta_2,\cdots,\theta_s$ 不全相等。

在第 j 组样本的秩为 $(R_{1j}, R_{2j}, \cdots, R_{sj})$,其中 R_{ij} 表示第 j 组中接受第 i 种方法试验个体的秩。显然 $(R_{1j}, R_{2j}, \cdots, R_{sj})$ 是正整数 $1,2,\cdots,s$ 的某个排列。

下面考虑如何建立统计量。若 s 种处理方法有差异,则某些方法处理后的 N 个个体的秩将倾向于增大,某些方法处理后的 N 个个体的秩将倾向于减小,用接受不同处理方法的 N 个个体的平均来反映这种差异。

$R_{i+}=\sum_{j=1}^{N}R_{ij}$ 为接受第 i 种方法试验的 N 个个体的秩和。

$R_i=\dfrac{R_{i+}}{N}$ 为接受第 i 种方法试验的 N 个个体的秩平均。

$R_{..}=\dfrac{1}{sN}\sum_{i=1}^{s}\sum_{j=1}^{N}R_{ij}=\dfrac{1}{sN}[N(1+2+\cdots+s)]=\dfrac{s+1}{2}$ 为所有合样本的秩平均。

为了便于对这些记号的理解,可参考表 11-1。

表 11-1　各个体的秩及组间、组内秩和

	组别	1	2	$\cdots$	N	组间秩和
方法	1	R_{11}	R_{12}	$\cdots$	R_{1n}	R_{1+}
	2	R_{21}	R_{22}	$\cdots$	R_{2n}	R_{2+}
	$\vdots$	$\vdots$	$\vdots$		$\vdots$	$\vdots$
	s	R_{s1}	R_{s2}	$\cdots$	R_{sn}	R_{s+}
	组内秩和	$\dfrac{s(s+1)}{2}$	$\dfrac{s(s+1)}{2}$	$\cdots$	$\dfrac{s(s+1)}{2}$	$\dfrac{Ns(s+1)}{2}$

若 H_0 不真,即各方法的处理效果有显著差异,则各 R_i 的差异较大;若 H_0 为真,则各 $R_i(i=1,2,\cdots,s)$ 集中在合样本的秩平均 $R_{..}=\dfrac{s+1}{2}$ 周围,而统计量

$$Q=\dfrac{12N}{s(s+1)}\sum_{i=1}^{s}\left[R_i-\dfrac{(s+1)}{2}\right]^2$$

反映了 R_i 在 R 附近的分散程度。若 H_0 不真,则 Q 有偏大趋势,拒绝域形式为

$\{Q \geq c\}$，其中临界值 c 由 $P_{H_0}\{Q \geq c\} = \alpha$ 确定。上述检验称为 Friedman 检验。利用

$$R_{i+} = \sum_{j=1}^{N} R_{ij} = NR_{i.}$$

则 Q 又可表示为

$$Q = \frac{12}{Ns(s+1)} \sum_{i=1}^{s} R_{i+}^2 - 3(s+1)$$

此式利用表 11.1 计算较方便。

关于 Q 的零分布，即使对较小的 N 和 s，计算起来也很复杂，在实际应用中，更多的是利用 Q 的渐进零分布确定临界值或检验 p 值。

可以证明，在 H_0 之下，当 $Ns \to \infty$ 无穷时，Q 渐进服从自由度为 $s-1$ 的 χ^2 分布。利用这个近似结果，可以确定检验的近似 p 值。

前面假定了各组的观测值互不相同，即无结点出现。若组内的观测值有结点，设 $\tau_{1j}, \tau_{2j}, \cdots, \tau_{lj}$ 为结统计量，$d_{ij}(i=1,2,\cdots l, j=1,2,\cdots,N)$ 为第 i 个结内的秩平均值。以 R_{ij} 表示第 j 组中接受第 i 种方法试验个体的秩，$R_{i+}^* = \sum_{j=1}^{N} R_{ij}^*$ 为接受 i 种方法实验的 N 的个体的秩和，令

$$Q^* = \frac{\frac{12}{Ns(s+1)} \sum_{i=1}^{s} R_{i+}^{*2} - 3N(s+1)}{1 - \frac{1}{Ns(s^2-1)} \sum_{j=1}^{N} \sum_{i=1}^{l_j} (\tau_{ij}^3 - \tau_{ij})}$$

当 H_0 不真时，Q^* 有偏大趋势，拒绝域形式仍为 $\{Q^* \geq e\}$。

同样有结论：当 $Ns \to \infty$ 时，Q^* 渐近线服从自由度为 $s-1$ 的 χ^2 分布，依次可以确定临界值 c，经验表明，只要 $Ns \geq 30$，这种逼近是相当精确的。

11.4　秩相关分析

变量之间的相关程度用相关系数来度量，最常用的相关系数是 Pearson 相关系数，可以用来检验变量之间是否独立，但它是建立在变量服从正态分布的假设基础之上的，是属于参数统计方法。本节介绍的 Spearman 秩相关系数和 Kendallτ 秩相关系数都是非参数型的，都可以用来度量变量之间的相关性。

11.4.1　Spearman 秩相关系数

假设 $X_1, X_2, \cdots, X_n$ 和 $Y_1, Y_2, \cdots, Y_n$ 是分别来自总体 X 和 Y 的样本，$R_1, R_2, \cdots, R_n$ 和 $S_1, S_2, \cdots, S_n$ 是对应的无结点的秩统计量。下式给出了 Spearman 秩相

关系数的定义

$$r_s = \frac{\sum_{i=1}^{n}(R_i - \bar{R})(S_i - \bar{S})}{\sqrt{\sum_{i=1}^{n}(R_i - \bar{R})^2}\sqrt{\sum_{i=1}^{n}(S_i - \bar{S})^2}}$$

及化简结果

$$r_s = 1 - \frac{6}{n(n^2-1)}\sum_{i=1}^{n}(R_i - S_i)^2$$

因为

$$\sum_{i=1}^{n}(R_i - S_i)^2 = \frac{n(n+1)(2n+1)}{3} - 2\sum_{i=1}^{n}(R_i S_i)$$

代入上式得

$$r_s = \frac{12\sum_{i=1}^{n}(R_i S_i) - 3n(n+1)^2}{n(n^2-1)}$$

当 X 和 Y 独立时,$R_1, R_2, \cdots, R_n$ 和 $S_1, S_2, \cdots, S_n$ 相互独立,$E(r_s) = 0$。当 X 与 Y 正相关时,r_s 倾向于取正值;当 X 与 Y 负相关时,r_s 倾向于负值。这样可以用 r_s 的分布来检验 X 和 Y 是否独立。

H_0:X 与 Y 不相关;H_1:X 与 Y 正相关(X 与 Y 负相关或 X 与 Y 相关)。

关于 r_s 的零分布由 $\sum_{i=1}^{n} R_i S_i$ 的分布确定,有下面一个重要性质。

性质 11.4.1 在原假设为真时, $\sum_{i=1}^{n} R_i S_i$ 与 $\sum_{i=1}^{n} i S_i$ 同分布。

显然 $\sum_{i=1}^{n} i S_i$ 是 $\sum_{i=1}^{n} R_i S_i$ 在 $R_i = i (i=1,2,\cdots,n)$ 的特殊情况,$R_i = i$ 意味着 $X_1 < X_2 < \cdots < X_n$。可以这样理解性质 11.4.1,把原来的成对数据 $(X_1, Y_1), (X_2, Y_2), \cdots, (X_n, Y_n)$ 一对一对的交换顺序,重新排列 $X_1 < X_2 < \cdots < X_n$。这相当于 $(R_1, S_1), (R_2, S_2), \cdots, (R_n, S_n)$ 重新排列,使得 $R_i = i (i=1,2,\cdots,n)$。重新排列后的成对数据 $\sum_{i=1}^{n} i S_i = \sum_{i=1}^{n} R_i S_i$。

下面研究 $\sum_{i=1}^{n} i S_i$ 的分布,由于 $(S_1, S_2, \cdots, S_n)$ 服从均匀分布:

$$P(S_1 = s_1, S_2 = s_2, \cdots, S_n = s_n) = \frac{1}{n!}$$

式中,$(S_1, S_2, \cdots, S_n)$ 是 $(1, 2, \cdots, n)$ 的一个排列,所以有

$$P\left(\sum_{i=1}^{n} iS_i = d\right) = \frac{S_n(d)}{n!}$$

式中：$S_n(d) = \#\left\{(s_1, s_2, \cdots, s_n) \mid \sum_{i=1}^{n} is_i = d\right\}$，表示 $\sum_{i=1}^{n} is_i = d$ 时，$(S_1, S_2, \cdots, S_n)$ 所有取法的数目。

$$d = \frac{n(n+1)(n+2)}{6}, \cdots, \frac{n(n+1)(2n+1)}{6}$$

这样就得到 Spearman 秩相关系数 r_s 的概率分布律

$$P\left(r_s = \frac{12d - 3n(n+1)^2}{n(n^2-1)}\right) P\left(\sum_{i=1}^{n} R_i S_i = d\right) = \frac{S_n(d)}{n!}$$

利用 r_s 的概率分布人们构造了秩相关系数检验临界值表，由此可以构造拒绝域或计算 p 值进行检验。还可以证明，当 n 较大时，$\sqrt{n-1}\, r_s$ 近似分布为标准正态分布 $N(0,1)$，这样可以方便地利用正态分布的表构造近似拒绝域或 p 值。R 软件中用函数 cor.test( ) 进行相关性检验。

当 X 和 Y 的样本中有结点时，利用平均秩方法定秩。用分别表示和的秩，则 Spearman 秩相关系数定义为

$$r^* = \frac{\dfrac{n(n^2-1)}{6} - \dfrac{1}{12}\left[\sum_i (\tau_i^3(x) - \tau_i(x)) + \sum_j (\tau_j^3(y) - \tau_j(y))\right]}{2\sqrt{\left[\dfrac{n(n^2-1)}{12} - \dfrac{1}{12}\sum_i (\tau_i^3(x) - \tau(x))\right]\left[\dfrac{n(n^2-1)}{12} - \dfrac{1}{12}\sum_j (\tau_j^3(y) - \tau_j(y))\right]}}$$

式中：$\tau_i(x), \tau_j(y)$ 分别表示 X, Y 样本中的结统计量；$\theta^* = \sum_{i=1}^{n}(R_i^* - S_i^*)^2$。计算 H_0 成立条件下，r^* 的精确分布比较困难。当 n 比较大时，可以利用下面的近似：

$$\sqrt{n-1}\, r^* \xrightarrow{L} N(0,1) \quad (n \to \infty)$$

11.4.2　Kendall τ 秩相关系数

同样考虑假设检验问题 H_0：X 与 Y 不相关，H_1：X 与 Y 正相关。

Kendall 于 1938 年提出另一种与 Spearman 秩相关系数相似的检验法，他从二维随机样本 $(X_i, Y_i)(i=1,2,\cdots,n)$ 是否协同一致来检验两变量之间是否存在相关性。

首先引入协同的概念，假设有 n 对互不相同观测值 $(x_i, y_i)(i=1,2,\cdots,n)$，如果乘积 $(x_j - x_i)(y_j - y_i) > 0, \forall j > i(i,j = 1,2,\cdots,n)$，称数对 (x_i, y_i) 与 (x_j, y_j) 满足协同性。也就是说，第 j 对观测值的两个分量同时比第 i 对观测值的两个分

量大(或小)。反之,若乘积$(x_j-x_i)(y_j-y_i)<0, \forall j>i(i,j=1,2,\cdots,n)$,则称数对不协同。

用N_c表示协同数对的数目,N_d表示不协同数对的数目,则$N_c+N_d=C_n^2=\frac{n(n-1)}{2}$无结点时[270],Kendall τ 秩相关系数定义为

$$\tau = \frac{N_c - N_c}{\frac{n(n-1)}{2}}$$

若所有数对全部协同,则$N_c = \frac{n(n-1)}{2}, N_d = 0, \tau = 1$,若所有数对全部不协同,则$N_c = 0, N_d = \frac{n(n-1)}{2}, \tau = -1$。因此,Kendall τ 取值在$-1 \leq \tau \leq 1$之间。另外,如果定义

$$\text{sign}((X_2-X_1)(Y_2-Y_1)) = \begin{cases} 1 & (X_2-X_1)(Y_2-Y_1) > 0 \\ 0 & (X_2-X_1)(Y_2-Y_1) = 0 \\ 1 & (X_2-X_1)(Y_2-Y_1) < 0 \end{cases}$$

则

$$\tau = \frac{2}{n(n-1)} \sum_{1 \leq i < j \leq n} \text{sign}((x_j - x_i)(y_j - y_i))$$

关于τ的零分布,同样有以下性质

(1) $E_{H_0}(\tau) = 0, \text{Var}_{H_0}(\tau) = \frac{n(n+1)(2n+5)}{18}$;

(2) 关于原点O对称;

(3) $n \to \infty$时,$\tau \sqrt{\frac{18}{n(n+1)(2n+5)}} \xrightarrow{L} N(0,1)$。

利用τ的概率分布,在样本数较小时,编制了Kendall τ 检验临界值表。由此可以构造拒绝域或计算检验p值进行检验。当n较大时,可以方便地利用正态分布的表构造近似拒绝域或计算检验p值。

当有结点时,用平均秩计算秩,Kendall τ 公式校正如下

$$\tau^* = \frac{N_c - N_d}{\sqrt{\frac{n(n-1)}{2} - T_x} \sqrt{\frac{n(n-1)}{2} - T_y}}$$

其中,$T_x = \frac{1}{2} \sum (\tau_i^3(x) - \tau_i(x)), T_y = \frac{1}{2} \sum (\tau_j^3(y) - \tau_j(y))$,分别表示$X, Y$

样本秩中的结统计量。当样本数 n 较小时,仍然由 Kendall τ 检验临界值表查临界值,当样本数 n 较大时,用渐进正态性得到检验 p 值。τ^* 的渐进正态性可以写成

$$3\sqrt{\frac{n(n-1)}{2(2n+5)}}\tau^* \xrightarrow{L} N(0,1) \quad (n\to\infty)$$

实际上,对于相关性的度量和检验,使用 Spearman 秩相关系数还是使用 Kendall τ 秩相关系数,没有一个确定的说法。建议在实际使用中这两种系数都用,综合比较,得出结论。

11.5 二维列联表

假设有 n 个个体根据两个属性 A 和 B 进行分类。属性 A 有 r 类:$A_1,A_2,\cdots,A_r$,属性 B 有 s 类:$B_1,B_2,\cdots,B_s$。n 个个体既属于 A_i 又属于 B_j 的个数为 n_{ij}。这样就得到一张二维的 $r\times s$ 的列联表。

	B_1	B_2	$\cdots$	B_s	合计
A_1	n_{11}	n_{12}	$\cdots$	n_{1s}	n_{1+}
A_2	n_{11}	n_{22}	$\cdots$	n_{2s}	n_{2+}
$\cdots$	$\cdots$	$\cdots$	$\cdots$	$\cdots$	$\cdots$
A_r	n_{r1}	n_{r2}	$\cdots$	n_{rs}	n_{r+}
合计	n_{+1}	n_{+2}	$\cdots$	n_{+s}	n

其中

$$n_{i+} = \sum_{j=1}^{s} n_{ij} \quad (i=1,2,\cdots,r)$$

$$n_{+j} = \sum_{i=1}^{r} n_{ij} \quad (j=1,2,\cdots,s)$$

显然有

$$n = \sum_{i=1}^{r} n_{i+} = \sum_{j=1}^{s} n_{+j} = \sum_{i=1}^{r}\sum_{j=1}^{s} n_{ij}$$

上表是频数的列联表,以 p_{ij} 表示个体既属于 A_i 又属于 B_j 的概率。则得到相应的概率列联表,这里,A 和 B 可视为离散型随机变量,取"值"分别为 $A_1,A_2,\cdots,A_r$ 和 $B_1,B_2,\cdots,B_s$,p_{ij} 表示 A 取 A_i 及 B 取 B_j 的概率(格子概率)。p_{i+},p_{+j} 表示 A 和 B 的边缘概率。

	B_1	B_2	...	B_s	合　计
A_1	p_{11}	p_{12}	...	p_{1s}	p_{1+}
A_2	p_{11}	p_{22}	...	p_{2s}	p_{2+}
...	...	...	...	...	...
A_r	p_{r1}	p_{r2}	...	p_{rs}	p_{r+}
合计	p_{+1}	p_{+2}	...	p_{+s}	1

其中

$$p_{i+}=\sum_{j=1}^{s}p_{ij}\quad(i=1,2,\cdots,r)$$

$$p_{+j}=\sum_{i=1}^{r}p_{ij}\quad(j=1,2,\cdots,s)$$

二维列联表的检测问题有以下两个：

(1) 齐性检验。所谓齐性，就是对所有的 i 和 j，A_i 类的个体中属于 B_j 类的条件概率 $P(B_j/A_i)=\dfrac{p_{ij}}{p_{i+}}$ 与 i 无关，即

$$\frac{p_{1j}}{p_{1+}}=\frac{p_{2j}}{p_{2+}}=\cdots=\frac{p_{rj}}{p_{r+}}\quad(j=1,2,\cdots,s) \tag{11-1}$$

也就是说 $(B_1,B_2,\cdots,B_s)$ 在每类 A_i 中具有相同的分布。

(2) 独立性检验。若 A 和 B 相互独立，则对所有的 i 和 j，有

$$p_{ij}=p_{i+}=p_{+j}\quad(i=1,2,\cdots,r;j=1,2,\cdots,s) \tag{11-2}$$

由式(11-1)可得

$$\frac{p_{1j}}{p_{1+}}=\frac{p_{2j}}{p_{2+}}=\cdots=\frac{p_{rj}}{p_{r+}}=\frac{p_{1j}+p_{2j}+\cdots+p_{rj}}{p_{1+}+p_{2+}+\cdots+p_{r+}}=p_{+j}$$

即

$$p_{1j}=p_{1+}p_{+j},p_{2j}=p_{2+}p_{+j},\cdots,p_{rj}=p_{r+}p_{+j}\quad(j=1,2,\cdots,s)$$

故有式(11-2)成立，式(11-2)成立时，式(11-1)显然成立，所以齐性检验和独立性检验是等价的。

本节仅讨论二维列联表的独立性检验问题，若要讨论齐性检验问题，则将它等价地变换成独立性检验问题后再进行检验，下面介绍 Pearson χ^2 独立性检验。

11.5.1 Pearson χ^2 独立性检验

$$H_0:p_{ij}=p_{i+}p_{+j}\quad(i=1,2,\cdots,r;j=1,2,\cdots,s)$$

$$H_1:上式至少对某对 i,j 不成立$$

在 n 次观测中,事件 $A=A_i$, $B=B_j$ 发生的理论频数为 np_{ij},若 H_0 成立,有

$$np_{ij} = np_{i+}p_{+j} \quad (i=1,2,\cdots,r; j=1,2,\cdots,s)$$

当 n 较大时,理论频数 $np_{i+}p_{+j}$ 与相应观测频数 n_{ij} 的差异对 $i=1,2,\cdots,r; j=1,2,\cdots,s$ 均不应很大,所以

$$\chi^2 = \sum_{i=1}^{r}\sum_{j=1}^{s}\frac{(n_{ij}-np_{i+}p_{+j})^2}{np_{i+}p_{+j}} \tag{11-3}$$

来描述理论频数 $np_{i+}p_{+j}$ 与相应的观测频数 n_{ij} 的总差异量。

当 H_0 为真时,χ^2 的值不应很大,当 χ^2 的值显著偏大时,拒绝 H_0,即认为 A 和 B 不独立。

实际应用中,p_{i+} 和 p_{+j} 均未知,用观测频率来估计,$\hat{p}_{i+}=\frac{n_{i+}}{n}$,$\hat{p}_{+j}=\frac{n_{+j}}{n}$ 代入式(11-3),得

$$\chi^2 = \sum_{i=1}^{r}\sum_{j=1}^{s}\frac{\left(n_{ij}-\frac{n_{i+}n_{+j}}{n}\right)^2}{\frac{n_{i+}n_{+j}}{n}} = \sum_{i=1}^{r}\sum_{j=1}^{s}\frac{(nn_{ij}-n_{i+}n_{+j})^2}{nn_{i+}n_{+j}}$$

此统计量称为 **Pearson χ^2 统计量**。理论上可以证明,当 H_0 为真时,χ^2 渐近服从自由度为 $(r-1)(s-1)$ 的 χ^2 分布。给定显著性水平 α,计算出 χ^2 值为 χ_0^2,检验 p 值为 $p=P\{\chi^2 \geq \chi_0^2\}$,当 $p<\alpha$ 时拒绝 H_0,否则不能拒绝 H_0。

11.5.2 Fisher 精确检验

Fisher 精确检验对于单元频数小的表格特别适用,仅以 2×2 列联表为例,介绍四表格的 Fisher 精确检验。2×2 列联表为

	B	$\overline{B}$	合 计
A	n_{11}	n_{12}	n_{1+}
$\overline{A}$	n_{21}	n_{22}	n_{2+}
合计	n_{+1}	n_{+2}	n_{++}

与频数四表格对应的概率四表格为

	B	$\overline{B}$	合 计
A	p_{11}	p_{12}	p_{1+}
$\overline{A}$	p_{21}	p_{22}	p_{2+}
合计	p_{+1}	p_{+2}	1

假设边缘频数 n_{1+}, n_{2+}, n_{+1} 和 n_{+2} 都是固定的，n_{11} 和 n_{21} 分别服从二项发布 $B(n_{1+}, p_1)$ 和 $B(n_{2+}, p_2)$，其中 $p_1 = P(B|A)$，表示有属性 A 的个体中有属性 B 的条件概率。$p_2 = P(B|\overline{A})$ 表示没有属性 A 的个体中有属性 B 的条件概率。如果 $p_1 = p_2$，则属性 A 和属性 B 相互独立，也就是有属性 A 的个体中有属性 B 的个体的频率与没有属性 A 的个体中有属性 B 的个体的频率应该没有显著的差异，即

$$\frac{n_{11}}{n_{1+}} \approx \frac{n_{21}}{n_{2+}}$$

如果 $p_1 > p_2$，则有属性 A 的个体中有属性 B 的比例高，对应于频率有

$$\frac{n_{11}}{n_{1+}} > \frac{n_{21}}{n_{2+}}$$

如果 $p_1 < p_2$，则有属性 A 的个体中有属性 B 的比例低，对应于频率有

$$\frac{n_{11}}{n_{1+}} < \frac{n_{21}}{n_{2+}}$$

四表格的检验问题，即属性 A 和属性 B 的独立性检验问题有以下 3 个：

(1) $H_0: p_1 = p_2$（A 和 B 相互独立），$H_1: p_1 \neq p_2$（属性 A 和属性 B 有关）；

(2) $H_0: p_1 = p_2$（A 和 B 相互独立），$H_1: p_1 > p_2$（有属性 A 的个体中有 B 的比例高）；

(3) $H_0: p_1 = p_2$（A 和 B 相互独立），$H_1: p_1 < p_2$（有属性 A 的个体中有 B 的比例低）。

Fisher 精确检验建立在超几何分布的基础上，若边缘频数 n_{1+}, n_{2+}, n_{+1} 和 n_{+2} 都是固定的，N_{ij} 是第 i 行第 j 列格子中观测频数统计量，当 H_0 为真时，对任意的 i, j，N_{ij} 都服从超几何分布。

$$P\{N_{ij} = n_{ij}\} = \frac{C_{n_{+1}}^{n_{i1}} C_{n_{+2}}^{n_{i2}}}{C_n^{n_{i+}}} = \frac{n_{1+}! n_{2+}! n_{+1}! n_{+2}!}{n! n_{11}! n_{12}! n_{21}! n_{22}!} \tag{11-4}$$

选 N_{11} 为检验统计量。

$$P\{N_{11} = n_{11}\} = \frac{C_{n_{+1}}^{n_{11}} C_{n_{+2}}^{n_{12}}}{C_n^{n_{1+}}} = \frac{n_{1+}! n_{2+}! n_{+1}! n_{+2}!}{n! n_{11}! n_{12}! n_{21}! n_{22}!}$$

事实上，n_{11} 确定了，其他 3 个值也就确定了。例如，$n_{1+} = 5, n_{2+} = 3, n_{+1} = 5$，$n_{+2} = 3$，则 n_{ij} 有下面 4 种取值：

| 2 3 | 3 2 | 4 1 | 5 0 |
| 3 0 | 2 1 | 1 2 | 0 3 |

利用公式 (11-4)，可以计算出 n_{11} 取 2, 3, 4, 5 的概率。如取 2 的概率为

$$P\{N_{11}=2\} = \frac{3!5!3!5!}{8!2!3!0!} = 0.1785714$$

在独立的原假设下,N_{11} 取这些值的概率是不同的,但各种取值都不会是小概率事件,如果 N_{11} 过大或过小都可能拒绝原假设[271]。拒绝域形式为 $\{N_{11} \leq c_1\} \cup \{N_{11} \geq c_2\}$,$c_1, c_2$ 为临界值。

Fisher 精确检验的计算比较复杂,所以一般用于 n 比较小的四表格。

实际中为了快速进行 Fisher 精确检验,一般使用优势比来检验,下面介绍优势比的概念。

概率四表格中,**优势比**的定义如下:称条件概率 $P(B|A)$ 与 $P(\bar{B}|A)$ 之比为当个体有属性 A 时,有属性 B 与没有属性 B 的**优势**。即

$$\frac{P(B|A)}{P(\bar{B}|A)} = \frac{\dfrac{p_{11}}{p_{1+}}}{\dfrac{p_{12}}{p_{1+}}} = \frac{p_{11}}{p_{12}}$$

类似地,$\dfrac{p_{11}}{p_{12}}$ 称为当个体没有属性 A 时,有属性 B 与没有属性 B 的优势,称这两个优势的比

$$OR = \frac{\dfrac{p_{11}}{p_{12}}}{\dfrac{p_{21}}{p_{22}}} = \frac{p_{11}p_{22}}{p_{12}p_{21}}$$

为**优势比**(优比)。下列结论成立:
(1) 如果在有属性 A 的个体中有 B 的比例高,则优比 $OR>1$;
(2) 如果在有属性 A 的个体中有 B 的比例低,则优化 $OR<1$;
(3) 如果属性 A 和属性 B 相互独立,则优比 $OR=1$。

11.6 案例分析

在大型装备产品加工生产中,经常需要利用一些数据来做统计推断,从而发现生产过程的一些问题。其中,一项很重要的问题就是对推断猜测结果进行相应的检验。然而,很多时候由于缺乏足够的先验信息,无法合理假设数据总体所具有的分布形式,就无法使用经典的参数统计方法进行检验。本节主要结合某柴油机厂在工作中遇到的一些问题,进行相关非参数理论的验证分析。

11.6.1 柴油机厂质量可靠性问题调研

国营某厂是国内从事高速柴油机研发生产的重要单位,引进生产了某型柴油发动机。根据产品设计,该设备从产品出厂到首次出现故障进行维修的运行时间应该在 800 小时左右。其中,某关键工序零件的设计质量为 54(单位:g),零件质量的设计分布是对称的,加工偏差应该是随机的(显著性水平 $\alpha=0.05$)。在试制该零部件的材料选择过程中,研究人员提出了两种材料(A、B),并分别使用这两种材料试了若干零部件。其中,A 材料成本较低,共试制了 6 件,B 材料成本高,试制了 5 件。选择材料的关键依据是疲劳强度,为了保证整机性能,需要选择疲劳强度较高的材料。从产品经济性出发,销售人员更关注的是柴油机油耗问题。该型柴油机根据用户要求,分别发展了 3 种不同的配置(X、Y、Z)。设计人员认为,3 种配置柴油机系出自同一基本型号,油耗应无显著差异。但是销售人员从用户处得到的反馈则显示,3 种配置的油耗有显著不同。为了解决上述设计、生产、销售中遇到的问题,科学准确地分析实际状况,厂方收集整理了以下信息:

(1) 最近某批次 10 台柴油机从出厂到首次出现故障进行维修的运行时间(单位:h)

305,894,652,1023,734,246,1876,913,293,786

(2) 随机抽取并测量了某关键工序零件的加工偏差和加工后质量

加工偏差/mm	-0.03	0.03	0.04	0.4	0.00	-0.02	-0.04	-0.03	0.01	0.02
加工后质量/g	54.0	55.1	53.8	54.2	52.1	54.2	55.0	55.8	55.1	55.3

(3) A、B 材料试制件疲劳强度试验

A 材料	82	64	53	61	83	76
B 材料	80	65	70	84	56	

(4) 3 种不同配置的柴油机油耗情况(单位:g/kw·h)

配 置	1,500r/min	1,650r/min	1,800r/min
X	193	196	199
Y	189	192	195
Z	194	197	202

(5) 客户对3种配置柴油机综合性能评分(满分100分)

X	85	73	76	94	71	91	76
Y	78	69	81	55	92	70	
Z	60	77	83	66	72	80	51

根据上述信息,研究人员进行了如下分析:

首先,用符号检验法分析这10台柴油机从出厂到首次出现故障进行维修的运行时间分布中心是否为800h。根据非参数统计理论,使用R软件检验

$$H_0: Z = 800; H_1: Z \neq 800$$

双边检验结果为

Exact binomial test

data: sum(w>800) and sum(w>800) + sum(w<800)

number of successes = 4, number of trials = 10, p-value = 0.7539

alternative hypothesis: true probability of success is not equal to 0.5

95 percent confidence interval:

0.1215523 0.7376219

sample estimates:

probability of success 0.4

可见,大于800的样本个数为4,共有10个数据,检验 p 值为0.7539,显著性水平 $\alpha = 0.05$,所以接受原假设,即认为分布中心在800(小时)。也就是说,从最近批次10台柴油机工作状况来看,基本上达到了设计的从出厂到首次出现故障进行维修平均运行时间800h的指标。

而后,使用游程检验来检验加工偏差是否是随机的:

$$H_0: 数据是随机的; H_1: 不是随机的$$

将加工偏差转化为二值序列(-0.03,0.03,0.04,0.4,0.00,-0.02,-0.04,-0.03,0.01,0.02),使用R程序检验结果:

Runs Test

data: x

Standard Normal = -1.3416, p-value = 0.1797

alternative hypothesis: two.sided

可见,利用近似标准正态分布计算,计算值为 Standard Normal = -1.3416,检验 p 值为0.1797,可以认为该加工偏差是随机的。

再使用 Wilcoxon 符号秩检验法检验该零件加工后质量是否正常($\alpha = 0.05$),检验结果为

Wilcoxon signed rank test with continuity correction

Data: x

V = 34, p-value = 0.1906

alternative hypothesis: true location is not equal to 54

这里,W_n^{+*} = V = 34, p-value = 0.09528>0.05,接受原假设,即可以认为该零件加工后质量是正常的。

类似地,对疲劳强度试验进行双侧检验:

$$H_0: \sigma = 1; H_1: \sigma \neq 1$$

合样本秩为

观测值	53	56	61	64	65	70	76	80	82	83	84
总体	A	B	A	A	B	B	A	B	A	A	B
秩	1	2	3	4	5	6	5	4	3	2	1

这里 $m=6, n=5$,Ansari-Bradley 检验统计量 $T = \sum_{i=1}^{m} R_i^* = 21$。

R 检验结果是

Ansari-Bradley test

data: x and y

AB = 18, p-value = 0.6926

alternative hypothesis: true ratio of scales is not equal to 1

p-value = 0.6926,接受 H_0。

也就是说,从试验结果来看,可以认为两种材料制造的零件的疲劳强度无显著差异。在此结果下,不考虑其他因素,则应该选择使用成本较低的 A 材料生产零部件。

对 3 种配置柴油机油耗数据,进行 Friedman 检验,取显著水平 $\alpha = 0.05$

H_0:3 种配置柴油机油耗无差异;H_1:3 种配置柴油机油耗有差异

检验结果为

Friedman rank sum test

data: w

Friedman chi-squared = 6, df = 2, p-value = 0.04979

计算出的 χ^2 值为 6,自由度为 2,检验 p 值为 0.04979,所以拒绝原假设,认为 3 种配置柴油机的油耗有显著的差异。

同理,对 3 种配置柴油机综合性能客户评分可以进行检验:

H_0:3 种柴油机综合性能无差异;H_1:3 种柴油机综合性能有差异

检验结果为:

  Kruskal-Wallis rank sum test
data: list(x,y,z)
Kruskal-Wallis chi-squared = 2.4222, df = 2, p-value = 0.2979

显然,统计量 H_c 的计算结果为 chi-squared = 2.4222 χ^2 分布的自由度为 2,p 值 p-value = 0.2979,所以接受原假设 H_0,可以发现客户评分倾向于认为 3 种柴油机综合性能无显著差异。

11.6.2 产品改进措施分析

根据前述数据分析的结果,结合技术人员、管理人员的意见,厂方决定从技术和管理两方面采取措施,以提高产品质量性能。

技术方面的措施包括:①启用一种新配方添加剂,以提高动力性能;②改进曲轴加工温度,解决曲轴硬度偏大的问题;③分析柴油机进气温度和排气温度关系,用于未来新改型产品的技术储备。

管理方面的措施包括:①设立了质量监督员岗位,以对产品质量进行监控;②改进加工工序,以新工序促进关键零部件质量提升;③加大科研和发展投入,确保相关经费稳定增长。

上述措施的提出,在厂内引起了广泛的讨论,但是同时也引发了不同团队的争议。为了广开言路,兴利除弊,厂方决定针对上述两方面措施收集整理了一批数据,以供科学分析决策之用。

(1) 新添加剂效果,试验数据统计如下(单位:kW,$\alpha=0.05$):

加入新添加剂	649	576	595	632	609	619
未加入	589	600	623	593	583	634

(2) 将 4 个批次的曲轴,每批次都分成两个不同温度进行加工,获得曲轴维氏硬度(HV)的数据如下:

温度	第一批次	第二批次	第三批次	第四批次
T_1	613	582	661	612
T_2	596	620	524	580

根据工人经验,判断温度 T_1 加工的曲轴硬度易于偏大,$\alpha=0.05$。

(3) 柴油机试车收集进气温度与排气温度数据如下:

进气温度	排气温度	进气温度	排气温度
14	146	20	286
14	147	19	198
14	148	19	195
14	224	18	233
14	240	18	240
14	264	18	243
15	325	19	402
15	326	19	436
15	326	19	445
14	257	21	482
14	214	21	485
14	187	21	488
18	456	21	297
18	470	22	293
18	478	22	232
18	258	22	235
18	227	23	242
18	203	23	245
18	322	23	443
18	325	23	464
18	327	23	467
19	477	23	452
19	504	26	451
19	516	26	451

（4）质量监督员是否在岗情况下，产品合格情况，记录如下：

分　　组	合格品数	不合格品数	合　　计
在岗	879	11	890
不在	609	21	630
合计	1,488	32	1,520

（5）新旧工序加工产品合格情况，记录如下：

工　序	合　格　品	不合格品	合　　计
新	24	3	27
旧	39	10	49
合计	63	13	76

(6) 财务部门统计该厂近 12 年来科研和发展经费(单位:千万元)如下:

年份	2004	2005	2006	2007	2008	2009	2010	2011	2012	2013	2014	2015	2016
经费	5.9	5.4	4.7	4.3	3.8	3.7	3.9	4.0	4.2	4.9	5.2	6.0	6.7

根据上述数据,厂方科研管理部门进行了数据处理分析。首先,针对管理部门提出的新添加剂并不能提升动力性能,只是空耗成本的问题。根据试验数据,进行 Wilcoxon 秩和检验,显著性水平 α 取为 0.05:

H_0:新添加剂对柴油机动力性能无影响;

H_1:新添加剂对柴油机动力性能有提高

对两组独立样本(非配对样本)x,y 的检验,exact=FALSE 有结点或样本数较大时,用正态分布近似计算检验 p。检验结果为

Wilcoxon rank sum test with continuity correction

data: x and y

W = 22, p-value = 0.2876

alternative hypothesis: true location shift is greater than 0

W = 22,因为 p-value = 0.2876 > 0.05,所以接受原假设 H_0。

也可以认为,在目前技术成熟度下,新添加剂对柴油机动力性能未能有显著提高效果。因此,建议暂缓在工艺规程中使用新添加剂,直到新添加剂取得显著效果再予考虑。

对工人经验判断温度 T_1 加工易导致曲轴硬度偏大的问题,分别采用配对样本的符号检验和 Wilcoxon 符号秩检验方法,构造 $Z_i = T_{1i} - T_{2i}(i=1,2,\cdots,n)$ 单侧检验问题:

$$H_0: \theta = 0; H_1: \theta > 0$$

检验结果为

Exact binomial test

data: sum(x>y) and sum(x>y) + sum(x<y)

number of successes = 3, number of trials = 4, p-value = 0.3125

alternative hypothesis: true probability of success is greater than 0.5

95 percent confidence interval:

0.2486046 1.0000000

sample estimates：

probability of success 0.75

Wilcoxon signed rank test

data： x and y

V=7,p-value=0.2326

alternative hypothesis：true location shift is greater than 0

两种检验方法的 p-value 均大于 0.05,故接受原假设。可以认为温度 T_1 下加工的产品的硬度显著偏大,一线工人的经验判断是正确的。应该改进工艺,使用 T_2 温度加工曲轴。

对进气温度与排气温度之间的关系,有很多工人认为差别太多,而且受多种复杂因素影响,感觉是不存在显著相关关系的,因此没有必要浪费精力做此项技术研究。为此,科研部门先使用 Spearman 秩相关系数检验了试车数据：

H_0：两者没有相关关系;H_1：两者存在相关关系

检验结果如下：

Spearman's rank correlation rho

data： x[["进气温度"]] and x[["排气温度"]]

S=11774,p-value=0.001611

alternative hypothesis：true rho is not equal to 0

sample estimates：

rho 0.4346314

Warning message：

In cor.test.default(x[["进气温度"]],x[["排气温度"]],alternative="two.sided",：

结果显示 p-value=0.01611,所以拒绝了不相关的原假设,认为柴油机试车过程中进气温度与排气温度有一定的相关性。另外,因为有结点,所以计算的不是精确的 p 值。

为了稳妥起见,科研部门又用 Kendallτ 秩相关系数进行了检验。

检验结果：

Kendall's rank correlation tau

data： x[["进气温度"]] and x[["排气温度"]]

z=3.0243,p-value=0.002492

alternative hypothesis：true tau is not equal to 0

sample estimates：

tau 0.3129049

结果显示 p-value=0.002492,所以拒绝了不相关的原假设 H_0,认为柴油机试车过程中进气温度与排气温度有一定的相关性。

通过上述检验,证明了直觉上没有关系的进气—排气温度实际是有相关性的,这也为开展相关研究提供了最充分的技术依据。厂方基于上述分析,决定继续支持该项目的研究计划。

对设立质量监督员的措施,很多车间工作人员有意见,认为这些人不干活,尽找麻烦,对产品质量没什么影响,属于多此一举。为了调查质量监督员对于产品质量的影响,管理部门根据质量监督员是否在岗的产品合格情况记录,进行了列联表的独立性问题检验:

H_0:质量监督员不在岗与产品质量独立;

H_1:质量监督员不在岗与产品质量不独立

Pearson χ^2 独立性检验结果为

Pearson's Chi-squared test

data: x

X-squared=7.8736,df=1,p-value=0.005016

χ^2 的计算值为 X-squared=7.8736,p-value=0.005016,若显著性水平 $\alpha=0.05$,拒绝原假设,认为质量监督员不在岗与产品质量好坏是不独立,即如果质量监督员不在现场对产品质量(合格情况)有影响。因此,在确保产品合格率的前提下,设立质量监督员岗位是有必要的。

对于新工序应用,各车间有一些意见,认为新工序打乱了原有规范,对产品质量有负面影响,会造成合格率下降的问题。为此,管理部门对同一批次的76件毛坯在加工过程中分别应用新旧两种工序,对加工后产品合格数据进行了 Fisher 检验,假设检验问题:

H_0:新工序对产品质量没有提高($p_1=p_2$),H_1:新工序对产品质量有提高($p_1>p_2$)。

检验结果为:

Fisher's Exact Test for Count Data

data: x

p-value=0.2424

alternative hypothesis: true odds ratio is greater than 1

95 percent confidence interval:

 0.5572818   Inf

sample estimates:

odds ratio 2.033412

关于输出结果说明如下：检验 p 值 p-value = 0.2424，若显著性水平 α = 0.05，则拒绝原假设。而 H_1 假设的优势比大于1，与新工序对产品质量有提高等价。因此，可以认为新工序较旧工序对产品质量有积极影响。

对于加大科研和发展投入的措施，管理和科研部门都表示积极支持。但是对于确保相关经费稳定增长的具体方案，两者存在分歧。管理部门认为近年来科研发展经费虽有波动，但始终维持在较高的水平，可以按现有方案继续执行。但是科研部门则坚持，相关经费没有形成长期稳定增长的局面，现有的波动并没有形成趋势，长期投入随意性大，规划性不强。为此，厂方根据财务部门统计的近年来投入经费数据进行了符号检验，以验证相关经费是否形成了长期趋势。假设检验问题：

H_0：经费数据无趋势；H_1：经费有升或降的趋势

这里 $n=13, c=10, S^+=4, S^-=5, T=4$，检验的显著性水平取为 $\alpha=0.1$。

检验结果：

Exact binomial test

data： sum(D>0) and sum(D>0) + sum(D<0)

number of successes = 2, number of trials = 6, p-value = 0.6875

alternative hypothesis：true probability of success is not equal to 0.5

95 percent confidence interval：

 0.04327187 0.77722190

sample estimates：

probability of success 0.3333333

因为 p 值为0.6875，所以接受原假设，可以认为数据没有单调上升趋势或下降趋势，也就是说厂方科研发展投入没有长期趋势，随意性较大。

参 考 文 献

[1] 王树良,丁刚毅,钟鸣.大数据下的空间数据挖掘思考[J].中国电子科学研究院学报,2013,(1):8-17.

[2] 卜玉.强化统计数据分析提高数据运用能力[J].现代物业(中旬刊),2010,9(06):70-71.

[3] 潘梦云.基于Hadoop的数据处理系统的设计[D].河北工程大学,2014.

[4] 匡晓沁,王乐萍.不全是数据决定的——再读《大数据时代》[J].新闻研究导刊,2015(2):121-121.

[5] 张引,陈敏,廖小飞.大数据应用的现状与展望[J].计算机研究与发展,2013(2):216-233.

[6] 曹茜茜.基于Hadoop的电信大数据分析的设计与实现[D].西安科技大学,2015.

[7] 韩瑛.大数据在信息系统设计与推广中的思考[J].中国管理信息化,2015(2):166-167.

[8] 高红旭,康永,郭芃.大数据技术在民航空管监控系统中的应用[J].现代导航,2015(2):144-149.

[9] 张宁,徐远旭,杨帆,等.大数据时代的生物医学研究[J].中华医学科研管理杂志,2015(1):2-4.

[10] 陈明.数据密集型科研第四范式[J].计算机教育,2013(9):103-106.

[11] 焦汉冰.基于IEC61850和可靠性的设备管理系统的研究与实现[D].西安:西安电子科技大学,2012.

[12] 李少杰.阀门及其遥控操作系统可靠性研究[D].哈尔滨工程大学,2012.

[13] 谢辛.基于信息化视角的专家管理问题研究[D].华中师范大学,2013.

[14] 曾志浩,张琼林,姚贝,等.基于Mahout分布式协同过滤推荐算法分析与实现[J].计算技术与自动化,2015(3):62-67.

[15] 王月春.基于HDFS的远程教育课件资源管理[J].网络安全技术与应用,2014(9):64-65.

[16] 徐叶.基于HDFS的海量小文件存储系统设计与实现[D].国防科学技术大学,2012.

[17] 罗树兰.基于Hadoop数据处理研究及应用[D].云南大学,2016.

[18] 李智,胡敏.美军分布式通用地面系统的建设发展及启示[J].指挥与控制学报,2017,3(02):171-176.

[19] 朱瑞峰.基于Hadoop和R语言的网络自媒体热点挖掘系统的设计与实现[D].电子

科技大学,2015.
- [20] 金利成. 商业智能在公交行业的应用实施[D]. 西安:西安电子科技大学,2009.
- [21] 高武奇,康凤举,钟联炯. 数据挖掘的流程改进和模型应用[J]. 微电子学与计算机, 2011,28(07):9-12+16.
- [22] 赵慧. 数据仓库和数据挖掘在CRM中的应用研究[D]. 首都经济贸易大学,2004.
- [23] 李俊香,孙振营. 从数据到智慧的地质信息化新模式探讨[J]. 城市建设理论研究(电子版),2012(24).
- [24] 臧其事. 基于人工智能的知识发现[D]. 华东师范大学,2008.
- [25] 陈立君. 基于模糊规则的教学评价系统设计与实现[D]. 天津师范大学,2004.
- [26] 孙德忠,孙亮. 浅析数据挖掘技术[J]. 电子制作,2012(8):14-15.
- [27] 张泯泯. 基于自适应随机元胞自动机的数据挖掘技术[D]. 浙江大学,2004.
- [28] 李超. 大数据环境下隐私保护的研究现状分析[J]. 电脑知识与技术,2016(18):29-31.
- [29] 王晟,赵璧芳. 面向云计算的数据管理技术研究[J]. 电脑知识与技术,2012(13):3209-3211.
- [30] 韦浩. 构建审计数据仓库探析[J]. 新会计,2013(8):56-57.
- [31] 辛昕. ERP系统中数据仓库的应用[J]. 城市建设理论研究(电子版),2014(16):622.
- [32] 李小强,何珊,何金明. 通过对比数据库来理解数据仓库[J]. 考试周刊,2013(91):121.
- [33] 吴长燕. 基于数据仓库技术的税收分析系统的设计与实现[D]. 厦门大学,2013.
- [34] 张怡. 浅谈电子商务中的数据仓库体系结构[J]. 电子商务,2010(4):60.
- [35] 强磊,丁晓燕. 数据仓库技术的系统应用[J]. 中国数据通信,2003(4):88.
- [36] 韩琳. 浅谈数据挖掘与数据仓库[J]. 无线互联科技,2012(3):70.
- [37] 吴华芹. 基于云计算背景下的数据存储技术[J]. 计算机光盘软件与应用,2013(7):28-29.
- [38] 李一清,张静. 浅析云计算环境下的数据管理技术[J]. 甘肃科技,2016(17):18-20.
- [39] 李向军. 基于云计算的数据存储系统研究[J]. 硅谷,2010(19):73.
- [40] 石峰. 云计算技术在存储系统中的应用[J]. 计算机光盘软件与应用,2010(10):1-2.
- [41] 孙德忠,孙亮. 浅析数据挖掘技术[J]. 电子制作,2012(8):14-15.
- [42] 朱世武. 数据挖掘运用的理论与技术[J]. 统计研究,2003(08):45-51.
- [43] 于祥茹. 数据挖掘浅析[J]. 硅谷,2009(20):1.
- [44] 王浩,韦艳,白璐. 浅谈数据挖掘技术[J]. 无线互联科技,2012(6):103.
- [45] 雒凤军. 数据挖掘技术与读者个性化服务[J]. 兰台世界,2008(06):70-71.
- [46] 庞先伟. 基于数据挖掘技术的资源型学习[J]. 现代远程教育研究,2002(03):39-42.
- [47] 罗阳倩子. 数据挖掘取样方法研究[J]. 中国管理信息化,2016(4):1.

[48] 张维程,董晓婷. 市场营销闭环管理的助推器[J]. 计算机光盘软件与应用,2011(12):33.

[49] 邓仲华,刘伟伟,陆颖隽. 基于云计算的大数据挖掘内涵及解决方案研究[J]. 情报理论与实践,2015,38(07):103-108.

[50] 李月华. 远程教育中数据挖掘技术的应用[J]. 技术经济与管理研究 2005(01):84-86.

[51] 李雪燕. 数据挖掘在高校成绩管理中的研究和应用[J]. 计算机与数字工程,2011(7):148.

[52] 张志兵. 大数据分析在中小型企业管理中的应用探讨[J]. 价值工程,2016(8):213.

[53] 孙丽君. 探索性数据分析方法及应用[D]. 大连:东北财经大学,2005.

[54] 柴超,俞志明,宋秀贤,等. 长江口水域富营养化特性的探索性数据分析[J]. 环境科学,2007,28(1):53-58.

[55] 宗楠. 支持向量机在代码混淆和软件水印中的应用[D]. 南开大学,2015.

[56] 朱杰,卢丽静. 基于机器学习理论的大数据支撑系统自学习架构的探讨[J]. 广西通信技术,2015(01):35-38.

[57] 孙璐. 机器学习理论浅谈[J]. 考试周刊,2012(76):111.

[58] 冯玉婷,史君华,关于人工智能在网络教育中的应用研究[J]. 合肥师范学院学报,2015(06),85-91.

[59] 毛健,赵红东,姚婧婧. 人工神经网络的发展及应用[J]. 电子设计工程,2011(24):64.

[60] 孙进辉,于洋,李涢. 灰度共生矩阵和神经网络在医学图像处理中的应用[J]. 实验技术与管理,2011(7):60.

[61] 李凯. 对人工神经网络的冷思考[J]. 东方企业文化,2010(03).

[62] 吉建娇,张姣姣,许婕,等. 人工神经网络——控制系统不依赖于模型的故障诊断方法[J]. 科技风,2009(13):1.

[63] 邢广成,强天伟. 人工神经网络的发展与应用[J]. 科技风,2012(12):65-66.

[64] 贺瑶,王文庆,薛飞. 基于云计算的海量数据挖掘研究[J]. 计算机技术与发展 2013(02):69-72.

[65] 孙亚楠. 对云计算的海量数据挖掘相关问题的再探讨[J]. 中国电子商务,2013(18):1.

[66] 郭群. 多媒体信息挖掘综述[J]. 信息系统工程,2010(8):1.

[67] 敖广武,丛红卫. 数据挖掘理论和开发方法[J]. 信息技术,2003(6):13-15.

[68] 孙璐. 情感语音合成中的韵律研究[D]. 中国科学技术大学,2005.

[69] 邵艳秋,韩纪庆,刘挺,等. 自然风格言语的汉语句重音自动判别研究[J]. 声学学报,2006(3):205.

[70] 郅希云. 神经网络汉语TTS韵律模型的研究[D]. 山东大学,2004.

[71] 高正其. 数据挖掘在语音合成中的应用[D]. 北京:中国科学院研究生院(计算技术研究所),1998.

[72] 杜琳,陈云亮,朱静. 图像数据挖掘研究综述[J]. 计算机应用与软件,2011(2):125.

[73] 陈霞,陈桂芬. 基于可视化的时空数据挖掘研究与应用[J]. 安徽农业科学,2012(17):9543.

[74] 金立仁. 做好大数据时代档案利用服务的思考[J]. 黑龙江档案,2015(3):1.

[75] 刘降珍. 基于 Web 的数据挖掘技术[J]. 福建电脑,2008(3):2.

[76] 胡振宇,林士敏. 贝叶斯学习中的线性联合先验[J]. 计算机工程与应用,2012(1):33-35.

[77] 梁礼明,钟震,陈召阳. 支持向量机核函数选择研究与仿真[J]. 计算机工程与科学,2015(6):1135-1141.

[78] 刘飞,窦毅芳,张为华. 数论网格法在极大似然估计中的应用[J]. 系统仿真学报,2006(9):25-35.

[79] 梁建英. 参数区间估计时置信区间的优选法[J]. 高等数学研究,2006(4):2.

[80] 李继业. 承诺的可置信与装备研制合同违约问题研究[D]. 长沙,国防科学技术大学,2013.

[81] 黄发贵. 单侧假设检验中备择假设的设定依据[J]. 统计与决策,2006(7):12-14.

[82] 高国栋,谢海军. 假设检验之趣谈[J]. 商情,2013(44):1.

[83] 马珽,李继成,刘春彦. 假设检验中原假设的选取分析[J]. 高等函授学报(自然科学版),2011(3):108-110.

[84] 郭秀丽. 假设检验中的 P 值及其应用[J]. 学周刊 A 版,2010(1):46-47.

[85] 刘显凤. 区间估计与假设检验的相关性[J]. 科技信息,2009(33):840-841.

[86] 陶应奇. 简析统计假设的两个问题[J]. 绵阳师范学院学报,2004(5):16-18.

[87] 苏再兴,王志福,韩丹丹,魏英超. 从区间估计的角度思考参数假设检验问题[J]. 科技信息,2010(25):3.

[88] 薛前,徐德昌. 时间序列的相似性测度[J]. 生物信息学,2009(1):75-77.

[89] 李继梅. 统计学中几个重要范畴的区别与联系[J]. 产业与科技论坛,2008(7):140-141.

[90] 吕冀. 桥梁监测数据处理与可视化方法研究[D]. 西安,长安大学,2010.

[91] 张金艳,郭鹏江. 确定性时间序列模型及 ARIMA 模型的应用[J]. 西安邮电学院学报,2009,14(03):128-132.

[92] 汤岩. 时间序列分析的研究与应用[D]. 哈尔滨:东北农业大学,2007.

[93] 罗芳琼,吴春梅. 时间序列分析的理论与应用综述[J]. 柳州师专学报,2009,24(03):113-117.

[94] 陶庄,金水高. 时间序列分析简明攻略[J]. 中国卫生统计,2003,(03):24-26.

[95] 史文君. 基于接送行为的中小学校等待集散空间研究[D]. 东南大学,2015.

[96] 范涛涛,寇艳廷,刘晨,等. 时间序列分析中数据的平稳性判定研究[J]. 现代电子技术,2013,36(04):66-68+72.

[97] 邹亮. 基于组合预测的怀化卷烟需求预测分析[D]. 中南大学,2008.

[98] 刘芳,张荷观. 季节指数的研究现状及存在的问题[J]. 统计与决策,2008(5):

11-14.

[99] 苗静.应用移动平均趋势剔除法分析某医院门诊量[J].中国医院统计,2006(2):144.

[100] 侯成琪,徐绪松.计量经济学方法之时间序列分析[J].技术经济,2010,29(08):51-57.

[101] 彭建.基于失效物理的电子系统可靠性预计研究及实现[D].电子科技大学,2012.

[102] 周东华,徐正国.工程系统的实时可靠性评估与预测技术[J].空间控制技术与应用,2008(4):3-10.

[103] 张引,陈敏,廖小飞.大数据应用的现状与展望[J].计算机研究与发展,2013(z2),216-233.

[104] 王吉善,陈晓红,马谢民,等.大数据时代统计分析的新特点[J].中国卫生质量管理,2015(1):59.

[105] 肖冬梅.大数据环境下数据结构和数据安全分析[J].信息与电脑,2015(4):82-84.

[106] 薛一波.大数据的前世、今生和未来[J].中兴通讯技术,2014(3):41-43.

[107] 孟小峰,慈祥.大数据管理:概念、技术与挑战[J].计算机研究与发展,2013(1):149.

[108] 郭秀娟.基于关联规则数据挖掘算法的研究[D].吉林大学,2004.

[109] 刘丽.基于关联规则的数据挖掘技术综述[J].现代计算机(专业版),2011(07):25-27.

[110] 王枭翔.基于相关兴趣度的关联规则挖掘[D].兰州交通大学,2013.

[111] 金玲,刘晓丽,王妍,等.关联规则数据挖掘方法的研究[J].科学与财富,2015(8):24.

[112] 赵岩.数据挖掘中的关联规则技术研究[D].西安电子科技大学,2008.

[113] 王润林,杨世宁,李廷保.基于数据挖掘对中医药治疗头痛用药规律的研究[J].中国中医药科技,2014(01):105-106.

[114] 李勇,刘艳顺,刘予飞.关联规则挖掘Apriori算法的优化及Java实现[J].西北民族大学学报(自然科学版),2008(2):19-22.

[115] 张一梅.基于数组的关联规则挖掘算法的改进研究[D].太原理工大学,2008.

[116] 陈波.动态关联规则的研究[D].南京邮电大学,2012.

[117] 郭海凤,王预,李涛.基于关联规则的超市推荐系统的优化设计[J].金陵科技学院学报,2015(2):28-32.

[118] 郑海东,王凯丽.几种关联规则数据挖掘算法的实现[J].信息化研究,2011(4):36.

[119] 刘进锋.动态关联规则的理论与应用研究[D].浙江大学,2006.

[120] 钱进,朱亚炎.面向成组对象集的增量式属性约简算法[J].智能系统学报,2016(4):496.

[121] 程欣,梁吉业,钱宇华.基于偏序粒的动态决策规则挖掘[J].计算机应用,2007

(3):556.

[122] 牛海峰. 动态信息系统决策规则挖掘模型与应用[D]. 浙江师范大学 2009.

[123] 王青江,刘哲,王民强,等. 基于兴趣度的数据挖掘[J]. 速读(下旬),2015(3):40.

[124] 李静,付达杰. 基于 Web 数据挖掘的用户兴趣获取[J]. 科技资讯,2013(34):1-3.

[125] 吴双,张文生,徐海瑞. 基于词间关系分析的文本特征选择算法[J]. 计算机工程与科学,2012(6):142.

[126] 梅俊. 数据挖掘中关联规则算法的研究及应用[D]. 安徽工程大学,2010.

[127] 赵连朋. 关于强关联规则挖掘与相关应用研究[D]. 东北师范大学,2009.

[128] 薛慧君. 基于遗传算法的关联规则数据挖掘的应用研究[D]. 天津大学,2006.

[129] 李凤营,赵连朋,王红雨. 一种基于遗传算法的关联规则改进方法[J]. 计算机工程与应用,2008(14):155.

[130] 赵连朋,金喜子,孙亮,等. 基于小生境遗传算法的关联规则挖掘方法[J]. 计算机工程,2008(10):163-165.

[131] 王畅,周勇. 一种基于遗传算法的模糊关联规则挖掘方法[J]. 计算机与数字工程,2012,40(9):1-3.

[132] 杨敏. 数据挖掘中关联规则的优化[J]. 中山大学,2004.

[133] 张学茂. 关联规则挖掘研究[D]. 长沙理工大学,2006.

[134] 孙鹤旭,张志伟,董砚,等. 基于 RCM 理论的电气设备故障诊断专家系统[J]. 电气应用,2002(2):11-13.

[135] 李栋. 面向故障诊断的并行关联规则算法研究与实现[D]. 西安电子科技大学,2012.

[136] 张继研. 人工智能在故障诊断中的应用研究[J]. 辽宁大学学报(自然科学版),2012(03):231-237.

[137] 朱颖辉. 基于支持向量机的小样本故障诊断[D]. 武汉科技大学,2006.

[138] 陆昕. 转动设备故障分析[J]. 黑龙江科技信息,2013(21):20.

[139] 原成泽. 转子系统故障诊断专家系统的研究[D]. 南京工业大学 2006.

[140] 祝然威. 基于时间窗口的数据流频繁项挖掘算法[D]. 复旦大学,2014.

[141] 李阳. 数据挖掘在电力调度自动化系统中的应用[D]. 华北电力大学,2009.

[142] 田媛. 基于时态约束的关联规则挖掘的研究[D]. 湘潭大学,2004.

[143] 王光伟. 改进的关联规则算法在贴片机数据挖掘中的应用[D]. 北京工业大学,2008.

[144] 李委,潘凡鲁. 时态关联规则挖掘综述(英文)[J]. 成都信息工程学院学报,2004(01):22-26.

[145] 李广原,杨炳儒,周如旗. 一种基于约束的关联规则挖掘算法[J]. 计算机科学,2012(01):244-247.

[146] 杨芬. 基于约束的关联规则挖掘[D]. 华中科技大学,2004.

[147] 阎坤. 基于时间序列模型的分析预测算法的设计与实现[D]. 北京邮电大学,2008.

[148] 陈玉红. RBF 网络在时间序列预测中的应用研究[D]. 哈尔滨工程大学,2009.

[149] 彭自成. 商业智能在电子商城中的应用研究[D]. 中山大学,2008.
[150] 张福利. 状态空间模型在季节性时间序列中的应用[D]. 大连海事大学,2011.
[151] 王妮娜. 决策支持系统中预测算法研究[D]. 武汉理工大学,2006.
[152] 吕林涛,王鹏,李军怀,等. 基于时间序列的趋势性分析及其预测算法研究[J]. 计算机工程与应用,2004,(19):172-174+208.
[153] 刘瑛慧,曹家琏. 时间序列分析理论与发展趋势(英文)[J]. 电脑知识与技术,2010,6(02):257-258.
[154] 侯海桂. 关于统计分析内容分类以及相关 SPSS 分析方法使用的探讨[J]. 经济师,2014,(05):72-75.
[155] 郭诗朦. 基于时间序列方法的网络时延预测与改进型广义预测控制算法在网络控制系统中的应用[D]. 北京交通大学,2013.
[156] 江涌. 小波变换能量谱在滚动轴承故障诊断中的应用[J]. 轴承,2005,6:31-33.
[157] 熊施园. 基于小波分析的齿轮箱故障诊断技术研究[D]. 中南大学,2013.
[158] 杜辉. 基于时间序列的半导体封装设备维护方法的研究与优化[D]. 电子科技大学,2007.
[159] 郭龙. 时间序列数据的周期性研究[D]. 电子科技大学,2013.
[160] 冯利英,吴新娣. 论 Gompertz 曲线在商品生命周期研究中的应用[J]. 内蒙古财经学院学报,2003,4:1-3.
[161] 孙敬义,卢铁光,徐建中,等. 黑龙江省水稻单产增长潜力预测方法研究[J]. 农机化研究,2015,1:131-133.
[162] 王伟娜. 基于系统熵的哈尔滨市耕地利用系统安全评价研究[D]. 东北农业大学,2012.
[163] 南娟. 基于分类法的机场货运吞吐量预测方法研究[D]. 南京航空航天大学,2008.
[164] 黄毅,马婧,张建波. 邢台平原四县月平均气温资料 SARIMA 模型分析[R]. 厦门.2011.
[165] 郭志强. 山东省物价波动趋势及预测研究[D]. 山东大学,2008.
[166] 王檬. 我国 PMI 指数预测——基于 SARIMA 模型[J]. 统计与管理,2015,9:60-61.
[167] 刘薇. 时间序列分析在吉林省 GDP 预测中的应用[D]. 东北师范大学,2008.
[168] 姜延涛. 基于链路稳定性预测的 Ad Hoc 网络路由算法研究[D]. 东北大学,2012.
[169] 刘艳萍. 近地边界层风场模拟与预测研究[D]. 湖南大学,2010.
[170] 郭超. 农产品价格数据挖掘与趋势预测模型的研究[D]. 山东大学,2009.
[171] 段树国,龚新蜀. 地区能源消费与经济增长的协整分析——以新疆为例[J]. 生态经济,2013(4):58-61.
[172] 侯绍昱. 基于组对交易的统计套利实证研究[D]. 南开大学,2008.
[173] 刘莎莎. 黄金与石油价格波动的联动性研究[D]. 南京财经大学,2010.
[174] 朱超. 进口贸易对我国经济增长影响的研究[D]. 江苏大学,2008.
[175] 江莹. 协整理论及其在经济领域中的应用研究[D]. 南京信息工程大学,2008.
[176] 张利亚. 基于协整与误差修正模型的预测[D]. 武汉科技大学,2006.

[177] 周勇. 时间序列时序关联规则挖掘研究[D]. 西南财经大学, 2008.
[178] 杜奕. 时间序列挖掘相关算法研究及应用[D]. 中国科学技术大学, 2007.
[179] 王晓晔. 时间序列数据挖掘中相似性和趋势预测的研究[D]. 天津大学, 2003.
[180] 余虹. 移动对象序列模式挖掘方法研究[D]. 重庆邮电大学, 2011.
[181] 王宇. 序列模式挖掘的并行算法研究[D]. 哈尔滨理工大学, 2007.
[182] 马传香, 简钟. 序列模式挖掘的并行算法研究[J]. 计算机工程, 2005(6): 16-17, 136.
[183] 姜海辉. 并行序列模式挖掘关键问题研究[D]. 合肥工业大学, 2009.
[184] 王宗江. 序列模式数据挖掘算法的并行化研究[J]. 计算机科学, 2008, (08): 249-251+257.
[185] 马传香, 张凌. 序列模式挖掘算法的分析与比较[J]. 湖北大学学报(自科版), 2006, 28(2): 138-143.
[186] 邹翔, 张巍, 肖明军, 等. 分布式环境下的序列模式发现研究[J]. 复旦学报(自然科学版), 2004, 43(5): 737-741.
[187] 俞单庆. 序列模式挖掘及其在入侵检测中的应用研究[D]. 南京: 南京师范学, 2008.
[188] 常鹏, 陈耿, 朱玉全. 一种分布式序列模式挖掘算法[J]. 计算机应用, 2008, 11: 2964-2966, 2974.
[189] 曾声奎, MichaelG. Pecht, 吴际. 故障预测与健康管理(PHM)技术的现状与发展[J]. 航空学报, 2005, 5: 626-632.
[190] 何厚伯, 赵建民, 郝茂森, 等. PHM系统中的费效模型[J]. 火力与指挥控制, 2013, 1: 129-132, 140.
[191] 景博, 汤巍, 黄以锋, 等. 故障预测与健康管理系统相关标准综述[J]. 电子测量与仪器学报, 2014, 28(12): 1301-1307.
[192] 董庆伟, 李耀春, 郭纲. 基于视情维修故障预测技术的研究[J]. 吉林工程技术师范学院学报, 2013, 1: 73-76.
[193] 周志博. 柴油机多状态系统可靠性分析及建模[D]. 江西理工大学, 2011.
[194] 刘宝亮. 需求驱动的状态聚合系统建模及可靠性分析[D]. 北京理工大学, 2015.
[195] 相江. 基于多子波支持向量机航电设备健康管理系统关键技术研究[D]. 西安电子科技大学, 2013.
[196] 朱子玉, 李明伟, 董影影. 设备健康管理[J]. 企业管理, 2014, 1: 52-53.
[197] 陈建译. 基于故障预测与健康管理的高铁信号设备维护技术研究[J]. 中国铁路, 2015, 3: 16-20.
[198] 赵中敏, 王茂凡. 大型复杂设备健康管理技术[J]. 中国设备工程, 2013, 7: 29-31.
[199] 刘伟文. 民机故障智能诊断领域信息融合技术应用要点[J]. 中国民用航空, 2014, 6: 56-57.
[200] 赵荣. 设备的自主性维修保障体系及其关键技术[J]. 现代制造, 2006, 8: 49-52.
[201] 满强, 夏良华, 马飒飒. 基于CBM需求的设备健康管理系统设计[J]. 计算机工程

与设计,2009,30,6:1505-1508.
- [202] 李丹岚.基于点检的设备健康管理方法及软件工具研究[D].中南大学,2013.
- [203] 杨朝霞.基于MAS的分布式数据挖掘系统设计与研究[D].西北师范大学,2005.
- [204] 赵一.大规模互联网地理标注快速聚类方法研究[D].辽宁工程技术大学,2012.
- [205] 贺玲,吴玲达,蔡益朝.数据挖掘中的聚类算法综述[J].计算机应用研究,2007,24,1:10-13.
- [206] 李艺明.基于模糊聚类的客户分类方法研究[D].广东工业大学,2006.
- [207] 梁佩佩.基于聚类分析的客户生命周期价值挖掘研究[D].上海海事大学,2004.
- [208] 彭振文.区间直觉模糊集的聚类算法研究[D].厦门大学,2009.
- [209] 何清.模糊聚类分析理论与应用研究进展[J].模糊系统与数学,1998,2:89-94.
- [210] 杨瑞超.DBSCAN算法在地震相划分中的应用[D].西安科技大学,2011.
- [211] 贾瑷玮.基于划分的聚类算法研究综述[J].电子设计工程,2014,23:38-41.
- [212] 董云影.基于遗传算法的模糊聚类技术的研究[D].大连海事大学,2005.
- [213] 张驰.利用SAS软件对我国工农业产品人均产量的进一步统计分析[J].西华大学学报(哲学社会科学版),2000,2:6-11.
- [214] 王雪娥.欧氏距离系数在农业气候相似性研究中的应用[J].大气科学学报,1989,2:187-199.
- [215] 戴丽丽.基于t混合模型的医学图像聚类研究[D].江苏大学,2011.
- [216] 董晓萌.基于聚类分析的陕西省土地利用分区及建议[J].信息技术,2014,5:50-52,60.
- [217] 胡古月,赵露露.中西方商业银行财务管理的初探[J].华人时刊(下旬刊),2012,6.
- [218] 刘功生,张春良,岳夏,等.基于HMM算法体系的逆维特比算法理论研究[J].机电工程技术,2014,11:7-10.
- [219] 昌艳.三维体波形分类方法研究[D].电子科技大学,2016.
- [220] 袁方,周志勇,宋鑫.初始聚类中心优化的k-means算法[J].计算机工程,2007,33,3:65-66.
- [221] 山拜·达拉拜,曹红丽,尤努斯·艾沙.基于遗传算法的K-means初始化EM算法及聚类应用[J].现代电子技术,2010,33,15:102-103.
- [222] 行小帅,焦李成.数据挖掘的聚类方法[J].电路与系统学报,2003,8,1:59-67.
- [223] 王宁.基于时序和极大团的关联规则数据挖掘方法的研究[D].云南师范大学,2006.
- [224] 张红云,石阳,马垣.数据挖掘中聚类算法比较研究[J].辽宁科技大学学报,2001,20,5:5-6.
- [225] 吴菲.跟团旅游现状的探索型研究[D].苏州大学,2016.
- [226] 杨倩倩.基于订票行为的航空旅客划分方法研究[D].江苏科技大学,2015.
- [227] 吴文亮.聚类分析中K-均值与K-中心点算法的研究[D].华南理工大学,2011.
- [228] 金阳,左万利.一种基于动态近邻选择模型的聚类算法[J].计算机学报,2007,30,

5:756-762.

[229] 赵慧,刘希玉,崔海青.网格聚类算法[J].计算机技术与发展,2010,20,9:83-85.

[230] 周涛,陆惠玲.数据挖掘中聚类算法研究进展[J].计算机工程与应用,2012,48,12:100-111.

[231] 张丽娟,李舟军.分类方法的新发展:研究综述[J].计算机科学,2006,10:11-15.

[232] 叶吉祥,谭冠政,路秋静.基于核的非凸数据模糊K-均值聚类研究[J].计算机工程与设计,2005,7:1784-1785,1792.

[233] 王敏.分类属性数据聚类算法研究[D].江苏大学,2008.

[234] 尹倩.基于聚类分析的中文新闻网页关键词提取方法研究[D].合肥工业大学,2009.

[235] 黎慧娟.校园网用户行为的分析与研究[D].广西大学,2007.

[236] 方志鹤.恶意代码分类的研究与实现[D].国防科学技术大学.2011.

[237] 郑柏杰.基于划分的聚类算法研究[D].重庆大学,2005.

[238] 苏鹏,李玉忱,刘慧.一种新的加权k-最临近分类方法[J].计算机工程与应用,2003,35:183-185.

[239] 李俊磊,滕少华.相似度计算及其在数据挖掘中的应用[J].电脑知识与技术,2016,13:14-17.

[240] 赵恒.数据挖掘中聚类若干问题研究[D].西安电子科技大学,2005.

[241] 段霞霞.基于聚类的故障诊断技术研究[D].西安电子科技大学,2008.

[242] 周晓康,宋贤钧,周立民,等.石化设备实时故障分析和运行预警体系的构建[J].化工机械,2011,12:210-213.

[243] 童强,周晓康,宋贤钧,等.基于聚类分析的数据挖掘技术在设备故障模式识别中的应用[J].兰州石化职业技术学院学报,2011,1,21-22.

[244] 张霞,王建东,庄毅,等.文本聚类分析在故障诊断中的应用[J].计算机技术与发展,2007,2:8-11.15.

[245] 万红新,彭云.模糊策略下的搜索文本聚类分析技术[J].计算机工程与应用,2009,33:135-137.

[246] 余建航,徐伟华.序信息系统下基于精度与程度"逻辑与"和"逻辑或"的粗糙集[J].计算机科,2016,2:262-272.

[247] 傅平.基于粗糙集理论的数据挖掘方法研究[D].长沙理工大学,2008.

[248] 余扬.粗糙集模型与粗糙代数的研究[D].广东工业大学,2005.

[249] 雷英杰.直觉模糊粗糙集理论及应用[M].科学出版社,2013.

[250] 李文忠,左万利,赫枫龄.一种基于信息熵的多维流数据噪声检测算法[J].计算机科学,2012,2:191-194.

[251] 刘永文.基于覆盖粗糙集模型下的近似集动态更新方法研究[D].西南交通大学,2011.

[252] 唐德玉.基于数据挖掘的入侵检测系统研究[D].华南理工大学,2004.

[253] 刘京娟.多元线性回归模型检验方法[J].湖南税务高等专科学校学报,2005,18,5:

48-49.

[254] 耿丽君. 证券投资管理中受益率的预测方法研究[D]. 中南大学,2013.
[255] 闫绍峰. 数据挖掘技术在非球形颗粒沉降速度中的应用研究[D]. 辽宁工程技术大学,2004.
[256] 苗良. 立体足迹形态特征提取与生物特征分析[D]. 解放军信息工程大学,2006.
[257] 李锋锋. 基于 Logistic 回归模型的旋转机械健康状态评估研究[D]. 北京化工大学,2009.
[258] 舒晓娟,陈洋波,任启伟. 模型选择准则在洪水频率分析中的应用[J]. 水利学报,2010,41,1:80-85.
[259] 黄介武. 线性与广义线性模型中参数估计的一些研究[D]. 重庆大学,2014.
[260] 崔树峰. 累积 logit 模型在医学大学生婚前性行为态度的影响因素研究中的应用[D]. 河北医科大学,2006.
[261] 吴曾. 基于广义线性回归模型的统计预测及其应用[D]. 华北电力大学,2009.
[262] 张哲. 高维数据线性回归建模方法分析[D]. 天津大学,2013.
[263] 闫丽娜. 惩罚 COX 模型和弹性网技术在高维数据生存分析中的应用[D]. 山西医科大学,2011.
[264] 闫丽娜,覃婷,王彤. LASSO 方法在 Cox 回归模型中的应用[J]. 中国卫生统计,2012(1):58-60.
[265] 李寿林,李秀萍,张鹰. 支持向量机回归法在天线设计中的应用[J]. 电子器件,2007(4):1285-1288.
[266] 李裕奇. 非参数统计方法[M]. 成都:西南交通大学出版社,2010.
[267] 张佳明,马秀荣,秦宝连,等. 非参数模型谱估计算法性能比较[J]. 天津理工大学学报,2009,25,4:19-22.
[268] 武佳. 和谐社会背景下中国城镇居民收入与消费支出结构的多元统计分析[D]. 南开大学,2007.
[269] 夏帆,钟韵. 基于回归模型的列联表独立性检验[J]. 数量经济技术经济研究,2016,12:78-95.